现代生物技术理论
及应用研究

张虎成　郭　进　郑　毅　编著

中国水利水电出版社
www.waterpub.com.cn

内 容 提 要

现代生物技术理论性强,本书撰写的指导思想是:力求内容全面而新颖、概念准确、文字通俗易懂,尽可能地反映现代生物技术各领域的最新研究进展。本书共 12 章,主要内容包括绪论、基因工程技术及发展、动植物细胞工程技术、发酵工程技术及应用、酶工程技术及应用、蛋白质工程及蛋白质组学、现代生物技术在食品领域的应用、现代生物技术在农业领域的应用、现代生物技术在能源领域的应用、现代生物技术在环境领域的应用、现代生物技术在医药卫生领域的应用、现代生物技术的专利保护及安全性问题探究等。

本书是一本比较适合现代生物技术研究爱好者的实用性强的学术类图书,可供相关领域的研究人员阅读、参考。

图书在版编目(CIP)数据

现代生物技术理论及应用研究/张虎成,郭进,郑毅编著. --北京:中国水利水电出版社,2015.7(2022.10重印)
ISBN 978-7-5170-3451-3

Ⅰ.①现… Ⅱ.①张… ②郭… ③郑… Ⅲ.①生物工程 Ⅳ.①Q81

中国版本图书馆 CIP 数据核字(2015)第 173294 号

策划编辑:杨庆川 责任编辑:陈 洁 封面设计:崔 蕾

书 名	现代生物技术理论及应用研究
作 者	张虎成 郭 进 郑 毅 编著
出版发行	中国水利水电出版社
	(北京市海淀区玉渊潭南路 1 号 D 座 100038)
	网址:www.waterpub.com.cn
	E-mail:mchannel@263.net(万水)
	sales@mwr.gov.cn
	电话:(010)68545888(营销中心)、82562819(万水)
经 售	北京科水图书销售有限公司
	电话:(010)63202643、68545874
	全国各地新华书店和相关出版物销售网点
排 版	北京厚诚则铭印刷科技有限公司
印 刷	三河市人民印务有限公司
规 格	184mm×260mm 16 开本 18.5 印张 450 千字
版 次	2016年1月第1版 2022年10月第2次印刷
印 数	2001-3001册
定 价	65.00 元

前　言

现代生物技术被世界各国视为一项高新技术,它在解决人类所面临的食品、医疗卫生和环境等领域的问题方面已经并将继续发挥着至关重要的作用,所以生物技术被许多国家都确定为增强国力的关键性技术之一,并成为各国综合国力竞争的重要体现。2006年年初,我国发布了《国家中长期科学和技术发展规划纲要(2006—2020年)》,提出要在生物领域的前沿技术,如基因操作和蛋白质工程技术、动植物新品种与药物分子设计技术和新一代工业生物技术等五个方面达到世界先进水平,并把"生物技术作为未来高新技术产业迎头赶上的战略重点,加强生物技术在农业、工业、人口和健康等领域的应用",以加速我国生物技术、生物产业和生物经济的发展,提高国际地位,扩大国际影响。在这样的背景下,了解生物技术这门学科的基本内容及其与人类的密切关系,普及现代生物技术相关知识已成为时代的要求。为此,我们编撰了这本书。

现代生物技术理论性强,而且在各个领域的应用也是推动其自身发展的动力。本书写作的指导思想是:力求内容全面而新颖、概念准确、文字通俗易懂,尽可能地反映现代生物技术各领域的最新研究进展。本书共12章,第1章为绪论,第2章～第6章分别介绍了基因工程、动植物细胞工程、发酵工程、酶工程、蛋白质工程这生物技术"五大工程"的理论和技术,第7章～第11章介绍了现代生物技术在食品领域、农业领域、能源领域、环境领域、医药卫生领域的应用,第12章分析了现代生物技术的专利保护及安全性问题探究,以此让读者在了解生物技术相关理论知识的同时,也对其应用领域、相关法规和安全性方面有更深入、更全面的了解和认识。

全书由张虎成、郭进、郑毅撰写,具体分工如下:

第2章、第4章、第5章第1节～第5节、第11章:张虎成(北京电子科技职业学院);

第1章、第3章、第7章、第9章、第12章:郭进(河套学院);

第5章第6节～第8节、第6章、第8章、第10章:郑毅(攀枝花学院)。

尽管作者力争做到系统、全面、新颖、生动地介绍生物技术领域的主要技术原理与方法,并反映该领域的最新进展,但是由于生物技术领域的知识非常丰富,更新速度很快,再加上时间紧迫及我们的水平所限,书中不足之处在所难免,在此衷心欢迎各位专家学者、广大师生对本书提出批评意见。此外,对于本书参考的文献资料,在此向有关作者表示衷心的感谢。最后,本书的顺利出版和发行还得益于出版社各位编辑的辛勤劳动,在此一并表示衷心感谢。

作　者

2015 年 4 月

目　　录

第1章 绪 论

1.1 生物技术的发展史

生物技术(biotechnology)也称生物工程(bioengineering),是探索生命现象和生物物质的运动规律,并利用生物体的机能或模仿生物体的机能进行物质生产的技术。生物技术的发展最早起源于对生物学的研究,由早期的生物学到传统生物技术直至发展到现代生物技术可以分为4个时期。

1.1.1 前生物学时期

从人类诞生到公元16世纪前为前生物学时期。古代文明发展程度较高的国家,如中国、埃及、希腊、罗马等国,已大力开展了与人类生活密切相关的植物与动物的栽培、养殖与利用。例如,石器时代后期的谷类酿酒,周代后期的豆腐、酱、醋等的制作,公元前6000年开始的啤酒发酵,公元前4000年开始的面包制作等,它们的基本技术特征就是酿造技术。公元前3000年已开始驯养家猪。公元前2700年种桑养蚕织布在长江流域已广为流传。公元前221年,我国人民已懂得制酱、酿醋、做豆腐。汉朝的《神农本草经》收载药物300多种。公元10世纪,我国已发明预防天花的疫苗。这个时期最杰出的代表作当推明朝末年(1593年)的《本草纲目》。在这部不朽的科学巨著中,李时珍对1892种植物、动物及其他天然成分进行了详细形态描述及药性探讨,为后人留下了珍贵的药学资料。

1.1.2 古典生物学时期

从17世纪到19世纪中期为古典生物学时期。自从1590年荷兰人詹森(Janssen)兄弟发明显微镜后,英国人胡克(R. Hooke)用他自制的简陋显微镜观察了多种切成薄片的软木,首次发现了无数的细胞,并于1665年出版了撩开微观世界神秘面纱的第一本专著《显微图像》。从此,对细胞的研究成了古典生物学的热门。1735年,针对当时生物分类和命名的混乱局面,瑞典植物学家林奈整理出版了名著《自然系统》,创立了生物分类的等级和双命名法,并一直被科学界沿用至今。1838年德国植物学家施莱登(M. Schleiden)在他的论文《论植物的发生》中指出,细胞是所有植物的基本构成单位。第二年,另一位德国动物学家施旺(T. Schwann)在发表名为《显微研究》的论文时进一步阐明,动物和植物的基本结构单元都是细胞。经过他们的工作及总结,从此细胞学说这个生命科学的核心学科正式诞生了。细胞学说的建立受到了恩格斯的高度重视,把它推举为19世纪自然科学的三大发现之一。

1.1.3 实验生物学时期

从 19 世纪中期到 20 世纪中期大约 100 年的时间为实验生物学时期。1865 年奥地利神父兼中学代理教师孟德尔(G. Mendel)在家乡的自然科学家协会上宣读了他历经 8 年进行豌豆杂交总结出的划时代论文《植物杂交实验》，奠定了现代遗传学的基础。与此同时，微生物学的奠基人——法国化学家巴斯德(L. Pasteur)发明了加热灭菌的消毒法，证明了生物不可能在短时期内"自然发生"。1928 年，英国细菌学家弗莱明(A. Fleming)发现青霉菌的代谢产物青霉素具有很强的抑菌、杀菌效果。20 世纪 40 年代，青霉素大规模发酵的推广极大地促进了大规模液体深层通气搅拌发酵技术的发展，给发酵工业带来了革命性的变化。抗生素、有机酸、酶制剂等发酵工业在世界各地蓬勃地开展。到 20 世纪 50 年代中期以后，随着对微生物代谢途径和调控研究的不断深入，在发酵工业上找到了能突破微生物代谢调控以积累代谢产物的手段，并很快应用于工业生产。以后，又开发了一系列发酵新技术，如无菌技术、补料技术、控制技术等。

1.1.4 分子生物学时期

分子生物学时期又称现代生物技术发展时期。1953 年美国沃森(J. Watson)、英国克里克(F. H. C. Crick)发现遗传的物质基础——核酸结构，阐明了 DNA 的半保留复制模式，揭开了生命的秘密。生物的研究由细胞水平进入分子水平，由定性进入定量，其后 10 年内，科学家破译了生命遗传密码。1960 年完成了生物通用遗传密码"辞典"。1971 年，美国保罗·伯格(Paul Berg)用一种限制性内切酶打开了环状 DNA 分子，第一次把两种不同的 DNA 连接在一起，实现了 DNA 体外重组技术，标志着生物技术的核心技术——基因工程技术的开始。它提供了一种全新技术手段，使人们按照意愿在试管内切割 DNA，分离基因并经重组后导入细菌，由细菌生产大量的有用的蛋白质，或作为药物，或作为疫苗，它也可以直接导入人体内进行基因治疗。这样迅速完成了从传统生物技术向现代生物技术的飞跃转变，使其从原来的传统产业一跃成为具有远大发展前景的新兴学科和产业。此后，1997 年 2 月，英国罗斯林研究所的维尔穆特(Lan Wilmut)博士在 Nature 杂志上宣布以乳腺细胞的细胞核成功地克隆出"多利"绵羊，这一重大突破再一次震撼了人类社会。一年半后，克隆牛、克隆鼠相继问世，甚至对克隆鼠的再克隆也获得了成功。1999 年，灵长类(猴子)的克隆也顺利诞生。这一系列成就标志着人类无性繁殖哺乳动物的技术已日臻成熟。同年底，科学家发现只需 300 个左右的基因即可构成一个最简单的生命。这意味着在可以预见的将来，人类也许可以充当"上帝"，在实验室中设计并创造出人造生命体。

20 世纪，生物技术的研究经历了从无到有、快步走向辉煌的发展之路。21 世纪的人们完全能够接受"基因时代"的概念，可以清楚地看到生物技术与信息技术成为 21 世纪的领头学科。

1.2　生物技术的定义及研究内容

作为 20 世纪后期国际上突飞猛进的技术领域之一，生物技术目前已被广泛应用于医学、人类保健、农牧业、轻工业、环保及精细化工、新能源开发等各个领域,产生了巨大的经济效益和社会效益,并且日益影响和改变着人们的生产和生活方式。因此,生物技术受到世界各国的普遍关注。

1.2.1 生物技术的定义

生物技术是以生命科学为基础,应用自然科学与工程学原理,设计构建具有特定生物学性状的新型物种或品系,依靠生物体(包括微生物,动、植物体或细胞)作为生物反应器,将物料进行加工,以提供产品和为社会服务的综合性技术体系。目前,国内多数学者认为,现代生物技术包含的主要技术范畴有:基因工程(Gene Engineering)、细胞工程(Cell Engineering)、酶工程(Enzyme Engineering)、发酵工程(Fermentation Engineering)、蛋白质工程(Protein Engineering)等。

当今生物技术所研究的对象已经从微生物扩展到动物和植物,从陆地生物扩展到海洋生物和空间生物。现代生物技术还不断地向纵深发展,并且与其他学科交叉形成了许多新的学科。随着现代生物技术的不断发展,其研究深度与广度还会不断地得到拓展。

1.2.2 生物技术研究的内容

根据操作的对象及操作技术的不同,我们可以将现代生物技术的研究内容划分为:基因工程、细胞工程、酶工程、发酵工程和生化工程5项工程技术(图1-1)。

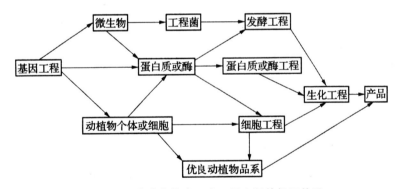

图 1-1 现代生物技术五大工程之间的相互关系

由图1-1可知,这5项技术并不是各自独立的,它们彼此之间是互相联系、互相渗透的。其中,基因工程技术是核心技术,能带动其他技术的发展。如通过基因工程对细菌或细胞改造后获得的工程菌或细胞,都必须分别通过发酵工程或细胞工程来生产有用的物质;同样可通过基因工程技术对酶进行改造以增加酶的产量、提高酶的稳定性以及酶的催化效率等。而生化工程则是上述各项技术产业化的下游关键技术。

1. 基因工程

基因是具有遗传效应的 DNA 片段,是遗传物质的功能单位和结构单位。基因工程(gene engineering)则是在基因水平上对生物体进行操作,改变细胞遗传结构,从而使细胞具有更强的某种性能或获得全新功能的技术。可以认为基因工程实质上就是生物体向遗传信息的转移技术。

基因工程的核心技术是 DNA 重组技术，也是现代生物技术的核心。该技术采用分子生物学方法分离具有遗传信息的 DNA 片段，经过剪切、组合使之与适宜的载体连接，建成重组 DNA，并将它转入到特定的宿主细胞或有机体内进行复制和传代，实现生物遗传特性的转移和改变。

2.细胞工程

细胞是除病毒外的所有生物体的基本结构和功能单位。细胞工程（cell engineering）是指应用细胞生物学和分子生物学的理论、方法和技术，以细胞为基本单位进行离体培养、繁殖，或人为地使细胞某些生物学特性按照人们的意愿发生改变，从而改良生物品种和创造新品种，或加速动植物个体的繁殖，或获得有用物质。

一般认为，细胞工程主要包括细胞融合、细胞培养、细胞器移植、染色体工程等。细胞融合技术也就是体细胞杂交。它打破了有性杂交方法的局限，使远缘杂交成为可能。目前，经细胞融合而成的杂交植物（如蕃茄薯、苹果梨等）已较普遍，在动物方面也已实现了鼠—猴、鼠—兔、骡—鼠、兔—鸡、牛—水箱等多种类型的细胞融合。细胞培养技术是将离体的细胞在特定条件下加以快速繁殖。用于细胞植物培养，一次可以获得大量植株，且不受季节、气候等自然条件的限制，遗传稳定性好，因而特别适用于商业规模生产名贵植物、药物和引种的珍稀植物。而 1997 年轰动全球的体细胞克隆羊多莉，则是细胞器官移植的成功例子。

3.酶工程

酶是一种具有特定生物催化功能的蛋白质。简单地说，酶工程（enzyme engineering）就是酶制剂在工业上的大规模生产及应用。它包括酶制剂的开发和生产、多酶反应器的研究和设计以及酶的分离提纯和应用的扩大。

酶工程一般可分为两类：化学酶工程和生物酶工程。化学酶工程也称初级酶工程，通过对酶进行化学修饰、固定化处理，甚至化学合成等手段来改善酶的性质，以提高催化效率及降低成本。这种酶制剂已广泛用于食品、制药、制革、酿造、纺织等工业领域。生物酶工程基于化学酶工程，是酶科学和以基因工程为主的现代分子生物技术相结合的产物，也称高级酶工程。它通过对酶基因的修饰改造或设计，产生自然界不曾有过的、性能稳定、催化效率更高的新酶。现代酶工程的关键技术是固定化酶技术。20 世纪 70 年代以来，又迅速发展起固定细胞技术。采用这种技术，不必将酶从细胞中提取出来，而是直接把整个细胞固定化，使之处于细胞内的自然状态，参与催化反应，省却了酶的提取和强化工艺，制备和使用也较方便，并且能够催化一系列的反应。

4.发酵工程

发酵工程（fermentation engineering）是指利用包括工程微生物在内的某些微生物或动、植物细胞及其特定功能，通过现代工程技术手段（主要是发酵罐或生物反应器的自动化、高效化之功能多样化、大型化）生产各种特定的有用物质；或者把微生物直接用于某些工业化生产的一种技术。微生物是生物的一大组成部分。发酵工程以传统发酵为核心，目前在整个生物产业中仍是最重要的组成部分。酒类、调味品、工业酒精、氨基酸类、核酸和核背酸、抗菌素及激素等都可以利用发酵得到生产,利用微生物的生理机能进行细菌冶金、生物净化等同样属于发酵工程。筛选和培育能产生特定生物活性物质的优良菌种,研究微生物的生理代谢机理,提供微生物生产的最佳条件,则是发酵工程的关键环节。

传统发酵工程经过基因工程的改造和现代技术的武装,整个技术体系有了很大的不同。传统的工业菌株培育是利用自然界现有的菌种,而现在则可运用细胞融合技术和重组 DNA 技术,选育出人们所需要的类型。甚至连过去与发酵无关的产品,现在经活性转化也能通过发酵工程生产。这就使发酵工程的应用范围更加广泛,与人们的生活关系也更为密切。

5. 生化工程

生化工程(biochemical engineering)是生物化学工程的简称。它是利用化学工程原理和方法对实验室所取得的生物技术成果加以开发,使之成为生物反应过程的技术。

1.3　生物技术涉及的学科

在所有自然科学领域中,生物技术涉及的学科范围最广。现代生物技术以现代生物学为基础,由多学科理论、技术和工程原理相互交叉融合而成。它包括以人体生理学、动物生理学、植物生理学、微生物生理学、生物化学、生物物理学、微生物学、免疫生物学、遗传学、分子生物学、细胞生物学、医药学等几乎所有生物科学的次级学科为支撑,又结合了诸如化学、数学、化学工程学、电气电子工程、机械工程、自动化工程、微电子技术、计算机科学、信息学等非生物学领域的尖端基础学科,以及生物化学工程、生物医学工程、生物药学工程、生物信息学等许多交叉分支学科,从而形成一门多学科互相渗透的综合性学科(见图 1-2)。

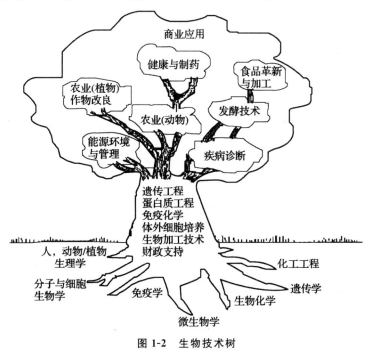

图 1-2　生物技术树

现代生物技术的发展有赖于信息、微机电系统、传感器、图像处理等多种技术的发展。现代生物技术基于诸多学科领域之上,又服务于其他众多学科领域。这些领域的应用必然带来经济上的巨大利益,因此各种与生物技术相关的企业如雨后春笋般涌现。概括地说,生物技术相关的行业可以分为 8 大种类,如表 1-1 所示。

表 1-1 生物技术所涉及的行业种类

行业种类	经营范围
疾病治疗	用于控制人类疾病的医药产品及技术,包括抗生素、生物药品、基因治疗、干细胞利用等
诊断	临床检测与诊断,食品、环境与农业检测
农业、林业与园艺	新的农作物或动物,肥料,生物农药
食品	扩大食品、饮料及营养素的来源
环境	废物处理、生物净化、环境治理
能源	能源的开发、新能源的开发
化学	酶、DNA/RNA、特殊化学品、美容产品
设备	由生物技术生产的金属、生物反应器、计算机芯片及生物技术使用的设备

由于现代生物技术涉及的学科范围非常广泛,几乎涉及所有自然科学领域,而且应用的学科领域也非常之多,在整个生物工程技术的设计过程即上游阶段,生物工程技术的实施过程即中游阶段和生物工程技术产品的分离过程即下游阶段(如目标产物抗生素、有机酸、氨基酸、蛋白质、酶等的提取、纯化、成品的检测等过程),应用了各种各样的技术手段,因而所涉及的仪器设备也非常之多(见表 1-2)。

表 1-2 现代生物技术中部分重要仪器设备

仪器和设备名称	主要用途
各种 PCR 仪	DNA、基因的快速扩增、定量
DNA 自动合成仪	合成已知寡核苷酸序列
DNA 自动测序仪	测定核酸的核苷酸序列
基因转移系统	将外源 DNA 导入目标细胞
显微注射系统	细胞核移植、人工授精等
蛋白质(多肽)自动合成仪	合成已知序列的蛋白质或多肽
蛋白质(多肽)自动测序仪	测定蛋白质或多肽氨基酸序列
序列分析软件	核酸、蛋白质序列分析
生物反应器	动、植微细胞、微生物分批或连续培养
流式细胞仪	分离单个细胞、测定细胞或染色体数量等
高效液相色谱仪	物质分离、纯化和纯度(定性)鉴定等

续表

仪器和设备名称	主要用途
质谱仪	蛋白质、多肽研究
电子显微镜	观察组织、细胞超微结构
电泳分析系统	物质分离、纯化和纯度(定性)鉴定等
凝胶电泳仪	蛋白质、核酸分离与分析等
凝胶成像系统	蛋白质、核酸电泳分离图谱的成像
毛细管电泳仪	质量控制、组分分离与分析
超速、高速(冷冻)离心机	生物大分子分析、分离
冷冻干燥仪	蛋白质、核酸、抗生素等热敏物质干燥
喷雾干燥机	生物物质干燥

1.4　生物技术的发展趋势

目前,生物技术已经成为科技研究和开发的重点,是技术手段和基础;生物产业已经成为新经济竞争和科技竞争的焦点,是生物技术效应的具体体现;生物经济则是21世纪继IT产业之后可持续发展新的经济增长点。这将会成为科技革命和产业革命的重要内容,随着产业进一步壮大、发展和生物技术的进步,将来就会构成生物社会。

1. 生物技术成为世界竞争的热点,新的行业格局正在形成

除了美国人多年来绝育生物技术产业领导地位外,近年来全球新药生物技术产业中心也正向其他地区迅速崛起。生物医药在世界范围内将形成新的格局。

在英国,生物技术狂潮在近些年已经浮出数以百计的新公司。

荷兰 Qiagen 公司正成为全球领先的纯化遗传学物质产品的制造商。

瑞典的 Pyrosequencing 公司已成为制造自动 DNA 测序系统的技术领先者。

法国科学家即将解开肥胖的遗传学秘密。

德国科学家处于心血管病研究的领先位置。在生物技术狂潮的推动下,德国政府已经将生物技术列为具有长期竞争力的关键项目。1993 年德国政府通过了新的法律,对生物技术产业计划进行合理化决策。分别奖励了 5000 万德国马克给慕尼黑、靠近科隆的莱茵河区域以及包括海德堡的地区帮助建设生物技术研究中心。同时计划在今后五年内投资 12 亿德国马克给大学和研究所的人类基因组研究。在德国,现在除地区和联邦给予的资金之外,创业公司能够很轻易得到三倍的其他资金。另外,法律规定当大学或研究所的科学家决定离开自行创业时,对他们的知识产权进行保护。

印度研究者可能很快会在糖尿病方面有一个突破性进展。

巴西也正在扶持其生物技术产业,巴西从圣保罗科学基金中设立专项启动资金,开始了一

项总计达 2000 万美元,包括 62 个实验室 200 名科学家在内的计划,科学家们已经完成了癌症基因组 73000 个碱基的测序工作。巴西科学家在癌症基因组测序方面处于领先,于 2002 年完成乳腺癌基因组的全长测序。

从生物医药行业的发展态势窥视生物技术产业的发展,可以预见,生物技术处于争分夺秒的竞争之中。竞争与合作机会并存,一项新的生物技术成果的诞生有可能带动行业新的格局的形成。

2.生物技术渗入到工业产业中是提高工业生物技术效能的主方向

工业生物技术的发展趋势是向着能够大大提高工业生物技术效能的方向发展。未来亟待解决的关键技术和问题有以下几项。

(1)微生物资源库和微生物功能基因组学技术

微生物菌种或酶是工业生物技术的基础。从自然界中筛选所需要的菌种是目前工业生物技术的主要特点,大部分成功的高产工业化菌株是从自然界筛选得到的野生型菌株。但是,目前人类筛选的范围十分有限,仅占微生物总数的 0.1%~1%,需要拓展筛选范围。目前,至少有 58 个国家建立了 484 个菌种保藏中心,保藏菌种 80 多万株,现已开发的商品酶有 200 种左右。可是现有的资源库远远不能满足工业生物技术的需要。

美国、日本、欧洲等对新来源的菌种研究非常重视,特别是对耐热、耐酸碱、耐盐和耐有机溶剂的极端微生物的工业生物催化应用表现出巨大兴趣。一些生物技术公司从全球的自然环境采集样品,并提取微生物 DNA,用高通量方法筛选微生物的新基因和代谢产物,从而获得了大量具有开发前景的酶和生物活性物质。

(2)生物催化剂快速定向改造新技术

近年来发展起来的蛋白质定向进化技术大大加速了人类改造酶原有功能和开发新功能的步伐。如枯草杆菌蛋白酶 E 在有机溶剂中的活性提高了 170 倍;细胞色素 P450 酶对新底物的利用提高了 5~20 倍;辣根过氧化酶在酵母中的表达产量提高了 88 倍。目前,定向进化的主要研究方向是:提高热稳定性,提高有机溶剂中酶的活性和稳定性,扩大底物的选择性,改变光学异构体的选择性等。定向进化的核心技术为易错 PCR 技术、DNA 改组技术及高通量筛选技术。

(3)重要工业微生物的代谢工程

过去 10 多年,以主要工业微生物为对象的基因组学、蛋白质组学和代谢组学研究非常活跃。随着对微生物代谢网络研究的深入及 DNA 重组技术的日趋完善,通过基因克隆技术改变微生物代谢途径的某些关键步骤大大提高了产物产率;通过基因重组技术改变微生物的代谢途径,还能生产出传统发酵工业无法获得的新产品。微生物基因组学和代谢组学的快速发展,对代谢工程有极大的推动作用。大量新生物化学合成途径的解析,为生产化学品创造了前所未有的特殊机会。

(4)生物催化剂和环境因素的相互作用关系

探索催化剂生物特性与工业转化条件相互作用关系以及相互适应的规律,是实现工业生物催化的适应性和高效性的基础。我们应研究在人工环境下生物催化剂分子结构的变化、失活机理,探讨提高生物稳定性的一般性方法,研究与生物催化剂适应的人工微环境因素、介质工程及生物转化过程强化的方法。

(5)生物催化过程耦合、强化与集成

现代过程工程的原理和手段,包括单元操作的集成和优化、过程耦合和强化,已逐步应用于生物催化和转化过程。利用反应和分离耦合的原理,可大幅度提高反应体系浓度,缩短生物转化生产手性氨基酸和手性羧酸的工艺流程,降低成本。发展产物分离、纯化技术和装备,包括与生物反应相耦合的过程工程研究,将促进生物技术产业的升级。

3. 生物技术已经深入军事领域,空间生命科学正在形成

现代生物技术在军事领域的应用,使得信息获取及信息处理、指挥和控制自动化、仿生伪装隐身等能力大大增强;作战平台的作战效能和生存能力大幅度提高;新概念生物武器和军事后勤装备将给未来战争及其保障带来革命性的变化。

近几年,我国的空间生命科学又在制药领域迈出了一大步。西安亨通光华制药有限公司运用太空科技研制出免疫增强类药品"神舟三号"——甘露聚糖肽口服液,是国内首次成功地将空间科技用于制药领域,充分展示了空间生物技术产业化的美妙前景。

4. 资本市场与生物技术的结合是发展生物技术的必经之路

21世纪的世界生物技术工业将出现新药上市的高潮,世界各国都在改变21世纪科技发展的重点和战略目标,生命科学和生物技术的研究将是新世纪研究的重点,对于资本市场而言,这是一个充满期待的参与、推进和互动过程。

对我国而言,虽然我国的生物制药上市公司离真正优秀的生物制药企业的目标还有很大距离,我国生物制药业的真正繁荣还需要经历许多起伏,但从发展趋势来看,作为一个国际性的投资热点,它的上升是必然的。探讨产学研结合之路,多渠道筹集项目开发资金,增加科技风险投资,提高技改与创新能力,重视开发有自主知识产权的生物医药新产品将是我国今后的发展方向。在正确认识生物制药行业的高投入、高风险、高回报这一规律的基础上,投资者极可能获得巨大的商机。

第 2 章　基因工程技术及发展

2.1　基因工程概述

自沃森(J. Watson)和克里克(F. H. C. Crick)于 1953 年提出 DNA 的双螺旋结构模型以来,我们了解到基因是染色体上具有一定功能的 DNA 片段。1958 年 Crick 提出遗传信息传递的中心法则。1971 年 Crick 对中心法则做了进一步补充,提出三角形中心法则。中心法则阐明了贮存在核酸中的遗传信息的连续性和传递的方向。20 世纪 60 年代末 70 年代初,DNA 限制性内切酶及连接酶的发现使 DNA 体外操作成为可能。1972 年,美国斯坦福大学 S. Cohen 及其研究者首先在体外进行了改造 DNA 的研究,成功地构建成世界上第一个体外重组的人体 DNA 分子。1973 年,将体外重组的 DNA 分子导入大肠杆菌中,从而完成了 DNA 体外重组和扩增的全过程,此时,一门新的生物学科——基因工程学诞生。

2.1.1　基因工程的定义

基因工程,是指根据人们的需要,用类似工程设计的方法将不同来源的基因(DNA 分子),在体外构建成杂种 DNA 分子,然后导入受体细胞,并在受体细胞内复制、转录、表达的操作。基因工程最突出的优点是打破了常规育种难以突破的物种之间的界限,可以使原核生物与真核生物之间,动物与植物之间,甚至人与其他生物之间的遗传信息进行相互重组和转移。人的基因可以转移到大肠杆菌(E. coli)中表达,细菌的基因可以转移到动植物中表达。

基因工程包括:①分离制备带有目的基因的 DNA 片段;②在体外,将目的基因连接到适当的载体上;③将重组 DNA 分子导入受体细胞,并扩增繁殖;④从大量的细胞繁殖群体中,筛选出获得了重组 DNA 分子的重组体克隆;⑤外源基因的表达和产物的分离纯化。现代分子生物学实验方法的进步,为基因工程的创立和发展奠定了强有力的技术基础。基因工程的基本实验技术,除了较早出现的密度梯度超速离心和电子显微镜技术之外,还包括 DNA 分子的切割与连接、核酸分子杂交、凝胶电泳、细胞转化、DNA 序列结构分析以及基因的人工合成、基因定点突变和 PCR 扩增等多种新技术、新方法。

2.1.2　基因工程研究的理论依据

基因工程研究的理论依据可以总结为以下几点:
(1)多肽与基因之间存在对应关系
一种多肽就有一种相对应的基因。因此,基因的转移或重组最终可以根据其表达产物多肽的性质来考察。

（2）不同基因具有相同的物质基础

地球上的几乎所有生物，从细菌到高等动物和植物，直至人类，它们的基因都是一个具有遗传信息的 DNA 片段。而所有生物的 DNA 的组成和基本结构都是一样的。因此，不同生物的基因（DNA 片段）原则上是可以重组互换的。虽然某些病毒的基因定位在 RNA 上，但是这些病毒的 RNA 仍可以通过反转录产生 cDNA（Complementary，DNA，互补 DNA），并不影响不同基因之间的重组。

（3）基因可以通过复制把遗传信息传递给下一代

经重组的基因在合适条件下是能传代的，可以获得相对稳定的转基因生物。

（4）基因是可以转移的

携带基因的 DNA 分子可以在不同生物体之间转移，或者在生物体内的染色体 DNA 上移动，甚至可以在不同染色体间跳跃，插入到靶 DNA 分子之中。因此，基因是可以转移的，而且是可以重组的。

（5）基因是可以切割的

基因直线排列在 DNA 分子上，除少数基因重叠排列外，大多数基因彼此之间存在着间隔序列。因此，作为 DNA 分子上一个特定核苷酸序列的基因，允许从 DNA 分子上一个一个完整地切割下来。即使是重叠排列的基因，也可以把其中需要的基因切割下来，虽然这样破坏了其他基因。

（6）遗传密码是通用的

一系列三联密码子同氨基酸之间的对应关系，在生物中都是相同的（有极少数例外），即遗传密码是通用的，蛋白质合成使用同一套遗传密码（表 2-1）。重组 DNA 分子不管导入什么样的生物细胞中，只要具备转录翻译的条件，遗传密码均能转录翻译出一样的氨基酸，也包括人工合成的 DNA 分子。

表 2-1　编码氨基酸的通用遗传密码子

氨基酸	密码子	氨基酸	密码子
甲硫氨酸	AUG	半胱氨酸	UGU，UGC
色氨酸	UGG	异亮氨酸	AUU，AUG，AUA
苯丙氨酸	UUU，UUC	缬氨酸	GUU，GUC，GUA，GUG
酪氨酸	UAU，UAC	脯氨酸	CCU，CCC，CCA，CCG
组氨酸	CAU，CAC	苏氨酸	ACU，ACC，ACA，ACG
谷氨酰胺	CAA，CAG	丙氨酸	GCU，GCC，GCA，GCG
天冬酰胺	AAU，AAC	甘氨酸	GCU，GCC，GCA，GGG
赖氨酸	AAA，AAG	亮氨酸	UUA，UUG，CUU，CUC，CUA，CUG
天冬氨酸	GAU，GAC	丝氨酸	UCU，UCC，UCA，UCGAGU，AGC
谷氨酸	GAA，GAG	精氨酸	UGU，CGC，CGA，CGG，AGA，AGG

2.1.3　基因工程操作的基本步骤

基因工程操作的基本步骤主要包括以下几步(图 2-1)：

①分。从供体生物的基因组中分离获得含有目的基因的 DNA 片段。

②切。目的 DNA 与载体的切割。

③接。目的 DNA 与载体的连接,形成重组子。

④转。将重组子引入受体细胞,培养扩增带有重组子的受体细胞,获得大量的细胞繁殖群体。

⑤筛。筛选和鉴定转化细胞,获得目的基因高效稳定表达的基因工程菌或细胞。

⑥表。将筛选出的细胞所克隆的目的基因进一步研究分析,设法使之实现功能蛋白的表达。

广义的基因工程还包括下游纯化及应用技术。

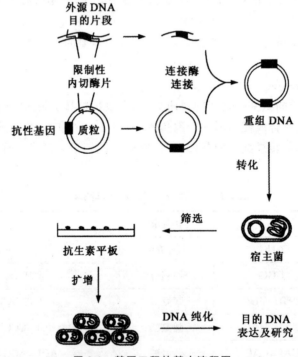

图 2-1　基因工程的基本流程图

2.1.4　基因工程研究的意义

经过近半个世纪的分子生物学和分子遗传学的研究,我们知道基因是控制一切生命运动的物质形式。由于基因工程能够按照人们的设计蓝图,将生物体内控制性状的基因进行优化重组,并使其稳定遗传和表达。简化了生物物种的进化程序,大大加快了生物物种的进化速度,因此,基因工程诞生具有重大意义。

基因工程研究与发展的意义体现在三个方面:①大规模生产生物分子。利用细菌(如大肠杆菌、酵母菌等)基因表达调控机制相对简单和生长速度较快等特点,令其超量合成其他生物体内含量极微但却具有较高经济价值的生化物质。②设计构建新物种。借助于基因重组、基因定向诱变,甚至基因人工合成技术,创造出自然界中不存在的新性状生物乃至全新物种。③搜寻、分离和鉴定生物体的遗传信息资源。目前,日趋成熟的 DNA 重组技术已能使人们获得全部生物的基因组,并迅速确定其相应的生物功能。

自基因工程问世以来,传统的生产方式和产业结构发生了巨大变化,目前其正迅速地向经济和社会的很多领域渗透和扩散。各国决策者从战略上竞相拟订宏伟的基因工程研究发展计划,争取主动权。一些有远见的企业家会越来越看重基因工程相关产业的发展,并将投入巨资开发基因工程产品。

(1)促进工业技术革命

1980 年 11 月 15 日,美国纽约证券交易所高科技股的主旋律在大厅奏响。开盘的 20 min 内,Genentech 公司的新上市股票从 3.5USD 飙升至 89USD,创下股市历史中罕见的一幕。该公司是基因工程产品的生产者,通过工程菌发酵生产人胰岛素。人们对基因工程产品的期望由此可见一斑。在美国注册的生物工程公司目前已经超过 1500 余家。1986 年全球基因工程产业的销售额才 600 万美元,到 1993 年已经增至 34 亿美元,而现在全球生物技术产品销售额已经超过 1000 亿美元,且每年以 19% 的速度增长。生物技术在全球经济中起到十分重要的作用。

(2)促进医学技术的发展

自从麻醉外科术带来第一次医学革命以来,可以说基因工程技术是医药技术的又一次重大技术变革。表现在两个方面:一是分子遗传病的诊断与预防,人类遗传疾病是因为遗传物质 DNA 分子(基因)的异常变化而产生的疾病,基因诊断法作为遗传疾病诊断的首要技术显得十分重要;二是基因治疗,基因治疗(gene therapy)是用正常基因取代病人细胞中的缺陷基因,以达到战胜分子病的目的。基因治疗有两种基本的方法:胚胎治疗和体细胞治疗。

(3)促进农业传统技术革新

植物基因工程技术的发展极大地促进了农业技术的革命,农业在经历第一次技术革命(绿色革命)之后,基因工程对农业技术的促进与发展是前所未有的,因此也有人称基因工程引起了第二次农业技术革命。比如在植物保护领域方面生产蛋白类杀虫剂(生物农药),使用抗虫基因导入植物获得抗广谱虫害植物;在农作物品种改良通过引进外源基因生产超级作物,具有高营养、长保存、抗环境压力能力强的作物新品种;在花卉改良上生产多颜色与奇异花朵形状的高观赏价值的新品种;在畜牧业上,转基因动物产出高蛋白乳汁,鱼的生长激素的导入或利用使鱼的生长速度加快,利用生物酶生产高效饲料,其利用率大大提高;而生物固氮基因可以使转基因作物直接利用空气中的氮气,将无机态氮转变为有机态氮作为植物生长的营养,节省化肥的使用。

今后,基因工程将重点开展基因组学、基因工程药物、动植物生物反应器和环保等方面的研究。通过这些方面的研究、开发,将对人类生活质量的全面改善、健康水平的全面提高、人类赖以生存的环境从根本上得到优化做出巨大的贡献。

2.2 DNA 重组

在漫长的生物进化过程中,基因重组从来没有停止过。在自然力量作用下,通过基因突变、基因转移和基因重组等途径,推动生物界不断进化,使物种趋向完善,出现了今天各具特性的繁多物种。但是地球上没有一种完美无缺的生物,这促使科技工作者不断寻求新的技术和方法对生物加以改造。而基因工程技术的诞生使人们能按照自己的愿望,打破物种界限,通过体外 DNA 重组和转移等技术,有目的地改造生物种性,创造出新的生物类型。

2.2.1 DNA 的组成及结构

DNA 是一类由 4 种脱氧核苷酸按照一定的顺序聚合而成的大分子。脱氧核苷酸分子由脱氧核糖、碱基和磷酸基团组成。脱氧核糖的第一位碳原子(1′)上连接一个碱基,第五位碳原子(5′)上连接一个磷酸基团,组成一个脱氧核苷酸。一个脱氧核苷酸的脱氧核糖的 5′磷酸基团和另一个脱氧核苷酸的脱氧核糖的 3′羟基结合形成磷酸二酯键,把两个脱氧核苷酸连接在一起。多个脱氧核苷酸按此方式连接成多聚脱氧核苷酸,其一端为游离的 5′磷酸基团(5′-P),称为 5′端,而另一端为游离的 3′羟基(3′-OH),称为 3′端(图 2-2)。如果连接成的多聚脱氧核

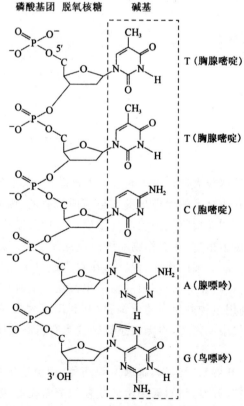

图 2-2　DNA 的一段多聚脱氧核苷酸链

苷酸是环状的,则无游离的 5′端和 3′端。

组成 DNA 的碱基有腺嘌呤(A)、鸟嘌呤(G)、胞嘧啶(C)和胸腺嘧啶(T)4 种,分别含有这 4 种碱基的脱氧核苷酸依次称为腺嘌呤脱氧核苷酸、鸟嘌呤脱氧核苷酸、胞嘧啶脱氧核苷酸和胸腺嘧啶脱氧核苷酸。多聚脱氧核苷酸链中,各种脱氧核苷酸的脱氧核糖和磷酸基团的结构和位置是一致的,不同的只是碱基,因此在多聚脱氧核苷酸链(DNA 链)中的脱氧核苷酸可以用碱基来表示。例如,从 5′端开始依次由鸟嘌呤脱氧核苷酸、胞嘧啶脱氧核苷酸、胞嘧啶脱氧核苷酸、腺嘌呤脱氧核苷酸、胸腺嘧啶脱氧核苷酸连接成的多聚脱氧核苷酸链可用碱基 5′-GCCAT-3′表示。

DNA 通常以双链形式存在。两条脱氧核苷酸链总是按照碱基 A 与 T 互补配对和 G 与 C 互补配对的,通过氢键形成稳定的双螺旋结构,称为双链 DNA(图 2-3)。绝大部分生物细胞中的 DNA 都是双链 DNA,只有少数病毒(或噬菌体)中的 DNA 是以单链形式存在的。

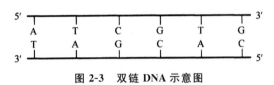

图 2-3　双链 DNA 示意图

由于双链 DNA 是靠互补配对的碱基之间的氢键维持的,因此当溶解在溶液中的双链 DNA 处于较高温度条件下时,氢键断开而解链成单链 DNA,此过程称为 DNA 变性。DNA 溶液加热到 90℃时,就足以使 DNA 完全变性。高温变性的 DNA 被逐渐冷却时,分开的两条单链 DNA 又会重新结合成双链 DNA,此过程称为 DNA 复性。在复性条件下,即使不是同一个 DNA 分子变性产生的两条单链 DNA,或者是人工合成的两条单链 DNA,只要它们之间的碱基序列是互补的,同样可以复性。甚至于 DNA 与 RNA 之间,如果序列中碱基互补(除 G 与 C 配对外,RNA 的 U 与 DNA 的 A 配对),在复性条件下也同样可以互相结合,成为双链杂种分子。在基因工程的很多操作过程中常常利用 DNA 变性和复性的性质。

由于双链 DNA 中碱基是互补配对的,因此当一条 DNA 链的核苷酸序列已经知道时,另外一条 DNA 链的核苷酸序列也就可以知道。因此为便于书写,双链 DNA 的核苷酸序列往往以 5′→3′走向的单链 DNA 的核苷酸序列来表示,如 DNA 片段 $\begin{matrix} 5'\text{-GATCATGCCATC-}3' \\ 3'\text{-CTAGTACGGTAG-}5' \end{matrix}$ 可写成 5′-GATCATGCCATC-3′。

生物体内的 DNA 分子有的以线形存在,有的以环状存在。几乎所有真核生物的染色体 DNA 都是线形 DNA,小部分原核生物的染色体 DNA 也是以线形存在的。而大部分原核生物的染色体 DNA 和全部线粒体 DNA、叶绿体 DNA 及细菌的质粒 DNA 全是环状 DNA 分子。病毒和噬菌体中有的含线形 DNA,有的含环状 DNA。

2.2.2　获取 DNA 片段

1. 限制性内切核酸酶和 DNA 片段化

DNA 体外重组,首先必须获得需要重组和能够重组的 DNA 片段。用限制性内切核酸酶酶切 DNA 分子是获得这种 DNA 片段的主要途径。限制性内切核酸酶(restriction endonu-clease)是一类能识别双链 DNA 中特殊核苷酸序列,并在合适的反应条件下使每条链一定位点上的磷酸二酯键断开,产生具有 $5'$-磷酸基(—P)和 $3'$ 羧基(—OH)的 DNA 片段的内切脱氧核糖核酸酶(endo—deo xyri bonuclease)。至今发现的限制性内切核酸酶有Ⅰ型酶、Ⅱ型酶和Ⅲ型酶,它们各具特性。基因工程操作中真正有用的是Ⅱ型酶,如果没有专门说明,通常所说的限制性内切核酸酶就是Ⅱ型酶。Ⅱ型酶识别核苷酸序列的特异性强,切割的位点固定,它只特异性切割核酸而不修饰碱基,并且切割核酸时不需要消耗 ATP。

(1)限制性内切核酸酶的识别序列

限制性内切核酸酶在双链 DNA 上能够识别的核苷酸序列被称为识别序列。各种限制性内切核酸酶各有相应的识别序列。现在发现的多数限制性内切核酸酶的识别序列由 6 个核苷酸对组成。例如,常用的限制性内切核酸酶 *Eco*RⅠ、*Hind*Ⅲ 和 *Bam*HⅠ 的识别序列分别是 $\frac{\text{GAATTC}}{\text{CTTAAG}}$、$\frac{\text{AAGCTT}}{\text{TTCGAA}}$ 和 $\frac{\text{GGATCC}}{\text{CCTAGG}}$。少数限制性内切核酸酶的识别序列由 4 个或 5 个核苷酸对组成,或者由多于 6 个核苷酸对组成,如 *Sau*3A 的识别序列是 $\frac{\text{GATC}}{\text{CTAG}}$,*Mae*Ⅲ 的识别序列是 $\frac{\text{GTNAC}}{\text{CANTG}}$,*Dra*Ⅱ 的识别序列是 $\frac{\text{PuGGNCCPy}}{\text{PyCCNGGPu}}$(N 代表 A 或 T 或 G 或 C,Pu 代表 A 或 G,Py 代表 T 或 C)。从以上列举的各种限制性内切核酸酶的识别序列可以看出,它们具有共同的规律性,即呈旋转对称或左右互补对称。$\frac{\text{GATC}}{\text{CTAG}}$ 和 $\frac{\text{AAGCTT}}{\text{TTCGAA}}$ 等由偶数核苷酸对组成的识别序列,则以纵中线为轴,两侧的核苷酸互补对称。$\frac{\text{GTNAC}}{\text{CANTG}}$ 和 $\frac{\text{PuGGNCCPy}}{\text{PyCCNGGPu}}$ 等奇数核苷酸对组成的识别序列,则以 $\frac{\text{N}}{\text{N}}$ 为轴,两侧的核苷酸互补对称。为了便于书写,识别序列可以以 $5'{\rightarrow}3'$ 走向的单链 DNA 核苷酸表示。例如,识别序列 $\frac{5'\text{-AAGCTT-}3'}{3'\text{-TTCGAA-}5'}$ 就可以写成 AAGCTT。

有的限制性内切核酸酶可识别两种以上的核苷酸序列,如 *Acc*Ⅰ 既可识别 GTATAC,又可识别 GTCGAC;*Dde*Ⅰ 可识别的核苷酸序列有 CTAAG、CTTAG、CTGAG 和 CTCAG。这样的限制性内切核酸酶为获得多种酶切片段提供了方便。

另有一些限制性内切核酸酶虽然来源不同,但是具有相同的识别序列。这样的限制性内切核酸酶被称为同裂酶(isoschizomer),如 *Bam*HⅠ 和 *Bst*Ⅰ 为同裂酶,具有相同的识别序列 GGATCC。同裂酶可以具有不同的酶切位点,也可以具有相同的酶切位点。前者肯定是两种不同的限制性内切核酸酶,而后者往往是从不同生物中提取到的同一种限制性内切核酸酶。

(2)限制性内切核酸酶的酶切位点

DNA 在限制性内切核酸酶的作用下,使多聚核苷酸链上磷酸二酯键断开的位置被称为酶切位点,可用 ↓ 表示。限制性内切核酸酶在 DNA 上的酶切位点一般是在识别序列内部,如 G↓GATCC、AT↓CGAT、GTC↓GAC、CCGC↓GG、AGCGC↓T 等。少数限制性内切核酸酶在 DNA 上的酶切位点在识别序列的两侧,如 ↓GATC、CATG↓、↓↓CCAGG 等。

DNA 分子经限制性内切核酸酶酶切产生的 DNA 片段末端,因所用限制性内切核酸酶不同而不同(图 2-4)。两条多聚核苷酸链上磷酸二酯键断开的位置如果是交错的,产生的 DNA 片段末端的一条链多出一至几个核苷酸,这样的末端称为黏性末端。DNA 片段末端的 3′端比 5′端长的称为 3′黏性末端,DNA 片段 5′端比 3′端长的称为 5′黏性末端。如果两条多聚核苷酸链上磷酸二酯键断开后产生的 DNA 片段末端是平齐的,称为平末端。不管是黏性末端还是平末端,5′端一定是—P,3′端一定是—OH。

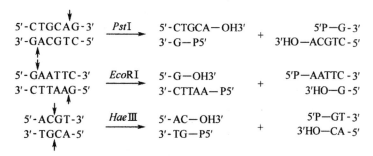

图 2-4　限制性内切核酸酶酶切 DNA 的位点和酶切片段的末端

有些限制性内切核酸酶虽然识别序列不同,但是酶切 DNA 分子产生的 DNA 片段具有相同的黏性末端,称这样的一组限制性内切核酸酶为同尾酶(isocaudamers)。例如,*Taq*Ⅰ、*Cla*Ⅰ和 *Acc*Ⅰ为一组同尾酶,其中任何一种酶酶切 DNA 分子,均产生 5′-CG 黏性末端。同尾酶在基因重组操作中有特殊的用途。

(3)限制性内切核酸酶反应系统

限制性内切核酸酶同其他酶类一样,反应系统除酶本身外,还应包括反应底物和反应缓冲液,并且还需要合适的反应温度。限制性内切核酸酶的反应底物是环状的或线形的双链 DNA 分子(或 DNA 片段)。厂家提供某种限制性内切核酸酶时,一般同时提供一种相应的反应缓冲液。大多数限制性内切核酸酶的最适反应温度是 37℃。

(4)用限制性内切核酸酶酶切 DNA 的方法

常用的酶切方法有单酶切、双酶切和部分酶切等几种。

①单酶切法。这是用一种限制性内切核酸酶酶切 DNA 样品。若 DNA 样品是环状 DNA 分子,完全酶切后,产生与识别序列数(72)相同的 DNA 片段数,并且 DNA 片段的两末端相同。若 DNA 样品本来就是线形 DNA 片段,完全酶切的结果,产生 $n+1$ 个 DNA 片段数(图 2-6),其中有两个片段的一端仍保留原来的末端。

②双酶切法。这是用两种不同的限制性内切核酸酶酶切同一种 DNA 分子的方法。DNA 分子无论是环状 DNA 分子,还是线形 DNA 片段,酶切结果,DNA 片段的两个黏性末端是不同的(用同尾酶酶切除外)。环状 DNA 分子完全酶切的结果,产生的 DNA 片段数是两种限制性内切核酸酶识别序列数之和。线形 DNA 片段完全酶切的结果,产生的 DNA 片段数是两种限制性内切核酸酶识别序列数加 1。

③部分酶切法。部分酶切指选用的限制性内切核酸酶对其在 DNA 分子上的全部识别序列进行不完全的酶切(图 2-5)。导致部分酶切的原因有底物 DNA 的纯度低、识别序列的甲基化、酶用量不足、反应时间不够及反应缓冲液和温度不适宜等。部分酶切会影响获得需

要的 DNA 片段的得率。但是从另一方面说，有时根据重组 DNA 的需要，还专门创造部分酶切的条件，可以获得需要的 DNA 片段（图 2-5），用 $EcoRI$ 部分酶切后可获得 2.0 kb 待用片段。

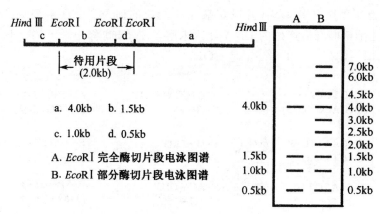

图 2-5　DNA 酶切片段电泳示意图

2. 特异性 DNA 片段的 PCR 扩增

1983 年产生了体外扩增 DNA 片段的方法，即聚合酶链反应（polymerase chain reaction，PCR）。采用这种方法，在反应系统中只要有一个待扩增的 DNA 拷贝，在短时间内就能扩增出大量拷贝数的待扩增 DNA 片段，可满足用于常规方法的 DNA 检测和 DNA 重组。

（1）PCR 基本原理

PCR 是模仿细胞内发生的 DNA 复制过程进行的，以 DNA 互补链聚合反应为基础，通过靶 DNA 变性、引物与模板 DNA（待扩增 DNA）一侧的互补序列复性杂交、耐热性 DNA 聚合酶催化引物延伸等过程的多次循环，产生待扩增的特异性 DNA 片段。一般反应过程是：①反应系统加热至 90℃～95℃，双链 DNA 变性成为两条单链 DNA，作为互补链聚合反应的模板；②降温至 37℃～60℃，使两种引物分别与模板 DNA 链的 3′一侧的互补序列杂交（复性）；③升温至 70℃～75℃，耐热性 DNA 聚合酶催化引物按 5′→3′，方向延伸，合成模板 DNA 链的互补链。重复以上过程，经过 3 次循环，就可以出现待扩增的特异性 DNA 片段（图 2-6）。

由于上一次循环合成的两条互补链均可作为下一次循环的模板 DNA 链，因此每循环一次，底物 DNA 的拷贝数增加 1 倍。因此 PCR 经过行次循环后，待扩增的特异性 DNA 片段理论上达到 2^n 个拷贝数。如经过 25 次循环后，则可产生 2^{25}（约 $3.4×10^7$）个拷贝数的特异性 DNA 片段。但是，由于每次 PCR 的效率并非 100%，并且扩增产物中还有部分 PCR 的中间产物，因此 25 次循环后的实际扩增倍数为 $1×10^6$～$3×10^6$。采用不同 PCR 扩增系统，扩增的 DNA 片段长度可从几百碱基对（bp）到数万碱基对。

（2）耐热性 DNA 聚合酶

耐热性 DNA 聚合酶的发现，使 PCR 扩增特异性 DNA 片段成为可能。由于这种酶在靶 DNA 变性的高温下仍保持活性，因此在 PCR 扩增特异性 DNA 片段的全过程中，只需一次性加入反应系统中，不必在每次高温变性处理后再添加酶。目前用于 PCR 的耐热性 DNA 聚合酶主要有：Taq DNA 聚合酶、Pwo DNA 聚合酶和 Tth DNA 聚合酶等。

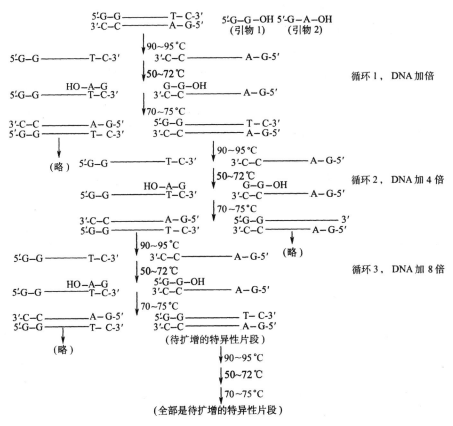

图 2-6　PCR 扩增特异性 DNA 片段过程

（3）PCR 引物

引物是 PCR 过程中与模板 DNA 部分序列互补,并能引导模板 DNA 互补 DNA 链合成的一种脱氧核苷酸寡聚体,其 3′端必须具有游离的—OH。引物按预先设计用化学方法合成,其长短与 PCR 过程的特异性高低密切相关,一般来说,引物长的,特异性高。为扩增特异性高的 DNA 片段,一般设计的引物由 20～30 个核苷酸组成。

（4）DNA 片段 PCR 扩增系统

自从建立 DNA 片段的 PCR 扩增系统以来,无论在 PCR 技术的研究上,还是在 PCR 技术的应用上,发展都非常迅速。根据扩增不同 DNA 片段的需要,至今已建立了多种 PCR 扩增系统。例如,套式 PCR、反向 PCR、不对称 PCR、锚定 PCR、长程 PCR、反转录 PCR、锅柄 PCR、Alu PCR、多重 PCR、原位 PCR、定量 PCR、免疫 PCR 和抑制 PCR 等扩增系统。

3.DNA 片段的化学合成

现在用化学方法合成 DNA 片段是一种十分成熟和简便的技术。根据待合成的 DNA 片段预定的核苷酸序列,利用 DNA 自动合成仪可自动将 4 种核苷酸单体按 3′→5′磷酸二酯键连接成寡核苷酸片段。目前常用此方法合成引物、寡核苷酸连杆及基因片段等。

（1）合成引物

除上述的 PCR 引物外,常用的还有核苷酸序列测序引物及合成 cDNA 的引物等。

（2）合成 DNA 寡核苷酸连杆

寡核苷酸连杆(linker)是一种按预先设计,化学合成的寡核苷酸片段。寡核苷酸连杆一般由 8～12 个核苷酸组成,以中线为轴两侧互补对称。其上有一种或几种限制性内切核酸酶的识别序列,使连接了寡核苷酸连杆的 DNA 片段经过这些限制性内切核酸酶酶切后,可以产生一定的黏性末端,便于与具有相同黏性末端的另一 DNA 片段连接。有的寡核苷酸连杆超过100 个核苷酸,其上有多种限制性内切核酸酶识别序列,不仅可作为连杆,而且被组装在克隆载体上成为多克隆位点(MCS)。这样的连杆被称为多克隆位点寡核苷酸连杆或简称 MCS 连杆。如果连杆的两端已具有一种或两种限制性内切核酸酶酶切产生的黏性末端,可直接使两DNA 片段连接,也称为衔接头或接头(adaptor)。

（3）合成基因片段

根据某基因测定的核苷酸序列,或者根据蛋白质氨基酸序列推导的核苷酸序列,可以用DNA 自动合成仪化学合成相应的基因片段。

此外,根据需要还可以合成含基因不同组件的 DNA 片段。

2.2.3　DNA 片段的连接

基因工程的实质是基因重组。基因之所以能够在试管内进行重组,是因为 DNA 片段在DNA 连接酶作用下能够进行连接,组成重组 DNA 分子。

1. DNA 连接酶

DNA 连接酶(DNA ligase)能催化双链 DNA 片段紧靠在一起的 3′-OH 与 5′-P 之间形成磷酸二酯键,使两末端连接。目前用于试管中连接 DNA 片段的 DNA 连接酶主要是 *E. coli*DNA 连接酶和 T₄DNA 连接酶。*E. coli* DNA 连接酶只能催化双链 DNA 片段互补黏性末端之间的连接,而 T₄DNA 连接酶既可用于双链 DNA 片段互补黏性末端之间的连接,也能催化双链 DNA 片段平末端之间的连接,但平末端之间连接的效率比较低。

2. DNA 片段之间的连接

（1）互补黏性末端片段之间的连接

连接反应一般可用 *E. coli* DNA 连接酶,也可用 T₄DNA 连接酶。待连接的两个 DNA 片段的末端如果是用同一种限制性内切核酸酶酶切的,连接后仍保留原限制性内切核酸酶的识别序列。如果是用两种同尾酶酶切的,虽然产生相同的互补黏性末端,可以有效地进行连接,但是获得的重组 DNA 分子往往缺少了原来用于酶切的那两种限制性内切核酸酶的识别序列。

（2）平末端 DNA 片段之间的连接

连接反应需用 T₄DNA 连接酶。只要两个 DNA 片段的末端是平末端的,不管是用限制性内切核酸酶酶切后产生的,还是用其他方法产生的,都可以进行连接。如果在两种不同限制性内切核酸酶酶切后产生的平末端 DNA 片段之间进行连接,连接后的 DNA 分子失去了那两种限制性内切核酸酶的识别序列。如果两个 DNA 片段的末端是用同一种限制性内切核酸酶酶切后产生的,连接后的 DNA 分子仍保留那种酶的识别序列,有的还出现另一种新的限制性内切核酸酶识别序列。

(3)DNA 片段末端修饰后进行连接

待连接的两个 DNA 片段经过不同限制性内切核酸酶酶切后,产生的末端未必是互补黏性末端,或者未必都是平末端,无法进行连接。在这种情况下,连接之前必须对两个末端或一个末端进行修饰。修饰的方式主要是采用外切核酸酶Ⅶ(exonuclease Ⅶ,Exo Ⅶ)将黏性末端修饰成平末端;采用末端脱氧核苷酸转移酶(简称末端转移酶)将平末端修饰成互补黏性末端。有时为了避免待连接的两个 DNA 片段自行连接成环形 DNA,或自行连接成二聚体或多聚体,可采用碱性磷酸酯酶使其中一种 DNA 片段 5′ 端的—P 修饰成—OH,即脱磷酸化。

(4)DNA 片段加连杆或衔接头后连接

如果要连接既不具互补黏性末端又不具平末端的两种 DNA 片段,除了上述用修饰一种或两种 DNA 片段末端后进行连接的方法外,还可以采用人工合成的连杆或衔接头。先将连杆连接到待连接的一种或两种 DNA 片段的末端,然后用合适的限制性内切核酸酶酶切连杆,使待连接的两种 DNA 片段具互补黏性末端,最后在 DNA 连接酶催化下使两种 DNA 片段连接,产生重组 DNA 分子。

2.3　工具酶

通常将基因克隆过程中所需要的酶称为工具酶。基因工程涉及众多的工具酶,可粗略地分为限制酶、连接酶、聚合酶和修饰酶四大类。其中,以 DNA 连接酶、聚合酶和限制性核酸内切酶在分子克隆中的作用最为突出。

2.3.1　DNA 连接酶

要将不同来源的 DNA 片段组成新的杂种 DNA 分子,还必须有"黏合剂"将它们彼此连接起来,DNA 连接酶就可以用来在体外连接 DNA 片段。DNA 连接酶的作用是将双螺旋 DNA 分子的某一条链上两个相邻核苷酸之间失去一个磷酸二酯键所出现的单链缺口封闭起来,即催化 3′-OH 和 5′-P 之间形成磷酸二酯键,从而将具黏性末端的双链 DNA、平末端双链 DNA 以及带缺口的双链 DNA 连接起来。

原核生物主要有两种类型的 DNA 连接酶:E. coli DNA 连接酶和 T₄ DNA 连接酶。基因工程中使用的主要是 T₄ DNA 连接酶,它是从 T₄ 噬菌体感染的 E. coli 中分离的一种单链多酞酶,相对分子质量为 68×10^3,由 T₄ 噬菌体基因 30 编码。E. coli DNA 连接酶由大肠杆菌基因 51 编码,也是一条多肽链的单体,相对分子质量为 7.4×10^4。这两种酶有两个重要差异:第一是它们在催化反应中所用的能量来源不同,T₄ DNA 连接酶用 ATP,而 E. coli DNA 连接酶则用 NAD 作为能源;第二是它们催化平末端连接的能力不同,在正常情况下只有 T₄ DNA 连接酶能够连接两条平末端的双螺旋的 DNA 片段,E. coli DNA 连接酶则不能。即使是调整反应条件,E. coli DNA 连接酶催化平末端的连接效率也只有 T₄ DNA 连接酶的 1%。

2.3.2 DNA 聚合酶

DNA 聚合酶的种类很多,它们在细胞中 DNA 的复制过程里起着重要的作用,而且分子克隆中的许多步骤也都涉及在 DNA 聚合酶催化下的 DNA 体外合成反应。这些酶作用时大多需要模板,合成产物的序列与模板互补。DNA 聚合酶包括大肠杆菌 DNA 聚合酶 I(全酶)、Klenow 片段、T_4 聚合酶、T_7 聚合酶、Taq DNA 聚合酶、反转录酶。

1.大肠杆菌 DNA 聚合酶 I

大肠杆菌 DNA 聚合酶工具有三种活性,即 $5'$-$3'$DNA 聚合酶活性、$3'$-$5'$外切酶活性及 $5'$-$3'$外切酶活性。

(1) $5'$-$3'$DNA 聚合酶活性

催化结合在 DNA 模板链上的引物核酸 $3'$-OH 与底物 dNTP 的 $5'$-PO_4 之间形成磷酸二酯键,释放出焦磷酸并使链延长,延长方向为 $5'$-$3'$,新合成链的核苷酸顺序与模板互补。反应需要 Mg^{2+},需要以单链 DNA 作模板,并需要引物,该引物的 $3'$端为 OH。

(2)$3'$-$5'$外切酶活性

从游离的 $3'$-OH 末端降解单链或双链 DNA 成为单核苷酸,其意义在于识别和消除不配对的核苷酸,保证 DNA 复制的忠实性。

(3)$5'$-$3'$外切酶活性

从 $5'$末端降解双链 DNA 成单核苷酸或寡核苷酸,也降解 DNA/RNA 杂交体的 RNA 成分(本核酸酶具有 RNA 酶 H 活性)。利用 $5'$-$3'$外切酶活性,可进行切口平移法标记 DNA,即在 $5'$端除去核苷酸,同时又在切口的 $3'$端补上核苷酸,从而使切口沿着 DNA 链移动。

2.大肠杆菌 DNA 聚合酶 I 大片段(Klenow 片段)

该酶是用枯草杆菌蛋白酶或胰蛋白酶处理大肠杆菌 DNA 聚合酶 I,而得到的 N 端 2/3 的大片段,也称为 Klenow 片段,该酶保留了 $5'$-$3'$DNA 聚合酶和 $3'$-$5'$外切酶活性,但失去了 $5'$-$3'$外切酶活性。

Klenow 片段的基本用途:补平由核酸内切酶产生的 $5'$黏性末端,或进行同位素标记。

3.T_4 噬菌体 DNA 聚合酶

T_4 噬菌体 DNA 聚合酶是从 T_4 噬菌体感染的大肠杆菌中分离出来的,与 Klenow 片段相似。当反应体系中 4 种 dNTP 都存在时,$5'$-$3'$聚合酶活性占主导地位,作用底物是结合有短的引物链的单链 DNA;当只有一种 dNTP 存在或无底物时,T_4 噬菌体 DNA 聚合酶有 $3'$-$5'$外切酶活性,从 $3'$-OH 端水解双链 DNA,直到露出与这种 dNTP 互补的碱基,然后在这个位置上发生合成和交换反应,例如以 dTTP 为原料,在 A 互补的位置上延伸一个 T,并以新的 dT-TP 交换这个 T。利用 T_4 噬菌体 DNA 聚合酶较强的 $3'$-$5'$外切酶活性和 $5'$-$3'$聚合酶活性,常用来标记双链 DNA 的 $3'$突出、$3'$缩进和平头末端。

4.耐热的 DNA 聚合酶

耐热的 DNA 聚合酶有 Taq、Pfu、Tfl 等,其中 Taq 酶是第一种在耐热菌中发现的耐热

DNA 聚合酶,在 95℃处理 2 h 其活性仍保持 40%,常用于 PCR 扩增 DNA 片段,其聚合的错误率约为 $2×10^{-4}$/bp。Pfu DNA 聚合酶具有 $3'\text{-}5'$外切酶的即时校正活性,可以即时地识别并切除错配核苷酸,因此,使用 Pfu 聚合酶进行 PCR 反应,比使用 Taq 聚合酶有较低的错配突变概率,保真性更高,与其他在 PCR 反应中使用的聚合酶相比,Pfu 聚合酶有着出色的热稳定性,以及特有的“校正作用”。但是,Pfu 聚合酶的效率较低。一般来说,在 72℃扩增 1 kb 的 DNA 时,每个循环需要 1~2 min。而且使用 Pfu 聚合酶进行 PCR 反应,会产生钝性末端的 PCR 产物。

2.3.3　限制性核酸内切酶

限制性核酸内切酶(Restriction Endonucleases,RE)是一类能够识别双链 DNA 分子中某种特定的核苷酸序列,并能精确特异地切割双链 DNA 分子的核酸内切酶。它被称为基因工程中的“万能手术刀”。

根据限制性核酸内切酶的性质,可将它分成三个主要类型:Ⅰ型、Ⅱ型、Ⅲ型。Ⅰ型限制性核酸内切酶为复合功能酶,具有限制、修饰两种功能,在 DNA 分子上没有固定的切割位点,一般在离切割位点 1 kb 到几千碱基的地方随机切割,不产生特异性片段。Ⅲ型酶与Ⅰ型酶基本相似,不同的是Ⅲ型酶有特异性的切割位点。所以,以上两类酶对 DNA 酶切分析意义不大。通常所说的限制性核酸内切酶是指Ⅱ型酶,它能够识别与切割 DNA 链上特定的核苷酸顺序,产生特异性的 DNA 片段。基因工程的操作中主要用的是Ⅱ型限制性核酸内切酶,故下面简称限制性核酸内切酶。

限制性核酸内切酶主要来源于微生物。目前为止,大量的限制性核酸内切酶被发现。为了便于酶在基因操作中的应用,对它进行了统一命名,命名方法如下:

①以产生该酶的微生物属名的第一个字母(大写)与种名的第一、第二个字母小写组成酶的基本命名。

②若有株系之分,则在其后再加一个字母(小写)表示。

③若同一株系中有不同的限制酶,则以发现和分离的先后次序用罗马数字表示。例如,从流感嗜血杆菌($Haemophilus\ influenzae$)d 株中先后分离出三个限制酶,则分别被命名为 $Hind$ Ⅰ、$Hind$ Ⅱ和 $Hind$ Ⅲ。

④若微生物有不同的变种和品系,则在其三个字母之后再加一个大写字母表示,如 $EcoR$ Ⅰ和 $BamH$ Ⅰ等。

限制性核酸内切酶识别的序列有一定的规律性。

1.每种酶都有其特定的 DNA 识别位点

识别位点通常是由 4~8 个核苷酸组成的特定序列(靶序列)。识别序列短的在 DNA 分子上出现的几率多,酶可把 DNA 分子切成较多的小片段。识别顺序长的则往往只切出少数大片段。这些酶切片段统称为限制性片段。根据不同限制性核酸酶在某 DNA 分子上的切点分布,可以绘出该 DNA 分子的“限制性图谱”即“酶切图谱”,也称“物理图谱”。限制性图谱可以反映出一个 DNA 片段或基因结构的基本特征。

2.靶序列通常具有双重旋转对称的结构

限制性核酸内切酶所识别的双链核苷酸顺序呈回文结构。例如,*EcoR* Ⅰ和 *Pst* Ⅰ(图 2-7)。

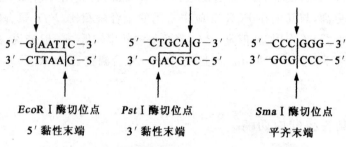

图 2-7　几种限制性核酸内切酶的识别序列及切割位点

(酶切位点用↑↓表示)

3.切割位点的规范性

切割位点绝大多数都在识别顺序之内。切口有时是平齐的,即双链的切点位置相同。如 *Sma* Ⅰ(图 2-7),因此把该类酶切割所形成的末端称为平齐末端。有时切口可带有一个短的单链末端,如 *EcoR* Ⅰ和 *Pst* Ⅰ(图 2-7)。这种短的单链末端,称为"黏性末端"。它与对应的单链末端很容易恢复原来的碱基配对,而粘接成双链,这在基因工程中十分有用。

有些限制性核酸内切酶虽然来源不同,但是能识别和切割相同的核苷酸靶序列,这类酶称为同裂酶。如 *Sma* Ⅰ *Xma* Ⅰ的识别序列均为:5′-CCCGGG-3′。

有些限制性内切酶识别的靶序列不同,但能产生相同黏性末端,这类酶称为同尾酶。例如,*BamH* Ⅰ、*Bcl* Ⅰ、*Bgl* Ⅱ、*Sau* Ⅰ、*Xho* Ⅱ酶,他们将不同 DNA 序列切割后均能产生 5′-GATC-3′四个核苷酸组成的黏性末端。需要特别注意的是由同尾酶产生的黏性末端序列很容易重新连接,但是两种同尾酶酶切产生的黏性末端重新连接形成的新片段将不能被该两种酶的任一种所识别。

同其他酶类反应一样,限制性核酸内切酶反应系统包括酶、底物、缓冲溶液,并需要合适的反应温度和时间。其中,底物是环状或线状的双链 DNA 分子;缓冲溶液中包括 Mg^{2+}、Tris-HCl、牛血清白蛋白(BSA 是中性蛋白,可防止酶浓度低时的变性)等,它们对维持酶的稳定性具有重要的作用;大多数限制性核酸酶的反应标准温度是 37℃,当然也有例外。

在基因工程中,限制性核酸内切酶的重要用途有:①用限制性核酸内切酶切出相同的黏性末端,以便重组;②建立 DNA 分子的限制性内切酶物理图谱;③在特异位点上切割 DNA,产生特异的 DNA 片段;④构建基因文库。

2.3.4　其他工具酶

1.单链特异性核酸酶(S1 核酸酶)

S1 核酸酶(S1 nuclease)是一种从米曲霉(*Aspergillus oryzae*)中分离的高度单链特异性核酸酶。它可以降解单链 DNA(ssDNA)或 RNA(ssRNA)或双链 DNA(dsDNA)和双链

RNA(dsRNA)的单链区,主要形成 5′-P 单核苷酸。对 dsDNA、dsRNA 及 DNA/RNA 杂交体不敏感,但酶过量时,dsDNA 也可被消化。S1 核酸酶需低水平的 Zn^{2+} 存在以促进活性,最适 pH 范围是 4.0～4.3。其主要用途有:①在 cDNA 合成过程中,切开 cDNA 的发夹末端;②载体构建过程中,切去 DNA 片段的单链尾巴,形成平齐末端结构。

2. 末端脱氧核苷酸转移酶

末端脱氧核苷酸转移酶(terminal deoxynucleotidyl transferase,TdT)简称末端转移酶。它的作用是将脱氧核苷酸加到 DNA 的 3′-OH 上,主要用于探针标记;或者在载体和待克隆的片段上形成同聚物尾,以便于进行基因克隆。

3. 碱性磷酸酶

常见的碱性磷酸酶有两种,一种是从大肠杆菌中分离的细菌碱性磷酸酶(bacterial alkaline phosphatase,BAP);另一种是从小牛肠中分离的小牛肠碱性磷酸酶(calf intestinal alkaline phosphatase,CIP)。它们都具有催化核酸分子脱磷酸的作用,能将单链或双链 DNA 或 RNA 5′-P 转化成 5′-OH。其主要用途有:①在用 ^{32}P 标记 DNA 5′端之前,去除 5′端的磷酸基团;②在 DNA 重组技术中,去除 DNA 片段的 5′磷酸,防止载体的自身环化,提高重组子比例(图 2-8)。

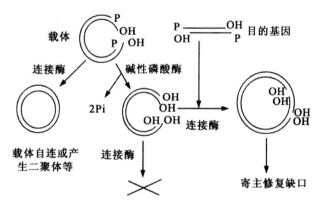

图 2-8　碱性磷酸酶防止载体的自身环化

4. 核糖核酸酶(RNase)

RNaseA 来源于牛胰,是内切核糖核酸酶,专门降解 RNA。RNaseT 来自米曲霉菌,具碱基专一性,特异性降解 RNA 成 3′鸟苷酸或 3′端为鸟苷酸的寡核苷酸链。这两种酶的用途:在质粒提取时降解 RNA;从 DNA/RNA 杂交体中去除未杂交的 RNA 区。

2.4　基因工程载体

单独一个包含启动子、编码区和终止子的基因,或者组成基因的某个元件,一般是不容易进入受体细胞的。即使采用理化方法进入细胞后,也不容易在受体细胞内稳定维持。把能够承载外源基因,并将其带入受体细胞得以稳定维持的 DNA 分子称为基因克隆载体(gene cloning vector)。作为基因载体一般应该具备以下条件。

①在载体上具有合适的限制性核酸内切酶位点。这样的内切酶位点在载体上应尽可能地多而唯一,克隆载体中往往组装一个含多种限制性核酸内切酶识别序列的多克隆位点(MCS)连杆,这样可以使多种类型末端的 DNA 片段定向插入。

②载体必须具有复制原点,能够自主复制。在携带外源 DNA 片段(基因)进入受体细胞后,能停留在细胞质中进行自我复制;或能整合到染色体 DNA、线粒体 DNA 和叶绿体 DNA 中,随这些 DNA 同步复制。

③载体必须含有供选择转化子的标记基因,如根据转化子抗药性进行筛选的氨苄青霉素抗性基因(Ap^r 或 Amp^r)、氯霉素抗性基因(Cm^r)、卡那霉素抗性基因(Kin^r 或 Kan^r)、链霉素抗性基因(Sm^r)、四环素抗性基因(Tc^r 或 Tet^r)等,根据转化子蓝白颜色进行筛选的 β-半乳糖苷酶基因($LacZ'$),以及表达产物容易观察和检测的报告基因 gus(β-葡萄糖醛酸苷酶基因)、gfp(绿色荧光蛋白基因)等。

④载体在细胞内的拷贝数要多,这样才能使外源基因得以扩增。

⑤载体在细胞内的稳定性要高,这样可以保证重组体稳定传代而不易丢失。

⑥载体本身相对分子质量要小,这样可以容纳较大的外源 DNA 插入片段。载体的相对分子质量太大将影响重组体和载体本身的转化效率。

载体在基因工程中占有十分重要的地位。目的基因能否有效转入受体细胞,并在其中维持和高效表达,在很大程度上取决于载体。目前已构建和应用的基因载体不下几千种。根据构建载体所用的 DNA 来源,载体可分为质粒载体、病毒或噬菌体载体、质粒 DNA 与病毒或噬菌体 DNA 组成的载体,以及质粒 DNA 与染色体 DNA 片段组成的载体等;从功能上又可分为克隆载体、表达载体和克隆兼表达载体,表达载体又可分为胞内表达载体和分泌表达载体。现就几种典型的载体进行分析,以便对载体有较清楚的了解。

2.4.1　质粒载体

质粒是主要存在于细菌细胞质中独立于染色体而自主复制的共价、封闭、环状双链 DNA 分子(covalently closed circular DNA,ccc DNA),大小为 1～200 kb,比病毒更简单。在霉菌、蓝藻、酵母和一些动植物细胞中也发现了质粒。目前对细菌的质粒研究得比较深入,特别是大肠杆菌的质粒。

质粒的基本特性如下:

①自主复制性。质粒 DNA 携带有自己的复制起始区(Ori)以及一个控制质粒拷贝数的基因,因此它能独立于宿主细胞的染色体 DNA 而自主复制,且不同的质粒在宿主细胞内的拷贝数也不同,少则几个多则几百个不等。由于质粒上没有复制酶的基因,所以其复制需要使用宿主细胞复制染色体 DNA 的多种酶系。

②不相容性。如果同一复制系统的不同质粒被导入同一细胞中,它们在复制及随后分配到子细胞的过程中,就会彼此竞争,它们在单细胞中的拷贝数也会有差异,拷贝多的复制较快,结果在细菌繁殖几代之后,细菌的子细胞中绝大多数都含有占优势的质粒,因而这两种质粒中只能有一种长期稳定地留在细胞中,这就是所谓的质粒不相容性。

③可扩增性。一种质粒在宿主细胞中存在的数目称为该质粒的拷贝数。据拷贝数将质粒分为两种复制型:"严紧型"质粒(stigent plasmid),拷贝数为 1～3,在基因工程中应用不大;"松弛型"质粒(relaxed plasmid),拷贝数为 10～60 甚至 100～200,在基因工程中广泛应用。不过,即使是同一质粒,其拷贝数在不同的寄主细胞间也可能有很大的变化。

④可转移性。在天然条件下,很多天然质粒都可以通过细菌结合作用从一个宿主细胞转移到另一个宿主细胞内,这种转移依赖于质粒上的基因产物。目前,在基因工程实验室中常用的质粒均缺少此基因,是工程质粒,这些质粒一旦进入一种宿主细胞之后,便不能再转移至另一种宿主细胞中去。这样可以保证质粒不会扩散污染自然环境,达到实验安全的目的。但是转化时要将受体细胞制备成感受态细胞才能转化。

⑤携带遗传标记。在实验室中将质粒通过物理方法导入受体细胞,即使在最佳条件下,受体细胞中也只有少数细胞能稳定地接受质粒,要想找到这些进入了质粒的受体细胞,就要利用载体质粒上的遗传标记,天然质粒上携带许多功能基因,如抗生素抗性基因、重金属离子抗性基因等,它们可被用作选择标记。

天然质粒作为载体往往存在着这样或那样的缺陷,如限制性核酸内切酶的酶切位点单一、遗传标记不宜检测等,不能满足基因工程载体的要求。鉴于此,必须对它进行改造构建。方法是除去一些非必需元件,添加一些必需的元件。当然不同功能的质粒载体,构建的要求也不一样。根据质粒的功能及用途,人工构建的质粒可分为:克隆质粒、测序质粒、整合质粒、穿梭质粒、表达质粒、探针质粒等几种。以质粒克隆载体为例,质粒克隆载体是指将外源基因携带至宿主细胞并可在其中自主复制的质粒载体。一般需要对载体进行如下改造:

①增加酶切位点,便于重组。为了便于多种类型末端的 DNA 片段的克隆,质粒克隆载体中往往组装一个含多种限制性核酸内切酶识别序列的多克隆位点(MCS)序列。

②加入合适的筛选标记基因,一般为两个以上,便于选择。

③缩短长度,切去不必要的片段,提高导入效率,增加装载量。

④改变复制子,变严紧为松弛,变少拷贝为多拷贝。

目前常用的质粒克隆载体有 pBR322、pUC 及其派生质粒载体等。

1. pBR322 质粒载体

pBR322 是一种常用的典型质粒载体(图 2-9)。它由大肠杆菌源质粒 Col E1(大肠杆菌素 E1 因子质粒)衍生的质粒 pMBl 作为出发质粒构建而成,含有 Col E1 复制起始位点(Col-Ori),能在大肠杆菌细胞中高拷贝复制。pBR322 中组装了氨苄青霉素抗性基因(Amp^r 基因)和四环素抗性基因(Tet^r 基因),作为筛选转化子的选择标记基因。在 Amp^r 基因区有限制性核酸内切酶 Pst Ⅰ、Sca Ⅰ和 Pvu Ⅰ的识别序列;在 Yet^r 基因区有限制性核酸内切酶 Bam H Ⅰ、Sal Ⅰ、$EcoR$ V、Sph Ⅰ、Nhe Ⅰ、Eol Ⅺ和 Nru Ⅰ的识别序列,以及在 Yet^r 基因的启动调控区有 Cla Ⅰ和 $Hind$ Ⅲ的识别序列,并且这些限制性核酸内切酶在此质粒载体上只有一个识别序列,因此均可作为克隆外源 DNA 片段的克隆位点。pBR322 分子大小为 4363 bp,虽然不是很小,但足以克隆 10 kb 以下的外源 DNA 片段。质粒载体除用于基因克隆外,还常常作为构建新克隆载体的骨架,或取其基本元件。

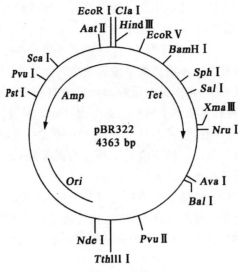

图 2-9　pBR322 质粒载体图谱

2. pUC 系列的质粒载体

pUC 系列的质粒载体通常是成对构建的,如 pUC18/19(图 2-10),两者的差别在于多克隆位点的方向相反。一种典型的 pUC 系列的质粒载体,包括如下 4 个组成部分:①来自 pBR322 质粒的复制起点(Ori);②氨苄青霉素抗性基因(Amp^r),但它的 DNA 核苷酸序列已经发生了变化,不再含有原来的核酸内切酶的单识别位点;③大肠杆菌 β-半乳糖苷酶基因(lac Z)的启动子及其编码 α-肽链的 DNA 序列,此结构特称为 lac Z′基因;④位于 lac Z′基因中的靠近 5′-端的一段多克隆位点(MCS)区段,它不破坏 lac Z′基因的功能。

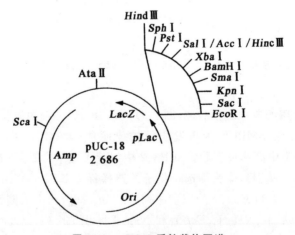

图 2-10　pUC18 质粒载体图谱

pUC 系列的质粒载体是目前使用较为广泛的一类载体。与 pBR322 相比,pUC 系列的质粒载体具有理想载体的许多特征。①它具有更小的分子质量和更高的拷贝数。如 pUC18 为 2686 bp。pUC18 质粒平均每个细胞即可达 500~700 个拷贝。②适用于组织化学方法检测。重组体 pUC 质粒结构中具有来自大肠杆菌 lac 操纵子的 lac Z′基因,所编码的 α-肽链可参与

α-互补作用。因此,在应用 pUC 质粒为载体的重组实验中,可用 X-gal 显色的组织化学方法一步实现对重组体转化子克隆的鉴定,即白斑菌为重组体转化体,蓝斑菌为未转化体;③具有多克隆位点 MCS 区段。

3.pGEM 系列载体

pGEM 系列载体与 pUC 系列质粒载体十分类似,只是前者加入了两个来自噬菌体的方向相反的启动子:T7 启动子和 SP6 启动子,它们为 RNA 聚合酶的附着提供了特异性识别位点(图 2-11)。此外,由于 PCR 产物分子在 3′末端一般会突出一个 A,故目前许多生物技术公司推出了 PCR 产物的专用克隆载体:pGEM-T 或 pUC-T,它们线性化后 5′末端均有一个突出的 T,恰好可与 PCR 产物 3′末端的 A 互补连接,使 PCR 产物的克隆效果大大提高。

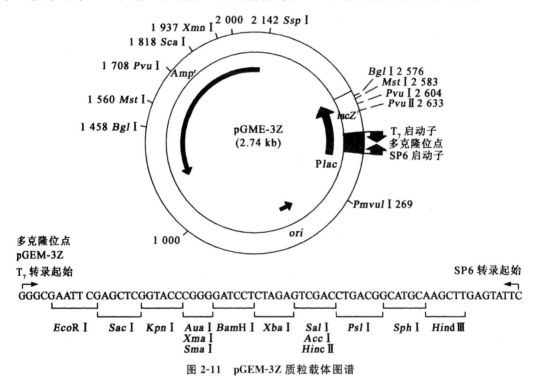

图 2-11　pGEM-3Z 质粒载体图谱

2.4.2　噬菌体克隆载体

噬菌体是感染细菌的病毒,当溶原性噬菌体感染细菌后,可将自身的 DNA 整合到细菌的染色体中去。这里以用做克隆载体的 λ 噬菌体为例。

野生型 λ 噬菌体 DNA 全长 48.5 kb,为双链线性 DNA 分子,两端带有 12 个碱基的 5′突出黏性末端,称为 cos 位点,且两端的核苷酸序列互补。λ 噬菌体通过黏性末端的核苷酸配对形成环状分子,可以进入大肠杆菌,也可以整合进入宿主细胞基因组中。因此,它既可溶菌生长,又可溶原生长。λDNA 的 1/3 中间区域不是噬菌体生长所必需的,因此可以通过基因改造,在 λ 噬菌体 DNA 的适当位置设置便于外源基因插入的多克隆位点,构建用于克隆或表达

的 λ 噬菌体源的载体。

λDNA 必须包装上蛋白质外壳后才能感染大肠杆菌,而包装对 λDNA 的大小有严格的要求,只有相当于野生型基因组长度的 75%～105% 这一范围的 DNA 才能被包装成噬菌体颗粒。这类载体经成对的限制性内切酶消化,分离左右臂去掉中间部分,可与 9～23 kb 的外源 DNA 连接,经体外蛋白包装,感染宿主细菌就可获得噬菌体文库,所以 λDNA 可以作为载体,通过替代自身序列的方式携带外源 DNA,这种载体称为替代型载体(replacement vector)。如无外源 DNA 取代,仅由 λDNA 左右边连接起来的 DNA 分子,由于太小不能被包装,这便提供了一个挑选重组 DNA 的阳性标志,目前应用较广的是 EMBL 系列,可以插入大片段的染色体 DNA。λDNA 也可直接插入小于 10 kb 的外源目的 DNA 片段,利用 lacZ' 的 α 互补蓝白斑筛选,能获得重组噬菌体,也可以用 Sp 正选择系统获得重组噬菌体(因 red 和 gam 基因缺失,重组噬菌体可正常生长),这类载体称为插入型载体(insertion vector)。例如,λgt11、λZAP II 等和 Charon 系列等,广泛应用于 cDNA 及小片段 DNA 的克隆。

2.4.3　人工染色体载体

以 λ 噬菌体为基础构建的载体能装载的外源 DNA 片段只有 24 kb 左右,而黏性质粒载体也只能容纳 35～45 kb。然而许多基因过于庞大,不能作为单一片段克隆于这些载体中,特别是人类基因组、水稻基因组工程的工作需要容纳几十万到几百万对碱基的大片段,这就使人们开始组建系列的人工染色体。

人工染色体克隆载体实际上是一种"穿梭"载体,含有质粒载体所必备的第一受体(如大肠杆菌)内源质粒复制起始位点(Ori),还含有第二受体(如酵母菌)染色体 DNA 着丝点、端粒和复制起始位点的序列,以及合适的选择标记基因。这样的载体与目的 DNA 片段重组后,在第一受体细胞内按质粒复制形式进行高拷贝复制,再转入第二受体细胞,按染色体 DNA 复制的形式进行复制和传递。筛选第一受体的转化子,一般采用抗生素抗性选择标记;而筛选第二受体的转化子,常用与受体互补的营养缺陷型。与其他的克隆载体相比,人工染色体载体的特点是能容纳长达 1000 kb 甚至 3000 kb 的外源 DNA 片段,主要用于构建基因组文库,也可用于基因治疗和基因功能鉴定。

2.4.4　柯斯质粒载体

柯斯(Cosmid)质粒是一类由人工构建的质粒—噬菌体杂合载体,它的复制子来自质粒、cos 位点序列来自 λ 噬菌体,其克隆能力为 31～45 kb,而且能够被包装成为具有感染性能的噬菌体颗粒。柯斯质粒的特点大体上可归纳成如下 3 个方面。

1. 具有 λ 噬菌体的特性

柯斯质粒载体在克隆了合适长度的外源 DNA,并在体外被包装成噬菌体颗粒之后,可以高效地转导对其敏感的大肠杆菌寄主细胞。进入寄主细胞之后的柯斯质粒 DNA 分子,便按照 λ 噬菌体 DNA 同样的方式环化起来。但由于柯斯质粒载体并不含有 λ 噬菌体的全部必要基因,因此它不能够通过溶原周期,无法形成子代噬菌体颗粒。

2. 具有质粒载体的特性

柯斯质粒载体具有质粒复制子,因此在寄主细胞内能够像质粒 DNA 一样进行复制,并且在氯霉素作用下,同样也会获得进一步的扩增。此外,柯斯质粒载体通常也都具有抗菌素抗性基因,可作重组体分子表型选择标记。其中有一些还带上基因插入失活的克隆位点。

3. 具有高容量的克隆能力

柯斯质粒载体的分子仅具有一个复制起点、一两个选择记号和 cos 位点等三个组成部分,其分子量较小,一般只有 5～7 kb 左右。因此,柯斯质粒载体的克隆极限可达 45 kb 左右。此外,由于包装限制的缘故,柯斯质粒载体的克隆能力还存在着一个最低极限值。如果用作克隆载体的柯斯质粒的分子为 5 kb,那么插入的外源 DNA 片段至少得有 30 kb 长,才能包装形成具感染性的 λ 噬菌体颗粒。所以,柯斯质粒克隆体系用于克隆大片段的 DNA 分子特别有效。

2.5　目的基因的获得

在基因工程设计和操作中,被用于基因重组、改变受体细胞性状或获得预期表达产物的基因称为目的基因,即具有优良性状的基因。它是基因工程研究的重要因素。选用什么样的目的基因是基因工程设计必须优先考虑的问题,如何分离获得目的基因是基因工程操作的重要技术之一。目前,获得目的基因的方法主要有:化学合成法、目的基因的直接分离、构建基因组文库或 cDNA 文库分离法、PCR 扩增法等。

2.5.1　化学合成法

化学合成法主要适用于已知核苷酸序列、分子质量较小的目的基因的制备。化学合成 DNA 片段可以采用磷酸二酯法和亚磷酸三酯法。

1. 磷酸二酯法

磷酸二酯法是将两个分别在 5′-末端和 3′-末端带有适当保护基的脱氧单核苷酸连接起来,形成一个带有磷酸二酯键的脱氧二核苷酸。DNA 合成所采用的出发原料是脱氧单核苷酸,它们都是多功能基团的化合物,必须将不参加反应的基团用适当的保护基团选择性地保护起来。这样,具有 5′ 保护的单核苷酸便能够通过它的 3′-OH 同另一个具有 3′ 保护的单核苷酸的 5′-P 之间定向地形成一个二酯键,从而使它们缩合成两端均被保护的二核苷酸分子。合成中用的各种不同的保护基团,可以通过酸、碱处理移去一端脱保护的二核苷酸分子,如带 5′ 保护的二核苷酸分子,又能够同另一个带 3′-保护的单核苷酸分子进行第二次缩合反应,形成一个三核苷酸分子。这样从缩合反应开始,到保护基团的消除,再进行新一轮缩合反应。如此多次反复,直到获得一定长度的寡聚脱氧核苷酸为止(150～200 bp)。用同样的方法将一个基因的所有核苷酸序列分段合成这样的片段,然后再用 T4DNA 连接酶将各片段以磷酸二酯键的共价键形式连接成一个完整的基因,即为该基因的全序列(图 2-12)。

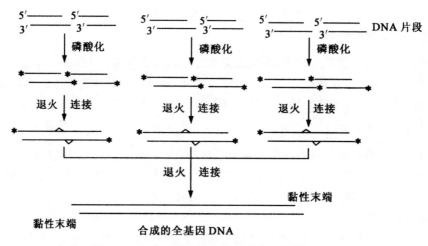

图 2-12　基因的化学合成全片段酶促连接示意图

2. 亚磷酸三酯法

亚磷酸三酯法是将所要合成的寡聚核苷酸链的 3′-末端先以 3′-OH 与一个不溶性载体，如多孔玻璃珠(CPG)连接，然后依次从 3′→5′的方向将核苷酸单体加上去，所使用的核苷酸单体的活性官能团都是经过保护的，这样首先合成一些寡聚核苷酸片段。因为化学合成寡聚核苷酸片段的能力一般局限于 150～200 bp，而绝大多基因的大小超过了这个范围，因此，再将寡核苷酸片段适当连接组装成完整的基因。常用的基因组装方法主要有以下两种：

先将寡聚核苷酸激活，带上必要的 5′-磷酸基团，然后与相应的互补寡核苷酸片段退火，形成带有黏性末端的双链寡核苷酸片段，再用 T₄DNA 连接酶将它们彼此连接成一个完整的基因或基因的一个大片段。

将两条具有互补 3′末端的长的寡核苷酸片段彼此退火，所产生的单链 DNA 作为模板在大肠杆菌 DNA 聚合酶 Klenow 片段作用下，合成出相应的互补链，所形成的双链 DNA 片段。可经处理插入到适当的载体上。

化学合成法的缺点是必须是已知核苷酸序列的基因或基因片段，而且费时、费力、合成费用昂贵。然而，它也为研究基因的结构和功能、人工改变核苷酸、控制定向变异提供了重要的途径。目前在基因工程中主要用来合成杂交探针、PCR 引物、测序引物及定点突变。

2.5.2　限制性酶切直接分离法

质粒和病毒等 DNA 分子小的只有几千个碱基对，大的也不超过几十万个碱基对，编码的基因较少，可直接采用限制性核酸内切酶切割基因组 DNA 后分离获得目的基因。对已测定了核苷酸序列的 DNA 分子，根据已知的限制性核酸内切酶识别序列只需要用相应的限制性核酸内切酶进行一次或几次酶切，就可以分离出含目的基因的 DNA 片段。对于已克隆在载体中的目的基因，只要根据目的基因两侧的限制性核酸内切酶识别序列，用适当的限制性核酸内切酶酶切，一次就可获得目的基因。如图 2-13 所示，用 *Bam* H Ⅰ和 *Sal* Ⅰ酶切此质粒，就可获得目的基因。

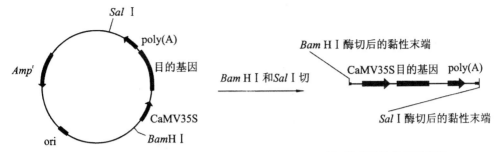

图 2-13　用限制性核酸内切酶 *Bam* H Ⅰ 和 *Sal* Ⅰ 双酶切得到目的基因示意图

2.5.3　构建基因组文库或 cDNA 基因文库分离法

1. 构建基因组文库

基因组文库是通过重组、克隆保存在宿主细胞中的各种 DNA 分子的集合体。文库保存了该种生物的全部遗传信息,需要时可从中分离获得。

构建基因组文库的程序是从供体生物制备基因组 DNA,并用限制性核酸内切酶酶切产生出适于克隆的 DNA 片段,然后在体外将这些 DNA 片段同适当的载体连接成重组体分子,并转入大肠杆菌的受体细胞中去,如图 2-14 所示。由于真核生物基因组很大,并且真核基因含有内含子,所以人们希望构建大插入片段的基因组文库,以保证所克隆基因的完整性。另外,作为一个好的基因组文库,人们希望所有的染色体 DNA 片段被克隆,也就是说,能够从文库中调出任一个目的基因克隆。为了减轻筛选工作的压力,重组子克隆数不宜过大,原则上重组子越少越好,这样插入片段就应该比较大。

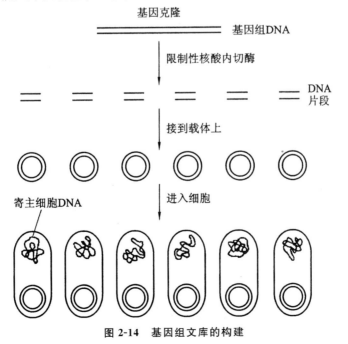

图 2-14　基因组文库的构建

2. cDNA 基因文库分离目的基因

真核生物基因组 DNA 十分庞大，其复杂程度是蛋白质和 mRNA 的 100 倍左右，而且含有大量的重复序列。采用电泳分离和杂交的方法，都难以直接分离到目的基因。这是从染色体 DNA 为出发材料直接克隆目的基因的一个主要困难。然而高等生物一般具有 10^5 种左右不同的基因，但在一定时间阶段的单个细胞或个体中，只有 15％左右的基因得以表达，产生约 15000 种不同的 mRNA 分子。

以 mRNA 为模板，经反转录酶催化合成 DNA，则此 DNA 序列与 mRNA 互补，称为互补 DNA 或 cDNA，再与适当的载体（常用噬菌体或质粒载体）连接后转化宿主菌，则每一个细胞含有一段 cDNA，并能繁殖扩增，这样包含着细胞全部 mRNA 信息的 cDNA 克隆集合即称为该组织细胞的 cDNA 文库。可见，从 cDNA 文库中获得的是已经经过剪切、去除了内含子的 cDNA，所以 cDNA 文库显然比基因组文库小很多，能够比较容易地从中筛选克隆得到细胞特异表达的基因，其流程如图 2-15 所示。

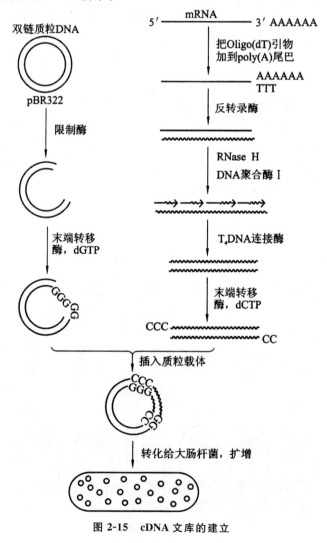

图 2-15　cDNA 文库的建立

2.5.4　PCR 法扩增目的基因

多聚酶链式反应(Polymerase Chain Reaction,PCR)技术的出现使基因的分离和改造变得简便得多,特别是对原核基因的分离,只要知道基因的核苷酸序列,就可以设计出适当的引物从染色体 DNA 上将所要的基因扩增出来。

PCR 技术就是在体外通过酶促反应成百万倍地扩增一段目的基因。它要求反应体系具有以下条件:①要有与被分离的目的基因两条链的各一端序列互补的 DNA 引物(约 20 个碱基);②具有热稳定性的酶(如 TaqDNA 聚合酶);③dNTP;④作为模板的目的 DNA 序列。一般 PCR 反应可扩增出 100~500 bp 的目的基因。

PCR 反应过程包括以下三个方面的内容,如图 2-16 所示。

(1)变性

这是 PCR 反应的第一步,即将模板置于 95℃的高温下,使双链 DNA 解开变成单链 DNA。

(2)退火

将反应体系的温度降至 55℃左右,使得一对引物能分别与变性后的两条模板链相配对。

(3)延伸

将反应体系的温度调整到 Taq DNA 聚合酶作用的最适温度 72℃,然后以目的基因为模板,合成新的 DNA 链。

如此反复进行约 30 个循环,即可扩增得到目的 DNA 序列,足以用于进一步实验和分析。

PCR 扩增法特别适合于已知基因序列的获得。国际有关网站的基因数据库中已储存着上百万个基因的核苷酸序列。因而通过国际互联网查到感兴趣的核苷酸序列,然后经过同源性分析找出基因的保守序列,再根据结果设计可用于扩增基因的引物序列,利用 DNA 合成仪合成出成对的引物,最后根据模板的性质进行 PCR 反应。如果模板是 mRNA 分子,那么还必须先将 mRNA 反转录成 cDNA 后再进行 PCR 扩增,这种方法常称为反转录 PCR(PT-PCR)。PT-PCR 为经 cDNA 分离特定基因提供了一个通用、快速的手段。PCR 产物可按事先设计好的实验方案与合适的载体相连即可。

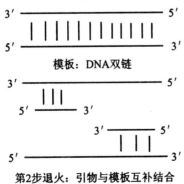

模板:DNA双链

第2步退火:引物与模板互补结合

第1步变性:双链间氢键断裂,单链形成

第3步延伸:DNA链延伸,形成新的双链DNA

(a)

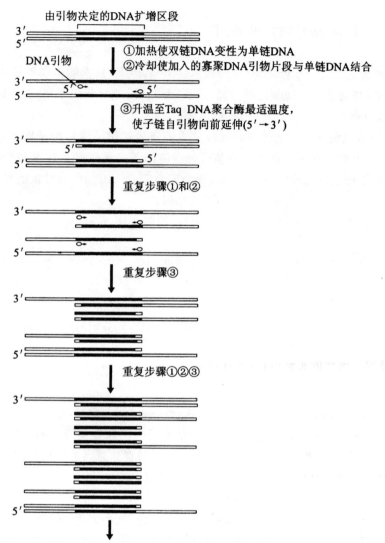

图 2-16　聚合酶链式反应示意图

2.6　目的基因导入受体细胞

　　目的基因能否有效地进入受体细胞,除了选用合适的克隆载体外,还取决于选用的受体细胞和转移方法。

2.6.1　受体细胞

受体细胞又称为宿主细胞或寄主细胞,从实验技术上讲是能摄取外源 DNA(基因)并使其稳定维持的细胞,从实验目的上讲是有应用价值或理论研究价值的细胞。自然界中发现的受体细胞有很多,但不是所有细胞都可以作为受体细胞。作为基因工程的受体细胞必须要具备以下特性:①便于重组 DNA 分子的导入;②便于重组 DNA 分子稳定存在于受体细胞中;③便于重组子筛选;④遗传稳定性高,易于扩大培养或发酵;⑤安全性高,不会对外界环境造成生物污染;⑥最好是内源蛋白水解酶缺失或含量低;⑦对遗传密码的应用上无明显偏倚性;⑧具有较好的翻译后加工机制,便于真核目的基因的高效表达;⑨在理论研究或生产实践上有较高的应用价值。基因工程中,常用的受体细胞有原核生物细胞和真核生物细胞。

1.原核生物细胞

原核生物细胞是较为理想的受体细胞,其原因如下:①大部分原核生物细胞没有纤维素组成的坚硬细胞壁,便于外源 DNA 的进入;②没有核膜,染色体 DNA 没有固定结合的蛋白质,这为外源 DNA 与裸露的染色体 DNA 重组减少了麻烦;③基因组小,遗传背景简单,并且不含线粒体和叶绿体基因组,便于对引入的外源基因进行遗传分析;④原核生物多数为单细胞生物,容易获得一致性的实验材料,并且培养简单,繁殖迅速,实验周期短,重复实验快。因此,原核生物细胞普遍作为受体细胞用来构建基因组文库和 cDNA 文库,或者用来建立生产某种目的基因产物的工程菌,或者作为克隆载体的宿主菌。但是,以原核生物细胞来表达真核生物基因也存在一定的缺陷,因为很多原核生物细胞缺乏真核生物的蛋白质加工系统,所以未经修饰的真核生物基因往往不能在原核生物细胞内表达出具有生物活性的功能蛋白。即使通过对真核生物基因进行适当的修饰,或者采用 cDNA 克隆等措施,真核生物基因能够得以表达,但得到的多是无特异性空间结构的多肽链,而且原核细胞内源性蛋白酶易降解异源蛋白,造成表达产物的不稳定。

至今被用作受体菌的原核生物有大肠杆菌、枯草杆菌、棒状杆菌和蓝细菌(蓝藻)等。

(1)大肠杆菌受体细胞

大肠杆菌属于革兰氏阴性菌,它是目前为止研究得最为详尽、应用最为广泛的原核生物种类之一,也是基因工程研究和应用中发展最为完善和成熟的载体受体系统。大肠杆菌作为受体细胞的最大优点是繁殖速度快、培养简易、代谢易于控制。缺点是大肠杆菌细胞间隙中含有大量的内毒素,可导致人体热原反应。

(2)枯草杆菌受体细胞

枯草杆菌又称枯草芽孢杆菌,是革兰氏阳性菌。枯草杆菌具有胞外酶分泌调节基因,能将具有表达的产物高效分泌到培养基中,大大简化了蛋白表达产物的提取和加工处理等,而且在大多数情况下,真核生物的异源重组蛋白经枯草杆菌分泌后便具有天然的构象和生物活性。另外,枯草杆菌具有形成芽孢的能力,易于保存和培养。同时,枯草杆菌也具有大肠杆菌生长迅速、代谢易于调控、分子遗传学背景清楚等优点,但是不产生内毒素,无致病性,是一种安全的基因工程菌。枯草杆菌受体细胞已成功地用于表达人的 β 干扰素、白细胞介素、乙型肝炎病毒核心抗原和动物口蹄疫病毒 VPI 抗原等。

2.真核生物细胞

真核生物细胞具备真核基因表达调控和表达产物加工的机制,因此作为受体细胞表达真核基因优于原核生物细胞。真菌细胞、植物细胞和动物细胞都已被用作基因工程的受体细胞。

(1)真菌细胞

真菌是低等的原核生物,其基因结构、表达调控机制以及蛋白质的加工与分泌都具有真核生物的特征,因此利用真菌细胞表达高等动植物基因具有原核生物细胞无法比拟的优点。酵母属于单细胞真菌,是外源真核基因理想的表达系统。酵母作为基因工程受体细胞,除了真核生物细胞共有的特性外,还具有以下优点:①基因结构相对比较简单,对其基因表达调控机制研究得比较清楚,便于基因工程操作;②培养简单,适于大规模发酵生产,成本低廉;③外源基因表达产物能分泌到培养基中,便于产物的提取和加工;④不含有特异性病毒,不产生毒素,是安全的受体细胞;⑤具有真核生物蛋白翻译加工系统。

(2)植物细胞

植物细胞作为基因工程受体细胞,除了真核生物细胞共有的特性外,最突出的优点就是其体细胞的全能性,即一个分离的活细胞在合适的培养条件下,比较容易再分化成植株,这意味着一个获得外源基因的体细胞可以培养出能稳定遗传的植株或品系。不足之处是植物细胞有纤维素参与组成的坚硬细胞壁,不利于摄取重组 DNA 分子。但是采用农杆菌介导法或用基因枪、电激仪处理等方法,同样可使外源 DNA 进入植物细胞。现在用作基因工程受体的植物有水稻、棉花、玉米、马铃薯、烟草和拟南芥等。

(3)动物细胞

动物细胞作为受体细胞,同样便于表达具有生物活性的外源真核基因产物。不过早期由于对动物的体细胞全能性的研究不够深入,所以多采用生殖细胞、受精卵细胞或胚细胞作为基因工程的受体细胞,获得了一些转基因动物。近年来由于干细胞的深入研究和多种克隆动物的获得,动物的体细胞同样可以用作转基因的受体细胞。目前用作基因工程受体的动物有猪、羊、牛、鱼等经济动物和鼠、猴等实验动物,主要用途在于大规模表达生产天然状态的复杂蛋白质或动物疫苗、动物品种的遗传改良及人类疾病的基因治疗等。常用的动物受体细胞有小鼠 L 细胞、HeLa 细胞、猴肾细胞和中国仓鼠卵巢细胞等。以动物细胞,尤其是哺乳动物细胞作为受体细胞的优点是能识别和除去外源真核基因中的内含子,剪切和加工成熟的 mRNA;真核基因的表达蛋白在翻译后能被正确加工或修饰,产物具有较好的蛋白质免疫原性,为酵母细胞的 16~20 倍;易被重组 DNA 质粒转染,具有遗传稳定性和可重复性;经转化的动物细胞可将表达产物分泌到培养基中,便于提纯和加工,成本低。以动物细胞为受体细胞也存在一定的缺点,最主要的就是组织培养技术要求高,难度较大。

2.6.2　重组 DNA 分子导入受体细胞

要使外源基因在受体细胞中克隆、表达,必须把目的基因或重组 DNA 导入受体细胞。目前用于外源基因导入受体细胞的方法很多,而且针对动物、植物和微生物不同的研究对象导入方法也有各异,大体可分为化学转化法、物理导入法和生物学导入法三大类。

1. 化学转化法

化学转化法是用二价阳离子(如 Mg^{2+}、Ca^{2+}、Mn^{2+})处理某些受体细胞,使其成为感受态细胞,随机摄取外源 DNA 分子的一种方法。该方法操作简单,技术要求不高,是一种普通实验室进行外源 DNA 向大肠杆菌转化的有效方法。

(1)磷酸钙转化法

将氯化钙、RNA(或 DNA)和磷酸缓冲液混合,沉淀形成包含 DNA 且极小的不溶的磷酸钙颗粒。核酸以磷酸钙-DNA 共沉淀物的形式出现时,可使 DNA 附在细胞表面,利于细胞吞入摄取,或通过细胞膜脂相收缩时裂开的空隙进入细胞内,进入细胞的 DNA 仅有 1%～5% 可以进入细胞核中,其中仅有不到 1% 的 DNA 可以与细胞 DNA 整合,在细胞中进行稳定表达,基因转导的频率大约为 10^{-4},这项技术能用于 DNA 导入哺乳类动物进行暂时性表达或长期转化的研究。此方法对于贴壁细胞转染是最常用并首选的方法。

(2)DEAE-葡聚糖转化法

二乙胺乙基葡聚糖是一种高分子质量的多聚阴离子试剂,能促进哺乳动物细胞捕获外源 DNA,因此被用于基因转染技术。其促进细胞捕获 DNA 的机制还不清楚,可能是因为葡聚糖与 DNA 形成复合物而抑制了核酸酶对 DNA 的作用,也可能是葡聚糖与细胞结合而引发了细胞的内吞作用。该方法可广泛用于转染病毒、病毒序列及其他 DNA,适合于细胞瞬间表达检测及小量 DNA 的转染。转染效率与 DEAE-葡聚糖浓度以及细胞与 DNA/DEAE-葡聚糖混合液接触时间的长短很有关系,可采用较高浓度的 DEAE-葡聚糖(1 g/L)作用较短时间(0.5～1.5 h),又可用较低浓度(250 mg/L)的 DEAE-葡聚糖作用较长时间(8 h)。

(3)脂质体介导法

脂质体(liposome)是以卵磷脂等物质制备的中空膜泡状结构的人工膜。可把需要转移的 DNA 等生物大分子包裹其中,并通过脂质体与原生质体的融合或原生质体的吞噬过程把外源 DNA 转运到细胞内。传统的脂质体是将磷脂、胆固醇或其他脂类的乙醚溶液加入到 DNA 溶液中,经特殊处理得到单层或双层的带 DNA 的脂质体小泡,通过与细胞膜融合,被细胞内吞而实施基因转移,这类方法基因转移效率很高。随着对脂质体法的改进,逐渐使用单阳离子脂质(DOTMA、IX、TAP 等)、中性磷脂(DOPE)及多聚阳离子脂质(DOSPA、DOSPER 等)与 DNA 通过离子间相互作用,形成单层阳离子脂质包裹 DNA 的类脂——DNA 复合物颗粒,提高了其转染效率。使用脂质体进行基因转移操作简便、重复性好、不受 DNA 大小限制、无组织特异性和免疫原性,特别是包在脂质体内的 DNA 可免受细胞内核酸酶的降解,可直接转化外源 DNA。目前已有商品化的脂质体转染试剂如 lipofeetamine TM 2000,但其也存在表达时间短、轻微毒性等不足。

(4)多聚物介导法

多聚物(聚乙二醇、多聚赖氨酸、多聚鸟氨酸等)和二价阳离子(如 Mg^{2+}、Ca^{2+}、Mn^{2+})与 DNA 混合,能在原生质体表面形成沉淀颗粒,并通过原生质体的内吞作用而被吸收进入细胞。该法具有对细胞伤害小,转化的原生质体易于筛选,不会形成嵌合转化子等优点。可用于原核生物细胞、动物细胞和植物原生质体的基因转化。

2. 物理导入法

(1)电穿孔法

电穿孔法又称电脉冲介导法,该法是利用高压电脉冲作用,使细胞膜上产生可逆的瞬间通道,从而促进外源 DNA 的有效导入的一种方法。也能使不同细胞之间的原生质膜发生融合。这种通道能维持几毫秒到几秒,然后自行恢复,电场取消后不会因微孔关闭而对细胞造成任何影响。电击法的效率受电场强度、电脉冲时间和外源 DNA 浓度等参数的影响,通过优化这些参数,$1~\mu g$ DNA 可以得到 $10^9 \sim 10^{10}$ 个转化子。此方法主要用于微生物细胞和动植物悬浮细胞或原生质体的基因转化,也辅助细胞融合过程。

(2)基因枪法

基因枪法(gene gun)又称粒子轰击(particle bombardment)、高速粒子喷射技术(high-velocity particle microprojection)或基因枪轰击技术(gene gun bombardment),是由美国 Cornell 大学生物化学系 John. C. Santord 等于 1983 年研究成功。将直径 $4~\mu m$ 的钨粉或金粉在供体 DNA 中浸泡,将外源 DNA 包被在金属上,然后用基因枪将这些包被 DNA 的金属颗粒打入细胞、组织或器官中,可实现较多细胞的基因转移同时发生。基因枪法简单快速,穿透力大,具有较高的转化率,改进了其他物理方法基因转移效率低的缺点。

(3)激光微束穿孔法

激光微束穿孔法是利用直径很小、能量很高的激光微束照射受体细胞,使细胞膜发生可逆性穿孔,然后使处于细胞周围的外源 DNA 分子随之进入细胞的方法。这种方法操作简便快捷,基因转移效率高,无宿主限制,可适用于各种动物、植物组织、器官的转化操作,并且由于激光微束直径小于细胞器,可对线粒体和叶绿体等细胞器进行基因操作。

(4)超声波转化法

超声波转化法是利用超声波处理细胞时可击穿细胞膜并形成过膜通道,使外源 DNA 进入细胞的一种方法。超声波处理转化法的转化率较高,并且利用超声波处理可以避免使用电穿孔转化时高电压脉冲对细胞的损伤,有利于细胞存活,主要用于微生物细胞的基因转化。

(5)显微注射法

显微注射法(micro-injection)又称 DNA 显微注射法,是用微吸管吸取供体 DNA 基因,在显微镜下准确地注入受体细胞核中的一种转基因方法,可用于动植物的外源 DNA 的转化。这种方法的特点是外源基因的导入整合效率较高,以原生质体作为受体细胞,平均转化率达 $10\% \sim 20\%$,甚至高的可达 60% 以上。不要载体,直接转移目的基因,目的基因的长度可达 100 kb。它可以直接获得纯系,所以实验周期短。但这种方法操作较为繁琐耗时,设备精密而昂贵。并且外源基因的整合位点和整合的拷贝数都无法控制,易造成宿主动物基因组的插入突变,引起相应的性状改变,重则致死。

3. 生物转染法

(1)病毒(噬菌体)颗粒转染法

病毒(噬菌体)颗粒转染法是指用病毒(噬菌体)DNA、或逆转录病毒 DNA 构建的克隆载体或携带目的基因的克隆体,在体外包装成病毒(噬菌体)颗粒,利用病毒颗粒与细胞表面受体的相互识别作用而感染受体细胞,使其携带的重组 DNA 导入受体细胞。该方法具有较高的转染效率。它主要用于构建基因文库和动物的转基因。逆转录病毒法是目前将外源基因导入细胞的最有效的方法。

（2）精子介导法

精子介导的基因转移是指利用精子具有主动结合、转运、整合外源 DNA，并将其内化的能力。将外源 DNA 与精液融合后再与卵子受精，使外源 DNA 通过受精过程进入受精卵并整合于受体的基因组中。近年来还采用了电穿孔、脂质体包埋等辅助手段，提高了精子介导基因转移的可靠性和可行性。该技术可以获得转基因动物，从而用于制备生物反应器生产基因药物；降低异种器官移植的免疫排斥；建立转基因疾病动物模型等。该方法目前研究的重点是如何提高精子携带外源性 DNA 的能力，比如通过精液的冷冻法及改变 DNA 分子浓度和序列等。

（3）农杆菌介导法

农杆菌介导法主要是以植物的分生组织和生殖器官作为外源基因导入受体，通过真空渗透法、浸蘸法及注射法使农杆菌与受体材料接触，以完成可遗传细胞的转化，然后利用组织培养的方法培育出转基因植株，并通过抗生素筛选和分子检测鉴定转基因植株后代。该方法以其费用低、拷贝数低、重复性好、基因沉默现象少、转育周期短及能转化较大片段等独特优点而备受科学工作者的青睐。

（4）花粉管通道转化法

植物授粉过程中，将外源 DNA 涂在柱头上，使 DNA 沿花粉管通道或传递组织通过珠心进入胚囊，转化尚不具备正常细胞壁的卵、合子及早期的胚胎细胞。由于这一方法技术简单，易于掌握，能避免体细胞变异等优点，在植物转基因中具有一定的应用前景。

（5）接合转化法

接合转化法是通过供体细胞与受体细胞间的直接接触而传递外源 DNA 的方法。该转化系统一般需要三种不同类型的质粒，即接合质粒、辅助质粒和运载质粒。这三种质粒共存于同一宿主细胞，与受体细胞混合，通过宿主细胞与受体细胞的直接接触，使运载质粒进入受体细胞，并在其中能稳定维持。现在常把接合质粒和辅助质粒同处于一宿主细胞（辅助细胞），再与单独含有运载质粒的宿主细胞（供体细胞）和被转化的受体细胞混合，使运载质粒进入受体细胞，并在其中能稳定维持。也有把接合质粒和运载质粒同处于一宿主细胞，再与单独含有辅助质粒的宿主细胞和被转化的受体细胞混合进行转化的。由于整个接合转化过程涉及三种有关的细菌菌株，因此又称为三亲本接合转化法。此方法主要用于微生物细胞的基因转化。

总之，重组 DNA 导入受体细胞的方法较多，不同的方法有各自的特点。在实际研究中，应根据选用的载体系统和受体细胞类型而确定采用哪种方法。

2.6.3　克隆子的筛选

通常将摄取外源 DNA 分子并在其中稳定维持的受体细胞称为克隆子，把采用转化、转染或转导等方法获得的克隆子叫做转化子，不过现在这两者有通用的趋向。重组 DNA 分子在转化、转染或转导过程中，一般仅有少数受体细胞成为转化子。因此，必须采用合适的方法从大量的受体细胞背景中筛选出期待的转化子。

1.根据载体标记基因筛选转化子

在构建基因工程载体时,通常在载体 DNA 分子中组装一种或两种选择标记基因,在受体细胞内表达后,呈现出特殊的表型或遗传学性状,作为筛选转化子的依据。一般的做法是将转化处理后的受体细胞接种在含适量选择药物的培养基上,在适宜的生长条件下培养一定时间,根据受体细胞生长的情况挑选出转化子。

(1)根据载体抗生素抗性基因和相应的选择药物筛选转化子

这是筛选大肠杆菌转化子最常用的方法,相关的基因和选择药物如表 2-2 所示。

表 2-2　筛选大肠杆菌转化子的部分抗生素抗性基因和相应的选择药物

选择标记基因	选择药物及其浓度(终浓度)
β-丙酰胺酶基因(bla 或 ap^r、amp^r)	氨苄西林(Ap、Amp),30~50 $\mu g/ml$
路霉素酰基转移酶基因(cat 或 cm^r)	氯霉素(Cm、Cmp),30 $\mu g/ml$
卡那霉素抗性基因(kn^r 或 kan^r)	卡那霉素(Kn 或 Kan),5 $\mu g/ml$
四环素抗性基因(tc^r 或 tet^r)	四环素(Tc 或 Tet),12.5~15.0 $\mu g/ml$
链霉素抗性基因(sm^r 或 str^r)	链霉素(Sm 或 Str),25 $\mu g/ml$

此外,有些抗生素抗性基因可用于筛选动植物转化子。携带新霉素磷酸转移酶基因(npt Ⅱ)的转化子抗新霉素、卡那霉素、庆大霉素和 G418 等抗生素,成为筛选动植物转化子的选择标记基因。潮霉素磷酸转移酶基因(hpt)赋予转化子能抗潮霉素,作为选择标记基因主要用于筛选动植物转化子。潮霉素是致癌物质,操作时应慎重。氯霉素酰基转移酶基因(cat)也被用于筛选动植物转化子的标记基因。

(2)根据载体除草剂抗性基因和相应的选择药物筛选转化子

由于植物细胞对多数抗生素不敏感,因此常用抗除草剂的基因作为选择标记基因。pat 基因编码磷化乙酰转移酶(PAT),使转化子对含有磷化麦黄酮(PPT)成分的除草剂具有抗性。sul 基因来源于抗药性质粒 R46,编码二氢蝶呤合成酶,使转化子对磺胺类除草剂有抗性。$csV1-1$ 基因编码乙酰乳酸合成酶,使转化子对磺酰脲类除草剂有抗性。epsps 基因表达产物是 5-烯醇丙酮酸莽草酸-3 磷酸(EPSP)合成酶突变体,使转化子能抗草甘膦。

(3)根据 $lacZ'$ 基因互补显色试剂筛选转化子

此方法主要用于原核生物。$lacZ'$ 是 β-半乳糖苷酶基因部分缺失的 DNA 片段,含 $lacZ'$ 的重组载体转化 $lacZ'$ 互补型菌株,可转译 β-半乳糖苷酶,在含有 X-gal(5-溴-4-氯-3-吲哚-β-D-半乳糖苷)和 IPTG(异丙基-β-D-硫代半乳糖苷)的培养基上使转化子成为蓝色菌落,而 $lacZ'$ 互补型菌株本身为白色菌落。当载体的 $lacZ'$ 区插入外源基因后,再转化 $lacZ'$ 互补型菌株,由于不能翻译 β-半乳糖苷酶,转化子即使在含有 X-gal 和 IPTG 的培养基上也只能长成白色菌落。这样可以区分含外源基因和不含外源基因的转化子。为了避免 $lacZ'$ 互补型菌株本身长成的白色菌落的干扰,往往在构建载体时再组装一种供抗药性筛选的基因。

(4)根据生长调节剂非依赖型筛选转化子

这类选择标记基因产物是激素合成所必需的酶类,离体培养不含这类选择基因的细胞时,必须添加外源激素,而含有这类选择标记基因的转化子能合成激素,变为激素自养型。因此在培养基中不添加外源激素的情况下,只有转化子才能生长。此类选择标记基因常用于筛选植物转化子。这样的基因如色氨酸单加氧酶基因($iaaM$)和吲哚乙酰胺水解酶基因($iaaH$),其表达产物可将色氨酸转化为吲哚乙酸。

(5)根据核苷酸合成代谢相关酶基因缺失互补试剂筛选转化子

胸腺核苷激酶基因(tk)、二氢叶酸还原酶基因(dhfr)及次黄嘌呤-鸟嘌呤磷酸核糖转移酶基因(hgprt)等的表达产物直接或间接参与核苷酸合成代谢。这些基因缺失的缺陷型细胞因核苷酸合成代谢失调而死亡,只有在添加某些核苷酸的培养基中才能生长。如果用这样的缺陷型细胞作为受体细胞,导入含有这些基因的外源 DNA,补充原来缺失的基因,使核苷酸合成代谢恢复正常,可以在不添加核苷酸的培养基中正常生长。根据这一性质可以在不添加核苷酸的培养基中筛选出转化子。此方法主要用于筛选动物转化子。

2. 根据报道基因筛选转化子

报道基因多数是酶的基因,或者组装在载体中,或者作为外源 DNA 的一部分。由于受体细胞内报道基因的表达,出现新的遗传性状,以此识别被转化的细胞与未被转化的细胞。作为报道基因,其表达产物应是便于检测和定量分析,并且灵敏度很高。

(1)β-葡萄糖酸苷酶基因(gus)

gus 基因表达产物 β-葡萄糖酸苷酶(GUS)能够催化 4-甲基伞形花酮-β-D-葡萄糖苷酸,产生荧光物质 4-甲基伞形花酮,以此筛选含 gus 基因的转化子。由于植物细胞 GUS 本底非常低,因此广泛地应用于筛选植物转化子。尤其是 gus 基因的 $3'$ 端与其他结构基因连接产生的嵌合基因仍能正常表达,产生的融合蛋白中仍有 GUS 活性,可用于外源基因在转化生物体中的定位分析。

(2)萤火虫荧光素酶基因(luc)

luc 基因表达产物萤火虫荧光素酶(LUC)在 Mg^{2+} 的作用下,可以与荧光素和 ATP 底物发生反应,形成与酶结合的腺苷酸荧光素酰化复合物,经过氧化脱羧作用后,该复合物转变成为处于激活状态的氧化荧光素,可以用荧光测定仪快速灵敏地检测出产生的荧光,是目前作为研究动植物转基因很好用的一种报道基因。

(3)绿色荧光蛋白基因(gfp)

当绿色荧光蛋白暴露于 395 nm 波长的灯光下,便会被激发出绿色荧光。此基因已广泛地作为筛选动植物转化子的报道基因。

3. 根据形成噬菌斑筛选转化子

对于 XDNA 载体系统而言,外源 DNA 插入 λ 噬菌体载体后,重组 DNA 分子大小必须在野生型 XDNA 长度的 $75\%\sim105\%$ 内,才可以在体外包装成具有感染活性的噬菌体颗粒。构建的 λDNA 载体本身的大小一般都小于野生型 XDNA 长度的 75%,不能在体外包装成具有感染活性的噬菌体颗粒。因此,外源 DNA 与 XDNA 载体重组处理后,只有重组 DNA 分子才能体外包装和转导受体菌,在培养基上形成噬菌斑,并且未转导的受体菌继续正常生长。

2.6.4 重组子的鉴定

通过上述系列筛选方法获得的转化子中,常伴随着一些假阳性细胞或个体,为了确定获得的转化子是预期的转化子,还需检测获得的转化子中的重组 DNA 分子(片段)、目的基因转录的 mRNA 和翻译的多肽(蛋白质、酶)。一般将真正含有预期重组 DNA 分子的转化子称为重组子。

1.根据重组 DNA 分子检测结果来鉴定重组子

为鉴定转化子是真正预期的转化子,即重组子,首先必须检测获得的转化子中是否存在预期的重组 DNA 分子。检测方法有如下 5 种。

(1)检测重组 DNA 分子的大小和限制性内切核酸酶酶切图谱

这是对重组子进行分析鉴定的最简单的方法,主要是根据插入外源 DNA 片段的载体(即重组 DNA 分子)与原载体 DNA 分子之间有大小之别。分别提取获得的不同转化子的 DNA,经琼脂糖凝胶电泳,由于载体 DNA 中插入了外源 DNA 片段,其分子质量大于原载体 DNA分子,在琼脂糖凝胶板上的 DNA 条带中,若出现落后的条带,则表明原载体 DNA 分子中插入了外源 DNA 片段,是重组 DNA 分子的条带。用此方法可初步鉴定含落后条带的转化子是重组子。在此基础上,从初步鉴定为重组子的转化子中提取 DNA,用合适的限制性内切核酸酶酶切,经琼脂糖凝胶电泳,获得酶切图谱,如果酶切片段的数量和大小同预期的一致,则可进一步确定被检测的转化子是预期的重组子。

(2)PCR 方法扩增外源 DNA 片段

由于在载体 DNA 分子中,外源 DNA 插入位点的两侧序列多数是已知的,可以设计合成相应的 PCR 引物,并且分别从获得的不同转化子提取 DNA,以此作为模板进行 PCR 扩增,扩增产物经琼脂糖凝胶电泳,若出现特异性扩增 DNA 带,并且其 DNA 片段大小同预先插入的外源 DNA 一致,则可确定待鉴定的转化子是预期的重组子。

(3)采用 DNA 杂交法鉴定重组子

当两个不同来源的单链 DNA 分子(DNA 片段)的核苷酸序列互补时,在复性条件下可以通过碱基互补配对成为双链"杂种"DNA 分子(DNA 片段),即 DNA 杂交。如果其中一个单链 DNA 分子(DNA 片段)带有容易检测的标记物(DNA 探针),经杂交后就可以检测到另一个单链 DNA 分子(DNA 片段)。分别从获得的不同转化子提取总 DNA,经过变性处理成为单链 DNA 分子(DNA 片段),用预先根据待检测的重组 DNA 分子制备的 DNA 探针与其杂交,进一步根据标志物检测杂交的 DNA 片段,出现阳性杂交的转化子是预期的重组子。杂交的方法有 Southern 印迹杂交、斑点印迹杂交和菌落(或噬菌斑)原位杂交等。

(4)应用 DNA 芯片鉴定重组子

DNA 芯片是利用反相杂交原理,使用固定化的探针阵列与样品杂交,通过荧光扫描和计算机分析,获得样品中大量基因及表达信息的一种高通量生物信息分析技术。DNA 芯片又称为 DNA 阵列(DNA array)或寡核苷酸微芯片(oligo nucleotide micro chip)等,是生物芯片中的一种。

　　DNA 芯片由载体、连接层和 DNA 分子探针阵列三部分构成。载体是 DNA 分子探针阵列的承载物,一般是玻璃片,有的也用硅片、塑料片、尼龙膜、硝化纤维膜等。连接层是把阵列固定在载体表面的物质,种类繁多,有硅化醛、硅化氨、氨基活化的聚丙烯酰胺、链霉亲和素等。DNA 探针阵列由大量的点构成,每一点都含有一种序列特定的 DNA 单链分子。集成在芯片上的 DNA 片段有两种来源:①8~20 bp(低于 50 bp)长的寡聚 DNA 片段。按寡聚 DNA 片段核苷酸序列采用光蚀刻法原位合成固定在芯片上,也可以预先合成寡聚核苷酸后再通过机械接触固定在芯片上。②克隆的 cDNA。先将 mRNA 反转录成 cDNA,然后对 cDNA 进行 PCR 扩增,并分别等量转入微量滴定板的小孔内,利用微量液体转移器,将 cDNA"转印"至玻璃板或其他载体上,经化学和热处理使 cDNA 附着于载体表面并使之变性,制作成 cDNA 阵列杂交板。

　　使用 DNA 芯片的步骤:①利用常规方法,提取、纯化待测材料的 DNA 或 RNA 样品,并用荧光予以标记,与基因芯片进行分子杂交。②经过杂交,与探针互补的样品结合后,呈现阳性荧光信号,通过激光扫描,将大量并行采集的信号传送至计算机系统进行处理鉴定。

　　DNA 芯片技术突出的特点就在于它能高度并行性、多样性、微型化和自动化进行 DNA 分析,同时可以测定成千上万个基因。目前 DNA 芯片技术已应用于研究生物体的生长发育机制、不同个体的基因变异、诊断疾病、筛选药物及生物产品的鉴定等。但是 DNA 芯片技术也存在一些问题。在 DNA 阵列方面,存在探针自身杂交的问题,大规模制备中,出现错误的核苷酸序列。在杂交方面,由于芯片上的所有探针只能使用同一杂交条件,因此有些非特异性杂交不能排除,有些弱杂交不能发现。在生产方面,芯片制作设备极其昂贵,成品芯片售价很高。

　　(5)根据 DNA 核苷酸序列鉴定重组子

　　通过以上方法在获得的转化子中证实含有预先设计的外源 DNA 片段后,为了进一步确认,可以对外源 DNA 片段进行核苷酸序列的测定。如果测定结果与原设计的外源 DNA 片段的核苷酸序列完全一致,表明待鉴定的转化子是真正的重组子。

　　2.根据目的基因转录产物 mRNA 鉴定重组子

　　获得的转化子还可以从外源基因转录水平进行鉴定。鉴定的方法主要采用 Northern 杂交法。利用 Northern 杂交技术可以检测外源基因是否转录出 mRNA。Northern 杂交的过程类似于 Southern 杂交,不同的是用 DNA 探针检测 RNA 分子。从获得的转化子中提取总 RNA,用亲和层析法纯化 mRNA,然后将 RNA 转移到供杂交的膜上,用预先根据待检测 mRNA 序列合成的同源 DNA 探针或 cDNA 探针与其杂交,出现阳性杂交带的转化子是外源基因能有效转录的重组子,并且还能确定转录产物 mRNA 的分子质量大小及丰度。斑点印迹杂交法和菌落(或噬菌斑)原位杂交法也同样适用于从 mRNA 水平鉴定重组子。

　　此外,检测外源基因转录产物还可采用反转录-聚合酶链反应(RT-PCR)的方法。从获得的转化子中提取总 RNA 或 mRNA,然后以它作为模板进行反转录,再进行 PCR 扩增,若获得了特异的 cDNA 片段则表明外源基因在转化子中已进行转录,是含有外源基因的重组子。

　　3.根据目的基因表达产物鉴定重组子

　　如果能检测到转化子中目的基因的表达产物,根据基因与表达产物蛋白质(酶、多肽)对应关系,同样能鉴定该转化子是含有目的基因的重组子。检测目的基因表达产物的方法主要有凝胶电泳检测法、免疫学检测法和质谱分析法等。当转化的外源目的基因的表达产物不能直接用这些方法检测时,可把外源基因与报道基因一起构成嵌合基因,通过检测嵌合基因中的报道基因可间接确定目的基因的存在和表达。

(1)蛋白质凝胶电泳法鉴定重组子

转化子由于含有外源基因,如果能够正确表达,在总的表达产物中增加了外源基因表达的蛋白质(多肽),因此对从转化子中提取的总蛋白质进行凝胶电泳时,电泳图谱上会出现新的、与预期分子质量一致的蛋白质带,根据这一现象就可以初步鉴定是重组子。这是一种相对比较简单的鉴定方法。

(2)免疫检测法鉴定重组子

免疫检测法是以目标蛋白质为抗原,用对应的特异性抗体鉴定重组子的方法。免疫学检测法具有专一性强、灵敏度高的特点。但使用这种方法的前提条件是可以获得外源基因表达产物的对应抗体。对特定基因表达产物的免疫学检测法主要有酶联免疫吸附法、Western印迹法、固相放射免疫法、免疫沉淀法等。

(3)质谱分析法

当转化子中外源基因表达的蛋白质的量很少,难以用上述方法鉴别时,可采用质谱分析技术,从转化子的蛋白质组"汪洋大海"中检测是否存在新的成员,如果从转化子的总蛋白质中检测到外源基因表达的蛋白质,则可确定待分析的转化子是重组子。

2.7 基因工程的发展趋势

随着基因工程技术的建立和不断发展,目前,此技术几乎应用于生命科学的各个领域,包括构建生物基因组文库,研究基因表达和调控各种生命现象,推动农、林、牧、渔、医等产业的发展,甚至与环境保护也有密切的关系。水稻基因组计划的完成,高产优质水稻的培育又有了新的理论保障,曾经关系全人类衣食生存的问题已经解决。模式植物——拟南芥基因组的研究为更加深入研究植物生长发育习性提供了帮助。

科学研究的深入已经由基因组的研究深入到被称为第二代基因工程——蛋白质组的研究。美国率先将生物技术的研究重心从基因组测序转向了基因功能和蛋白质功能的探测。

在生物科技迅速发展的年代,实现了与信息科学与生物科学的有机结合,使用计算机对大规模的生物信息进行计算处理,极大地促进了当代生物科技的发展。

进入21世纪,发展基因经济,培育新的经济增长点,已经成为许多国家特别是发展中国家摆脱经济低迷、实现持续发展的战略措施。我国政府一直高度重视生物技术的发展,强调把生物技术摆上更加重要和突出的位置,把发展生物技术、促进产业化作为一项战略举措来抓。与此同时,现在人们关心更多的不是如何研究开发转基因新产品,而是转基因产品推广后的安全性问题以及对传统伦理道德的挑战。

伴随着转基因农作物全球种植面积的连年扩大以及现代生物技术的高速发展,生物安全问题引起了世界各国的极度关注。为了达到趋利避害的目的,许多国家和国际组织在积极发展生物技术的同时,也在积极进行生物安全方面的研究,并制定、发布和实施了生物安全管理法规,建立了相应的管理机制。如何规范市场,如何合理有序地开发转基因新产品已经逐步走向了法律程序,一个赋予高科技的和谐社会已经迎面而来,21 世纪已经成为了生物科技的世纪。

第3章 动植物细胞工程技术

3.1 细胞工程概述

细胞工程是在细胞水平研究、开发、利用各类细胞的技术,是指以细胞为基本单位,在体外条件下进行培养、繁殖,或使细胞的某些生物学特性按人们的意愿发生改变,从而达到改良生物品种和创造新品种,或加速繁育动植物个体,以获得某种有用物质的一门综合性科学技术。迄今为止,已经从基因水平、细胞器水平以及细胞水平开展了多层次的大量工作,在细胞培养、细胞融合、细胞代谢物的生产和生物克隆等诸多领域取得一系列令人瞩目的成果。

3.1.1 细胞工程的概念

以生物细胞为基本单位,按照人们需要和设计,在离体条件下进行培养、繁殖或人为的精细操作,使细胞的某些生物学特性按人们的意愿发展或改变,从而改良品种或创造新种、加速繁育生物个体、获得有用物质的过程统称为细胞工程。目前,细胞工程的主要工作领域包括:①动、植物细胞和组织培养;②体细胞杂交;③细胞代谢物的生产;④细胞拆合与克隆等。

细胞工程近年来之所以引人注目,不仅由于它在理论上有重要意义,而且在生产实践上也有巨大潜力。例如,可用植物组织培养技术快速繁殖优良种苗,生产"人工种子";用茎尖分生组织培养结合热处理去除病毒;用花粉培养培育遗传上纯合的优良新品种;用植物试管受精或幼胚培养获得种间或属间远缘杂种;用液氮冷冻细胞或组织,保存种质资源;用细胞融合技术产生体细胞杂种和动植物病害检测用的单克隆抗体;用动、植物悬浮细胞或固定化细胞技术生产有用的次生代谢产物;用胚胎移植、分割技术加快繁殖高产畜群等。这些都必将会给工农业的技术革新和人类社会带来新的前景。

3.1.2 生物细胞的基本结构与特性

细胞是生物体结构和生命活动的基本单位,是细胞工程操作的主要对象。生物界除了病毒这类最简单的生物(具前细胞形态)外,其余所有的动物和植物,无论是低等的还是高等的,都是由细胞构成的。对它们的结构和特性的了解是进行细胞工程操作的必备条件。

1. 生物细胞的基本结构

现在我们所能看到的细胞分为两大类,即原核细胞(prokaryotic cell)与真核细胞(eucaryotic cell)。蓝藻、细菌、放线菌等的细胞属于原核细胞,细胞体积小,结构简单,DNA 未与蛋白质结合而裸露于细胞质中。细胞内无膜系构造细胞器,细胞外有肽聚糖构成的细胞壁(它是细胞杂交的一大障碍）。但原核细胞的生长速度快,裸露 DNA 易于进行遗传操作(图 3-1)。

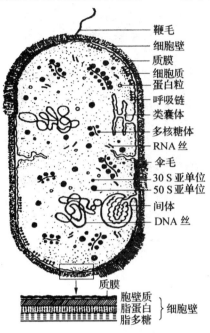

图 3-1　细菌细胞模式图

　　动物、植物及酵母等的细胞属于真核细胞,细胞体积较大,内有细胞核和各种膜系构造细胞器。与动物细胞不同,植物细胞外还有以纤维素为主要成分的细胞壁,它也是细胞杂交时必须首先解决的障碍(图 3-2 和图 3-3)。

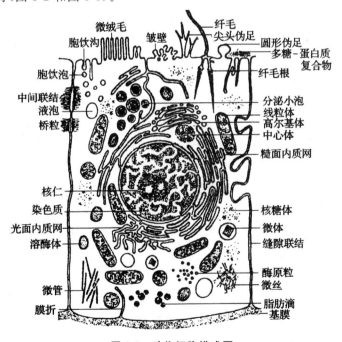

图 3-2　动物细胞模式图

(来源:郑国锠,细胞生物学)

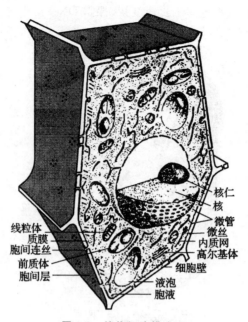

核仁
核
微管
微丝
内质网
高尔基体
细胞壁

线粒体
质膜
胞间连丝
前质体
胞间层

液泡
胞液

图 3-3　植物细胞模式图

（来源：郑国铝，细胞生物学）

2.动植物细胞的生长与分化特性

生物的生长是以细胞的生长为基础的。细胞的生长过程则始于细胞分裂（数目增加），再经过伸长和扩大（体积增加），而后分化定型（形态建成）。所以，细胞的整个生长过程可分为分裂、伸长和分化三个时期，这三个时期各有其形态和生理特点。

（1）分裂期

具有分裂能力的细胞（如植物的生长点、形成层和居间分生组织细胞，动物的小肠绒毛上皮腺窝细胞、表皮基底层细胞、部分骨髓造血细胞等）都是些体积小、细胞壁薄、细胞核大、原生质体浓稠、合成代谢旺盛的细胞。当原生质量增加到一定程度时，细胞便进行分裂（有丝分裂），一个细胞变成两个细胞。通常把细胞一次分裂结束开始生长，到下一次分裂终止所经历的过程叫细胞周期（cell cycle），所需的时间叫细胞周期时间。细胞周期时间长短不一，有的只有数十分钟，如胚胎细胞，有的可长达数十小时甚至数月之久。高等植物的细胞周期时间一般为 10～30 h。同一系统中的不同部位的细胞周期的长短也有差异。处于有丝分裂时期的细胞 DNA 呈高度螺旋紧缩状态，对基因工程操作非常不利。因此如何采取措施诱导真核细胞同步化生长，对于成功地进行细胞融合及细胞代谢产物的生产具有十分重要的意义。

（2）伸长期（或称扩展期）

在植物中，具有分裂机能的根尖和茎端分生组织的细胞分裂形成的新细胞，其中除一部分仍保留强烈的分裂能力外，一部分转入静止状态（在一定条件的作用下，这些细胞可以重新进入细胞周期，也可以成为分化细胞），其余大多数新细胞则过渡到细胞伸长时期。在这个时期，细胞体积急剧增加，因此生长迅速。

伸长期除了需要水分参与合成碳水化合物以外，还需植物激素参与作用。除细胞分裂素外,其他四类激素也影响细胞伸长,其中赤霉素(GA)和生长素的促进作用最明显。生长素通过影响细胞壁的可塑性而使细胞松弛,从而促进细胞的伸长生长。而乙烯和脱落酸则抑制细胞的伸长生长。

动物细胞虽也有伸长期,但远不如植物细胞明显。

(3)分化期

当细胞生长结束后就进入分化期。所谓细胞分化(cell differentiation)一般是指多细胞生物中形成彼此不同类型的细胞和组织的现象,或者说是细胞通过分裂产生结构和功能上的稳定性差异的过程。一个多细胞组成的生物体,绝不是由简单的细胞分裂产生若干同一种细胞的堆积,而是由一个受精卵形成各种不同类型的细胞,并把它们有组织地装配起来,使成千上万个细胞分工协作,彼此执行自己的功能,共同来完成生命活动。因此,细胞分化是生物进化的一种表现。细胞分化一般具有以下特点:①细胞类型的分化,从系统发育来看,最早是出现生殖细胞和营养细胞的分化。②在多细胞生物体中细胞的类型决定了组织的类型。③随着细胞分化过程的进行,细胞的可塑性逐渐减少或者消失。④已经分化的细胞其形态和功能渐趋稳定。

动物细胞分化一般是不可逆的。植物细胞则不同,只要具有一个完整的膜系统和一个有生命力的核,即使是已经高度成熟和分化的细胞也还保持着恢复到分化状态的能力。

3.1.3 细胞工程基本操作技术

细胞工程是人们根据科学设计,运用一系列人工操作手段,改变细胞的遗传结构,大量培养细胞、组织乃至完整个体的技术。它的基本操作技术主要有以下几个方面。

1.无菌操作技术

细胞工程的所有过程都必须在无菌条件下进行,稍有疏忽都可能导致操作失败。操作人员要有很强的无菌操作意识,操作应在无菌室内进行,进入无菌室前,必须先在缓冲室内换鞋、更衣、戴帽。一切操作都应在超净台上进行。另外,对供试的试验材料、所用的器械和器皿及药品都必须进行灭菌或除菌。只有把好了无菌关,才能谈及以后的操作程序。

2.细胞培养技术

细胞培养(cell culture)是指微生物细胞或动物细胞、植物细胞在体外无菌条件下的保存和生长,即细胞或组织在体外人工条件下的无菌培养、生长增殖。细胞工程中无论哪一种内容的实施都必须经过这一过程。

细胞在体外培养成功的关键取决于两个因素:一是营养,包括糖、氨基酸和维生素等。培养不同的细胞需要不同的培养基组分。二是生长环境,如一定的温度、湿度、光照、氧气、二氧化碳及培养液的酸碱度等。当细胞达到一定生物量时,应及时收获或传代。

3.细胞融合技术

细胞融合(cell fusion)是指在促融因子的作用下,将两个或多个细胞融合为一个细胞的过程。其主要过程为:①制备原生质体。对具细胞壁的微生物细胞和植物细胞,制备时一般用酶将细胞壁降解。动物细胞则无此障碍。②诱导细胞融合。将欲融合的两亲本的原生质体的悬浮液各调至一定细胞密度,按1:1比例混合后,用化学方法(PEG)或物理方法(电激)促进融合。③筛选杂合细胞。将上述混合液转移到特定的筛选培养基上培养,让融合细胞有选择地长出,就可以获得具有双亲遗传特性的杂合细胞。

3.2 动物细胞工程

动物细胞工程是细胞工程的一个重要分支,它主要从细胞生物学和分子生物学的层面,根据人类的需要,一方面深入探索、改造生物遗传种性,另一方面应用工程技术的手段,大量培养细胞、组织或动物本身,以期收获细胞或其代谢产物以及可供利用的动物。动物细胞工程不仅具有重要的理论意义,而且它的应用前景十分广阔。

3.2.1 动物细胞与组织培养

1.动物细胞培养与组织培养的区别

细胞培养与组织培养是有区别的。细胞培养指的是离体细胞在无菌培养条件下的分裂、生长,在整个培养过程中细胞不出现分化,不再形成组织。而组织培养意味着取自于动物体的某类组织,在体外培养时细胞一直保持原本已分化的特性,该组织的结构和功能不发生明显变化。

2.动物细胞体外培养生长特性

组成人及哺乳类动物体的细胞具有极其复杂的结构和功能,细胞在机体内生长时相互依赖、相互制约,在神经体液的调节下形成了一种天然的内环境,体外生长时脱离了这些内平衡系统,与机体内细胞相比是不完全相同的。体外生长时,细胞形态上也发生了变化。

体外培养的细胞根据其生长方式,主要可分为以下两种。

(1)贴附型细胞

贴附生长本是指大多数有机体细胞在体内生存和生长发育的基本存在方式。贴附有两种含义:一是细胞之间相互接触;二是细胞与细胞外基质结合。正是基于这种贴附生长特性,才使得细胞与细胞之间相互结合形成组织,也才使细胞与周围环境保持联系。有机体的绝大多数细胞必须贴附在某一固相表面才能生存和生长。

动物细胞培养中,大多数哺乳动物细胞必须附壁即附着在固体表面生长,当细胞布满表面后即停止生长,这时若取走一片细胞,存留在表面上的细胞就会沿着表面生长而重新布满表面。从生长表面脱落进入液体的细胞通常不再生长而逐渐退化,这种细胞的培养称为单层贴壁培养。贴壁培养的细胞可用胰蛋白酶、酸、碱等试剂或机械方法处理,使之从生长表面上脱落下来。

大多数动物细胞体外培养时由于体内、体外环境不同,细胞贴附的方式也是不同的。在体外,细胞生长需要附着于某些带适量正电荷的固体或半固体表面,大多是只附着一个平面,因而培养的细胞的外形一般与在体内时明显不同。按照培养细胞的形态,主要可分为以下四类:

成纤维细胞型细胞、上皮型细胞、游走型细胞、多形型细胞。

（2）非贴附型细胞

此类细胞体外生长不必贴壁，可在培养液中悬浮生长，因此也叫悬浮型细胞。一些在体内原本就以悬浮状态生长的细胞或微生物，当接种于体外环境中也可以以悬浮状态生长。血液白细胞、淋巴组织细胞、某些肿瘤细胞、杂交瘤细胞、转化细胞系等都属此类细胞。这类细胞的形态学特点是胞体始终为球形。

3. 动物细胞组织培养的基本条件

动物细胞培养与微生物培养有很大的不同，对于营养要求更加苛刻，除氨基酸、维生素、盐类、葡萄糖或半乳糖外，还需要血清。动物细胞对培养环境的适应性更差，生长缓慢，因此培养时间较长。动物细胞培养还需要防止污染。这些都给动物细胞培养带来了一定的难度。

（1）温度

培养动物细胞首先应保证适宜的温度。与多数哺乳类动物体内温度相似，培养细胞的最适温度为 37℃，偏离此温度，细胞的正常生长及代谢将会受到影响甚至导致死亡。实践证明，细胞对低温的耐受性要比对高温的耐受性强些，低温会使细胞生长代谢速率降低；一旦恢复正常温度，则细胞会再行生长。若在 40℃ 左右，则几小时内细胞便会死亡。因此，高温对细胞的威胁很大。

（2）pH 值

应选择一定的 pH 值。细胞培养的最适 pH 值为 7.2～7.4，当 pH 值低于 6 或高于 7.6 时，细胞的生长会受到影响，甚至导致死亡。但是，多数类型的细胞对偏酸性的耐受性较强，而在偏碱性的情况下则会很快死亡。因此，培养过程一定要控制 pH 值。

（3）空气

由于细胞的生长代谢离不开气体，因此，容器空间中须保持一定比例的 O_2 及 CO_2。但作为代谢产物的 CO_2 在培养环境中还有另一个重要作用，即调节 pH 值。当细胞生长旺盛、CO_2 过多时，培养液中的 pH 值下降；反之，若容器内的 CO_2 外逸时，pH 值升高。CO_2 培养箱可根据需要持续地提供一定比例的 CO_2 气体，这样便可以将培养环境中的氢离子浓度保持恒定，从而提供一个比较稳定的 pH 值环境。

（4）营养

由于动物细胞的培养对营养的要求较高，往往需要多种氨基酸、维生素、辅酶、核酸、嘌呤、嘧啶、激素和生长因子，其中很多成分系由血清、胚胎浸出液等提供，在很多情况下还需加入 10% 的胎牛或小牛血清。只有满足了这些基本条件，细胞才能在体外正常存活、生长。

动物细胞的培养基一般可分为天然培养基、合成培养基和无血清培养基，此外，细胞培养还需要一些常用的溶液。

①天然培养基。直接采用取自动物体液或从组织中提取的成分作培养液，主要有血清、组织提取液、鸡胚汁等。天然培养基营养价值高，但成分复杂，来源有限。

②合成培养基。为了营造与细胞体内相似的生长环境，便于细胞体外生长，厄尔（Earle）于 1951 年开发了供动物细胞体外生长的人工合成培养基（Earle 基础合成培养基 MEM）。由

現代生物技术理论及应用研究

于细胞种类和生长条件的不同,合成培养基的种类也相当多。合成培养基成分已知,便于对实验条件的控制,因而对细胞培养技术的发展具有很大推动作用。但有些天然的未知成分尚无法用已知的化学成分替代。因此,细胞培养中使用的基础合成培养基还必须加入一定量的天然培养基成分,以克服合成培养基的不足。最普遍的做法是加入小牛血清。

③无血清培养基。动物血清成分复杂,各种生物大、小分子混合在一起,有些成分至今尚未搞清楚。血清对细胞生长很有效,但后期对培养产物的分离、提纯以及检测造成一定困难。另外,高质量的动物血清来源有限,成本高,限制了它的大量使用。

为了深入研究细胞生长发育、分裂繁殖以及衰老分化的生物学机制,开发研制了无血清培养基。无血清培养基由于必须包括血清中的主要有效成分,因此组成相当复杂,一般包括三大部分:基础培养基,大多以 DME 培养基与 Ham F_{12} 培养基等量混合为基础培养基;基质因子,包括纤黏素、血清铺展因子、胎球蛋白、胶原和多聚赖氨酸等;生长因子、激素和维生素等约 30 种有机和无机微量物质,其中包括哺乳动物的绝大多数内分泌激素。

4.动物细胞培养方法

动物细胞或组织的体外培养就是将活的组织、细胞、器官或微小个体放在一个不会被其他微生物等污染的环境里(器皿或反应器)生存、生长。这里先介绍动物细胞培养的基本步骤:①无菌取出目的细胞所在组织,以培养液漂洗干净;②以锋利无菌刀具割去多余部分,切成小组织块;③将小组织块置于消化液中离散细胞;④低速离心洗涤细胞后,将目的细胞吸移至培养瓶培养。

由于绝大多数哺乳动物细胞趋向于贴壁生长,细胞长满瓶壁后生长速度显著变慢,乃至不生长。因此,哺乳动物细胞的大量培养需提供较大的支持面。下面简单介绍一下微胶囊培养法:将一定量动物细胞与大约 4% 的褐藻酸钠混合后,滴到 $CaCl_2$ 溶液中,发生离子交换而逐渐硬化成半透性微胶囊。可通过控制离子交换的时间调控微胶囊的刚性。细胞在微胶囊内生长,既可吸收外界营养,又可排出自身代谢废物。其最突出的优点是微胶囊内细胞及其产物可不受培养液中血清复杂成分的污染。细胞密度增加,纯度提高,为单克隆抗体、干扰素等有用产品的大规模生产提供了一条有效途径。

5.动物组织培养方法

动物组织培养法与细胞培养法类似,主要区别在于省略了蛋白酶对组织的离析作用。其基本方法如下:①无菌操作取出目的组织,以培养液漂洗;②以锋利无菌刀具割去多余部分,将该组织分切成 $1\sim2$ mm³ 小块,移入培养瓶;③加入合适的培养基浸润组织,小心地将培养瓶翻转,搁置 $15\sim30$ min,以利于组织块的贴壁生长;④翻回培养瓶,平卧静置于37℃培养。

6.培养物的长期保存

培养物的长期保存方法基本上有两大类:经典传代法和冷冻保存法。Carrel 是经典传代法的创始人之一和杰出代表,他在极简陋的条件下每隔几天把鸡胚心肌细胞传代一次。在令人难以置信的长达 34 年的时间里成功地无菌传代 3400 次。冷冻保存法具有操作简便、保存期长的特点。现以其中的液氮保存法为例简介如下:①将成熟培养物(细胞)与 $5\%\sim10\%$ 的甘油或二甲亚砜混匀,封装于若干个安瓿瓶中;②缓慢降温(每分钟 1℃~3℃)至 -30℃;③继续降温(每分钟 15℃~30℃)至 -150℃;④转移至液氮中冻存,可无限期保存。

若安瓿瓶置于 $-70℃$ 保存,保活期通常只有几个月。在 $-90℃$ 下培养物可保存半年以上。

3.2.2　动物细胞拆合

从不同的细胞中分离出细胞器及其组分,在体外将它们重新组装成具生物活性的细胞或细胞器的过程称为细胞拆合。细胞拆合的研究大多以动物细胞为材料,其中尤以核移植和染色体转移的工作令人瞩目。

1.核移植

核移植是指将一种细胞的细胞核移植到另一种去掉了细胞核的细胞质内,然后通过观察由不同来源的细胞核和细胞质组成的细胞所出现的功能变化,探索异种核质之间遗传相互关系和已分化细胞核的遗传全能性。

(1)异种核质关系研究

本项研究的杰出代表是中国的童弟周教授和美籍华人牛满江教授。他们早在 20 世纪 60 年代就开展了鱼类核移植工作。他们取出鲤鱼胚胎囊胚期细胞的细胞核,放入鲫鱼的去核受精卵中,结果有部分异核卵发育成鱼。这些杂种鱼的形态特征显示了既有来自鲤鱼(口须和咽区)又有来自鲫鱼(脊椎骨的数目)的性状,还有介于二者之间的中间类型(侧线鳞片数)。血清及血红蛋白的电泳分析表明,这些杂种鱼出现了不同于鲤鱼和鲫鱼的新特征。从而表明,细胞核和细胞质对杂种鱼的遗传性状具有综合的影响。这些杂种鱼成熟后,与鲤鱼和鲫鱼有性杂交后代雄性不育不同,它们可通过人工授精繁殖后代。此外,他们还进行了草鱼与团头鲂等组合的核移植试验,均得到杂种鱼。鱼类的核移植研究已为克服鱼远缘有性杂交的障碍,培育出种间、亚种间,甚至属间鱼类新品种提供了可能。

(2)细胞核遗传全能性的研究

除了原核细胞以外,所有真核生物细胞都有细胞核(个别种类已分化的细胞如人红细胞除外)。探索处于个体发育各个时期(如胚胎期和成年期)的细胞和履行不同职责的细胞(如乳腺细胞和小肠上皮细胞)的细胞核的遗传潜能和遗传全能性,从而实现了解细胞、掌握细胞、利用细胞、改造并创造具有特定性状或功能的工程细胞的宏伟目标。

1952 年,Briggs 成了研究细胞核遗传全能性的第一人。他将豹纹蛙囊胚期细胞的细胞核取出,移入去核同种蛙卵中,部分卵发育成个体;而他从胚胎发育后期的蝌蚪、成蛙细胞中取出的细胞核进行类似的实验却都以失败告终。由此说明,胚胎早期(囊胚期)细胞是一些尚未分化的细胞,其核具有发育成完整个体的遗传全能性;而胚胎后期乃至成体的细胞已出现明显分化,其核已难以重演胚胎发育的过程。然而 1964 年南非科学家 Gurdon 的实验却取得了突破。他首次将非洲爪蟾体细胞(小肠上皮细胞)的胞核取出,植入到经紫外线辐射去核的同种卵中,竟然有 1.5% 的卵发育至蝌蚪期。虽然实验没有取得完全的成功,但至少揭示了体细胞核仍具有遗传全能性。

最让生物学家和全世界震惊的是英国 PPL 生物技术公司 Roslin 研究所的 Wilmut 1997 年 2 月 27 日在世界著名权威杂志《Nature》宣布的用乳腺细胞的细胞核克隆出一只绵羊"多莉"(Dolly)的消息。其技术路线见图 3-4。

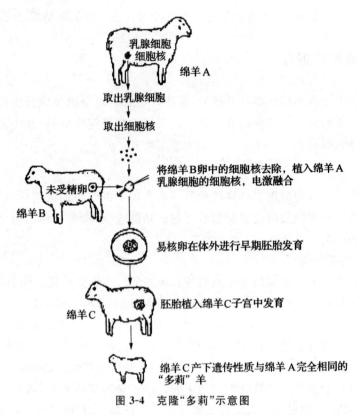

图 3-4 克隆"多莉"示意图

"多莉"的诞生,既说明了体细胞核的遗传全能性,也翻开了人类以体细胞核克隆哺乳动物的新篇章。1998 年 7 月 5 日,日本人用母牛输卵管细胞的细胞核成功克隆了"能都"和"加贺"的两头克隆牛犊。几乎与此同时,一组科学家在美国檀香山宣布,他们已用经卵泡细胞的细胞核克隆成功的小鼠"卡缪丽娜"再克隆出了下一代,祖孙三代 22 只克隆鼠组成的大家庭具有完全一致的遗传基础。随后,德国和韩国的科学家也相继宣布用体细胞成功克隆出哺乳动物。几个世纪以来人类梦寐以求的快速、大量繁殖纯种动物的夙愿正在变成现实。

哺乳动物体细胞克隆这项登上世纪顶峰的成就必将对 21 世纪生命科学、医学以及农学等诸多领域产生重大的影响,如:①遗传素质完全一致的克隆动物将更有利于开展对动物(包括人)的生长、发育、衰老和健康等机理的研究。②有利于大量培养品质优良的家畜。③经转基因的克隆哺乳动物,将能为人类提供源源不断的廉价的药品、保健品以及较易被人体接受的移植器官。④同种克隆到异种克隆(即借腹怀胎)将大大促进对濒危哺乳动物的保护工作。

2.染色体转移

为了改变真核细胞的遗传性状和控制高等生物的生命活动,除可在细胞整体水平和胞质水平上转移整个核基因组外,还可以在染色体水平上把同特定基因表达有关的染色体或染色体片段转入受体细胞,使该基因在受体中表达。这种把同特定基因表达有关的染色体或染色体片段转入受体细胞的技术叫染色体转移。染色体转移有两种方法,一是 Fournier 和 Ruddle(1977)建立的微细胞介导转移法(microceU-mediated transfer),另一种是 McBride 和 Ozar(1973)建立的染色体介导转移法(chromosome-mediated transfer)。前者是以微细胞作供体,通过与遗传性完整的受体细胞融合,将微细胞内的一条或几条染色体转移到受体细胞中;后者是由受体细胞通过细胞内吞作用将供体细胞的亚染色体或片段纳入受体细胞。

(1)微细胞介导转移法

微细胞也叫微核体,它们由一条至几条染色体、少量细胞质和完整的细胞膜包裹而成。微细胞介导的染色体转移由于供体信息简单、受体细胞被影响小、染色不受或很少受损伤,因而已成了细胞株系之间转移遗传物质的重要手段。微细胞介导染色体转移方法如下:

供体细胞→秋水仙素处理→细胞松弛素 B 处理→收集微细胞→
加植物凝集素制成悬浮细胞
受体细胞　　　　　　　　　　 →凝集→加 PEG 溶液融合→洗涤→筛选

本方法由于染色体受到细胞膜的保护而较少受物理、化学因素和胞内核酸酶的降解,因而成功率较高。

(2)直接转移法

制取供体细胞的染色体是本方法得以实施的前提。一般可按以下步骤进行:

供体细胞→秋水仙素处理→低温处理→细胞破碎→
收集染色体→染色体与细胞共培养→筛选

经上述染色体转移的受体细胞,只有少数能从选择培养基中长出。此时细胞仍处于不稳定状态,需经多代连续的挑选、检测方可能获得具有外来新特征的杂合细胞株系。

自 1973 年染色体转移技术创立以来,这项技术还在不断发展和完善。它不仅能将各种供选择的基因导入受体细胞,而且还可以用于确定基因在染色体上的连锁关系。由于目前对染色体转移的细胞生物学机制还不清楚,还不可能按人们的意愿把外源基因导入受体细胞特定的染色体位点上。

3.DNA 介导的基因转移

DNA 介导的基因转移是指应用分子生物学和细胞生物学的手段将纯化的外源 DNA 导入受体细胞,并使外源 DNA 所包含的基因在受体细胞内表达的过程。

1943 年,微生物学家在研究光滑型和粗糙型肺炎球菌的相互转化中证实,导致细菌转化的物质是 DNA。1962 年,Szybalska 将人的次黄嘌呤磷酸核糖转移酶(HPRT)基因转移到人的 HPRT 基因缺陷的突变细胞株内,使受体细胞表达 HPRT,完成了第一例哺乳类动物细胞内 DNA 介导的基因转移。1973 年 Gnaham 首创的 DNA—磷酸钙沉淀法极大地提高了 DNA 对哺乳类动物细胞的转化效率。同时,随着利用不同载体携带外源 DNA 进行转移和显微注射技术的发展,以及对转化细胞的不同选择方法的建立,DNA 介导的基因转移技术为基因分离、纯化、定位以及基因结构、功能等的研究开拓了一条新路。

(1)基因转移方法

DNA 介导的基因转移方法主要有以下三种。

①DNA-磷酸钙沉淀法。当含有被转移基因的 DNA 溶液与适量的 $CaCl_2$ 溶液混合后,逐滴加入一定量的磷酸盐溶液,不停地摇荡,DNA 与磷酸钙逐步生成 DNA-磷酸钙沉淀复合物。将 DNA-磷酸钙沉淀复合物加入细胞培养液中培养一定时间,由于细胞的吞噬作用,DNA-磷酸钙沉淀复合物被内吞进入细胞。借助磷酸钙沉淀进入细胞的 DNA 从吞噬泡内释放出来进

入细胞质,或是转移到细胞核内整合到受体细胞的染色体上进行表达,或是游离于细胞质中逐步被降解。

②载体携带法。利用天然的或人工制造的载体携带外源DNA分子以达到转移基因的目的也是DNA介导基因转移的常用手段。红细胞血影(ghost cell)和脂质体(liposome)是最为常用的两种载体。

哺乳类动物红细胞在低渗条件下迅速发生膨胀而在细胞膜上出现直径约50 nm的小孔,在等渗条件下红细胞膜又恢复其不通透性。如果在低渗溶液中混合适量的待转移的目的基因DNA,则DNA分子便进入红细胞,再用高渗溶液调节红细胞恢复等渗条件时,被吸入的外源DNA就被包裹在红细胞中。这样制得的红细胞血影可以通过显微注射或细胞融合而将外源DNA转移到受体细胞中。

脂质体是磷脂在水中形成的一种有脂类双分子层围成的囊状结构,其大小在1～5 gm之间。在脂质体囊状结构生成时,可以将存在于溶液中的DNA分子包裹其中。携带了外源DNA分子的脂质体可通过细胞内吞作用或融合过程进入受体细胞。

③显微注射法。借助显微注射仪将外源DNA溶液通过内径0.1～0.5 μm的玻璃显微注射针直接注入受体细胞是基因转移的又一有效手段。显微注射DNA转移基因的方法具有独特的优点,显微注射针被连接在微量推进器上,可以根据需要定量注入DNA。显微注射在显微镜直视下操作,可以将DNA从特定位置注射到细胞中。

(2)转化细胞的选择

通过不同方法将纯化的外源DNA引入受体细胞后,必须从大量细胞中筛选出已被外源DNA转化了的细胞。筛选方法的设计,取决于所转移基因的特性和受体细胞的遗传性状。DNA介导的基因转移中最有效和最常用的选择系统是HAT选择培养基法。Syzbalska(1962)利用HAT的选择作用,将人的次黄嘌呤磷酸核糖转移酶基因转入HPRT$^+$的细胞,并筛选出被转化了的HPRT$^+$细胞。Munyon等(1971)用单纯疱疹病毒(HSV)的胸腺嘧啶核苷激酶基因转入该基因缺损的小鼠L细胞(Ltk$^+$)中,选择得到被转化的Ltk$^+$细胞。因而,任何具有类似于上述选择特性的基因,通过DNA介导的基因转移转化该基因缺陷的受体细胞时,都可以借助对此选择性标记基因的筛选而找到转化细胞。

然而,被研究的基因极大多数缺乏这种专一的选择标记特性。对这类不具选择标记特性的基因可以采用共转化技术,即将不含选择标记的目的基因和一个选择标记基因(最常用的是TK基因)整合后进行转化。此外,在基因结构和功能的研究中,如果需要以不具有特殊遗传缺陷的某种特定细胞为受体细胞,也需要用另一类显性基因(常用的如neo显性基因)与目的基因整合后进行共转移。

3.2.3 干细胞研究

早在20世纪50年代,科学家在畸胎瘤中首次发现了胚胎干细胞(Embryonic Stemcell,ES细胞),从此开创了干细胞生物学研究的历程。1970年,Martin EVans分离出小鼠胚胎干细胞并在体外进行培养。接着,科学家直接从患者的身上提取出某种特殊的细胞使之长成皮肤、骨骼和软骨,甚至是重要器官的一部分,这些特殊的细胞就是干细胞。1997年,人的胚胎干细胞被首次培养成功,科学家从而开始了尝试"定制"器官救助生命的干细胞工程,即非繁殖性克隆或治疗性克隆研究。

干细胞(stenl cell)是动物(包括人)胚胎及某些器官中具有自我复制和多向分化潜能的原始细胞,是重建、修复病损或衰老组织、器官功能的理想种子细胞。按分化潜能的大小,干细胞基本上可分为三种类型。

(1)全能性干细胞

全能性干细胞即胚胎干细胞,是最原始的干细胞,具有自我更新、高度增殖和多向分化发育成为人体全部 206 种组织和细胞,甚至形成完整个体的分化潜能。当受精卵分裂发育成囊胚时,内层细胞团的细胞即为胚胎干细胞。

(2)多能性干细胞

这种干细胞具有分化出多种细胞和组织的潜能,但失去了发育成完整个体的能力,发育潜能受到一定的限制。如骨髓造血干细胞可分化成为至少 12 种血细胞,但一般不能分化出造血系统以外的其他细胞。

(3)专一性干细胞

这类干细胞只能分化成一种类型或功能密切相关的两种类型的细胞,如上皮组织基底层的干细胞和肌肉中的成肌细胞等。

干细胞具有以下显著的特点:具有分裂成其他细胞的可能性;具有无限增殖分裂的潜能;可连续分裂几代,也可在较长时间内处于静止状态;以对称或不对称两种方式进行生长。

开展干细胞研究一般要经过以下三个阶段:①获得干细胞系,这是本研究最重要的第一步,可以从动物或人的早期胚胎或各器官、组织中分离并鉴定,且能在体外长期保持干细胞特性(一般应稳定传 25 代以上);②建立干细胞诱导分化模型,可利用基因工程手段引入外源目的基因(对原有致病基因进行置换改造),探索诱导干细胞向特定组织、器官分化的化学和(或)物理条件;③将上述干细胞或干细胞培育体系植入动物或人的相应器官或组织,考察其效果。

上述干细胞研究不仅操作烦琐,而且对实验者的实验技能要求较高。我国徐荣祥教授等另辟蹊径,在皮肤干细胞原位再生方面取得了原创性的重大突破。他们对被烧伤的皮肤进行适当处理后,成功地直接诱导上皮组织基底层的干细胞分化生成皮肤细胞,使受伤的皮肤细胞得以迅速康复。该技术显示我国干细胞研究已率先进入组织和器官的原位干细胞修复和复制阶段。干细胞巨大的潜在应用价值引起世界许多国家和机构的高度重视,并投入巨资进行研究,陆续取得了一系列重大的发现,1999 年 12 月美国《科学》杂志将人类干细胞的研究评为当年十大科学成就之首。

应用干细胞治疗疾病和传统方法比较具有如下优点:①低毒性(或无毒性),一次治疗有效;②不需要完全了解疾病发病的确切机制;③用于自身干细胞移植,可避免产生免疫排斥反应。

3.3　植物细胞工程

植物细胞工程是以植物细胞为基本单位,在离体条件下进行培养、繁殖或人为精细操作,使细胞的某些生物学特征按人们的意愿发生改变,从而改良品种或创造品种,加速繁育植物个体或获取有用物质的过程统称为植物细胞工程。它的研究内容主要包括组织和细胞培养、细胞融合及细胞拆合等。

3.3.1 植物组织培养

植物组织培养就是在无菌条件下利用人工培养基对组织、器官、原生质体等的培养。植物组织培养的历史可以追溯到 20 世纪初,当时德国植物学家 Haberlandt 就曾预言"植物细胞具有全能性"。但由于技术上的限制,他的离体培养细胞未能分裂。不久之后,Hanning 成功地在他的培养基上培育出能正常发育的萝卜和辣根菜的胚,成为植物组织培养的鼻祖。到了 20 世纪 30 年代,植物组织培养取得了长足的进展。我国植物生理学创始人李继侗、罗宗洛和罗士伟相继发现银杏胚乳和幼嫩桑叶的提取液能分别促进离体银杏胚和玉米根的生长,为把维生素和其他有机物作为培养基中不可缺少的成分提供了重要的依据。1934 年,美国人 White 以番茄根为材料,建立了第一个能无限生长的植物组织。1956 年,Miller 发现了激动素,并指出激动素能强有力地诱导组织培养中的愈伤组织分化出幼芽。这是植物组织培养中的一项重要进展,直接导致两年后 Steward 顺利地从胡萝卜的细胞培养中分化得到了胚状体乃至整株。从此以后,通过组织培养方法培育完整植株的探索便在世界范围内蓬勃开展起来。现在已有多种具重要经济价值的粮食作物、蔬菜、花卉、果树、药用植物等实现了大规模的工业化、商品化生产。

进行植物组织培养,一般要经历以下 5 个阶段。

1. 预备阶段

在该阶段要注意三个基本问题,即选择适当的培养基、选择合适的外植体、除菌消毒。

(1)选择适当的培养基

由于物种不同,外植体千差万别,因而组织培养基也多种多样。尽管组织培养基差别较大,但一般都包含四大组分:即基本成分(如氮、磷、钾、钙、镁等);微量成分(如锰、锌、钼、铜、硼等);有机成分(如维生素、甘氨酸、肌醇、烟酸、糖等);生长调节物质(如细胞分裂素、生长素等)。各类培养基中,变化幅度最大的是生长调节物质,使用时要根据培养基的差异,精心选用。

(2)选择合适的外植体

外植体是能用来诱发产生无性增殖系的植物器官或组织切段,如一个芽、一个茎等。选择外植体要综合考虑以下因素:①大小适宜,外植体的组织块要达到 5～10 mg(2 万个细胞)以上,才容易成活;②同一植物不同部位的外植体,其细胞的分化能力、分化条件以及分化类型都有相当大的差别;③植物胚和幼龄器官比老器官、老组织更容易脱分化,产生大量愈伤组织;④不同物种相同部位的外植体,其细胞分化能力不一样。总之,外植体的选择要以幼嫩的器官或组织为宜。

(3)除菌消毒

选择健康的外植体,尽可能除净外植体表面的各种微生物,这是成功进行植物组织培养的前提。消毒剂的选择及处理时间长短与外植体对所用试剂的敏感性密切相关。一般幼嫩材料处理时间比成熟材料要短些。

外植体除菌一般程序是：

外植体→自来水多次漂洗→消毒剂处理→无菌水反复冲洗→无菌滤纸吸干

需要注意的是：所有工作都应在超净工作台上完成。

2.诱导去分化阶段

外植体是已分化成各种器官的切段。组织培养的第一步就是让外植体去分化，使各细胞重新处于旺盛有丝分裂的分生状态，因此培养基中一般应添加较高浓度的生长素类激素。诱导外植体去分化可以采用固体培养基（在培养基中添加琼脂 $0.8\% \sim 1.0\%$）。这种方法简便易行，占地面积小，可在培养室中多层培养，空间利用率大。外植体表面除菌后，切成小片（段）插入或贴放培养基表面即可。但外植体营养吸收不均、气体及有害物质排换不畅、愈伤组织易出现极化现象（根和芽过早发育）是本方法的主要缺点。如果把外植体浸没于液态培养基中，营养吸收及物质交换便捷，但需提供振荡器等设备，投资较大，空间利用率较小，且一旦染菌则难以挽回。

本阶段为植物细胞依赖培养基中的有机物等进行的异养生长，原则上无需光照。但人们通常还是把它们置于人工照明条件下培养，以期得到绿色愈伤组织。

3.继代增殖阶段

愈伤组织长出后，经过 $4 \sim 6$ 周细胞的迅速分裂，原有培养基中的水分及营养成分已几近耗完，细胞的有害代谢物已在培养基中积累，已不适宜愈伤组织细胞生长，因此必须进行转移，即继代培养。通过转移，愈伤组织的细胞数将迅速扩增，有利于下一阶段产生更多的胚状体或小苗。

4.器官分化阶段

愈伤组织只有经过重新分化才能形成胚状体或根、芽等器官，继而长成小苗。在这一阶段，分化出的根芽俱全的类似合子胚的结构（胚状体）一般是不多的，大量分化出现的是根或芽。所以，一般要将愈伤组织移植于含合适的细胞分裂素和生长素的分化培养基上，才能有更多的胚状体形成。光照是本阶段的必备条件。

5.移栽成活阶段

在人工培养条件下长出的小苗，要适时移栽于户外以利于生长。此时的小苗十分幼嫩，移栽应在适度的光、温、湿条件下进行。为了提高移栽成活率，移栽前最好先打开培养瓶口使移栽苗锻炼一段时间后再移栽。

3.3.2　植物细胞培养与次生代谢的生产

植物中含有数量极为可观的次生代谢物质。据保守估计，目前已发现的植物天然代谢物已超过 3 万种，而且每年还有大量新的代谢物被发现。根据化学结构的差异一般将这些次生代谢物划分为酚类、萜类和含氮化合物 3 大类。我们的祖先在与疾病的抗争中已积累了丰富的利用植物中的生物活性物质治病强身的经验。1593年,李时珍编纂的巨著《本草纲目》中所列的1892种药物绝大多数是植物。目前仍有约25%的法定药品来自植物。然而,由于植物生长缓慢,自然灾害频繁,即使是大规模人工栽培仍然不能从根本上满足人类对经济植物日益增长的需求。因此早在1956年,Routier和Nickell就提出工业化培养植物细胞以提取其天然产物的大胆设想。

1968年,Reinhard等首先将这种设想转变成现实,生产出了哈尔碱(harmine)。紧接着Kaul等于1969年、Furuya等于1972年、Teuscher等于1973年分别培养植物细胞获取了其中的薯蓣皂苷、人参皂角苷和维斯纳精(visnagin)。现在,一些发达国家已集中相当数量的人力、财力潜心开拓这个经济潜力十分巨大的生产领域。目前,世界上工业化培养植物细胞(人参细胞)已达130 t/个发酵罐的生产水平。

工业化植物细胞培养系统主要有两大类:悬浮细胞培养系统和固定化细胞培养系统。前者适于大量快速地增殖细胞,但往往不利于次生代谢物的积累;后者则相反,细胞生长缓慢,但次生代谢物含量相对较高。

1.悬浮培养系统

1953年,Muir成功对烟草和直立万寿菊的愈伤组织进行了悬浮培养,此后,Tulecke和Nickell于1959年推出了一个20 L的植物细胞封闭式悬浮培养系统(图3-5)。该系统由培养罐及4根导管连通辅助设备构成,经蒸汽灭菌后接入目的培养物,以无菌压缩空气进行搅拌。当营养耗尽,细胞数目不再增加且次生代谢物达一定浓度时,收获细胞,提取产物。他们用此系统成功地培养了银杏、冬青、黑麦草和蔷薇等细胞。该系统的突出优点是结构简单,易于操作。但它的生产效率不够高,次生代谢物累积的量也较少。后人在此基础上进行了改进,包括:①半连续培养方法,即每隔一定时间(如1~2 d)收获部分培养物,再加入等量培养基的方法。②连续培养方法,即培养若干天后在连续收获细胞的同时不断补充培养液的方法。这两个方法较明显地提高了细胞的生产率,但由于收获的是快速生长的细胞,其中的次生代谢物含量依然很低。看来有必要控制不同的参数分阶段培养细胞。例如,前阶段营养充足,加大通气,促进细胞大量生长;后阶段由于营养短缺、溶解氧供应不足导致细胞代谢途径改变,转而累积较高浓度的次生代谢物。

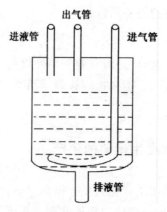

图3-5　植物细胞封闭式悬浮培养系统

2.固定化细胞培养系统

针对上述细胞悬浮培养的缺点,1979 年,Brodelius 等首次报道了用藻酸钙成功地固定化培养桔叶鸡眼藤、长春花、希腊毛地黄细胞。实验证明,细胞分化和次生代谢物积累之间存在正相关性。细胞固定化后的密集而缓慢的生长有利于细胞的分化和组织化,从而有利于次生代谢物的合成。此外,细胞固定化后不仅便于对环境因子的参数进行调控,而且有利于在细胞团间形成各种化学物质和物理因素的梯度,这可能是调控高产次生代谢物的关键。细胞固定化是将细胞包埋在惰性支持物的内部或贴附在它的表面。其前提是通过悬浮培养获得足够数量的细胞。常见的固定化细胞培养系统有以下两大类。

(1)平床培养系统

该系统由培养床、贮液罐和蠕动泵等构成,设备较简单,比悬浮培养体系能更有效地合成次生代谢物。但它占地面积较大,生产效率较低。

(2)立柱培养系统

将植物细胞与琼脂或褐藻酸钠混合,制成多个 $1\sim2$ cm^3 的细胞团块,放置于无菌立柱中(图 3-6)。这样,贮液罐中下滴的营养液流经大部分细胞,次生代谢物的合成大为增强,同时减小占地面积。

至今人类通过植物细胞培养获得的生物碱、维生素、色素、抗生素及抗肿瘤药物等不下 50 大类。有些培养细胞中的次生代谢物含量甚至超过原植物。在我国,许多重要药用植物如人参、西洋参、丹参、紫草、甘草、黄连等的植物细胞培养都已成功,其中人参、新疆紫草细胞的培养技术已接近国际先进水平,不过成本过高是尚待克服的难题。深入发掘我国特有的巨大中草药宝库,结合现代细胞培养技术,我国植物细胞次生代谢物的研制与生产一定会硕果累累。

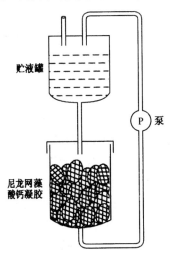

图 3-6　植物细胞立柱培养系统

(来源:孙敬三,1995)

3.3.3　单倍体植物培养

单倍体植物的创造,无论在理论方面还是在实践中都有重要的意义。在遗传理论研究中,可以用单倍体研究基因的性质;在育种实践中,可以通过单倍体方法培育和改良自交系,以利用杂种优势;还可以通过培养 F_1 的花粉产生单倍体,然后经加倍育成综合了两亲本性状的不再分离的品系,进而育成品种,这样可以大大缩短育种年限,这是常规育种手段不可比拟的。目前,这项技术已在世界范围内得到推广应用,人工诱导的单倍体植株已达 34 科 88 属约 250种,其中 1/5 是我国科学工作者创造的。这将为人类的社会经济发展产生巨大影响。

单倍体(haploid),是指具有配子染色体数的生物个体。单倍体在理论和实践中的重要意义早已为人们所知,然而,由于在自然界单倍体自然产生的频率极低(通常为 0.001% ~ 0.01%)不能满足需要,因此,人工诱导培养单倍体的技术应运而生。人工诱导产生单倍体的方法听起来很多,但实质上它们不外乎两大类,即孤雌生殖法和孤雄生殖法。前者是指利用各种物理的或化学的方法与手段,刺激子房单性结实成株,后者主要指花粉或花药培养。

1. 花粉培养

虽然花药培养和花粉培养(pollen culture)都能获得单倍体植株,但在花药培养中,由于一个花药内的花粉粒在遗传上是异质的,因此,由一个花药所产生的植株,将构成一个异质的群体。如果单倍体植株是经由花粉愈伤组织的途径产生,由于从若干花粉起源的愈伤组织常常混在一起,因此由一个花药形成的愈伤组织将会是一个嵌合体,而且,如果在花粉愈伤组织化的同时,花药壁细胞也进行增殖,那么最终所得到的愈伤组织将会是混倍体,因此得到的植株仍是异质和混倍群体。解决这个问题的方法是培养离体小孢子或花粉粒,并诱导它们进行雄核发育。下面是两种常用的花粉培养方法。

(1)看护培养法

由一个花蕾中取出完整花药,水平地置于半固体培养基表面,然后在这些花药上覆盖一小圆片滤纸。与此同时,由另二个花蕾中取出花药,制成花粉悬浮液,密度为每 0.5 ml 培养基含 10 个花粉粒。用移液管吸取 0.5 ml 悬浮液,滴在小圆滤纸片上,在 25℃ 下照光培养。约一个月后,在滤纸片上就会长出由绿色薄壁细胞组成的细胞群落。通过这种花药看护培养法得到的单细胞无性系都是单倍体(图 3-7)。

(2)悬浮培养

将尚未开放的花蕾用适当的无菌溶液进行表面消毒,然后用无菌蒸馏水彻底洗净,挤出小孢子进行悬浮培养。在某些作物上由于花粉粒需要在花药内通过一个诱导期,因此,首先要将花药在一种液体培养基(与进行花药培养所用的相同)中漂浮 2~3 d,然后再挤出小孢子培养。具体操作方法是:将大约 50 个花药放在一个含有大约 20 ml 液体培养基的烧杯中,用一根玻璃棒或注射器活塞压挤花药,将花粉粒挤出,然后使整个溶液通过一个孔径大小合适的尼龙筛过滤。过滤后得到的悬浮液以 500~800 r/min 的转速离心约 5 min。将沉淀下来的花粉粒重新悬浮在新鲜培养基中。重复以上过程 2 次。最后,将花粉粒与适当的培养基混合,密度为 $10^3 \sim 10^4$ 个花粉粒/ml。用吸管将悬浮液转入培养皿。每个培养皿中悬浮液的容积应根据培养皿的大小决定,以保证花粉粒不沉入培养基中太深为尺度。在 25℃ 下散射光(500 lx)中培养。

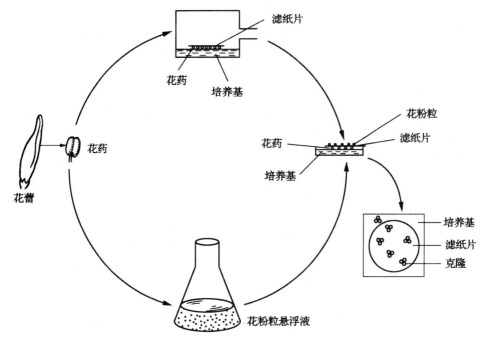

图 3-7　由番茄离体花粉建立组织无性系的看护培养法

(来源：Sharp，1972)

2.花药培养

花药培养(anther culture)是人工诱导产生单倍体工作中最常用的方法,它是指将一定发育时期的花药接种到人工培养基上,再给以特殊的培养条件而产生植株的过程。由于这种分化植株起源于花药中未成熟的花粉,所以人们常将其冠以花粉植株并把花药培养与花粉培养相提并论。然而,花粉培养和花药培养毕竟是分属不同范畴的,花药是植物体上的器官,花药培养应属于器官培养;而花粉在一定意义上则是一个单细胞,花粉培养应属于细胞培养的范畴。

(1)取材

选取成熟度适中的花蕾或幼穗。所谓适中,对于大多数植物来说,是指花蕾或幼穗中花粉正处于单核靠边期。过早或过迟的花粉的培养效果多不理想。不过,由于物种特性千差万别,准确的取材时期多需凭经验确定。

(2)消毒

花药培养时,植物材料的表面消毒通常比较方便,因为未开放的花蕾中的花药为花被所包裹,本身处于无菌状态之中。花蕾或幼穗的表面消毒一般用 70％酒精在表面擦拭或浸一下后,在 20％的次氯酸钠溶液中浸 10～20 min,然后用无菌水洗 3～5 次即可。

(3)接种

取出花药应在无菌条件下进行。可用解剖刀或镊子剥开花蕾,以镊子夹住花丝,取出花药,平放于培养基上。

(4)培养基

花药培养的整个过程可分为两个阶段:诱导阶段和分化阶段。诱导阶段使用诱导培养基,分化阶段使用分化培养基。对大多数植物而言,在诱导愈伤组织的诱导培养基中应加适量的生长素,花药可以在这种培养基中脱分化而长成愈伤组织或胚状体。无论是长出愈伤组织还是单倍体胚,都应适时转移到分化培养基培养才能成苗。分化培养基中应加细胞分裂素,以利于植株生长。

(5)培养条件

花药培养一般是在 28℃下光照(12~18 h,5000~10000 lx)和 22℃下黑暗的周期性交替的条件下进行培养。此外,由于花药中含有至今成分不明的水溶性"花药因子",只有当培养基中的"花药因子"积累到一定浓度,添加的外源激素才会起作用。因此,要适当加大花药的接种密度(图 3-8)。

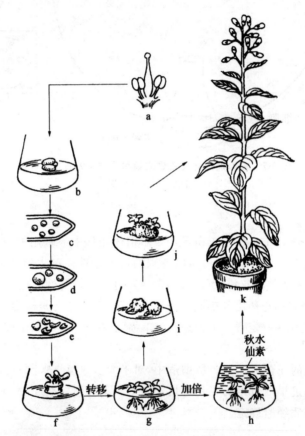

图 3-8 花药培养图解(来源:中国农业百科全书-生物卷)

a.除去雄蕊和雌蕊;b.接种花药;c、d、e.花粉发育为胚状体植株;f.单倍体花粉植株;
g.转移培养;h.秋水仙素浸泡;i,j.愈伤组织培养;k.纯合二倍体植株

3.3.4 植物脱病毒技术

1.植物脱病毒途径

除去植物中寄生的病毒主要有以下几条途径:

（1）物理学方法

经实验,如果病毒和寄主的最适温度相差较大,尤其是寄主植物可以耐受较高的生长温度,则可以考虑让植物生长在较高温的环境中,那么其中的病毒则可能因耐受不了这种高温逆境而趋于死亡。如菊花在 35℃～38℃光照培养 2 个月后病毒可失活。

（2）化学方法

既然病毒和寄主是两种不同的生物,那么它们所需的营养代谢物必然存在差异。实验者经过一番探索,寻找某种(些)能选择性地抑制病毒的繁殖而对寄主植物不伤害或危害较轻的化合物,施用这种(些)化合物后寄主植物中的病毒将显著减少。孔雀绿和病毒唑等可在一定程度上干扰病毒的复制,减轻其危害,但往往难以达到完全脱毒的目的。

（3）生物学方法

在多数情况下,植物往往被多种病毒感染,采用以上方法难以抑制或除去各种病毒。实验发现,病毒在植物体内主要是通过维管束进行传播的,在植物的茎尖和根尖分生区,维管束还未分化出现,其中的病毒很少,甚至全无。切取无毒的茎尖或根尖再经组织培养,就可以获得大量无毒苗。这是植物脱毒的主要方法。茎(根)尖越小越没病毒,但越小的外植体越难成活,一般要切取超过 2 万个细胞,或至少 3～10 mg 茎(根)尖进行脱毒处理。

生物学脱毒方法的基本流程如下：

植物茎 --除菌 超净台--> 无菌植物茎 --无菌切割 超净台--> 无菌茎尖 --无菌培养--> 无菌苗 --检测--> 脱毒苗

（4）综合脱毒法

综合脱毒法是指综合采用上述三种或其中的两种方法脱除植物中寄生的病毒。经种种努力脱除了病毒的无毒植物在田间种植若干代后很可能再次感染病毒。因此,培育抗病毒植株才是解决植物染毒、带毒的根本措施。

2. 植物脱毒检测

（1）外形观察法

多数情况下,植物脱去病毒后外形上会发生某种(些)肉眼可见的变化,如花斑消失(烟草)、株形和可食部分变大(马铃薯)、颜色更鲜艳(草莓)、花枝更多(水仙)等。

（2）电镜观察法

有些植物脱毒后外形变化不明显,可以取其叶片或果实研磨,将汁液制成标本在电子显微镜下直接检查是否还有病毒颗粒。由于病毒颗粒十分细小,检查时一定要多浏览一些视野,切忌草率下结论。

（3）免疫血清法

这是检测病毒最为可信的方法。其简要流程如下：

植物组织匀浆 --低速离心 去渣--> 上清液 --高速离心--> 纯化病毒 --免疫动物--> 抗血清(抗体)

待检植物匀浆 上清液 --> 免疫反应检测

3.3.5 植物原生质体的制备与融合

植物细胞原生质体是指那些已去除全部细胞壁的细胞。细胞外仅由细胞膜包裹,呈西形,要在高渗液中才能维持细胞的相对稳定。此外,在酸解过程中残存少量细胞壁的原生质体也叫原生质球或球状体,它们都是进行原生质体融合的好材料。

1.原生质体的分离、纯化

(1)取材与除菌

原则上植物任何部位的外植体都可成为分离原生质体的材料,但在实践中,人们发现由生长活跃的器官和组织分离出来的原生质体活力更强,再生与分生比例也较高。目前常用的外植体有种子根、子叶、下胚轴、胚细胞、花粉母细胞、悬浮培养细胞和嫩叶等。由于商品酶的出现,实际上现在已有可能从各种植物组织分离原生质体,只要该组织的细胞还没有木质化即可。

外植体的除菌要因材而异。悬浮培养细胞一般无需除菌。对较脏的外植体要先用肥皂水洗干净,再用清水冲洗 3~4 次,然后浸入 70%的酒精消毒后,再放入 3%次氯酸钠或 10%的"84"消毒液中处理,最后用无菌水漂洗数次,并用无菌过滤纸吸干。

(2)酶解

原生质体分离成败在很大程度上取决于所用酶的性质和活性。植物细胞的细胞壁含有纤维素、半纤维素、木质素以及果胶质等成分,所以现在使用的去壁酶是含有多种成分的复合酶,如崩溃酶就同时具有纤维素酶、果胶酶、地衣多糖酶和木聚糖酶等几种酶的酶解活性,对细胞培养中分离原生质体特别有用。

在酶解过程中,首先要配制好酶解反应液,该反应液是 pH 为 5.5~5.8 的缓冲液,内含纤维素酶以及渗透压稳定剂、细胞膜保护剂和表面活性剂等。其次是酶解,将除菌后的外植体如叶片切块放入反应液,不断轻摇,在 25℃~30℃反应 2~4 h,反应液转绿是酶解成功的标志,说明已有不少原生质体游离在反应液中。经镜检确认后应及时终止反应,以免脆弱的原生质体受到更多的损害。

(3)纯化

在反应液中除了大量的原生质体外,尚残留一些组织和破碎的细胞,为了取得高纯度的原生质体就必须进行原生质体的分离,具体方法是取 200~400 目的不锈钢筛或尼龙纱进行过滤除渣,也可以用低速离心法或比重漂浮法直接获取原生质体。

(4)洗涤

刚分离得到的原生质体一般含有残留酶及其他不利于原生质体培养、再生的试剂,所以要以新的渗透压稳定剂或原生质体培养液离心洗涤 2~4 次。

(5)鉴定

只有经过鉴定确认已获得原生质体后才能进行下游细胞培养或细胞融合工作。此时由于已全部或大部分除去了细胞壁,原生质体呈圆形。如果把它放入低渗透液中,则很容易胀破。也可采用荧光增白剂染色后置紫外显微镜下观察鉴定,残留的细胞壁呈现明显荧光。通过以上观测,基本上可判别是否是原生质体及其含量百分率。此外,还可通过测定光合作用、呼吸作用等参数定量检测原生质体的活力。

2.原生质体培养及植株再生

分离成功的原生质体,一般要先经含有渗透压稳定剂的原生质体培养基(液体或固体)培养,等生出细胞壁后再转移到合适的培养基中,待长出愈伤组织后按常规方法诱导其长芽、生根、成苗。

(1)培养方法

原生质体可用琼脂平板和液体培养基进行培养。琼脂平板是半固体培养基,其优点是原生质体的位置不变,为跟踪观察某一个体的发育过程提供了方便。尽管如此,最好还是用液体培养基培养。因为当植板在琼脂培养基上时,某些物种的原生质体不能进行分裂。若采用液体培养基,经过几天培养后,可用有效的办法将培养基的渗透压降低,如果原生质体群体中的蜕变组分产生了某些能杀死健康细胞的有毒物质,可以随时更换培养基。经过几天高密度培养后,可把细胞密度降低,或把特别感兴趣的细胞分离出来。

用液体培养基的方法有 3 种:①把原生质体悬浮在培养皿中进行浅层培养,厚度以 1 mm 左右为宜。培养皿用石蜡带封口,放在 25~28℃低光强或黑暗中培养。②把原生质体培养在 50~100 ml 的锥形瓶中,内装 5 ml 原生质体悬浮液,锥形瓶静置在 25℃、2000 lx 光强下。③悬浮培养原生质体在液体培养基的液滴里,悬浮在培养皿中做成 50~100 μl 小滴,然后用石蜡带封口,置于潮湿的容器中,在 25℃,低光强或黑暗中培养。①和②法可进行温和旋转。

琼脂培养基的培养方法有两种:①在液体培养基中产生细胞,然后移到琼脂培养基中使之继续发育;②原生质体植板或埋藏在琼脂培养基中。

即使所制备的原生质体功能无恙,且培养在最适合的条件之下,在培养的最初 24 h 内某些原生质体也会发生破裂。而稳定的原生质体则可由从去壁时所受的创伤中迅速恢复过来,其中细胞器的数目、细胞流、呼吸作用以及 RNA、蛋白质和多糖的合成等迅速增加,表明活跃的细胞代谢活动正在这些原生质体中进行。

(2)培养基

原生质体的营养基要求和植物细胞相似,且原生质体培养基通常是细胞培养基的改良配方。最常见的改良之一是降低培养基的强度。要求稀释是为了谋求在细胞水平合理摄入某些无机或有机化合物,如摄入过高,会引起毒害。

(3)细胞壁形成

原生质体培养 2~4 d 内,将失去它们特有的球形外观,这种变化是再生新壁的象征。新形成的细胞壁是由排列松散的微纤丝组成的,微纤丝随后组成典型的细胞壁。壁的形成与细胞分裂有直接关系,凡是不能再生细胞壁的原生质体也就不能进行正常的有丝分裂。细胞壁发育不全的原生质体常会出芽或体积增大,相当于原体积的若干倍。另外,由于在核分裂的同时不伴随细胞分裂,这些原生质体可能变成多核原生质体,之所以出现这种现象,原生质体在培养之前清洗不彻底可能是一个重要原因。

(4)植株再生

虽然细胞壁的存在是进行规则有丝分裂的前提,但并非所有的原生质体再生细胞都能进行分裂。凡能分裂的原生质体可在 2～7 d 之内进行第一次分裂。凡能继续分裂的细胞,经 2～3 周培养后可长出细胞团,再经 2 周之后,愈伤组织明显可见。这时可把它们移到不含渗压剂的培养基中,依一般的组织培养方法处理。愈伤组织经过重新分化形成胚状体或根、芽等器官,继而长成小苗。

营养、渗透剂、植板密度、培养条件以及植物材料等因素都能影响原生质体培养中细胞的分裂。

3.原生质体融合

完全不经过有性过程,只通过体细胞融合创造杂种的方法称作体细胞杂交。体细胞杂交不仅能克服远缘杂交的不亲和性障碍,产生新型植物株,而且对那些有性生殖能力很低甚至不具备有性生殖能力的作物如马铃薯、甘薯、木薯以及甘蔗等都具有特殊的意义。

植物体细胞杂交大致包括以下几个步骤:细胞分离→原生质体制备→原生质体融合→杂种细胞筛选和培养→愈伤组织诱导分化出根、茎、叶,最后长出完整的体细胞杂种植株。

(1)化学法诱导融合

化学法诱导融合无需贵重仪器,试剂简单易得,因此是细胞融合的主要方法。化学法诱导融合的具体方法很多,其中聚乙二醇(PEG)结合高钙、高 pH 诱导融合法已经成为化学诱导细胞融合的主流。具体方法是:以适当比例混合刚分离出来的双亲原生质体,用 28%～50% 的 PEG 溶液处理 15～30 min,滴加高钙、高 pH 溶液,摇匀,静置,再用原生质体培养液洗涤数次,离心获得原生质体细胞团再进行筛选、再生杂合细胞。

在 PEG 处理阶段,原生质体间只发生凝集现象,当加入高钙、高 pH 溶液稀释后,相邻的原生质体才发生融合,其融合率可达 10%～50%,可重复性强。PEG 诱导融合没有特异性,即可发生在同种细胞之间,也可能发生在异种细胞之间,没有亲缘关系的植物原生质体亦能融合。

(2)物理法诱导融合

自 1979 年微电极法和 1981 年平行电极法相继问世以来,电融合技术发展迅速,已被广泛应用。平行电极法主要操作过程为:将选定的两种植物分离出来的原生质体以适当的溶液混合,插入电极,接通一定的交变电场,原生质体极化后顺着电场排列成紧密接触的串珠状,瞬间施以适当强度的电脉冲,使原生质体质膜被击穿而导致融合。电激融合不使用有毒害作用的化学试剂,作用条件比较温和,而且基本上是同步发生融合,只要操作得当,可获得较高的融合率。

(3)杂种细胞的鉴别选择

双亲的原生质体融合处理后产生的杂合细胞,一般在加有渗透压稳定剂的原生质体培养基上培养,再生出细胞壁后转移到合适的培养基中,待产生愈伤组织后,按组织培养的常规方法诱导其出芽、生根、成苗。在这一过程中,要对是否为杂合细胞(或植株)进行鉴别与选择。常用的鉴别检测方法有:

①显微镜鉴别。根据双亲细胞原生质体的物理性状如大小、颜色等特征,在显微镜下直接识别杂合细胞,并借助显微镜操作仪在显微镜下直接选出杂合细胞,转移到再生培养基上单独培养。

②互补法鉴别。显微鉴别法以其准确见长,但工作进度慢且未知其能否存活与生长,遗传互补法则可弥补其不足。遗传互补法包括叶绿素缺失互补、营养缺陷互补以及抗性互补等。前两种为隐性性状,后一种为显性性状,其互补的原理基本一致。

叶绿素缺失互补选择:如不同基因型的白化突变株 aB 与 Ab,如果 aB 与 Ab 融合,则可互补为绿色细胞株 AaBb。

营养缺陷互补选择:甲细胞株缺失外源激素 A 不能生长,乙细胞株需提供外源激素 B 才能生长,如甲乙融合,杂合细胞在不含激素 A、B 的培养基中可以生长。

抗性互补选择:假如某个细胞株有某种抗性(如抗青霉素),另一个细胞株具有另一种抗性(如抗卡那霉素),那么它们的杂合细胞株可在含有上述两种抗生素的培养基上生长。

③细胞与分子生物学方法鉴别。经细胞融合后生长的愈伤组织或植株,可进行染色体核型分析、染色体显带分析、同功酶分析以及更为精细的 DNA 分子杂交、限制性片段长度多态性(RFLP)和随机扩增多态性 DNA(RAPD)分析,从而鉴别选择出染色体杂合细胞或植株。

3.3.6　合子胚培养

胚培养(embryo culture)在植物育种中有着十分重要的作用。在所有不能形成有生活力种子的杂交中,若把胚剥离出来置于人工培养基上培养,就能收到起死回生的功效。因此,在由于胚的夭折不能形成有生活力种子的情况下,胚培养方法可广泛地用来生产杂种。

1. 合子胚培养方法

胚培养中最重要的两个问题是培养基的成分和胚的剥离方法。对于初次接触此项工作的人来说,植物材料的选择也很重要。

(1)取材

①材料选择。取材是否合适与胚培养成败有着密切的关系。对用于胚培养的植物的选择,通常都是由所遇到的问题决定。一般大粒种子(如豆科和十字花科)的成熟胚易于剥离,小粒种子的胚较难剥离。此外,剥离的大量的胚在遗传上的一致性和发育上的同步性也应注意。一般来说,在控制条件下栽培的植物,能为每次实验提供较为均匀一致的材料。

②胚龄选择。杂种胚乳发育不全,早期败育,致使胚发育不良或畸形,多终止在梨形胚时期。因此,一般情况下,取授粉后 14～18 日龄,发育较大的胚进行培养,可以取得较好结果。

(2)消毒方法

首先按照花药培养的消毒方法把整个胚珠进行消毒,然后在严格的无菌条件下把胚剥离出来。合子胚由于受到珠被和子房壁的双重保护,因此不需要再进行表面消毒,可直接置于培养基上培养。但在兰科植物中,由于它们的种子很小,缺少有功能的胚乳,种皮高度退化,所以只能把整个胚珠进行培养,处置方法则与胚培养相同。在这种情况下,须把整个蒴果进行表面消毒,然后在无菌条件下取出胚珠,用一根无菌针把它们铺在琼脂培养基表面,成一单层培养。

（3）胚的剥离

在进行胚的离体培养时，首先必须把胚从其周围的组织中剥离出来。成熟的胚只需剖开种子即可剥离，比较容易。对种皮很硬的种子，必须先在水中浸泡之后才能剖开。在剥这些小的胚的时候则必须借助解剖镜，并且在剥离出来后，要立即转入培养瓶中。一般根据肉眼观察种胚发育大小（图 3-9），采取不同的方法，在无菌条件下接种。

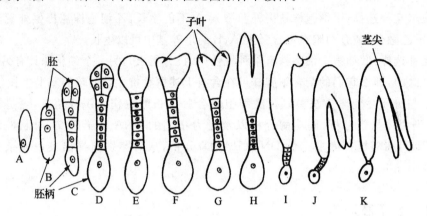

图 3-9　荠菜胚正常发育的各个时期（来源：Raghavan，1966）

A. 合子；B. 双细胞原胚；C～E. 球形胚；F. 心形胚；G. 中间期；
H. 鱼雷形胚；I. 拐杖形胚；J. 倒 U 形胚；K. 成熟胚

①剥胚法。胚较大或种胚发育较好时采用此法。剥离单子叶植物大麦未成熟胚的方法是：在解剖镜（20～50 倍）下，把颖果放在一张无菌载玻片上，用一把钟表镊子或尖头解剖针，即可很容易地把小至 0.2 mm 的胚剥离下来。也可采用下述方法剥离：左手拇指和食指捏住消过毒的种子（若为成熟种子，应先用酒精浸泡 3 min，再用无菌水浸泡 1 d，然后进行消毒），盾片部位向上并面向接种者，右手用尖头镊子或解剖针挑破盾片部位外皮，再剥去内皮，轻轻挤压出胚，用镊子尖粘住，盾片向下置于在培养基表面培养。

②切胚法。胚较小或种胚发育不良时采用此法。从芥菜胚珠中剥取发育时期不同的胚的具体方法是：先把消过毒的颖果放在几滴无菌培养基中，然后切开胎座区域，用镊子将外壁的两半撑开，露出胚珠。鱼雷形胚或更幼龄的胚的位置都局限在纵向剖开的半个胚珠之中，由于它们带有绿色或透明的胚柄囊，因而透过合点清晰可见。在剥取这种未成熟胚的时候，将由胎座上取下的 1 个胚珠放在载玻片的凹穴中（内有 1 滴培养基），然后用一把锋利的有柄刀片将胚珠纵切成两半，留下有胚的一半，仔细地剔除胚珠组织，即可把连着胚柄的整个胚取出。在剥取较老的胚时，在胚珠上无胚的一侧切一小口，用 1 根钝头解剖针轻压珠被，即可把完整的胚挤出到周围的液体中（图 3-10）。

（4）看护培养

在人工培养基上，幼龄胚通常是较难培养的，尤其是夭折发生在发育极早期的幼胚，拯救仍有很大困难。为此可以采用看护培养法进行培养。

看护培养的具体做法很多。可以把杂种未成熟的胚放在事先培养的同类作物的胚乳上培养；也可以把杂种离体幼胚嵌入到双亲之一或第三个作物正常发育的去了胚的胚乳中，然后把二者一起放在人工培养基上培养。

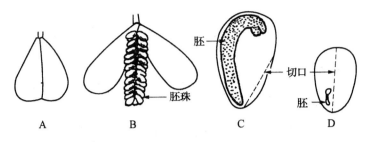

图 3-10　剥取荠菜胚的方法

(来源:Raghavan,1966)

A. 蒴果;B. 蒴果已被剥开,胚珠外露;C. 一个含有拐杖形胚的胚珠;

D. 一个含有球形胚的胚珠,沿虚线切开后,胚外露

2.培养基和培养条件

用于胚培养已有很多成熟的经验培养基可以选用。通常情况下,胚胎发育过程可分为两个时期:①异养期,在这一发育期,胚依赖于胚乳及周围的母体组织吸收养分;②自养期,在这个时期,胚在代谢上已能利用基本的无机盐和糖合成生长所需的物质,在营养上已相当独立。在自养期内,培养中的胚对外源营养的要求会随着胚龄的增加而渐趋简单。根据这一原则,对培养异养期胚的培养基的改良必须考虑无机盐、有机成分和生长调节物质三方面的因素。此外,对于原胚的培养来说,培养基的渗透压也是一个重要因素。胚柄在胚培养中也积极参与了幼胚的发育过程,因此,在胚培养时,应尽量连同胚柄一起剥出培养。

多数植物的胚在 25℃～30℃之间生长良好。胚培养中胚的生长对光照是不敏感的。

3.3.7　人工种子的研制

人工种子即人为制造的种子,它是一种含有植物胚状体或芽、营养成分、激素以及其他成分的人工胶囊。这是 1978 年植物组织培养学家 Muralshige 在第四届国际植物组织细胞培养大会上提出的设想。他认为科学家可以超越自然界的限制,用很少的外植体同步培育出许多的胚状体。将这些胚状体包埋在某种胶囊内使其具有种子的功能,并可直接用于田间播种。预言促使美国、日本、法国等国在 20 世纪 80 年代竞相掀起人工种子的研发热潮。我国虽然起步较迟,但人工种子的研究已被列入高技术发展计划,在胡萝卜、黄连、旱芹、苜蓿、魔芋、番木瓜等多种植物的人工种子研制上取得显著进展。至 2004 年,全世界已经有 43 科、92 属、100 多种植物在细胞和组织培养中能大量产生胚状体,从而制成人工种子。

1.人工种子的构成及特点

人工种子由以下三部分构成(图 3-11)。

(1)人工种皮

这是包裹在人工种子最外层的胶质化合物薄膜。这层薄膜应既能允许人工种子进行内外气体交换,又能防止人工胚乳中水分及各类营养物质的渗漏。它还应具备一定的机械抗压力。

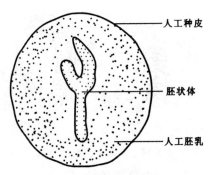

图 3-11 人工种子模式图

（2）人工胚乳

这是人工配制的保证胚状体生长发育需要的营养物质，一般以生成胚状体的培养基为主要成分，再根据人们的需要外加一定量的植物激素、抗生素、农药及除草剂等物质，尽可能提供胚状体正常萌发生长所需的条件。

（3）胚状体

胚状体是由组织培养产生的具有胚芽、胚根和类似天然种子胚的结构，具有萌发长成植株的能力。

人工种子作为 21 世纪极具发展潜力和经济价值的高科技成果，具有以下突出的优点：①可以不受环境因素制约，一年四季进行工厂化生产；②由于胚状体是经人工无性繁育产生，有利于保存该种系的优良性状；③与试管苗相比，人工种子成本更低，更适合于机械化田间播种；④可根据需要在人工胚乳中添加适量的营养物、激素、农药、抗生素、除草剂等，以利胚状体的健康生长。

人工种子的研制历经二十几年，已经取得了长足的进展，但是仍有一些关键技术尚未攻克。例如，人工种皮的性能尚不尽如人意，还未找到一种符合多数物种需要的人工胚乳，如何让胚状体处于健康的休眠状态，人工种子怎样做到既延长其保存时间又不明显降低萌发率等。有理由相信，不久的将来，人类终将摆脱大自然的羁绊，实现工厂化生产植物种子的目标。

2.人工种子的制备

（1）胚状体的制备及其同步生长

通过外植体的固体培养基培养、液体培养基的悬浮细胞培养及花药花粉的诱导培养都可获得数量可观的胚状体。但这些胚状体往往处于胚胎发育的不同时期，不符合大量制备人工种子的需要。因此，诱导胚状体的同步化生长成为制备人工种子的核心问题。采取以下措施可促进胚状体的同步生长。

①低温法。在细胞培养的早期对培养物进行适当低温处理若干小时。由于低温阻碍了微管蛋白的合成，纺锤体形成受阻，滞留于有丝分裂中期的细胞增多。此时，再让培养物回复到正常温度，细胞则同步分裂。

②抑制剂法。细胞培养初期加入 DNA 合成抑制剂，如 5-氨基尿嘧啶等，使细胞生长基本上都停顿于 G1 期。除去抑制剂后，细胞则进入同步分裂阶段。

③分离法。在细胞悬浮培养的适当时期，用一定孔径的尼龙网或钢丝网过滤或经密度梯

度离心,收取处于胚胎发育某个阶段的胚性细胞团,然后转移到无生长素的培养基上,使多数胚状体同步正常发育。

④通气法。有人发现,在细胞悬浮培养液中每天通入氮气或乙烯一两次,每次几秒或更长时间,可显著提高有丝分裂同步率。

⑤渗透压法。随着植物胚状体的发育,其渗透压值呈现规律性地从高到低变化。我们可配制一定渗透压值的培养基,从而使胚状体的发育停留在指定的阶段(如向日葵球形胚的渗透压为 17.5%),从而达到同步发育的目的。

(2)人工胚乳的制备

人工胚乳的营养需求因种而异,但与细胞、组织培养的培养基大体相似,通常还要配加一定量的天然大分子碳水化合物(淀粉、糖类),以减少营养物泄漏。常用的人工胚乳有 MS(或SH、White)培养基+马铃薯淀粉水解物(1.5%);SH 培养基(1/2 浓度)+麦芽糖(1.5%)等。还可根据需要在上述培养基中添加适量激素、抗生素、农药和除草剂等。

(3)配制包埋剂及包埋

褐藻酸钠是目前最好的人工种子包埋剂,它无毒,使用方便,具有一定的保水透气性能,价格较低。经 $CaCl_2$ 离子交换后,机械性能较好。其次是琼脂、白明胶等包埋剂。通常以人工胚乳溶液调配褐藻酸钠,再按一定比例加入胚状体,混匀后褐藻酸钠的终浓度达到 4%。然后将其逐滴滴到 2.0%~2.5% 的 $CaCl_2$ 溶液中(图 3-12)。经过 10~15 min 的离子交换络合作用,即形成多个圆形的具一定刚性的人工种子。而后,以无菌水漂洗 20 min,终止反应,捞起晾干。为了克服人工种子易于粘连和变干的缺点,美国杜邦公司以一种 Elvax 426Od 涂料对人工种子进行表面处理,效果较好。此外,以 5%$CaCO_3$ 或滑石粉抗黏也有一定效果。

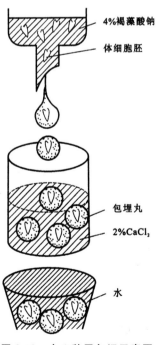

4%褐藻酸钠
体细胞胚
包埋丸
2%$CaCl_2$
水

图 3-12 人工种子包埋示意图

（4）人工种子的贮存与萌发

人工种子的贮存与萌发是迄今为止尚未攻克的难关。一般将人工种子保存在低温（4～7℃）和干燥（相对湿度小于 67％）条件下。有人将胡萝卜人工种子保存在上述条件下，两个月后的发芽率仍接近 100％。但这种贮存方式的费用是昂贵的。在自然条件下，人工种子的贮存时间短，萌发率较低。柯善强（1990 年）报道，尽管在人工种皮中加入了防腐剂，他们研制的黄连人工种子在未消毒土壤中的萌发率仅为 4.4％～5.2％。桂耀林（1990 年）的刺五加人工种子的萌发率为 14％～20％，但在无菌土壤条件下则高达 90％以上。

第4章　发酵工程技术及应用

4.1　发酵工程概述

发酵工程是一门将微生物学、生物化学和化学工程学的基本原理有机地结合起来,利用微生物的生长和代谢活动来生产各种有用物质的工程技术。它是生物技术的重要组成部分,是生物技术产业化的重要环节。发酵(fermentation)最初来自拉丁语"发泡"(fervere),它描述酿酒过程中因产生大量 CO_2 气体而引起的沸腾现象。

4.1.1　发酵工程发展史

发酵技术是人类最早通过实践所掌握的生产技术之一。早在 17 世纪末科学家已经确切地知道了微生物的存在,但将微生物与发酵联系起来却是 150 多年以后的事了。著名的科学家路易·巴斯德(Louis Pasteur)研究了酒精发酵的生理意义,认为发酵是酵母菌在无氧条件下的呼吸过程,是"生物获得能量的一种形式"。也就是说,发酵是在厌氧条件下,原料经酵母等生物细胞的作用进行分解代谢,向菌体提供能量,从而得到原料分解产物——酒精和 CO_2 的过程。

作为现代科学概念的微生物发酵工业,却是近百年才发展起来的,是在 20 世纪 40 年代随着抗生素工业的兴起而得到迅速发展的。青霉素发酵的工业化使人们逐渐掌握了从自然环境中筛选有用微生物的技术、微生物诱变育种技术、好氧发酵技术和发酵产物的分离提纯技术。这些技术的掌握和应用带来了发酵工程的春天,各种新型抗生素、氨基酸、酶制剂、有机酸等纷纷在 20 世纪 50 年代以后投入了工业化生产,为制药、食品、化学、日化、冶金、资源、能源、健康、环境工业带来了形形色色的新产品。

20 世纪 70 年代基因工程诞生后,发酵工程的应用领域迅速拓展,发酵工程内容也日益丰富,对重组微生物(工程菌)发酵过程中的一些共性基本规律的研究受到关注。同时,为解决大规模发酵培养中出现的问题,提出了一些有特色的发酵方式,如流加发酵、分段发酵、在发酵的同时去除抑制性产物或副产物等。

另外,由于对动植物细胞生理和遗传研究的不断深入,动植物细胞离体培养技术也取得了很大的进步,其中许多关键技术都来自于传统的微生物发酵,并且动植物细胞培养对反应器的特殊要求也为发酵工程提供了崭新的应用领域。

20 世纪末以来,在开展人类基因组计划的同时,国际上在微生物基因组工程领域也取得了重大突破。目前,已经完成了数百种病毒和数十种微生物的基因组测序,包括大肠杆菌、枯草芽孢杆菌、酿酒酵母等一些具有重要工业用途的微生物。这样,随着微生物基因组研究成果逐渐转入开发应用领域,人类今后对微生物的研究控制和开发利用将会更加便利和有效,发酵过程的原理也将更加清晰,发酵的应用领域也会随之扩大,发酵工业的前途必将愈加宽广。

4.1.2 发酵的类型

1. 微生物菌体发酵

菌体发酵是以获得某种用途的菌体为目的的发酵。传统的菌体发酵有酵母发酵(用于面包、馒头制作)和微生物菌体蛋白发酵(用于人类食品和动物饲料)两种。现代的菌体发酵有用于制药行业的药用真菌生产(如香菇、冬虫夏草、茯苓菌等),还有用于制造生物防治剂和杀虫剂的微生物菌体(苏云金杆菌等)。

2. 微生物代谢产物发酵

微生物的代谢类型有很多,已知的有 37 个大类。在菌体对数生长期所产生的产物,如氨基酸、核苷酸、蛋白质、核酸、糖类等,是菌体生长繁殖所必需的,这些产物叫做初级代谢产物。许多初级代谢产物在经济上相当重要,分别形成各种不同的发酵工业。在菌体生长静止期,某些菌体能合成一些具有特定功能的产物,如抗生素、生物碱、细菌毒素、植物生长因子等。这些产物与菌体生长繁殖无明显关系,叫做次级代谢产物。次级代谢产物多为低相对分子质量化合物,但其化学结构类型多种多样,其中仅抗生素按结构类型就可以分为 14 类。由于抗生素不仅具有广泛的抗菌作用,而且具有抗病毒、抗癌和其他生理活性,因而得到了长足的发展,已成为发酵工业的重要支柱。

3. 微生物酶发酵

酶普遍存在于动物、植物和微生物中。最初都是从动植物组织中提取酶,现在工业上应用的酶大多来自于微生物发酵,因为微生物具有种类多、产酶品种多、生产容易和成本低等优点。微生物酶制剂有广泛的用途,主要用于食品工业和轻工业。例如,微生物生产的淀粉酶和糖化酶可用于生产葡萄糖。

4. 微生物的转化发酵

微生物的转化是利用微生物细胞的一种或多种酶,把一种化合物转变成结构相关的更有经济价值的产物。可进行的转化反应包括脱氢反应、氧化反应、脱水反应、缩合反应、脱羧反应、氨化反应、脱氨反应和异构化反应等。最古老的生物转化就是利用菌体将乙醇转化成乙酸的醋酸发酵。生物转化还可用于异丙醇转化成丙醇、葡萄糖转化成葡萄糖酸等。

5. 生物工程细胞的发酵

利用生物工程技术所获得的细胞,如 DNA 重组的"工程菌"进行的新型发酵以及细胞融合所得的"杂交"细胞等进行培养的新型发酵,其产物多种多样。如用基因工程菌生产的胰岛素、干扰素等,用杂交瘤细胞生产的用于治疗和诊断的各种单克隆抗体等。

4.1.3 发酵技术的特点

微生物种类繁多,繁殖速度快,代谢能力强,容易通过人工诱变获得有益的突变株,而且微生物酶的种类很多,能催化各种生物化学反应。同时,微生物能够利用有机物、无机物等各种营养源,不受气候、季节等自然条件的限制,可以用简易的设备来生产多种多样的产品。所以,在酒、酱、醋等酿造技术上发展起来的发酵技术发展非常迅速,且有其独有的特点:

①发酵过程以生命体的自动调节方式进行,数十个反应过程能够像单一反应一样,在发酵设备中一次完成。

②反应通常在常温常压下进行,条件温和,能耗少,设备较简单。

③原料通常以糖蜜、淀粉等碳水化合物为主,可以是农副产品、工业废水或可再生资源(植物秸秆、木屑等),微生物本身能有选择地摄取所需物质。

④容易生产复杂的高分子化合物,能高度选择地在复杂化合物的特定部位进行氧化、还原、官能团引入等反应。

⑤发酵过程中需要防止杂菌污染,设备需要进行严格的冲洗、灭菌;空气需要过滤等。

4.2　微生物发酵过程

微生物发酵过程即微生物反应过程,是指由微生物在生长繁殖过程中所引起的生化反应的过程。当前发酵工业所用菌种的总趋势是从野生菌转向变异菌、从自然选育转向代谢控制育种、从诱发基因突变转向基因重组的定向育种。在发酵工业中,目前经常用到的是细菌、放线菌、霉菌(又名丝状真菌)、酵母菌以及危害细菌和放线菌生长的噬菌体等。但随着分子生物学和基因重组技术的不断发展,以及人类对发酵制品需求的日益增加,一些病毒、藻类、担子菌和基因工程菌等也正在逐步成为发酵工业用菌。

4.2.1　工业生产中常用的微生物

微生物资源非常丰富,广泛分布于土壤、水和空气中,尤以土壤中最多。

1.细菌

细菌是自然界中分布最广、数量最多的一类微生物,属单细胞原核生物,以较典型的二分裂方式繁殖。细菌生长时,单环 DNA 染色质体被复制,细胞内的蛋白质等组分同时增加 1 倍,然后在细胞中部产生一横断间隔,染色质体分开,继而间隔分裂形成细胞壁,最后形成两个相同的子细胞。如果间隔不完全分裂就形成链状细胞。发酵工业生产中常用的细菌有:枯草芽孢杆菌(Bacillus subtilis)、乳酸杆菌(Lactobacillus)、醋酸杆菌(Acetobacterium)、棒状杆菌(Corynbacterium)、短杆菌(Brevibacterium)等,主要用于生产淀粉酶、乳酸、乙酸、氨基酸和肌苷酸等。

2.放线菌

放线菌因其菌落呈放射状而得名。它是一个原核生物类群,在自然界中分布很广,尤其在含有机质丰富的微碱性土壤中较多。大多腐生,少数寄生。放线菌主要以无性孢子进行繁殖,也可借菌丝片段进行繁殖。后一种繁殖方式见于液体沉没培养之中。其生长方式是菌丝末端伸长和分支,彼此交错呈网状结构,称为菌丝体。菌丝长度既受遗传的控制,又与环境相关。在液体深层培养中由于搅拌器的剪切力作用,常易形成短的分支旺盛的菌丝体,或呈分散生长,或呈菌丝团状生长。放线菌的最大经济价值在于能产生多种抗生素。从微生物中发现的抗生素,有 60%以上是放线菌产生的,如链霉素、金霉素、红霉素、庆大霉素等。发酵工业常用的放线菌主要来自以下几个属:链霉菌属(*Streptomyces*)、小单孢菌属(*Micromonospora*)和诺卡氏菌属(*Nocardia*)等。

3. 酵母菌

酵母菌为单细胞真核生物,在自然界中普遍存在,主要分布于含糖质较多的偏酸性环境中,如水果、蔬菜、花蜜和植物叶片上,以及果园土壤中。石油酵母较多地分布在油田周围的土壤中。酵母菌大多为腐生,常以单个细胞存在,以发芽形式进行繁殖。母细胞体积长到一定程度时就开始发芽,芽长大的同时母细胞缩小,在母子细胞间形成隔膜,最后形成同样大小的母子细胞。如果子芽不与母细胞脱离就形成链状细胞,称为假菌丝。发酵工业上常用的酵母菌有:啤酒酵母(*Saccharomyces cerevisiae*)、假丝酵母(*Candida*)、类酵母等,主要用于酿酒、制造面包、制造低凝固点石油、生产脂肪酶,以及生产可食用、药用和饲料用的酵母菌体蛋白等。

4. 霉菌

凡生长在营养基质上形成绒毛状、网状或絮状菌丝的真菌统称为霉菌。霉菌在自然界分布很广,大量存在于土壤、空气、水和生物体内外等处。它喜欢偏酸性环境,大多数为好氧性,多腐生,少数寄生。霉菌的繁殖能力很强,它以无性孢子和有性孢子进行繁殖,大多数以无性孢子繁殖为主。其生长方式是菌丝末端的伸长和顶端分支,彼此交错呈网状。菌丝的长度既受遗传的控制,又受环境的影响,其分支数量取决于环境条件。菌丝或呈分散生长,或呈菌丝团状生长。发酵工业上常用的霉菌有:藻状菌纲的根霉(*Rhizopus*)、毛霉(*Mucor*)、犁头霉(*Absidia*),子囊菌纲的红曲霉(*Monascus*),半知菌类的曲霉(*Aspergillus*)、青霉(*Penicillium*)等,主要用于生产多种酶制剂、抗生素、有机酸及甾体激素等。

5. 担子菌

担子菌就是人们通常所说的菇类。担子菌资源的利用正越来越引起人们的重视,如多糖、橡胶物质和抗癌药物的开发。科学家对香菇的抗癌作用进行了深入的研究,发现香菇中的 $1,2-\beta$-葡萄糖苷酶及两种糖类物质具有抗癌作用。

6. 藻类

藻类是自然界分布极广的一大群自养微生物资源,许多国家已把它用作人类保健食品和饲料。培养螺旋藻,按干重计算每年每公顷可收获 60 t,而种植大豆每公顷才可获 4 t;从蛋白质产率看,螺旋藻是大豆的 28 倍。培养珊列藻,从蛋白质产率计算,每公顷珊列藻所得蛋白质是小麦的 20~35 倍。此外,还可通过藻类利用光能将 CO_2 转变为石油。培养单胞藻或其他藻类而获得的石油,可占细胞干重的 35%~50%,合成的油与重油相同,可加工成汽油、煤油和其他产品。有的国家已建立培植单胞藻的农场,每年每公顷土地培植的单胞藻按 35%干物质为碳氢化合物(石油)计算,可得 60 t 石油燃料。此项技术的应用,还可减轻因工业生产而大量排放 CO_2 造成的温室效应。国外还有从"藻类农场"获取氢能的报道,大量培养藻类,利用其光合放氢作用来取得氢能。

4.2.2　菌种的选育与筛选

1.菌种的选育

目前菌种选育主要还是采用自然选育和诱变育种两种方法,工作量大,且带有一定的盲目性,尚属于经典的遗传育种的范畴。近年来,随着基因工程的迅猛发展,基因工程、细胞工程、蛋白质工程等具有定向作用的育种技术也获得了成功,应用越来越广泛。

（1）自然选育

不经过人工处理,利用微生物的自然突变进行菌种选育的过程称为自然选育。自然突变的结果可能导致生产上不希望的菌种退化和对生产有益的变化。为确保生产水平不下降,不断对生产菌种进行分离纯化,淘汰衰退的,保留优良的,会使生产菌种不断地优化,达到自然选育的目的。特别是经过诱变的突变株,在传代的过程中,恢复突变和退化的菌种往往占有优势,只有经常进行分离选育,才能保证生产的正常进行。

自然选育一般包括以下几个步骤:

①采样。应根据筛选的目的、微生物分布情况、菌种的主要特征及其生态关系等因素,确定具体的时间、环境和目标物。

②增殖。在采集的样品中,一般待分离的菌种在数量上并不占优势,为提高分离的效率,常以投其所好和取其所抗的原则在培养基中投放和添加特殊的养分或抗菌物质,使所需菌种的数量相对增加,这种方法称为增殖培养或富集培养。其实质是使天然样品中的劣势菌转变为人工环境中的优势菌,便于将它们从样品中分离。

③纯化。因为增殖培养的结果并不能获得微生物的纯种。

④性能鉴定。菌种性能测定包括菌株的毒性试验和生产性能测定。

自然选育是一种简单易行的选育方法,可以达到纯化菌种、防止退化、稳定生产、提高生产水平的目的。但是自然选育的效率低,只有经常进行自然选育和诱变育种,才可获得良好的效果。

（2）诱变选育

微生物代谢受多种方式的调控,故某一种特定的代谢物不会过量积累。虽然许多微生物具有合成某种产物的适宜途径,但往往也有产物分解的途径。因此,从自然环境中分离的菌种的生产能力有限,一般不容易满足工业生产的需要。提高其生产能力,改良其特性,最大限度地满足大规模工业生产需要的有效途径之一是诱变育种。

诱变育种是人为地利用物理化学等因素,使诱变的细胞内遗传物质染色体或 DNA 的片段发生缺失、易位、倒位、重复等畸变,或 DNA 的某一部位发生改变（又称点突变）,从而使微生物的遗传物质 DNA 和 RNA 的化学结构发生变化,引起微生物的遗传变异,因此诱发突变的变异幅度远大于自然突变。

用来进行诱变的出发菌株的性能对提高诱变效果的育种效率有着极为重要的意义,选择时应注意以下几点:

①诱变出发菌株要有一定的目标产物的生产能力。

②对诱变剂敏感的菌株变异幅度较大。

③生产性能好的菌株,如生长快、营养要求低、产孢子多且早的菌株,最好为生产上自然选育的菌种。

④可选择已经过诱变的菌株,因有时经过诱变后菌株对诱变剂的敏感性提高。

在诱变育种的实际工作中,不仅要选择好的出发菌株,还需要适合的诱变方法与之配合。因此,单细胞或单孢子悬浮液的制备、诱变剂的剂量和浓度、处理时间、不同诱变手段的搭配、诱变后的处理方法和培养以及变异株的筛选等均需严加掌握。

诱变处理后,提高产量的变异株为少数,还需要大量的筛选才能获得所需要的高产菌种,其筛选方法与前面所述的方法和步骤基本相同。经过初筛和复筛获得的高产菌株还需要经过发酵条件的优化研究,确定最佳的发酵条件才可使高产突变菌株得到充分的表现。

(3)杂交育种

将两个不同性状个体内的基因转移到一起,经过重新组合后,形成新的遗传型个体的过程称为基因重组。基因重组是生物体在未发生突变的情况下,产生新的遗传型个体的现象。杂交育种一般是指人为利用真核微生物的有性生殖或准性生殖,或原核微生物的接合、转导和转化等过程,促使两个具不同遗传性状的菌株发生基因重组,以获得性能优良的生产菌株。这也是一类重要的微生物育种手段。比起诱变育种,它具有更强的方向性和目的性。杂交是细胞水平的概念,而基因重组是分子水平的概念。杂交育种必然包含着基因重组过程,而基因重组并不仅限于杂交的形式。

2.菌种的筛选

所有的微生物育种工作都离不开菌种筛选。尤其是在诱变育种工作中,筛选是最为艰难的也是最为重要的步骤。经诱变处理后,突变细胞只占存活细胞的百分之几,而能使生产状况提高的细胞又只是突变细胞中的少数。要在大量的细胞中寻找真正需要的细胞,就像大海捞针,工作量很大。简洁而有效的筛选方法无疑是育种工作成功的关键。为了花费最少的工作量,在最短的时间内取得最大的筛选成效,就要求采用效率较高的科学筛选方案和手段。

(1)菌种筛选方案

在实际工作中,为了提高筛选效率,往往将筛选工作分为初筛和复筛两步进行。初筛的目的是删去明确不符合要求的大部分菌株,把生产性状类似的菌株尽量保留下来,使优良菌种不至于漏网。因此,初筛工作以量为主,测定的精确性还在其次。初筛的手段应尽可能快速、简单。复筛的目的是确认符合生产要求的菌株,所以复筛工作以质为主,应精确测定每个菌株的生产指标。

(2)菌种筛选的手段

筛选的手段必须配合不同筛选阶段的要求,对于初筛,要力求快速、简便,对于复筛,应该做到精确,测得的数据要能够反映将来的生产水平。

①从菌体形态变异分析。有时,有些菌体的形态变异与产量的变异存在着一定的相关性,这就能很容易地将变异菌株筛选出来。尽管相当多的突变菌株并不存在这种相关性,但是在筛选工作中应尽可能捕捉、利用这些直接的形态特征性变化。当然,这种鉴别方法只能用于初筛。

②平皿快速检测法。平皿快速检测法是利用菌体在特定固体培养基平板上的生理生化反应,将肉眼观察不到的产量性状转化成可见的"形态"变化。如纸片培养显色法、变色圈法、透明圈法、生长圈法、抑制圈法等,这些方法较粗放,一般只能定性或半定量用,常只用于初筛,但它们可以大大提高筛选的效率。它的缺点是由于培养平皿上种种条件与摇瓶培养,尤其是发酵罐深层液体培养时的条件有很大的差别,有时会造成两者的结果不一致。

③摇瓶培养法。摇瓶培养法是将待测菌株的单菌落分别接种到三角瓶培养液中,振荡培养,然后对培养液进行分析测定。摇瓶与发酵罐的条件较为接近,所测得的数据就更有实际意义。但是摇瓶培养法需要较多的劳力、设备和时间,所以摇瓶培养法常用于复筛。但当某些突变性状无法用简便的形态观察或平皿快速检测法等方法检测时,摇瓶培养法也可用于初筛。初筛的摇瓶培养一般是一个菌株只做一次发酵测定,从大量菌株中选出10%~20%较好的菌株,淘汰80%~90%的菌株;复筛中摇瓶培养一般是一个菌株培养3瓶,选出3~5个较好的菌株,再做进一步比较,选出最佳的菌株。

④特殊变异菌的筛选方法。上述一般的筛选菌株方法的处理量仍是很大的,为了从存活的每毫升106个左右细胞的菌悬液中筛选出几株高产菌株,要进行大量的稀释分离、摇瓶和测定工作。虽然平皿快速检测法作为初筛手段可减少摇瓶和测定的工作量,但稀释分离的工作仍然非常繁重。而且有时高产变异的频率很低,在几百个单细胞中并不一定能筛选到,所以建立特殊的筛选方法是极其重要的。例如,营养缺陷型和抗性突变菌株的筛选有它们的特殊性,营养缺陷型或抗性突变的性状就像一个高效分离的"筛子",以它为筛选的条件,可以大大加快筛选的进程并有效地防止漏筛。在现代的育种中,常有意以它们作为遗传标记选择亲本或在DNA中设置含这些遗传标记的片段,使菌种筛选工作更具方向性和预见性。

4.2.3　培养基

培养基是提供微生物生长繁殖和生物合成各种代谢产物需要的多种营养物质的混合物。培养基的成分和配比,对微生物的生长、发育、代谢、产物积累及发酵工业的生产工艺都有很大的影响。

1.培养基的成分

发酵培养基的组成和配比由于菌种不同、设备和工艺不同,以及原料来源和质量不同而有所差别。因此,需要根据不同要求考虑所用培养基的成分与配比。但是综合所用培养基的营养成分,培养基的成分大致分为碳源、氮源、无机盐、微量元素、特殊生长因子、前体、促进剂和水等几类。

(1)碳源

碳源是构成菌体细胞和代谢产物的主要元素,是提供微生物生命活动所需能量的原料。常用的碳源有糖类、油脂、有机酸、低碳醇和碳氢化合物。由于不同的菌种所含的酶系统不完全相同,所以各种菌种对不同碳源的利用速率和效率也不一样。多糖要经菌体分泌的水解酶分解成单糖后才能参与微生物的代谢。玉米淀粉及其水解液是抗生素、氨基酸、核苷酸、酶制剂等发酵中常用的碳源。马铃薯、小麦、燕麦淀粉等用于有机酸、醇等生产中。霉菌和放线菌还可以利用油脂作碳源,因此在霉菌和放线菌发酵过程中加入的油脂既有消泡又有补充碳源的作用。某些有机酸、醇在单细胞蛋白、氨基酸、维生素、麦角碱和某些抗生素的发酵生产中也可作为碳源使用(有的是作补充碳源)。

(2)氮源

氮源是构成微生物细胞物质或代谢产物中氮素来源的营养物质。它是微生物发酵中使用的主要原料之一。常用的氮源包括有机氮源和无机氮源两大类。黄豆饼粉、花生饼粉、棉籽饼粉、玉米浆、蛋白胨、酵母粉、鱼粉等是有机氮源,无机氮源有氨水、硫酸铵、氯化铵、硝酸盐等。

(3)无机盐和微量元素

微生物的生长、繁殖和产物形成需要各种无机盐类如磷酸盐、硫酸盐、氯化钠、氯化钾,以及微量元素如镁、铁、钴、锌、锰等。其生理功能包括:构成菌体原生质的成分(磷、硫等);作为酶的组成成分或维持酶的活性(镁、铁、锰、锌、钴等);调节细胞的渗透压和影响细胞膜的通透性(氯化钠、氯化钾等);参与产物的生物合成等。

(4)生长因子

生长因子是一类微生物维持正常生活不可缺少,但细胞自身不能合成的微量有机化合物,包括维生素、氨基酸、嘌呤和嘧啶的衍生物以及脂肪酸等。大多数维生素是辅酶的组成成分,没有它们,酶就无法发挥作用。各种微生物对外源氨基酸的需要是不相同的,取决于它们自身合成氨基酸的能力。凡是微生物自身不能合成的氨基酸,一般需以游离氨基酸或小分子肽的形式供应。而嘌呤、嘧啶及其衍生物的主要功能是构成核酸和辅酶。酵母膏、牛肉膏、蛋白胨和一些动植物组织的浸液,如心脏、肝、番茄和蔬菜的浸液,都是生长因子的丰富来源。

(5)产物形成的诱导物、前体和促进剂

发酵过程中通常要添加一些有助于产物的形成,而对菌体生长影响不大的前体、诱导剂、促进剂等代谢调节物质。微生物许多胞外酶的合成需要适当的诱导物存在。前体是指被菌体直接用于产物合成而自身结构无显著改变的物质,如合成青霉 G 的苯乙酸,合成红霉素的丙酸等。当前体物质的合成是产物合成的限制因素时,添加前体能增加这些产物的产量,并在某种程度上控制生物合成的方向。在有些发酵过程中,添加某些促进剂能刺激菌株的生长,提高发酵产量,缩短发酵周期。在四环素发酵中加入溴化钠和 2-巯基苯丙噻唑,能抑制金霉素的生物合成,同时增加四环素产量。

(6)水和消沫剂

水是培养基的主要组成成分。它既是构成菌体细胞的主要成分,又是一切营养物质传递的介质,而且它还直接参与许多代谢反应。由于水是许多化学物质的良好溶剂,不同来源的水将对发酵产生影响。因此水的质量对微生物的生长繁殖和产物合成有着很重要的作用。发酵中使用的水有深井水、自来水和地表水。

消沫剂可以消除发酵中产生的泡沫,防止逃液和染菌,保证生产的正常运转。常用的消沫剂有植物油脂、动物油脂和一些化学合成的高分子化合物。发酵生产时,根据生产菌种的生理特性和地域情况确定较为理想的消沫剂。

2.培养基的类型

培养基的种类繁多,根据培养基的物质来源、状态、用途可以分为以下几大类型。

（1）根据营养物质来源分类

根据营养物质的来源不同，培养基可分为：天然培养基、合成培养基和半合成培养基。

①天然培养基，是用营养丰富的天然有机物配制而成。如木屑、稻草、麦粒、米糠、蔗渣、棉子壳和动植物浸出液（土豆煎汁、麦芽汁、牛肉膏）等都是配制天然培养基的原料。这些有机物来源广、价格低廉、使用方便，发酵工业中普遍使用这类培养基。

②合成培养基，是用已知化学成分的各类营养物质定量配制而成的。适用于专门的营养生理等研究，生产上使用较少。但在生产某些疫苗的过程中，为了防止异性蛋白等杂质混入，常用合成培养基。

③半合成培养基，是指在天然培养基中，添加一些已知成分的营养物质。在生产上应用也较多。

（2）根据培养基质的物理性状分类

根据培养基状态不同，可将培养基分为：固体、液体和半固体培养基。

①固体培养基。固体培养基有两类：一是将液体培养基加入凝固剂（如琼脂），制成常见的试管斜面或培养皿平板。这种培养基多用于菌种的分离、纯化或扩大保存；另一类是利用天然纤维物质或固形物，如木屑、秸秆、棉子壳、废棉、土壤、畜粪等，加入适量的辅助营养料和水配制而成的培养基，常见于有子实体的真菌类的生产。

②半固体培养基。这类培养基配制后呈软膏状，国外有部分应用，国内生产上很少用。

③液体培养基。在液体培养基中，90%以上是水，其中配有可溶性的或不溶性的营养成分，是发酵工业大规模使用的培养基，它有利于氧和物质的传递。

（3）根据用途分类

依据培养基在发酵生产中的用途，可将培养基分成孢子培养基、种子培养基和发酵培养基等。

①孢子培养基，是供制备孢子用的。要求此种培养基能使微生物形成大量的优质孢子，但不能引起菌种变异。一般来说，孢子培养基中的基质浓度（特别是有机氮源）要低些，否则将影响孢子的形成。无机盐的浓度要适量，否则影响孢子的数量和质量。孢子培养基的组成因菌种不同而异。生产中常用的孢子培养基有麸皮培养基，大（小）米培养基由葡萄糖（或淀粉）、无机盐、蛋白胨等配制的琼脂斜面培养基等。

②种子培养基，是供孢子发芽和菌体生长繁殖用的。营养成分应是易被菌体吸收利用的，同时要比较丰富与完整。其中氮源和维生素的含量应略高些，但总浓度以略稀薄为宜，以便菌体的生长繁殖。常用的原料有葡萄糖、糊精、蛋白胨、玉米浆、酵母粉、硫酸铵、尿素、硫酸镁、磷酸盐等。培养基的组成随菌种而改变。发酵中种子质量对发酵水平的影响很大，为使培养的种子能较快适应发酵罐内的环境，在设计种子培养基时要考虑与发酵培养基组成的内在联系。

③发酵培养基，是供菌体生长繁殖和合成大量代谢产物用的。要求此种培养基的组成丰富完整，营养成分的浓度和黏度适中，利于菌体的生长，进而合成大量的代谢产物。发酵培养基的组成要考虑菌体在发酵过程中的各种生化代谢的协调，在产物合成期，使发酵液 pH 不出现大的波动。

3.培养基配制的原则

（1）目的明确

配制培养基首先要明确培养目的，要培养什么微生物？是为了得到菌体还是代谢产物？

是用于实验室还是发酵生产？根据不同的目的，配制不同的培养基。

培养细菌、放线菌、酵母菌、霉菌所需要的培养基是不同的。在实验室中常用牛肉膏蛋白胨培养基培养异养细菌，培养特殊类型的微生物还需特殊的培养基。自养型微生物有较强的合成能力，所以培养自养型微生物的培养基完全由简单的无机物组成。异养型微生物的合成能力较弱，所以培养基中至少要有一种有机物，通常是葡萄糖。有的异养型微生物需要多种生长因子，因此常采用天然有机物为其提供所需的生长因子。如果为了获得菌体或作种子培养基用，一般来说，培养基的营养成分宜丰富些，特别是氮源含量应高些，以利于微生物的生长与繁殖。如果为了获得代谢产物或用作发酵培养基，则所含氮源宜低些，使微生物生长不致过旺而有利于代谢产物的积累。在有些代谢产物的生产中还要加入作为它们组成部分的元素或前体物质，如生产维生素 B_{12} 时要加入钴盐，在金霉素生产中要加入氯化物，生产苄青霉素时要加入其前体物质苯乙酸。

（2）营养协调

培养基应含有维持微生物最适生长所必需的一切营养物质。但更为重要的是，营养物质的浓度与配比要合适。营养物质浓度过低不能满足其生长的需要，过高又抑制其生长。例如，适量的蔗糖是异养型微生物的良好碳源和能源，但高浓度的蔗糖则抑制微生物生长。金属离子是微生物生长所不可缺少的矿质养分，但浓度过大，特别是重金属离子，反而抑制其生长，甚至产生杀菌作用。

各营养物质之间的配比，特别是碳氮比（C/N）直接影响微生物的生长繁殖和代谢产物的积累。C/N 比一般指培养基中元素碳和元素氮的比值，有时也指培养基中还原糖与粗蛋白的含量之比，不同的微生物要求不同的 C/N 比。如细菌和酵母菌培养基中的 C/N 比约为 5/1，霉菌培养基中的 C/N 比约为 10/1。在微生物发酵生产中，C/N 比直接影响发酵产量，如谷氨酸发酵中需要较多的氮作为合成谷氨酸的氮源，若培养基 C/N 比为 4/1，则菌体大量繁殖，谷氨酸积累少；若培养基 C/N 比为 3/1，则菌体繁殖受抑制，谷氨酸产量增加。

此外，还须注意培养基中无机盐的量以及它们之间的平衡，生长因子的添加也要注意比例适当，以保证微生物对各生长因子的平衡吸收。

（3）理化适宜

微生物的生长与培养基的 pH、氧化还原电位、渗透压等理化因素关系密切。配制培养基应将这些因素控制在适宜的范围内。

1）pH

各大类微生物一般都有其生长适宜的 pH 范围。如细菌为 7.0～8.0，放线菌为 7.5～8.5，酵母菌为 3.8～6.0，霉菌为 4.0～5.8，藻类为 6.0～7.0，原生动物为 6.0～8.0。但对于某一具体的微生物菌种来说，其生长的最适 pH 范围常会大大突破上述界限。微生物在生长、代谢过程中，会产生改变培养基 pH 的代谢产物，若不及时控制，就会抑制甚至杀死其自身。因此，在设计此类培养基时，要考虑培养基成分对 pH 的调节能力。这种通过培养基内在成分所起的调节作用，可称为 pH 的内源调节。

内源调节主要有两种方式：

①借磷酸缓冲液进行调节。例如，调节 K_2HPO_4 和 KH_2PO_4 两者浓度比即可获得 pH 6.4～7.2 间的一系列稳定的 pH，当两者为等摩尔浓度比时，溶液的 pH 可稳定在 6.8。

②以 CaCO₃ 作"备用碱"进行调节。CaCO₃ 在水溶液中溶解度很低,故将它加入至液体或固体培养基中并不会提高培养基的 pH,但当微生物生长过程中不断产酸时,却可以溶解 CaCO₃,从而发挥其调节培养基 pH 的作用。如果不希望培养基有沉淀,有时可添加 NaHCO₃。与内源调节相对应的是外源调节,这是一类按实际需要不断从外界流加酸液或碱液,以调整培养液 pH 的方法。

2)氧化还原电位

各种微生物对培养基的氧化还原电位要求不同。一般好氧微生物生长的 Eh(氧化还原势)值为 +0.3～+0.4 V,厌氧微生物只能生长在 +0.1 V 以下的环境中。好氧微生物必须保证氧的供应,这在大规模发酵生产中尤为重要,需要采用专门的通气措施。厌氧微生物则必须除去氧,因为氧对它们有害。所以,在配制这类微生物的培养基时,常加入适量的还原剂以降低氧化还原电位。常用的还原剂有巯基乙酸、半胱氨酸、硫化钠、抗坏血酸、铁屑等。也可以用其他理化手段除去氧。发酵生产上常采用深层静置发酵法创造厌氧条件。

3)渗透压和水活度

多数微生物能忍受渗透压较大幅度的变化。培养基中营养物质的浓度过大,会使渗透压太高,使细胞发生质壁分离,抑制微生物的生长。低渗溶液则使细胞吸水膨胀,易破裂。配制培养基时要注意渗透压的大小,要掌握好营养物质的浓度。常在培养基中加入适量的 NaCl 以提高渗透压。在实际应用中,常用水活度表示微生物可利用的游离水的含水量。

(4)经济节约

配制培养基特别是大规模生产用的培养基时还应遵循经济节约的原则,尽量选用价格便宜、来源方便的原料。在保证微生物生长与积累代谢产物需要的前提下,经济节约原则大致有:"以粗代精"、"以野代家"、"以废代好"、"以简代繁"、"以烃代粮"、"以纤代糖"、"以氮代朊"、"以国(产)代进(口)"等方面。

4. 最佳培养基的确定

由于发酵培养基成分众多,且各因素常存在交互作用,很难建立理论模型,因此,许多实验技术和方法都在发酵培养基优化上得到应用,如生物模型、单因子法、全因子法、部分因子法、响应面分析法等。但每一种实验设计都有它的优点和缺点,不可能只用一种试验设计来完成所有的工作。通常把几种试验方法结合起来进行优化,以减少实验工作量,并得到比较理想的结果。

培养基的优化通常包括以下几个步骤:①所有影响因子的确认;②影响因子的筛选,确定各个因子的影响程度;③根据影响因子和优化的要求,选择优化策略;④实验结果的数学或统计分析,以确定其最佳条件;⑤最佳条件的验证。

4.2.4　发酵的一般过程

生物发酵工艺多种多样,但基本上包括菌种制备、种子培养、发酵和提取精制等下游处理几个过程。典型的发酵过程如图 4-1 所示。

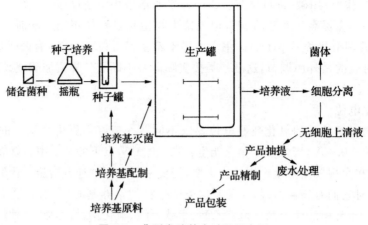

图 4-1 典型发酵基本过程示意图

(来源：熊宗贵，1995)

下面以霉菌发酵为例加以说明。

1. 菌种

在进行发酵生产之前，首先必须从自然界分离得到能产生所需产物的菌种，并经分离、纯化及选育后或是经基因工程改造后的工程菌，才能供给发酵使用。为了能保持和获得稳定的高产菌株，还需要定期进行菌种纯化和育种，筛选出高产量和高质量的优良菌株。

2. 种子扩大培养

种子扩大培养是指将保存在砂土管、冷冻干燥管或冰箱中处于休眠状态的生产菌种，接入试管斜面活化后，再经过茄子瓶或摇瓶及种子罐逐级扩大培养而获得一定数量和质量的纯种的过程。这些纯种培养物称为种子。

发酵产物的产量与成品的质量，与菌种性能以及孢子和种子的制备情况密切相关。先将贮存的菌种进行生长繁殖，以获得良好的孢子，再用所得的孢子制备足够量的菌丝体，供发酵罐发酵使用。种子制备有不同的方式，有的从摇瓶培养开始，将所得摇瓶种子液接入种子罐进行逐级扩大培养，称为菌丝进罐培养；有的将孢子直接接入种子罐进行扩大培养，称为孢子进罐培养。采用哪种方式和多少培养级数，取决于菌种的性质、生产规模的大小和生产工艺的特点。种子制备一般使用种子罐，扩大培养级数通常为二级。种子制备的工艺流程如图 4-2所示。对于不产孢子的菌种，经试管培养直接得到菌体，再经摇瓶培养后即可作为种子罐种子。

3. 发酵

发酵（fermentation）是微生物合成大量产物的过程，是整个发酵工程的中心环节。它是在无菌状态下进行纯种培养的过程。因此，所用的培养基和培养设备都必须经过灭菌，通入的空气或中途的补料都是无菌的，转移种子也要采用无菌接种技术。通常利用饱和蒸汽对培养基进行灭菌，灭菌条件是在 121℃（约 0.1MPa 表压）维持 20～30 min。空气除菌则采用介质过滤的方法，可用定期灭菌的干燥介质来阻截流过的空气中所含的微生物，从而制得无菌空气。发酵罐内部的代谢变化（菌丝形态、菌含量、糖、氮含量、pH、溶氧浓度和产物浓度等）是比较复杂的,特别是次级代谢产物发酵就更为复杂,它受许多因素控制。

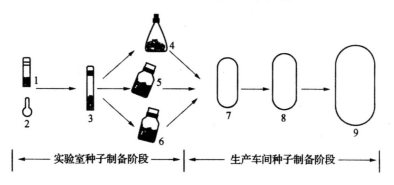

图 4-2　种子扩大培养流程图

(来源:刘如林,1995)

1—砂土孢子;2—冷冻干燥孢子;3—斜面孢子;4—摇瓶液体培养(菌丝体);
5—茄子瓶斜面培养;6—固体培养基培养;7、8—种子罐培养;9—发酵罐

4. 下游处理

发酵结束后,要对发酵液或生物细胞进行分离和提取精制,将发酵产物制成合乎要求的成品。

4.3　生物反应器

生物反应器是为微生物、酶或动植物细胞(或组织)作为生物催化剂的生物反应过程提供良好反应环境的核心设备。在生物产品生产过程中,生物反应器具有中心纽带作用,是实现生物技术产品产业化的关键设备,是连接原料和产物的桥梁,如图 4-3 所示。生物反应器的设计和操作与生物技术产品的质量、转化率和能耗关系紧密,直接影响到生产效益。

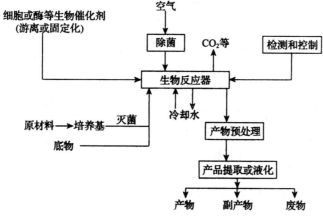

图 4-3　生物反应器作用图

4.3.1 发酵罐

1.发酵罐的发展史

20世纪以前,发酵罐开始被应用,此时的发酵罐带有简单热交换仪器。

20世纪中叶,出现了钢制发酵罐,在面包酵母发酵罐中开始使用空气分布器,小型的发酵罐中开始使用机械搅拌,随之而来,机械搅拌、通风、无菌操作和纯种培养等一系列技术不断完善,此时在工艺技术上开始尝试发酵过程的参数检测和控制,设备上已经使用耐高温(蒸汽灭菌)的pH电极和溶氧电极,实现了在线连续测定,计算机开始运用于发酵过程的质量控制,发酵产品的分离和纯化设备也有了快速的发展。

到20世纪80年代,发酵罐容量增大,机械搅拌通风发酵罐的容积增大到80～150 m^3,由于大规模生产单细胞蛋白的需要,设计了压力循环和压力喷射型的发酵罐,计算机在发酵工业上也得到广泛应用。

目前,生物工程和技术的迅猛发展给发酵工业提出了新的课题,能够满足大规模细胞培养及多种功能的发酵罐新产品不断出现,通过细胞发酵生产出来的胰岛素、干扰素等基因工程的高科技产品已经走向商品化。

2.发酵罐的特点

对于某些工艺来说,发酵罐是个密闭容器,同时附带精密控制系统;而对于另一些简单的工艺来说,发酵罐只是个开口容器,有时甚至简单到只要有一个开口的孔。

一个优良的发酵罐要适合工艺要求以取得最大的生产效率,应具备的条件是:

①为细胞代谢提供一个适宜的物理及化学环境,使细胞能更快更好地生长。

②具有严密的结构。

③良好的液体混合性能。

④高的传质和传热速率。

⑤灵敏的检测和控制仪表,如图4-4所示。

3.发酵罐的分类

在发酵工业中,生物反应器又称为发酵罐,其设计和操作也是围绕微生物的生命代谢活动而展开。

(1)根据微生物生长代谢需要来分类

①好气发酵罐主要用于抗生素、酶制剂、酵母、氨基酸、维生素等产品的发酵,发酵过程需要通入无菌空气,为微生物的生长提供氧气。

②厌气发酵罐主要用于丙酮、丁醇、酒精、啤酒、乳酸等产品的发酵,发酵过程不需要通气。

(2)根据容积分类进行分类

500 L以下的是实验室发酵罐;500～5000 L是中试发酵罐;5000 L以上是生产规模的发酵罐。

(3)根据发酵罐的质量传递特点进行分类

①机械搅拌发酵罐依靠搅拌器提供能量使发酵液循环、混合,包括机械搅拌通风发酵罐和

机械搅拌自吸式发酵罐。

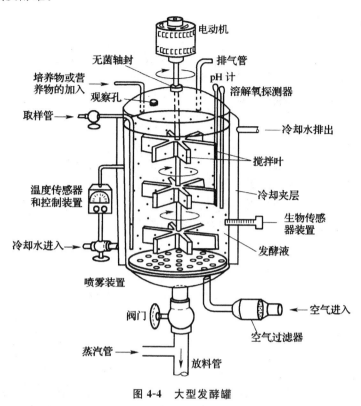

图 4-4 大型发酵罐

②非机械搅拌发酵罐依靠通入的空气或液体产生动力,带动发酵液循环、混合,包括喷射自吸式发酵罐、气升式发酵罐。

这两类发酵罐是采用不同的手段使发酵罐内的气、固、液三相充分混合,从而满足微生物生长和产物形成对氧的需求。

4.发酵罐的设计要求

发酵罐设计的主要目标是使产品的质量高、成本低。生物反应器处于发酵过程的中心,是影响整个发酵过程经济效益的重要因素,其中生物反应器的节能是发酵罐设计的一个重要指标。

发酵罐设计需要考虑的因素有:改善生物催化剂;操作与控制方便;无菌条件好等。

与化学反应器不同,发酵罐设计应遵循以下原则:

①在培养系统的已灭菌部分与未灭菌部分之间不能直接连通。

②尽量减少法兰连接,因为设备震动和热膨胀,会引起法兰连接移位,从而导致污染。

③在制作工艺上,应采用全部焊接结构,所有焊接点必须磨光,消除耐灭菌的蓄积场所。

④防止死角、裂缝等情况。

⑤某些部分应能单独灭菌。

⑥易于维修。

⑦反应器可保持小的正压。

4.3.2　机械搅拌式发酵罐

最传统也是至今应用最广泛的发酵设备是机械搅拌式发酵罐,它是利用机械搅拌器的作用,使空气和发酵液充分混合,促进氧的溶解,以保证供给微生物生长繁殖和代谢所需的溶解氧。

机械搅拌式发酵罐具有以下优点:

①操作条件灵活。

②很容易买到。

③气体运输效率高,也就是体积质量转移系数很高。

④已被实际生产证明,可广泛用于各种微生物生长的发酵。

目前,比较典型的是通用式发酵罐和自吸式发酵罐。

1.通用式发酵罐

通用式发酵罐是指既具有机械搅拌又具有压缩空气分布装置的发酵罐(图 4-5)。由于这种样式的发酵罐是目前大多数发酵工厂最常用的,因此称为"通用式"。

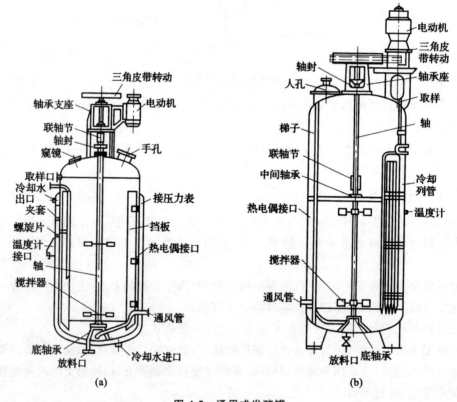

(a)　　　　　　　　　　　　　　(b)

图 4-5　通用式发酵罐

(a)夹套传热;(b)蛇管传热

通用式发酵罐的容积可达 20 L～200 m³,有的甚至可达 500 m³。发酵罐多为细而长的立式圆筒形,罐体各部分有一定的比例,圆筒部分的高度与半径之比在 1.7～2.5,这样培养液可以有较大的深度,从而增加空气在培养液中停留的时间。发酵罐为封闭式,一般在一定罐压下操作,罐顶和罐底采用椭圆形或蝶形封头。

出于清洗和检修便利的考虑,发酵罐设有手孔或人孔,甚至爬梯,罐顶还装有窥镜和灯孔,以便观察罐内情况。此外,还有各式各样的接口。装于罐顶的接口有进料口、补料口、排气口、接种口和压力表接口等,装于罐身的接口有冷却水进出口、空气进口、温度和其他测控仪表的接口。取样口则视操作情况装于罐身或罐顶。现在很多工厂在不影响无菌操作的条件下将接管加以归并,如进料口、补料口和接种口用同一个接管。放料可利用通风管压出,也可在罐底另设放料口。

在通用式发酵罐内,设置机械搅拌的首要作用是打碎空气气泡,增加气-液接触面积,以提高气液间的传质速率。其次是为了使发酵液充分混合,液体中的固形物料保持悬浮状态。通用式发酵罐大多采用涡轮式搅拌器。为了避免气泡在阻力较小的搅拌器中心部位沿着轴的周边上升逸出,在搅拌器中央常带有圆盘。常用的圆盘涡轮搅拌器有平叶式、弯叶式和箭叶式三种,叶片数量一般为 6 个,少至 3 个,多至 8 个。对于大型发酵罐,在同一搅拌轴上需配置多个搅拌器。搅拌轴一般从罐顶伸入罐内,但对容积 100 m^3 以上的大型发酵罐,也可采用下伸轴。为防止搅拌器运转时液体产生旋涡,在发酵罐内壁需安装挡板。挡板的长度自液面起至罐底部为止,其作用是加强搅拌,促使液体上下翻动和控制流型,消除涡流。立式冷却蛇管等装置也能起一定的挡板作用。

影响发酵罐大小的一个重要因素是散热效率。热量产生的主要原因是细胞的生长和搅拌。在这些过程中产生的过多的热量会使发酵罐内的温度升高,从而改变发酵罐内细胞的生理状态,降低蛋白质产量。散热可以通过发酵罐周围的冷却套或其内部的管子进行。发酵罐的传热装置有夹套和蛇管两种。一般容积在 5 m^3 以下的发酵罐采用外夹套作为传热装置,而大于 5 m^3 的发酵罐则采用立式蛇管作为传热装置。如果用 5℃～10℃的冷却水,也有发酵罐采用外夹套作为传热装置的。它是把半圆形钢或角钢制成螺旋形焊于发酵罐的外壁而成的。

通用式发酵罐内的空气分布管是将无菌空气引入发酵液中的装置。空气分布装置有单孔管及环形管等形式,装于最低一挡搅拌器的下面,喷孔向下,以利于罐底部分液体的搅动,使固形物不易沉积于罐底。空气由分布管喷出,上升时被转动的搅拌器打碎成小气泡并与液体混合,加强了气液的接触效果。

发酵罐不能被真菌或细菌污染。通常采用蒸汽灭菌的方法对发酵罐进行消毒,所以在发酵罐内部应该没有无法接触到高压蒸汽的死腔或表面,所有的探头、阀门和密封用的部件都应用耐受高温蒸汽灭菌的材料制成。在设计发酵罐时,往往不是设计很多的探头入口监测各种参数,而是只设计少数几个入口,一来减少污染的途径,二来方便灭菌。

2.自吸式发酵罐

自吸式发酵罐耗电量小,能保证发酵所需的空气,并能使气泡分离细小,均匀接触,吸入的空气中 70%～80%的氧气被利用。自吸式发酵罐可以分为机械搅拌自吸式发酵罐和喷射自吸式发酵罐两种。

（1）机械搅拌自吸式发酵罐

如图 4-6 所示，机械搅拌自吸式发酵罐罐体的结构大致上与通用式发酵罐相同，主要区别在于大搅拌器的形状和结构不同。机械搅拌自吸式发酵罐是一种不需要空气压缩机，使用的是带中央吸气口的搅拌器，搅拌器由从罐底向上伸入的主轴带动，叶轮（见图 4-7）旋转时叶片不断排开周围的液体使其背侧形成真空，于是将罐外空气通过搅拌器中心的吸气管而吸入罐内，吸入的空气与发酵液充分混合后在叶轮末端排出，并立即通过导轮向罐壁分散，经挡板折流涌向液面，均匀分布。空气吸入管通常用一端面轴封与叶轮连接，确保不漏气。

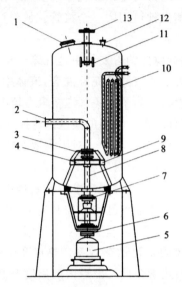

图 4-6　机械搅拌自吸式发酵罐

1—人孔；2—进风管；3—端面轴封；4—转子；5—电机；6—联轴器；7—双端面轴封；
8—搅拌轴；9—定子；10—冷却排管；11—消泡器；12—排气管；13—消泡转轴

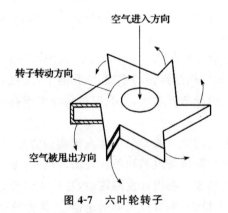

图 4-7　六叶轮转子

自吸式发酵罐的优点：

①节约了空气净化系统中的空气压缩机、冷却器、油水分离器、空气贮罐、过滤器设备，减少厂房占地面积。

②减少工厂发酵设备投资约 30％左右，设备便于自动化、连续化，降低老化强度，减少劳

动力。

③酵母发酵周期短,发酵液中酵母浓度高,分离酵母后的废液量少。

④设备结构简单,溶氧效率高,操作方便。

自吸式发酵罐的缺点主要是由于罐压较低,对某些产品生产容易造成染菌。

(2)喷射自吸式发酵罐

喷射自吸式发酵罐应用了文氏管喷射吸气装置或溢流喷射吸气装置进行混合通气,既不用空压机,又不用机械搅拌吸气转子。

①文氏管自吸式发酵罐(图 4-8),其原理是用泵使发酵液通过文氏管喷射吸气装置,由于液体在文氏管的收缩段中流速增加,形成真空而将空气吸入,并使气泡分散与液体均匀混合,从而实现溶氧传质。

②溢流喷射自吸式发酵罐(图 4-9)的通气是依靠溢流喷射器,其吸气原理是液体溢流时形成抛射流,由于液体的表面层与其相邻的气体的动量传递,使边界层的气体有一定的速率,从而带动气体的流动形成自吸作用。要使液体处于抛射非淹没溢流状态,溢流尾管略高于液面,尾管高 1~2 m 时,吸气速率较大。

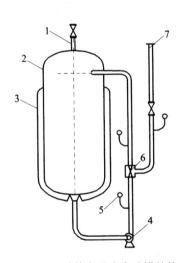

图 4-8　文氏管自吸式发酵罐结构
1—排气管;2—罐体;3—换热夹套;4—循环泵;
5—压力表;6—文氏管;7—吸气管

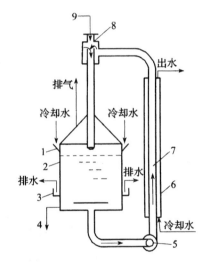

图 4-9　单层溢流喷射自吸式发酵罐结构
1—冷却水分配槽;2—罐体;3—排水槽;4—放料口;
5—循环泵;6—冷却夹套;7—循环管;
8—溢流喷射器;9—进风口

4.3.3　通风搅拌式发酵罐

在通风搅拌式发酵罐中,通风的目的不仅是供给微生物所需要的氧气,同时还利用通入发酵罐的空气,代替搅拌器使发酵液均匀混合,由于没有搅拌装置,也就减少了能量消耗及污染来源。常用的有循环式通风发酵罐和高位塔式发酵罐。

1.循环式通风发酵罐

循环式通风发酵罐利用空气的动力使液体在循环管中上升,并沿着一定路线进行循环,所以这种发酵罐也叫空气带升式发酵罐(简称带升式发酵罐)。带升式发酵罐有内循环和外循环两种(图 4-10),循环管有单根和多根。

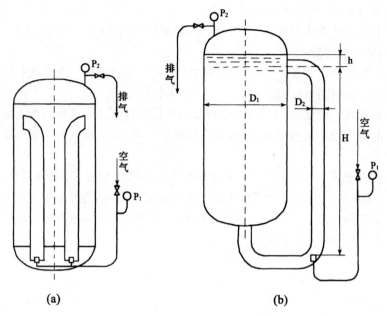

图 4-10 带升式环流发酵罐

(a)内循环带升式发酵罐;(b)外循环带升式发酵罐

与通用式发酵罐相比,它具有以下优点:①发酵罐内没有搅拌装置,结构简单、清洗方便、加工容易;②由于是通过注入空气来搅拌,不是用机械搅拌,因此能节约能量。

2.高位塔式发酵罐

高位塔式发酵罐是一种类似塔式反应器的发酵罐,其高径比约为 7∶1,罐内装有若干块筛板。压缩空气由发酵罐底部的高压引入,利用在通气过程中产生的空气泡上升时的动力带动发酵罐中液体的运动,从而达到使反应液混合均匀的目的,发酵罐中的液体深度较大,使得空气进入培养液后有较长的停留时间;在发酵罐中装有筛板,这样既能阻挡气泡的上升、延长气体在反应液中的停留时间,又能使气体更分散。这种发酵罐结构较简单,具有造价低、动力消耗少、操作成本低和噪音小等优点,特别适合培养基黏度小、含固体量少和需氧量低的发酵过程。

循环式通风发酵罐与机械搅拌式发酵罐相比剪切力小。减小剪切力非常重要,因为它可以对以下几个方面产生影响:①重组微生物遇到剪切力时更容易发生裂解,这是由于合成外源蛋白的额外负担使细胞壁比正常细胞的细胞壁更为脆弱;②通常细胞对剪切力的反应就是降低所有蛋白(包括重组蛋白)的合成;③剪切力能改变细胞的物理和化学性质,使下游操作更难进行。例如,发酵时,剪切力可使微生物细胞表面的多糖增多,从而改变收获和裂解细胞的条件,使纯化重组蛋白的工作更加困难。

4.3.4　厌氧发酵罐

厌氧发酵也称静止培养,因其不需要供氧,所以设备和工艺都较好氧发酵简单。严格的厌氧液体深层发酵的主要特色是排除发酵罐中的氧。罐内的发酵液应尽量装满,以便减少上层气相的影响,有时还需充入非氧气体。发酵罐的排气口要安装水封装置,培养基应预先还原。此外,厌氧发酵还需要使用大剂量接种(一般接种量为总操作体积的 10%～20%),使菌体迅速生长,减少其对外部氧渗入的敏感性。酒精、丙酮、丁醇、乳酸和啤酒等都是采用液体厌氧发酵工艺生产的。具有代表性的厌氧发酵设备有酒精发酵罐(图 4-11)和用于啤酒生产的锥底立式发酵罐(图 4-12)。

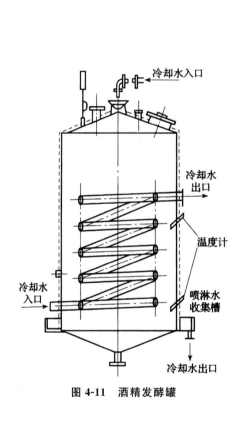

图 4-11　酒精发酵罐

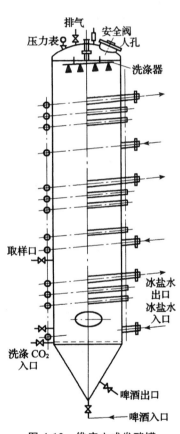

图 4-12　锥底立式发酵罐

4.3.5　生物反应器工程及其前景

生物反应器工程这一名词是近年来出现在生物技术领域中的,它包括生物反应器的结构、操作条件与混合、传质、传热之间的关系,生物反应器的设计、放大等都属于生物反应器工程研究的范围;同时也包括在生物反应器中进行微生物发酵、动植物细胞培养和酶反应的反应器类型、生物催化剂和培养液的特性、生物反应器的优化操作、过程检测与控制等研究内容。生物反应器的特征与所研究的目标产物的反应特征应联系起来,对于加速生物技术的实验室成果开发和对提高现有生产过程的生产能力都是十分必要的。

关于生物反应器开发的趋势可以总结为以下几点:

①开发活性高、选择性好及寿命长的生物催化剂。开发途径主要是利用基因工程技术,实现生物细胞的定向改造,以及改进酶和细胞的固定化技术。

②生物反应器向大型化和自动化方向发展。反应器的放大降低了操作成本,自动化检测和控制系统控制使反应器在最佳条件下操作成为可能。

③改进生物反应器的传质、传热的方法。

④降低设备投资方面,对连续生物反应器研究更加重视。连续生物反应器的主要问题是产物浓度低。随着生物催化剂比活力的提高,这个问题将得到弥补。为了克服发酵中的这个限制,固定化细胞系统提供了一种达到高生产能力、高产品浓度的方法。

⑤特殊要求的新型生物反应器的研制开发,如基因产品生产、细胞固定化及动植物细胞培养的工业反应器,固体发酵反应器,发酵与分离连接的反应器等的开发研制已获得广泛重视。

4.4　发酵生产的下游加工过程

发酵结束后,要对发酵液或生物细胞进行分离和提取精制,将发酵产物制成合乎要求的成品。从发酵液中分离、精制有关产品的过程称为发酵生产的下游加工过程。发酵液是含有细胞、代谢产物和剩余培养基等多组分的多相系统,黏度常很大,从中分离固体物质很困难;发酵产品在发酵液中浓度很低,且常常与代谢产物、营养物质等大量杂质共存于细胞内或细胞外,形成复杂的混合物;欲提取的产品通常很不稳定,遇热、极端 pH 值、有机溶剂会分解或失活。另外,由于发酵是分批操作,生物变异性大,各批发酵液不尽相同,这就要求下游加工有一定弹性,特别是对染菌的批号也要能处理。发酵的最后产品纯度要求较高,上述种种原因使下游加工过程成为许多发酵生产中最重要、成本费用最高的环节,如抗生素、乙醇、柠檬酸等的分离和精制占整个工厂投资的 60% 左右,而且还有继续增加的趋势。发酵生产中因缺乏合适的、经济的下游处理方法而不能投入生产的例子是很多的。因此下游加工技术越来越引起人们的重视。

下游加工过程由许多化工单元操作组成,一般可分为发酵液预处理和固液分离、提取、精制以及成品加工四个阶段。其一般流程如图 4-13 所示。

1.发酵液预处理和固液分离

发酵液的预处理和固液分离是下游加工的第一步操作。预处理的目的是改善发酵液性质,以利于固液分离,常用加热、调节 pH 值、加絮凝剂等方法。

(1)加热

由于加热可能使某些热敏感性蛋白质发生不可逆的变性,因此这种预处理方法仅适用于对非热敏感性产品发酵液的预处理。适当加热之后,发酵液中的蛋白质由于变性而凝聚,形成较大的颗粒,发酵液的黏度就会降低。一般加热的温度采用 65℃～80℃。

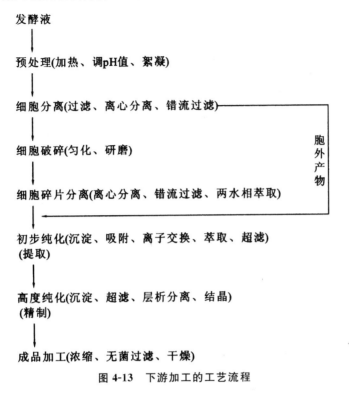

图 4-13　下游加工的工艺流程

(2)调节 pH 值

适当的 pH 值可以提高产物的稳定性,减少它在随后的分离纯化过程中的损失。此外,发酵液 pH 值的改变会影响发酵液中某些成分的解离程度,从而降低发酵液的黏度。在调节 pH 值时要注意选择比较温和的酸和碱,以防止局部酸性或碱性太强。草酸是一种较常用的 pH 值调节剂。

(3)加絮凝剂

通常情况下,细菌的表面都带有负电荷,可以在发酵液中加入带正电荷的絮凝剂,从而使菌体细胞与絮凝剂结合形成絮状沉淀,降低发酵液的黏度,有利于菌体的收获。

固液分离则常用到过滤、离心等方法。如果欲提取的产物存在于细胞内,还需先对细胞进行破碎。细胞破碎方法有机械法、生物法和化学法,大规模生产中常用高压匀浆器和球磨机。细胞碎片的分离通常用离心、两水相萃取等方法。

2.提取

经上述步骤处理后,活性物质存在于滤液或离心上清液中,液体体积很大,浓度很低。接下来要进行提取,提取的目的主要是浓缩,也有一些纯化作用。

常用的提取方法如下:

(1)吸附法

对于抗生素等小分子物质可用吸附法,现在常用的吸附剂为大网格聚合物,另外还可用活性炭、白土、氧化铝、树脂等。

（2）离子交换法

极性化合物则可用离子交换法提取，该法亦可用于精制。

（3）沉淀法

沉淀法广泛用于蛋白质提取中，主要起浓缩作用，常用盐析、等电点沉淀、有机溶剂沉淀和非离子型聚合物沉淀等方法。沉淀法也用于一些小分子物质的提取。

（4）萃取法

萃取法是提取过程中的一种重要方法，包括溶剂萃取、两水相萃取、超临界流体萃取、逆胶束萃取等方法，其中溶剂萃取法仅用于抗生素等小分子生物物质而不能用于蛋白质的提取，而两水相萃取法则仅适用于蛋白质的提取，小分子物质不适用。

（5）超滤法

超滤法是利用具有一定截断分子质量的超滤膜进行溶质的分离或浓缩，可用于小分子提取中去除大分子杂质和大分子物质提取中的脱盐浓缩等。

3. 精制

经提取过程初步纯化后，滤液体积大大缩小，但纯度提高不多，需要进一步精制。初步纯化中的某些操作，如沉淀、超滤等也可应用于精制中。大分子（蛋白质）精制依赖于层析分离，层析分离是利用物质在固定相和移动相间分配情况不同，从而在层析柱中的运动速度不同，而达到分离的目的。根据分配机制的不同，分为凝胶层析、离子交换层析、聚焦层析、疏水层析、亲和层析等几种类型。层析分离中的主要困难之一是层析介质的机械强度差，研究生产优质层析介质是下游加工的重要任务之一。小分子物质的精制常利用结晶操作。

4. 成品加工

经提取和精制后，根据产品应用要求，有时还需要浓缩、无菌过滤和去热原、干燥、加稳定剂等加工步骤。浓缩可采用升膜或降膜式的薄膜蒸发，对热敏性物质，可用离心薄膜蒸发，对大分子溶液的浓缩可用超滤膜，小分子溶液的浓缩可用反渗透膜。用截断分子质量为 10000 的超滤膜可除去分子量在 1000 以内的产品中的热原，同时也达到了过滤除菌的目的。如果最后要求的是结晶性产品，则上述浓缩、无菌过滤等步骤应放于结晶之前，而干燥则通常是固体产品加工的最后一道工序。干燥方法根据物料性质、物料状况及当地具体条件而定，可选用真空干燥、红外线干燥、沸腾干燥、气流干燥、喷雾干燥和冷冻干燥等方法。

4.5　发酵工程的应用

4.5.1　抗生素的发酵生产

抗生素是生物体在生命活动中产生的一种次级代谢产物。这类有机物质能在低浓度下抑制或杀灭活细胞，这种作用又有很强的选择性。例如，医用的抗生素仅对造成人类疾病的细菌或肿瘤细胞有很强的抑制或杀灭作用，而对人体正常细胞损害很小，这是抗生素能用于医药的原理。目前，人们在生物体内发现的 6000 多种抗生素中，约 60% 来自放线菌。抗生素主要用微生物发酵法生产,少数抗生素也可用化学方法合成。人们还对天然的抗生素进行生化或化学改造,使其具有更优越的性能,这样得到的抗生素叫半合成抗生素。抗生素不仅广泛用于临床医疗,而且也用在农业、畜牧业及环保等领域中。

青霉素是最早发现并用于临床的一种抗生素。它于 1928 年为英国人 Fleming 发现,20 世纪 40 年代投入工业生产,它能有效地控制伤口的细菌感染,在二战期间挽救了数百万战争中伤者的性命。

下面以青霉素为例简单介绍抗生素的发酵生产过程。

1.青霉素发酵生产菌株

最早发现生产青霉素的菌株是点青霉,其发酵单位仅有 2 U/mg。目前全世界用于青霉素生产的高产菌株几乎都是以产黄青霉为出发菌株,经过不同的改良途径得到的。青霉素工业发酵生产水平已经达到 85000 U/ml 以上。青霉素生产菌株一般在真空冷冻干燥条件下保存其分生孢子;也可用甘油或乳糖溶剂作悬浮剂,在超低温冰箱或液氮中保存孢子悬浮液或营养菌丝体,保存菌丝的优点可以避免分生孢子传代中可能产生的变异。按其在深层培养中菌丝的形态,可分为球状菌和丝状菌。

2.青霉素发酵生产用培养基

(1)碳源

青霉素能利用多种碳源如乳糖、葡萄糖、蔗糖等。目前普遍采用淀粉经酶水解的葡萄糖糖化液进行流加。

(2)氮源

可选用玉米浆、花生饼粉、精制棉籽饼粉或麸皮粉,并补加无机氮源。

(3)前体

生物合成含有苄基集团的青霉素 G″需要在发酵时加入前体物质如苯乙酸或苯乙酰胺,由于它们对青霉菌有一定的毒性,故一次加入量不能大于 0.1%,并采用多次加入方式。

(4)无机盐

包括硫、磷、钙、镁、钾等盐类,铁离子对青霉菌有毒害作用,应严格控制发酵液中铁含量在 30 μg/ml 以下。

3.青霉素发酵工艺

现以常用的绿色丝状菌为代表将其生产流程描述如下:

冷冻管 → 斜面母瓶 —孢子培养 25℃,6～7 d→ 大米孢子 —孢子培养 25℃,6～7 d→ 一级种子罐 —种子培养 25℃,40～50 h→

二级种子罐 —种子培养 25℃,13～15 h,1:1.5[(V/V)/min]→ 发酵罐 —发酵 26～22℃,1:(0.8～1)[(V/V)/min]6～7 d→

放冷 —至15℃→ 发酵液预处理、过滤 → 青霉素回收

(1)孢子制备

制备孢子时,将保藏的处于休眠状态的孢子,通过严格的无菌操作,将其接种到经灭菌过的固体斜面培养基上,在一定的温度下培养 5～7 d 或 7 d 以上,这样培养出来的孢子数量还是

有限的。为获得更多的孢子供生产需要,必要时可进一步在固体培养基(如大米、小米、玉米粒)上扩大培养。

(2)种子制备

种子制备的目的是缩短发酵罐内繁殖菌丝的时间,延长合成微生物发酵产物的时间,提高发酵产量。种子罐的级数是指制各种子需逐级扩大培养的次数。在种子罐内培养过程中,需要搅拌和通入无菌空气,控制罐压并定时取样做无菌检查,观察菌丝形态,测定种子液中发酵单位和进行生化分析等,并观察有无染菌情况,种子质量如合格方可移种到发酵罐中。

(3)发酵培养控制

青霉素发酵过程中需要对培养基的组成、培养温度、pH、通气量以及培养时间等条件进行控制,以利于青霉素的合成。

①pH控制。发酵过程中pH一般控制在6.2~6.8,由于青霉素在碱性条件下不稳定,容易加速其水解,因此,应尽量避免pH超过7.0。可以加葡萄糖来控制pH。当前趋势是加酸或碱自动控制pH。

②温度控制。青霉素生长的适宜温度为30℃,而分泌青霉素的适宜温度是20℃左右,通常采用分段变温控制法,使温度适合不同阶段的需要。如采用发酵前期的26℃逐渐降至22℃,可延缓菌丝衰老,增加培养液中溶解氧浓度,延长发酵周期、调节pH、提高青霉素产量。

③溶解氧控制。青霉素深层培养需要通气与搅拌,一般要求发酵液中溶解氧量不低于饱和溶解氧的30%。通气比一般为1∶(0.8~1)[每分钟体积分数,简记为(V/V)/min]左右。搅拌转速在发酵各阶段应根据需要而调整。

④泡沫的控制。青霉素在发酵过程中产生大量泡沫,可以用天然油脂如豆油、玉米油等或用合成消沫剂"泡敌"(环氧丙烯环氧乙烯聚醚类)来消泡。应当控制其用量并少量多次加入,尤其在发酵前期不宜多用,以免影响菌的呼吸代谢。

(4)下游操作

①过滤。发酵液在放罐后要及时冷却,因为青霉素在低温下较稳定,降温可以避免青霉素的迅速分解。青霉素发酵液过滤宜采用转鼓式真空过滤机。

②萃取。通常需要用醋酸丁酯进行2~3次萃取。

③脱色。采用在二次醋酸丁酯提取液中加活性炭150~300 g/10亿单位进行脱色、过滤。

④精制。以丁醇共沸蒸馏结晶制得青霉素钠结晶。

4.5.2 氨基酸的发酵生产

氨基酸是构成蛋白质的基本单位,是人体及动物的重要营养物质,氨基酸产品广泛应用于食品、饲料、医药、化学、农业等领域。以前氨基酸主要是由酸水解蛋白质制得,现在氨基酸的生产方法有发酵法、提取法、合成法、酶法等,其中最主要的是发酵法生产,用发酵法生产的氨基酸已有20多种。

谷氨酸是一种重要的氨基酸。我们吃的味精是以谷氨酸为原料生成的谷氨酸单钠的俗称,谷氨酸还可以制成对皮肤无刺激性的洗涤剂(十二烷基谷氨酸钠肥皂)、能保持皮肤湿润的润肤剂(焦谷氨酸钠)、质量接近天然皮革的聚谷氨酸人造革,以及人造纤维和涂料等。谷氨酸是目前氨基酸生产中产量最大的一种,同时,谷氨酸发酵生产工艺也是氨基酸发酵生产中最典型和最成熟的。

下面以谷氨酸为例介绍氨基酸的发酵生产。

1.谷氨酸发酵生产的菌种

谷氨酸发酵生产菌种主要有棒状杆菌属(*Corynebacterium*)、短杆菌属(*Brevibacteriurn*)、小杆菌属(*Microbacterium*)及节杆菌属(*Arthrobacter*)的细菌。除节杆菌属外,其他3属中有许多菌种适用于糖质原料的谷氨酸发酵。这些细菌都是需氧微生物,都需要以生物素为生长因子。我国谷氨酸发酵生产所用菌种有北京棒状杆菌(*C. pekinense*)AS1299,钝齿棒状杆菌(*C. crenatum*)AS1542、HU7251及7338、B9等。这些菌株的斜面培养一般采用由蛋白胨、牛肉膏、氯化钠等组成,pH为7.0~7.2的琼脂培养基,32℃培养24 h,冰箱保存备用。

2.谷氨酸发酵生产的原料制备

谷氨酸发酵生产以淀粉水解糖为原料。淀粉水解糖的制备一般有酸水解法和酶水解法两种。国内常用的是淀粉酸水解工艺:干淀粉加水调成一定浓度的淀粉乳,用盐酸调至pH 1.5左右;然后直接用蒸汽加热,水解约25 min;冷却糖化液至80℃,用NaOH调节pH至4.0~5.0,使糖化液中的蛋白质和其他胶体物质沉淀析出;最后用粉末状活性炭脱色,在45℃~60℃下过滤,即得到淀粉水解液。

3.菌种扩大培养

(1)一级种子培养

采用液体培养基,由葡萄糖、玉米浆、尿素、磷酸氢二钾、硫酸镁、硫酸铁及硫酸锰等组成,pH为6.5~6.8,在三角瓶内32℃振荡培养12 h,贮于4℃冰箱备用。

(2)二级种子培养

培养基除用水解糖代替葡萄糖外,其他与一级种子培养基相仿。在种子罐内32℃通气搅拌培养7~10 h,即可移种或冷却至10℃备用。

4.谷氨酸发酵生产

发酵初期,菌体生长迟滞,2~4 h后即进入对数生长期,代谢旺盛,糖耗快,这时必须流加尿素以供给氮源并调节培养液的pH至7.5~8.0,同时保持温度为30℃~32℃。该阶段主要是菌体生长,几乎不产酸,菌体内生物素含量由丰富转为贫乏,时间约12 h。随后转入谷氨酸合成阶段,此时菌体浓度基本不变,糖与尿素分解后产生的α-酮戊二酸和氨主要用来合成谷氨酸。这一阶段应及时流加尿素以提供氨及维持谷氨酸合成的最适pH 7.2~7.4,需要大量通气,并将温度提高到谷氨酸合成的最适温度34℃~37℃。发酵后期,菌体衰老,糖耗慢,残糖低,需减少流加尿素量。当营养物质耗尽、谷氨酸浓度不再增加时,及时放罐。发酵周期约为30 h。

5.谷氨酸提取

谷氨酸提取有等电点法、离子交换法、金属盐沉淀法、盐酸盐法和电渗析法,以及将上述方法结合使用的方法。国内多采用的是等电点-离子交换法。谷氨酸的等电点为pH 3.22,这时它的溶解度最小,因此将发酵液用盐酸调节到pH 3.22,谷氨酸就可结晶析出。晶核形成的温度一般为 25℃～30℃，为促进结晶，需加入 α 型晶种育晶 2 h。等电点搅拌之后静置沉降，再用离心法分离即可得到谷氨酸结晶。等电点法提取了发酵液中的大部分谷氨酸，剩余的谷氨酸可用离子交换法进一步分离提纯和浓缩回收。谷氨酸是两性电解质，故与阳性或阴性树脂均能进行交换。当溶液 pH 低于 3.2 时，谷氨酸带正电，能与阳离子树脂进行交换。目前国内多用国产 732 型强酸性阳离子交换树脂来提取谷氨酸，然后在 65℃ 左右，用 NaOH 溶液洗脱，pH 3～7 的洗脱液返回等电点法提取。

4.5.3　柠檬酸的发酵生产

柠檬酸的应用范围很广，特别是在饮料工业中。现在多用黑曲霉生产，大量生产柠檬酸已成为现实。通过大量筛选可获得黑曲霉超量生产菌株，再给以使柠檬酸大量生产的培养条件。包括：①供给大量的氧气，因黑曲霉是严格的好氧菌；②培养基中锰元素不能超标；③要供给大量的葡萄糖。

柠檬酸在黑曲霉体内不是发酵或其他途径的终产物，而是三羧酸循环中的一个中间物质。在此过程中有两个关键的调节酶：磷酸果糖激酶（PEK，一种糖酵解酶）和 α-酮戊二酸脱氢酶（α-KDH，一种 TCA 循环酶）。柠檬酸变构会抑制 PEK，这种抑制会导致只有极少量的葡萄糖进入糖酵解或 TCA 循环。但锰含量的减少却削弱了这一反馈抑制。在锰缺失的菌丝中，蛋白质的转化率会增加，胞内 NH_4^+ 含量增加，NH_4^+ 的含量增加对由锰缺失而引起的 PEK 的变构抑制起了至关重要的缓解作用。

α-KDH 是 TCA 循环中调节柠檬酸分解代谢的关键酶，它被 TCA 循环后期的中间产物——草酰乙酸所抑制。草酰乙酸是通过碳的固定过程生成的，它反过来被外界环境中高水平的糖所激发，即高浓度的葡萄糖和其他糖类会激发草酰乙酸，这反过来又抑制 α-KDH 的活性。高浓度的糖类也会降低 PEK 的 K_m（米氏常数）值，这样既增强了 PEK 的活性，也增加了通过糖酵解的碳含量，碳便不能被氧化而进入 TCA 循环，细胞只有通过分泌柠檬酸来改变这种情况。

4.5.4　维生素的发酵生产

维生素是人体生命活动必需的物质，主要以辅酶或辅基的形式参与生物体的各种生化反应。维生素在医疗中发挥了重要作用，如维生素 B 族用于治疗神经炎、角膜炎等多种炎症，维生素 D 是治疗佝偻病的重要药物等。维生素还应用于畜牧业及饲料工业中。

维生素的生产多采用化学合成法，后来人们发现某些微生物可以完成维生素合成中的某些重要步骤；在此基础上，化学合成与生物转化相结合的半合成法在维生素生产中得到了广泛应用。目前，可以用发酵法结合的半合成法生产的维生素有维生素 C、维生素 B_2、维生素 B_{12}、维生素 D 以及 β 胡萝卜素等。

维生素 C 又称抗坏血酸（ascorbic acid），能参与人体内多种代谢过程，使组织产生胶原质，影响毛细血管的渗透性及血浆的凝固，刺激人体造血功能，增强机体的免疫力。另外，由于它具有较强的还原能力，可作为抗氧化剂，已在医药、食品工业等方面获得广泛应用。维生素 C

的化学合成方法一般指莱氏法,后来人们改用微生物脱氢代替化学合成中 L-山梨糖中间产物的生成,使山梨糖的得率提高倍;我国进一步利用另一种微生物将 L-山梨糖转化为 2-酮基-L-古龙酸,再经化学转化生产维生素 C,称为两步法发酵工艺。两步发酵法使产品产量得到了大幅度提高,其主要过程简述于下:

(1)发酵是生黑葡萄糖杆菌(或弱氧化醋杆菌)经过二级种子扩大培养,种子液质量达到转种液标准时,将其转移至含有山梨醇、玉米粉、磷酸盐、碳酸钙等组分的发酵培养基中,在 28℃~34℃下进行发酵,收率达 95%,培养基山梨醇浓度达到 25%时也能继续发酵。发酵结束,发酵液经低温灭菌,得到无菌的含有山梨糖的发酵液,作为第(2)步发酵的原料。

(2)发酵是氧化葡糖杆菌(或假单胞杆菌)经过二级种子扩大培养,种子液达到标准后,转移至含有第一步发酵液的发酵培养基中,在 28℃~34℃下培养 60~72 h。最后发酵液浓缩,经化学转化和精制获得维生素 C。

4.5.5　发酵乳的发酵生产

大规模的细胞培养在乳业生物科技的主要应用是先向牛奶中接种乳酸菌(LAB)发酵剂,然后将牛奶转化为各类产品(图 4-14)。乳酸乳球菌(*Lactococcus lactis* subsp. lactis)和嗜热链球菌(*Streptococcus thermophilus*)是同型发酵细菌,乳酸乳球菌通常用于奶酪的发酵剂,嗜热链球菌通常在酸奶的发酵剂和一些硬奶酪的生产中使用(如瑞士干酪)。德式乳杆菌保加利亚亚种(*Lactobacillus dellbrueckii* subsp. bulgaricus)和乳酸亚种也是同型发酵细菌,是风味物质重要的生产者和发酵剂的增强者。肠膜明串珠菌亚种(*Leuconostoc mesenteroides* subsp. cremoris)不同,是异型发酵细菌,产生乳酸和多种风味物质(如乙酸),通常与同型发酵细菌结合使用。双歧杆菌(*Bifidobacteriium* spp.)是异型发酵细菌,它们产生风味物质(如乙酸)且被认为是益生的,也用于发酵剂中。

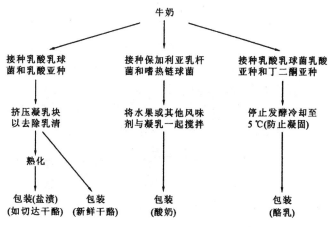

图 4-14　利用乳酸菌生产各种发酵食品

第5章 酶工程技术及应用

5.1 酶工程概述

酶工程是生物技术的主要内容之一,随着酶学研究的迅速发展,特别是酶制剂生产开发及相关技术的推广应用,使酶学和工程学相互渗透、有机结合,同时酶工程是从应用的目的出发研究酶,是在一定反应装置中利用酶的催化性质,将相应的原料转化成有用物质的技术,因此它构成了生物技术的重要组成部分。

5.1.1 酶及酶工程的定义

1.酶的定义

酶是具有生物催化功能的生物大分子。按照其化学组成,可以分为蛋白类酶(P 酶)和核酸类酶(R 酶)两大类别。蛋白类酶主要是由蛋白质组成,核酸类酶主要由核酸(RNA)组成。

目前已发现的酶有 7000 种以上,它们分布于细胞的不同细胞器中,催化细胞生长代谢过程中的各种生物化学反应。无论是动物与植物,高等生物与低等生物如细菌、真菌、藻类等,其生命活动中的生长发育和繁殖等的一切生物化学变化都是在酶的催化作用之下进行的。可以说,没有酶的存在,生命就会停止。

2.酶工程的定义

酶工程是 1971 年第一届国际酶工程会议上得到命名的一项新技术,近几十年来,随着酶学研究的深入和酶的应用迅猛发展,酶工程已经成为现代生物技术重要的部分。

酶工程的概念有狭义和广义之分。狭义的酶工程是指在一定的生物反应器中,利用酶的催化作用,将相应的原料转化成有用物质的技术;广义的酶工程是指研究酶的生产和应用的一门技术性学科,它包括酶的发酵生产、酶的固定化、酶的化学修饰、酶反应器和酶的应用等方面内容。目前,酶工程应用范围已遍及工业、医药、农业、化学分析、环境保护、能源开发和生命科学理论研究等各个方面,而酶工程产业也正快速发展。

5.1.2 酶的特性

酶是生物催化剂,与非酶催化剂相比,具有专一性强、催化效率高和作用条件温和等显著特点。

①催化作用的专一性强。酶催化作用的专一性强是酶最重要的特性之一,也是酶与其他非酶催化剂最主要的不同之处。酶的专一性是指在一定条件下,一种酶只能催化一种或一类

结构相似的底物进行某种类型反应的特性。酶的专一性按其严格程度的不同,可以分为绝对专一性和相对专一性两大类。一种酶只能催化一种底物进行一种反应,称为绝对专一性。如乳酸脱氢酶催化丙酮酸进行加氢反应生成 L-乳酸。一种酶能够催化一类结构相似的底物进行某种相同类型的反应,称为相对专一性。如酯酶可催化所有含酯键的酯类物质水解生成醇和酸。

②催化作用的效率高。酶催化作用的另一个显著特点是酶催化作用的效率高。酶的催化反应速度比非酶催化反应的速度高 $10^7 \sim 10^{13}$ 倍。酶催化反应的效率之所以这么高,是由于酶催化反应可以使反应所需的活化能显著降低。

③催化作用的条件温和。酶催化作用与非酶催化作用的另一个显著差别是酶催化作用条件温和。酶的催化作用一般都在常温、常压、pH 值近乎中性的条件下进行。因此,采用酶作为催化剂,可节省能源、减少设备投入、改善工作环境和劳动条件。

5.1.3　酶的分类和命名

酶种类繁多,习惯名称混乱,为了准确识别某一种酶,以免发生误解,国际生物化学与分子生物学联合会酶学委员会根据酶催化反应的类型将酶分为六大类,并提出酶的命名法。酶的六大类分别是氧化还原酶、转移酶、水解酶、裂合酶、异构酶、合成酶或连接酶。

根据国际酶学委员会的建议,每种酶都有其推荐名和系统命名。推荐名是在惯用名的基础上加以选择和修改而成的。酶的推荐名由底物名和催化反应类型两部分组成。例如,葡萄糖氧化酶表明该酶作用底物是葡萄糖,催化反应类型属于氧化反应。

酶的系统命名更详细准确地反映了酶的种类和催化反应。在系统命名中,每种酶都有一个系统名称和一个由 4 个数字组成的分类编号。系统名称包括酶作用底物、酶作用的基团及催化反应类型。酶若有两种底物,它们的名称均列出,中间用“:”隔开。如胰蛋白酶分类编号为 EC3.4.4.4,其中,EC 为酶学委员会英文缩写;“3”表示大类水解酶类;第二个数字“4”表示亚类,该酶作用于肽键;第三个数字“4”表示亚亚类,该酶作用于肽-肽键,而不是作用于肽链两端的肽键;第四个数字“4”表明该酶在亚亚类的序号。酶的系统名、编号、习惯名、催化性质等可以从《酶学手册》中查到。

5.1.4　酶工程的研究内容

酶工程研究的主要内容如下:
(1)酶的产生
酶制剂的来源,有微生物、动物和植物,但是,主要的来源是微生物。由于微生物比动植物具有更多的优点,因此,一般选用优良的产酶菌株,通过发酵来产生酶。为了提高发酵液中的酶浓度,选育优良菌株、研制基因工程菌、优化发酵条件。工业生产需要特殊性能的新型酶,如耐高温的 α 淀粉酶、耐碱性的蛋白酶和脂肪酶等,因此,需要研究、开发生产特殊性能新型酶的菌株。
(2)酶的制备
酶的分离提纯技术是当前生物技术“后处理工艺”的核心。采用各种分离提纯技术,从微生物细胞及其发酵液,或动、植物细胞及其培养液中分离提纯酶,制成高活性的不同纯度的酶制剂。为了使酶制剂更广泛地应用于国民经济各个方面,必须提高酶制剂的活性、纯度和收率,需要研究新的分离提纯技术。

(3)酶和细胞固定化

酶和细胞固定化研究是酶工程的中心任务。为了提高酶的稳定性,重复使用酶制剂,扩大酶制剂的应用范围,采用各种固定化方法对酶进行固定化,制备了固定化酶,如固定化葡萄糖异构酶、固定化氨基酰化酶等,测定固定化酶的各种性质,并对固定化酶作各方面的应用与开发研究。目前固定化酶仍具有强大的生命力。它受到生物化学、化学工程、微生物、高分子、医学等各领域的高度重视。

固定化细胞是在固定化酶的基础上发展起来的。用各种固定化方法对微生物细胞、动物细胞和植物细胞进行固定化,制成各种固定化生物细胞。研究固定化细胞的酶学性质,特别是动力学性质,研究与开发固定化细胞在各方面的应用,是当今酶工程的一个热门课题。

固定化技术是酶技术现代化的一个重要里程碑,是克服天然酶在工业应用方面的不足之处,而又发挥酶反应特点的突破性技术。可以说,没有固定化技术的开发,就没有现代的酶技术。

(4)酶分子改造

酶分子改造又称为酶分子修饰。为了提高酶的稳定性,降低抗原性,延长药用酶在机体内的半衰期,采用各种修饰方法对酶分子结构进行改造,以便创造出天然酶所不具备的某些优良特性(如较高的稳定性、无抗原性、抗蛋白酶水解等),甚至于创造出新的酶活性,扩大酶的应用,从而提高酶的应用价值,达到较大的经济效益和社会效益。

酶分子改造可以从两个方面进行:①用蛋白质工程技术对酶分子结构基因进行改造,期望获得一级结构和空间结构较为合理的具有优良特性、高活性的新酶(突变酶)。②用化学法或酶法改造酶蛋白的一级结构,或者用化学修饰法对酶分子中侧链基团进行化学修饰,以便改变酶学性质。这类酶在酶学基础研究上和医药上特别有用。

(5)有机介质中的酶反应

酶在有机介质中的催化反应具有许多优点。近年来,酶在有机介质中催化反应的研究,已受到不少人的重视,成为酶工程中一个新的发展方向。酶在有机介质中要呈现很高的活性必须具备哪些条件?有机介质对酶的性质有哪些影响?如何影响?对这些问题的研究,已取得重要进展。

(6)酶传感器

酶传感器又称为酶电极。酶电极是由感受器(如固定化酶)和换能器(如离子选择性电极)所组成的一种分析装置,用于测定混合物溶液中某种物质的浓度,其研究内容包括:酶电极的种类、结构与原理;酶电极的制备、性质及应用。

(7)酶反应器

酶反应器是完成酶促反应的装置。其研究内容包括:酶反应器的类型及特性;酶反应器的设计、制造及选择等。

(8)抗体酶、人工酶和模拟酶

抗体酶是一类具有催化活性的抗体,是抗体的高度专一性与酶的高效催化能力二者巧妙结合的产物。其研究内容是：抗体酶的制备、结构、特性、作用机理、催化反应类型、应用等。

人工酶是用人工合成的具有催化活性的多肽或蛋白质。据 1977 年 Dhar 等人报道，人工合成的 Glu—Phe—Ala—Glu—Glu—Ala—Ser—Phe 八肽具有溶菌酶的活性。其活性为天然溶菌酶的 50%。

利用有机化学合成的方法合成了一些比酶结构简单得多的具有催化功能的非蛋白质分子，这些物质分子可以模拟酶对底物的结合和催化过程。既可以达到酶催化的高效率，又能够克服酶的不稳定性。这样的物质称为模拟酶。用环糊精已成功地模拟了胰凝乳蛋白酶等多种酶。

（9）酶技术的应用

研究与开发酶、固定化酶、固定化细胞等在医学、食品、发酵、纺织、制革、化学分析、氨基酸合成、有机酸合成、半合成抗生素合成、能源开发以及环境工程等方面的应用。

5.2　酶的发酵生产

5.2.1　优良产酶菌种的筛选

商业用酶来源于动植物组织和某些微生物。传统上由植物提供的酶有蛋白酶、淀粉酶、氧化酶和其他酶，由动物组织提供的酶主要有胰蛋白酶、脂肪酶和凝乳酶。但是，从动物组织或植物组织大量提取的酶，经常要涉及技术上、经济上以及伦理上的问题，使得许多传统的酶源已远远不能适应当今世界对酶的需求。为了扩大酶源，人们正越来越多地求助于微生物。

用于酶工业化生产的微生物种类十分有限。首先是使用未经检验的微生物进行生产存在产品毒性与安全性问题。基于这个原因，目前大多数工业微生物酶的生产，都局限于使用仅有的极少数的真菌、细菌或酵母菌。其次，产酶菌株的筛选也有较严格的标准。

1.优良菌株的标准

优良的产酶菌种是提高酶产量的关键，筛选符合生产需要的菌种是发酵生产酶的首要环节，一个优良的产酶菌种应具备以下几点：
①繁殖快、产量高、生产周期短。
②适宜生长的底物低廉易得。
③产酶性能稳定、不易退化、不易受噬菌体侵袭。
④产生的酶容易分离纯化。
⑤安全可靠，非致病菌，不会产生有毒物质。

2.筛选过程

产酶菌种的筛选方法主要包括以下几个步骤：含菌样品的采集，菌种分离，产酶性能测定及复筛等。对于产生胞外酶的菌株，经常采用分离、定性和半定量测定相结合的方法，在分离时就基本能够预测菌株的产酶性能。

胞外酶产酶菌株的筛选操作如下：将酶的底物和培养基混合倒入培养皿中制成平板，然后将待测菌涂布在培养基表面,如果菌落周围的底物浓度发生变化,即证明它产酶。

如果是产生胞内酶的菌株筛选,则可采用固体培养法或液体培养法来确定。

①固体培养法。将菌种接入固体培养基中保温数天,用水或缓冲液将酶抽提,测定酶活力,这种方法主要适用于霉菌。

②液体培养法。将菌种接入液体培养基后,静置或振荡培养一段时间(视菌种而异),再测定培养物中酶的活力,通过比较,筛选出产酶性能较高的菌种继续筛选。

3. 产酶常用的微生物

按照产酶微生物的筛选标准,常用的产酶微生物有以下几类。

(1)细菌

细菌是工业上有重要应用价值的原核微生物。在酶的生产中,常用的有大肠杆菌、枯草芽孢杆菌等。大肠杆菌可以用于生产多种酶,如谷氨酸脱羧酶、天冬氨酸酶、青霉素酰化酶等;枯草芽孢杆菌可以生产 α-淀粉酶、蛋白酶、碱性磷酸酶等。

(2)放线菌

常用于酶发酵生产的放线菌主要是链霉菌。链霉菌是生产葡萄糖异构酶的主要微生物,同时也可以生产青霉素酰化酶、纤维素酶、碱性蛋白酶、中性蛋白酶、几丁质酶等。

(3)霉菌

霉菌是一类丝状真菌,用于酶生产的霉菌主要有黑曲霉、米曲霉、红曲霉、青霉、木霉、根霉、毛霉等,生产的酶种类有糖化酶、果胶酶、α-淀粉酶、酸性蛋白酶、葡萄糖氧化酶、过氧化氢酶、核酸核糖酶、脂肪酶、纤维素酶、半纤维素酶、凝乳酶等 20 多种酶。

(4)酵母

常用于产酶的酵母有啤酒酵母和假丝酵母。啤酒酵母除了主要用于啤酒、酒类的生产外,还可以用于转化酶、丙酮酸脱羧酶、醇脱氢酶的生产;假丝酵母可以用于生产脂肪酶、尿酸酶、转化酶等。

5.2.2　基因工程菌(细胞)的构建

近年来,随着重组 DNA 技术的建立,人们越来越多的利用基因工程的方法将各种各样的天然酶基因克隆到安全、生长迅速的微生物中进行高效表达,并通过发酵进行大量生产。特别是原有的产酶微生物为有害的或未经批准的菌株,重组 DNA 技术则更能显示出其独特的优越性。利用基因工程技术还可增加目的酶基因在克隆体中的拷贝数,进而提高酶蛋白的表达量。此外,运用基因工程技术可以改善原有酶的各种性能,如提高酶的稳定性、改变酶作用的最适温度、提高酶在有机溶剂中的反应效率和稳定性等。目前,世界上最大的工业酶制剂生产厂商丹麦诺维信公司(Novozyme),生产酶制剂的菌种约有 80% 是基因工程菌。迄今已有 100 多种酶基因克隆成功,包括尿激酶基因、凝乳酶基因等。酶基因克隆及表达的大致步骤如图 5-1 所示。

基因克隆是酶基因工程的关键。要构建一个具有良好产酶性能的菌株,还必须具备良好的宿主—载体系统。一个理想的宿主应具备以下几个特性:①所希望的酶占细胞总蛋白质量的比例要高,能以活性形式分泌;②菌体容易大规模培养,生长无特殊要求,且能利用廉价的原料;③载体与宿主相容,克隆酶基因的载体能在宿主中稳定维持;④宿主的蛋白酶尽可能少,产生的外源酶不会被迅速降解;⑤宿主菌对人安全,不分泌毒素。

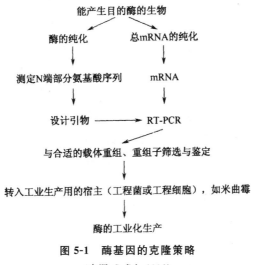

图 5-1　酶基因的克隆策略

(来源:Snfith,1996)

纤溶酶原激活剂(plasminogen activator,t-PA)和凝乳酶是应用基因工程进行大量生产的最成功例子。纤溶酶原激活剂是一类丝氨酸蛋白酶,能使纤溶酶原水解产生有活性的纤溶酶,溶解血块中的纤维蛋白,在临床上用于治疗血栓性疾病,促进体内血栓溶解。利用工程细胞生产的酶在疗效上与人体合成的酶完全一致,目前已用于临床。凝乳蛋白酶是生产乳酪的必须用酶,最早是从小牛第四胃室(皱胃)的胃膜中提取出来的一种凝乳物质,由于它的需求量常受到动物供应的限制,而直接从微生物中提取的凝乳酶又常会引起乳酪苦味,因此克隆小牛凝乳酶基因在微生物中发酵生产,在食品工业上具有重要的商业意义。利用酵母菌系统作表达宿主产生的凝乳酶与从小牛胃中提取的天然酶性质完全一致。

自然界蕴藏着巨大的微生物资源,但是迄今所发现的微生物中,有99%的微生物是在实验室内使用常规的培养方法培养不出的微生物。现在人们可以采用新的分子生物学方法直接从这类微生物中探索、寻找有开发价值的新的微生物菌种、基因和新的酶。目前科学家们热衷于从极端环境条件下生长的微生物内筛选新的酶,主要研究嗜热微生物、嗜冷微生物、嗜盐微生物、嗜酸微生物、嗜硫微生物、嗜压微生物等。这就为新酶种和酶的新功能的开发提供了广阔的空间。目前在嗜热微生物的研究方面取得了可喜的进展。例如,耐高温的仅璇粉酶和DNA 聚合酶等已获得广泛的应用。

5.2.3　微生物酶发酵生产

微生物酶的发酵生产是指在人工控制的条件下,有目的地利用微生物培养来生产所需的酶,其技术包括培养基和发酵方式的选择及发酵条件的控制管理等方面的内容。

1.培养基

一般来说,培养基包括碳源、氮源、无机盐和生长因子等几个方面。由于酶是蛋白质,酶的形成也是蛋白质合成过程,因此在设计和配制培养基时,既要特别注意各种组分的含量,有利于蛋白质的合成,调节适宜的 pH 和渗透压,也要注意有些微生物生长繁殖的营养与产酶的营养要求不同,要根据不同的阶段配制不同组分的培养基。

(1)碳源

能够向细胞提供碳水化合物的营养物质。因碳水化合物是构成细胞成分的主要元素,也是各种酶的主要组成成分,通常碳源也提供能源,还是多种诱导酶的诱导物。不同的微生物要求碳源不同,这是由菌种自身的酶系决定的,在选择时尽量选用对所需的酶有诱导作用的碳源,而不使用或少使用有分解代谢阻碍作用的碳源。目前,在酶发酵生产中最常用的碳源是淀粉及其水解物如糊精、麦芽糖、葡萄糖等。

(2)氮源

氮是组成细胞蛋白质和核酸的重要元素之一,也是酶分子的主要组成元素。氮源分为有机氮和无机氮,一般异养型微生物用有机氮,自养型微生物用无机氮。氮源使用要结合碳源含量进行配比,即所谓碳氮比(C/N)。不同菌种或酶对培养基中碳氮比要求不同,一般蛋白酶生产采用较低的碳氮比,淀粉酶要求较高的碳氮比。

(3)无机盐

无机盐提供多种金属和非金属离子,它们都是微生物不可缺少的,但需要量较少的营养物质。无机盐对培养基的 pH、氧化还原电位和渗透压起调节作用。各种无机元素功能各不相同,有的是细胞主要组分如磷、硫等;有的是酶组分如磷、硫、锌、钙等;有的是酶激活剂或抑制剂如钾、钙、镁、铁、铜、锰、钼、钴、氯、溴、碘等。

(4)生长因素

微生物需要微量的维生素一类物质才能正常地生长繁殖,这类物质称为生长因素,如氨基酸、嘌呤碱和嘧啶碱等。它们大多数是辅酶或辅基的组分,对酶的生产极其重要。在酶的发酵生产中,通常在培养基中加入玉米浆、酵母膏或纯化生长因素等,以提供各种必需的生长因素。

(5)产酶促进剂

能显著增加酶的产量的某种少量物质称为产酶促进剂。它们多属于酶的诱导物或表面活性剂。有些物质不仅是酶作用的底物或底物结构类似物,而且是诱导物的前体物质。可供作产酶促进剂的物质有 Tween80、脂肪酰胺磺酸钠、聚乙烯醇、糖脂、乙二胺四乙酸(EDTA)等。

(6)阻遏物

多数工业用酶如淀粉酶、纤维素酶、蛋白酶等属于诱导酶,其生产过程受到代谢末端产物阻遏和分解代谢阻遏的调节。如葡萄糖等易利用的碳源,一旦在培养液中存在,它会抑制代谢产物,抑制酶合成。为了避免分解代谢阻遏,提高酶产量,可采用难于利用的多糖类或聚多糖作为碳源,或分次限量添加碳源,保持不致引起分解代谢阻遏的碳源浓度。

2.酶的发酵生产方式

酶的发酵生产方式有两种,一种是固体发酵,另一种是液体深层发酵。固体发酵法用于真菌的酶生产,其中用米曲霉生产淀粉酶,以及用曲霉和毛霉生产蛋白酶在我国已有悠久的历史。这种培养方法虽然简单,但是操作条件不容易控制。随着微生物发酵工业的发展,现在大多数的酶是通过液体深层发酵培养生产的。液体深层培养应注意控制以下条件。

(1)温度

温度不仅影响微生物的繁殖,而且也明显影响酶和其他代谢产物的形成和分泌。一般情况下产酶温度低于生长温度,例如酱油曲霉蛋白合成酶合成的最适温度为 28℃,而其生长的最佳温度为 40℃。

(2)通气和搅拌

需氧菌的呼吸作用要消耗氧气,如果氧气供应不足,将影响微生物的生长发育和酶的产生。为提高氧气的溶解度,应对培养液加以通气和搅拌。但是通气和搅拌应适当,以能满足微生物对氧的需求为妥,过度通气对有些酶(如青霉素酰化酶)的生产会有明显的抑制作用,而且在剧烈搅拌和通气下容易引起酶蛋白发生变性失活。

(3)pH 的控制

在发酵过程中要密切注意控制培养基 pH 的变化。有些微生物能同时产生几种酶,可以通过控制培养基的 pH 以影响各种酶之间的比例,例如,当利用米曲霉生产蛋白酶时,提高 pH 有利于碱性蛋白酶的形成,降低 pH 则主要产生酸性蛋白酶。

3.提高酶产量的措施

在酶的发酵过程中,为了提高酶产量,除了选育优良的产酶细胞,保证发酵工艺条件,并根据需要和变化情况及时加以调节控制以外,还可以采取以下措施。

(1)添加诱导物

对于诱导酶的发酵生产,在发酵培养基中添加适当的诱导物,可使酶的产量显著提高。诱导物一般可分为三类:①酶的作用底物,如青霉素是青霉素酰化物的诱导物;②酶的反应产物,如半乳糖醛酸是果胶酶催化果胶水解的产物,它却可以作为诱导物,诱导果胶酶的产生;③酶的底物类似物,如异丙基-β-D-硫代半乳糖苷(IPTG)对 β-半乳糖苷酶的诱导效果比乳糖高几十倍等。

(2)降低阻遏物浓度

有些酶的生物合成受到阻遏物作用。为了提高酶产量,必须设法解除阻遏作用。例如,β-半乳糖苷酶受葡萄糖引起的分解代谢物的阻遏作用。在培养基中有葡萄糖存在时,即使有诱导物存在,β-半乳糖苷酶也无法大量产生。只有在不含葡萄糖的培养基中,或在葡萄糖被细胞利用完以后,诱导物的存在才能诱导该酶大量生成。类似情况在不少酶的生产中均可发生。为了减少或解除分解代谢物的阻遏作用,应控制培养基中葡萄糖等容易利用的碳源的浓度。可采用其他较难利用的碳源(如淀粉等),或采用补料、分次流加碳源等方法,以利于提高产酶量。此外,在分解代谢物存在的情况下,添加一定量的环腺苷酸(cAMP),可以解除分解代谢物的阻遏作用,若同时有诱导物存在,则可迅速产酶。对于受代谢途径末端产物阻遏的酶,可以通过控制末端产物的浓度使阻遏解除。

(3)添加表面活性剂

在发酵生产中,非离子型的表面活性剂常被用作产酶促进剂,但它的作用机制尚未搞清;可能是由于它的作用改变了细胞的通透性,使更多的酶从细胞内透过细胞膜泄漏出来,从而打破胞内酶合成的反馈平衡,提高了酶的产量。此外,有些表面活性剂对酶分子有一定的稳定作用,可以提高酶的活力,例如利用霉菌发酵生产纤维素酶,添加1％的吐温可使纤维素酶的产量提高几倍到几十倍。

(4)添加产酶促进剂

产酶促进剂是指那些能提高酶产量但作用机制尚未阐明的物质,它可能是酶的激活剂或稳定剂,也可能是产酶微生物的生长因子,或有害金属的螯合剂,例如添加植物钙可使多种霉菌的蛋白酶和橘青霉的 $5'$-磷酸二酯酶的产量提高 $2\sim20$ 倍。

5.3 酶的提取与分离纯化

5.3.1 发酵液的预处理

发酵液预处理的方法主要有以下几种:

①加热法,加热可降低悬浮液的黏度,使固液分离变得更加容易。

②调节悬浮液的 pH 值,恰当的 pH 值能够促进聚集作用,一般用草酸、无机酸或碱来调节。

③凝聚和絮凝,凝聚和絮凝都是将化学药剂预先投加到悬浮液中,改变细胞、菌体和蛋白质等胶体粒子的分散状态,破坏其稳定性,使它们聚集成可分离的絮凝体,再进行分离。

5.3.2 细胞的破碎

为了获得细胞内的酶,就得收集细胞并进行细胞破碎。根据作用方式的不同,细胞破碎基本可以分为两大类:机械法和非机械法。传统的机械法包括匀浆法、研磨法、珠磨法、压榨法、超声波法等,常见的非机械法包括溶胀法、酶溶法、冻融法、化学试剂法等。细胞破碎方法整体分类见表 5-1。

表 5-1 细胞破碎方法

方法		原理	效果	成本	主要应用范围
机械法	匀浆法	细胞受大的撞击力和剪切力作用而破碎	适中	适中	动、植物及微生物细胞
	研磨法	细胞被研磨物磨碎	适中	便宜	动、植物及微生物细胞
	珠磨法	借助磨料和细胞间的剪切及碰撞作用破碎细胞	剧烈	适中	植物及微生物细胞
	压榨法	很大的压力迫使细胞悬液通过小孔(小于细胞直径的孔),致使其被挤破、压碎	剧烈	适中	动、植物及微生物细胞
	超声波法	用超声波的空穴作用使细胞破碎	剧烈	昂贵	细胞悬浮液小规模处理

方法		原理	效果	成本	主要应用范围
非机械法	物理法 溶胀法	渗透压破坏细胞壁	温和	便宜	血红细胞的破坏
	冻融法	急剧冻结后在室温缓慢融化,并反复进行,细胞受到破坏	温和	便宜	动、植物及微生物细胞
	化学法 化学试剂法	特定化学试剂可破坏细胞壁或增加其通透性	适中	适中	动、植物及微生物细胞
	酶溶法	细胞壁被消化,细胞破碎	温和	昂贵	植物及微生物细胞

5.3.3　酶的提取

酶的提取是指在一定条件下,用适当的溶液或溶剂处理含酶原料,使酶溶解到溶剂中来,实际上就是酶的抽提过程。

酶提取时,溶剂的选择与酶的结构和溶解性质有关。一般说来,极性物质易溶于极性溶剂中,非极性溶质易溶于非极性有机溶剂中,酸性物质易溶于碱性溶液中,碱性物质易溶于酸性溶液中。

根据酶的结构特点,绝大部分酶都能够溶于水中,通常可以采用稀酸、稀碱、稀盐溶液提取;有些酶与脂类物质结合或者带较多的非极性基团,则采用有机溶剂提取。

几种酶提取方法如表 5-2 所示。

表 5-2　酶提取方法比较

提取方法	原理	使用的溶剂或溶液	提取对象
盐溶法	在低浓度条件下,酶的溶解度随盐浓度的升高而增加	一般采用稀盐溶液进行酶的提取,浓度常控制在 $0.02 \sim 0.5$ mol/L	用于提取在低浓度盐溶液中溶解度较大的酶,如 6-磷酸葡萄糖脱氢酶、枯草杆菌碱性磷酸酶
酸溶法	有些酶在酸性条件下溶解度较大,且稳定性较好	pH 值为 $2 \sim 6$ 的水溶液	用于提取在稀酸溶液中溶解度大且稳定性较好的酶,如胰蛋白酶
碱溶法	有些酶在碱性条件下溶解度较大且稳定性好	采用 pH 值为 $8 \sim 12$ 的水溶液,一边搅拌一边缓慢加入碱液,以免影响酶的活性	用于提取在稀碱溶液中溶解度大且稳定性较好的酶,如 L-天冬酰胺酶
有机溶剂法	有些酶与脂肪结合牢固或含较多非极性基团,可采用与水能混溶的乙醇、丙酮、丁醇等有机溶剂提取	可与水混溶的有机溶剂,温度应控制在 10℃ 以下	用于提取那些与脂质结合牢固或含较多非极性基团的酶,如核酸类酶

为了提高酶的提取效率并防止酶的变性失活,在提取过程中要注意控制温度、pH 等提取条件。

5.3.4 酶的分离纯化

纯化是要将酶从杂蛋白中分离出来。分离纯化的方法很多,如沉淀分离、离心分离、过滤与膜分离、层析分离、电泳分离、萃取分离等。

1.沉淀分离

沉淀分离是通过改变某些条件或添加某些物质,使酶的溶解度降低,从溶液中沉淀析出而与其他溶质分离的技术过程。

沉淀分离的方法主要有盐析沉淀法、等电点沉淀法、有机溶剂沉淀法、复合沉淀法等。

盐析沉淀法:利用酶(蛋白质)在不同盐浓度下的溶解度不同的原理,使酶或者杂质析出沉淀,从而使酶与杂质分离。

等电点沉淀法:利用两性电解质在等电点时溶解度最低以及不同的两性电解质有不同的等电点的特性,调节溶液的 pH,使酶或杂质沉淀析出,从而使酶与杂质分离。

有机溶剂沉淀法:利用酶与其他杂质在有机溶剂中的溶解度不同,通过添加一定量的有机溶剂,使酶或杂质沉淀析出,使酶与杂质分离。

复合沉淀法:在酶液中加入某些物质,使它与酶形成复合物而沉淀下来,从而使酶与杂质分离。

2.离心分离

离心分离是借助于离心机旋转所产生的离心力,使大小不同、密度不同的物质分离的技术过程。

根据离心机最大转速的不同,可以分为低速离心机、高速离心机和超速离心机三种。

低速离心机的最大转速在 8000 r/min。在酶的分离纯化中,主要用于细胞、细胞碎片和培养基残渣等固形物的分离,也可用于酶的结晶等较大颗粒的分离。

高速离心机的最大转速为 $(1\sim2.5)\times10^4$ r/min。在酶的分离纯化过程中,主要用于细胞碎片和细胞器的分离。为防止高速离心时产生高温导致酶变性失活,配置冷冻降温装置,称为高速冷冻离心机。

超速离心机的最大转速达到 $(2.5\sim12)\times10^4$ r/min。主要用于 DNA、RNA、蛋白质等生物大分子以及细胞器和病毒的分离纯化、沉降系数和相对分子质量的测定等。超速离心机的要求较高,均配置有冷冻系统、控温系统、真空系统、制动系统和安全系统等。

3.过滤与膜分离

过滤是借助于过滤介质将大小不同、形状不同的物质分离的技术过程。可以作为过滤介质的物质有滤纸、滤布、纤维、多孔陶瓷和各种高分子膜等。根据过滤介质的不同,过滤可以分为膜过滤与非膜过滤。将粗滤及部分微滤采用高分子膜以外的物质作为过滤介质,称为非膜过滤;而大部分微滤以及超滤、反渗透、透析、电渗析等采用各种高分子膜作为过滤介质,称为膜过滤或膜分离技术。

根据过滤介质截留的物质颗粒大小不同,过滤可以分为粗滤、微滤、超滤和反渗透等四大类。表 5-3 列出了它们的主要特性。

表 5-3　过滤的种类及特性

类别	截留的颗粒大小	截留的主要物质	过滤介质
粗滤	$>2\ \mu m$	酵母、霉菌、动物细胞、植物细胞、固形物等	滤纸、滤布、纤维多孔陶瓷等
微滤	$0.2\sim 2\ \mu m$	细菌、灰尘等	微过滤、微孔陶瓷
超滤	20Å 至 $2\ \mu m$	病毒、生物大分子等	超滤膜
反渗透	$<2\ \mu m$	生物小分子、盐、离子等	反渗透膜

4.层析分离

层析分离是利用混合液中各组分的物理化学性质(分子的大小和形状、分子极性、吸附力、分子亲和力、分配系数)的不同,使各组分以不同比例分配在两相中。其中一个相为固定的称为固定相,另一个为流动的称为流动相。当流动相流经固定相时,各组分以不同的速度移动,从而使不同的组分分离纯化。

分离酶常用的层析方法有吸附层析、分配层析、离子交换层析、凝胶层析和亲和层析等。下面给出各种层析方法采用的依据:

- 吸附层析:利用吸附剂对不同物质的吸附力不同而使混合物中各组分分离。
- 分配层析:利用各组分在两相中的分配系数不同而使各组分分离。
- 离子交换层析:利用离子交换剂上的可解离基团对各种离子的亲和力不同而达到分离的目的。
- 凝胶层析:以各种多孔凝胶为固定相,利用流动相中各组分的相对分子质量不同而使各组分分离。
- 亲和层析:利用生物分子与配基之间所具有的专一而又可逆的亲和力,使生物分子分离纯化。
- 层析聚焦:将酶等两性物质的等电点特性与离子交换层析的特性结合在一起,实现组分分离。

5.电泳分离

带电离子在电场中向着与其本身所带电荷相反的电极移动的过程称为电泳。物质颗粒在电场中的移动方向为:带正电荷的颗粒向电场的阴极移动;带负电荷的颗粒则向阳极移动;净电荷为零的颗粒在电场中不移动。颗粒在电场中的移动速度主要取决于其本身所带的净电荷量,同时受颗粒形状和大小的影响。此外,还受电场强度、溶液的 pH、离子强度及支持体的特性等外界条件的影响。

电泳的方法有多种。按照使用的支持体的不同,可以分为纸电泳、薄层电泳、薄膜电泳、凝胶电泳、自由电泳和等电聚焦电泳等。

在酶学研究中,电泳技术主要用于酶的纯度鉴定、酶的分子质量测定、酶等电点测定以及少量酶的分离纯化。

6.萃取分离

萃取分离是利用物质在两相中的溶解度不同而使其分离的技术。萃取中的两相一般为互不相溶的两个液相或其他流体。

按照两相的组成不同,萃取可以分为有机溶剂萃取、双水相萃取、超临界萃取等。

(1)有机溶剂萃取

有机溶剂萃取的两相分别为水相和有机溶剂相,利用溶质在水和有机溶剂中的溶解度不同而达到分离。用于萃取的有机溶剂主要有乙醇、丙酮、丁醇、苯酚等。

(2)双水相萃取

双水相萃取的两相分别为互不相溶的两个水相。利用溶质在两个互不相溶的水相中的溶解度不同而达到分离。双水相萃取中使用的双水相一般是按一定比例组成的互不相溶的盐溶液和高分子溶液或者两种互不相溶的高分子溶液组成。

(3)超临界萃取

超临界萃取又称为超临界流体萃取,是利用欲分离物质在超临界流体中的溶解度不同而达到分离的一种萃取技术。超临界流体的物理特性和传质特性介于液体和气体之间,具有和液体同样的溶解能力,其萃取速度很高;但随温度和压力的变化,超临界流体转变为气体,使萃取的物质很容易从超临界流体中分离出来。在超临界流体中,不同的物质具有不同的溶解度,溶解度大的物质容易与溶解度小或不溶解的物质分离出来。目前在超临界萃取中最常用的超临界流体是 CO_2。CO_2 超临界点的温度为 31.3℃,超临界压力为 7.3 MPa,超临界密度为 0.47 g/ml。特别适合生物活性物质的提取和分离。

5.3.5 酶的结晶与干燥

1.结晶

结晶是溶质以晶体形式从溶液中析出的过程。酶的结晶是酶分离纯化的一种手段。酶在结晶之前,酶液必须经过纯化达到一定纯度和浓度。如果酶液纯度太低,则不能进行结晶;通常酶的纯度在 50% 以上,方能进行结晶。

总体而言,酶液的纯度越高越容易结晶;酶液浓度也是影响结晶的一个重要因素,浓度过低无法析出结晶。此外,温度、pH 值、离子强度等结晶条件的控制也十分关键。

结晶的方法很多,主要有盐析结晶法、有机溶剂结晶法、透析平衡结晶法和等电点结晶法等方法。

2.干燥

干燥是将固体、半固体或浓缩液中的水分或其他溶剂除去一部分,以获得含水量较少的固体物质的过程。

固体酶制剂的生产过程中常用的干燥方法有真空干燥、冷冻干燥、喷雾干燥、气流干燥和吸附干燥等,它们各自的原理、特点及注意事项见表 5-4。

表 5-4 酶常见干燥方法比较

干燥方法	原理	特点	注意事项
真空干燥	在密闭干燥器中,一边抽真空一边加热,使酶液在低温下干燥	干燥得到的酶质量较高、活力损失少,但需要真空系统	温度控制在60℃以下
冷冻干燥	先将酶液降温到冰点以下,使之冻结成固态,再在低温下抽真空,使冰直接升华为气体	酶结构保持完整,酶活力损失少,适用于对热非常敏感而价值较高的酶类的干燥,但成本高	—
喷雾干燥	通过喷雾装置将酶液喷成直径仅为几十微米的雾滴,分散于热气流中,水分迅速蒸发	干燥速度快,但对酶活力有一定的影响	控制好气流进口温度,可减少酶的变性失活
气流干燥	在常压条件下,利用热气流直接与固体或半固体的物料接触,使物料的水分蒸发	设备简单、操作方便,但是干燥时间较长,酶活力损失较大	控制好气流温度、速度和流向,经常翻动物料,使之干燥均匀
吸附干燥	在密闭的容器中用各种干燥剂吸收物料中的水分	设备简单、操作方便、酶活力损失较小,但是干燥时间较长,制品质量不高	根据实际情况选择合适的干燥剂

5.4 酶的固定化

早期酶的应用,通常是把酶与底物直接混合(多在溶液中),然后进行催化反应,进而得到产物。此种方式的酶转化反应存在如下不足:①酶稳定性较差;②产物的分离纯化较困难;③酶使用后通常不能回收,这种一次性使用酶的方式不仅使生产成本提高,而且难以连续化生产,从而导致酶的使用效率低,成本高。这就促使人们去研究更好的酶使用方法,其中之一就是把固定化技术应用到酶促反应中。采用各种方法,将酶与水不溶性载体结合,制备固定化酶的过程称为酶的固定化。固定在载体上并在一定的空间范围内进行催化反应的酶称为固定化酶。

目前,酶固定化技术已在医药、食品、化工、医疗诊断、农业、分析、环保及能源开发以及理论研究中得到了广泛应用,并取得了显著成效。

5.4.1 酶的固定化方法

酶和含酶菌体或菌体碎片的固定化方法多种多样,根据所用载体及操作方法的差异,可分为吸附法、包埋法、共价偶联法和交联法四类。

1. 吸附法

利用各种吸附剂将酶吸附在其表面上而使酶固定化的方法称为吸附法。该法又分为物理吸附法和离子结合吸附法两种(图 5-2)。

图 5-2 吸附法酶固定化示意图
(a)物理吸附法;(b)离子结合吸附法

物理吸附法是将酶蛋白吸附到水不溶性惰性载体上,常用的载体有活性炭、氧化铝、硅藻土、多孔陶瓷、多孔玻璃、硅胶、淀粉及羟基磷灰石等。离子结合吸附法是利用酶的侧链解离基团和特定非水溶性载体上的离子交换基团间的相互作用实现固定化的,常用的载体是带各种离子基团的硅胶、纤维素、交联葡聚糖和树脂等。

2.包埋法

将酶分子包埋于凝胶网格或半透性的聚合膜腔中的酶固定化技术称为包埋法,主要用于水溶性小分子底物的转化反应。包埋法制备固定化酶或固定化菌体时,根据载体材料和制备方式的不同,可分为凝胶包埋法和微囊包埋法两大类(图 5-3)。

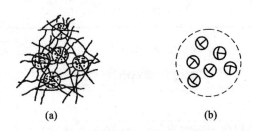

图 5-3 包埋法酶固定化示意图
(a)凝胶包埋法;(b)微囊包埋法

(1)凝胶包埋法

凝胶包埋法是将酶或含酶菌体包埋在各种具有网孔结构的凝胶内部的微孔中,制成一定形状的固定化酶的技术。

该法常用的凝胶有琼脂、褐藻酸钙凝胶、角叉菜胶、明胶等天然凝胶以及聚丙烯酰胺凝胶、聚酰胺树脂、光交联树脂等合成凝胶。

(2)微囊包埋法

微囊包埋法是一种将酶定位于具有半透性膜的微小囊腔中的技术。囊腔直径一般为 $1\sim100\ \mu m$,构成囊腔的半透膜厚约 20 nm,膜上孔径约 4 nm,其表面积与体积比很大,很大程度上增大了囊腔内外的物质交换效率,故能有效地包埋许多种酶。

3.共价偶联法

共价偶联法是酶分子的活性基团与载体表面功能基团之间经化学反应形成共价键而偶联在一起的一种酶固定化方法(图 5-4)。

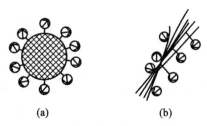

图 5-4 共价偶联法酶固定化示意图

共价偶联法按不同的偶联反应方式,可分成重氮法、多肽法、烷化法、缩合法等,各方法的比较见表 5-5。

表 5-5 主要共价偶联方法比较

方法	载体	偶联基团		偶联机理
		载体	酶蛋白	
重氮法	对氨苄基纤维素、聚氨基苯乙烯、交联葡聚糖等	重氮盐	酚基、咪唑基	将带氨基的芳香族化合物(R—Y—NH₂)(Y 代表苯环)作载体,用稀盐酸和亚硝酸钠处理生成重氮盐化合物,然后与酶蛋白的酚基、咪唑基发生偶联反应(游离氨基也能发生十分缓慢的反应),制成固定化酶
多肽法	叠氮法	甲酯化的羧甲基纤维素	叠氮化合物	氨基、羟基和巯基
	卤化氰法	纤维素、交联葡聚糖、琼脂糖等	亚胺碳酸基	氨基
烷化法	氯乙酰纤维素、溴乙酰纤维素、碘乙酰纤维素等	卤素官能团	氨基、酪氨酸的酚羟基、半胱氨酸的巯基	蛋白质 N 末端游离氨基、酪氨酸的酚羟基、半胱氨酸的巯基等与含卤素官能团的非水溶性载体发生烷化反应而制成固定化酶的过程
缩合法	含羧酸载体或氨基载体	经碳化二亚胺活化后的基团	氨基或羧酸基团	酶液与含羧酸载体(R—H)或氨基载体(R—NH₂)在缩合剂碳化二亚胺或伍德沃德试剂 K(N-基-苯异噁唑-3′-酸)作用下,经搅拌就可制成固定化酶

4. 交联法

交联法是利用双功能或多功能试剂(交联试剂)在酶分子之间、酶分子与惰性蛋白间或酶分子与载体间进行交联反应,形成共价键连接来制备固定化酶的方法。交联试剂有戊二醛、己二胺、顺丁烯二酸酐、双偶氮苯等。其中应用最广泛的是戊二醛。以戊二醛为交联剂的酶结合模式如图 5-5 所示。

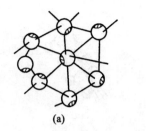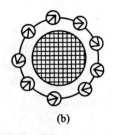

图 5-5　交联法酶固定化示意图

(a)普通交联剂交联；(b)吸附交联(与吸附法结合)

此法根据与酶发生交联的分子的类型不同，又可分为酶交联法、惰性蛋白交联法和载体交联法三种。其各自的特点见表 5-6。

表 5-6　交联法的种类

交联方法	原理	特点	实例
酶交联法	向酶液中加入交联试剂，在一定条件下使任意酶分子之间发生交联而形成固定化酶	固定过程与酶浓度、试剂浓度、pH 值、离子强度、温度及反应时间有关，交联过程中酶易失活	0.2％木瓜蛋白酶和 0.3％戊二醛在 pH 值为 5.2～7.2,0℃，24 h 即实现交联
惰性蛋白交联法	酶与惰性蛋白在交联剂的作用下发生交联	机械强度优于酶交联法。将酶蛋白和惰性蛋白交联后，可减小目的酶活力的降低速度	惰性蛋白可用胶原或动物血清白蛋白等。此法可制成酶膜或在混合后经低温处理及预热制成泡沫状共聚物，也可制成多孔性颗粒
载体交联法	同一多功能试剂一部分化学基团与载体偶联，而另一部分基团与酶分子偶联	载体和酶结合牢固，可长时间使用，交联过程中酶易失活	葡萄糖氧化酶、丁烯-3,4-氧化物和丙烯酰胺共聚即可得稳定的固定化葡萄糖氧化酶

5.4.2　固定化酶的性质

酶被固定化之后，由于载体和酶的相互作用以及载体对底物的影响，酶的作用性质会发生一些变化。

(1)酶的活性变化

酶被固定化之后，多数情况酶的活性降低。其原因可能是：

①因为酶固定化改变了酶的构象，从而导致酶与底物结合能力和酶催化活力的改变。

②载体的存在影响底物和其他效应物对酶调节部位的调节作用及调节效应。

③在固定化酶体系中，底物和产物的扩散受到限制。

(2)酶的稳定性提高

大部分酶经固定化后，其稳定性及有效寿命均较游离酶高。

固定化酶稳定性主要指其对温度、酸碱、蛋白酶、变性剂、抑制剂及有机溶剂等的耐受力，具体表现在以下方面：

①酶经固定化之后，热稳定性提高，可以耐受较高的温度。

②酶经固定化之后，对酸碱条件变化的耐受力有一定程度的增强。

③酶经固定化之后，对抑制剂、变性剂及有机溶剂的耐受力增强。

④酶经固定化之后，对蛋白酶的抵抗性增强，不易被蛋白酶水解。

⑤酶经固定化之后，半衰期增长，可以在一定条件下保存较长时间。

（3）最适 pH 变化

酶被固定化后，催化底物的最适 pH 和 pH 活性曲线常发生变化，其原因是微环境表面电荷的影响。如当载体带负电荷时，载体内的氢离子浓度要高于溶液主体的氢离子浓度，为了使载体的 pH 保持游离酶的最适 pH，载体外的 pH 要相应高些，因而表面上最适 pH 向碱性一侧偏移。

（4）最适温度提高

在一般情况下，固定化的酶失活速度下降，所以最适温度也随之提高。如色氨酸酶经共价结合后最适温度比固定前提高 5～15℃。

（5）反应动力学常数变化

当酶固定于中性载体后，表观米氏常数往往比游离酶高，而最大反应速度变小；而当酶与带负电荷的载体结合后，表观米氏常数往往变小。

5.4.3　固定化酶的技术指标

游离的酶（细胞）被固定化以后，酶的催化性质也会发生变化。为考查它的性质，可以通过测定固定化酶的各种参数，来判断固定化方法的优劣及其固定化酶的实用性，常见的评估指标有以下几条。

（1）相对酶活力

具有相同酶蛋白量的固定化酶与游离酶活方的比值称为相对酶活力。相对酶活力低于 75% 的固定化酶，一般没有实际应用价值。

（2）酶的活力回收率

固定化酶的总活力与用于固定化的酶的总活力之比称为酶的活力回收率。将酶进行固定化时，总有一部分酶没有与载体结合在一起，测定酶的活力回收率可以确定固定化的效果。一般情况下，活力回收率小于 1；若大于 1，可能是由于固定化活细胞增殖或某些抑制因素排除的结果。

（3）固定化酶的半衰期

即固定化酶的活力下降到为初始活力 1/2 所经历的连续工作时间，用 $t_{1/2}$ 表示，它是衡量固定化酶操作稳定性的关键。其测定方法与化工催化剂半衰期的测定方法相似，可以通过长期实际操作，也可以通过较短时间的操作来推算。

5.5 酶分子的改造

天然存在的微生物所产生的酶,即使是通过一般遗传育种方式改造过的微生物所产生的酶,在提取、贮藏和应用方面都存在着局限性。例如,酶的稳定性差,不利于工业化大规模提取、分离和贮存;大多数酶作用的最适 pH 为中性,且不抗热,在偏离中性和高温的环境中难以充分发挥作用;酶对人体而言是外源蛋白质,具有免疫原性,能够引起过敏反应,限制了酶在医学上的应用。为弥补酶的缺陷,人们一般通过化学方法对已分离出来的酶进行分子修饰,或通过基因工程的方法改变酶的编码基因来改造酶。

5.5.1 酶分子的化学修饰

酶分子化学修饰是指通过主链的剪接切割、侧链的化学修饰和活性中心离子置换等对酶分子进行改造。其目的在于改变酶的一些性质,创造出天然酶不具备的某些优良特性,从而扩大酶的应用,以获得更大的经济效益。化学修饰的方法有许多,依据不同的需要可选择不同的方法。

1. 大分子结合修饰

利用水溶性大分子与酶结合,使酶的空间结构发生某些细微的变化,从而改变酶的功能与特性的方法称为大分子结合修饰法,简称为大分子结合法。酶经过大分子结合修饰可显著提高酶活力,增加稳定性或降低抗原性。该法是目前应用最广泛的酶分子修饰方法。

通常使用的水溶性大分子修饰剂有右旋糖酐、聚乙二醇、肝素、蔗糖聚合物、聚氨基酸等。从发酵产物中直接分离到的酶有时活力并不能满足实际应用的需要,因此需要对酶进行修饰以提高其活力。当每分子胰凝乳蛋白酶与 11 分子右旋糖酐结合时,酶的活力可提高 5.1 倍。

各种天然酶在生产、应用和保存过程中都会发生活力降低的现象。有些作为药物使用的酶,进人体内后往往稳定性差,半衰期短,影响疗效。例如,对治疗血栓有显著疗效的尿激酶,在人体内半衰期只有 2~20 min。用可溶于水的大分子与酶结合进行酶分子修饰,可在酶的外围形成保护层,使酶的空间构象免受其他因素的影响,从而增加酶的稳定性。例如,木瓜蛋白酶与右旋糖酐结合,显著增强其抗酸碱和抗氧化的能力。

当外源蛋白非经口进入人或动物体内后,体内血清中就可能出现与此外源蛋白特异结合的抗体。能引起体内产生抗体的外源蛋白称为抗原。当来自动物、植物或微生物中的酶作为药物,非经口(如注射)进入人体后,往往会成为一种抗原,诱导体内产生抗体,与作为抗原的酶特异地结合,从而使酶失去催化功能。所以,药用酶的抗原性问题是影响其应用的重要问题之一。抗体与抗原之间的特异结合是由于它们之间特定的分子结构所引起的。若抗原的特定结构改变,就会失去诱导抗体产生的作用。利用水溶性大分子对酶进行修饰,是降低甚至消除酶的抗原性的有效方法之一。例如,用聚乙二醇对色氨酸酶进行修饰,可完全消除其抗原性。

2.金属离子置换修饰

通过改变酶分子中所含的金属离子,使酶的特性和功能发生改变的方法称为金属离子置换修饰法,简称为离子置换法。一些金属离子是酶活性中心的组成部分,例如,α 淀粉酶含有的 Ca^{2+}、谷氨酸脱氢酶含有的 Zn^{2+}、过氧化氢酶中含有的 Fe^{2+} 等,将其除去,酶将失活。

用于酶分子修饰的金属离子,往往是二价金属离子,如 Ca^{2+}、Mg^{2+}、Mn^{2+}、Zn^{2+}、CO^{2+}、Cu^{2+}、Fe^{2+} 等。在进行离子置换修饰时,先在酶液中加入一定量的乙二胺四乙酸(EDTA)等金属螯合剂,将酶分子中的金属离子螯合,然后通过透析、超滤或分子筛层析等方法将 EDTA金属螯合物从酶液中除去。再将其他的金属离子加到酶液中与酶蛋白结合。酶分子中加入不同的金属离子,则可使酶呈现不同的特性,如酶的活性提高或降低、酶的稳定性增强或减弱等。例如,用 Ca^{2+} 将锌型蛋白酶的 Zn^{2+} 置换,则酶活力可提高 20％～30％;α 淀粉酶是杂离子型,含有 Ca^{2+}、Mg^{2+}、Zn^{2+} 等多种离子,若把这些离子全部置换成 Ca^{2+},则可提高酶活力并增加稳定性。

金属离子置换法只适用于原来含有金属离子的酶。

3.侧链水解修饰

有些酶的肽链经有限水解后其性质改变或催化活力提高。利用肽链的有限水解改变酶的特性和功能的方法,称为肽链有限水解修饰。例如,胰蛋白酶原没有催化活性,用蛋白酶将该酶原水解掉一个六肽,即可表现出胰蛋白酶的活性;用胰蛋白酶将天冬氨酸酶羧基末端的 10多个氨基酸残基水解除去,可使天冬氨酸酶的活力提高 4～5 倍或以上。

酶具有的抗原性与其分子的结构和大小有关。大分子的外源酶蛋白往往表现较强的抗原性;而小分子的蛋白质或多肽,其抗原性较低或者无抗原性。所以,将酶分子有限水解,使其分子量减小,就会在保持其酶活力的前提下,使酶的抗原性显著降低,甚至消失。例如,将木瓜蛋白酶用亮氨酸氨肽酶进行有限水解,使其全部肽链的 2/3 被水解除去,该酶的酶活力保持不变,而其抗原性大大降低。

对酶进行有限水解,通常使用专一性较强的蛋白酶或肽酶为修饰剂,有时也可采用其他方法。

4.侧链基团修饰

酶蛋白侧链基团就是指组成蛋白质的氨基酸残基上的功能基团。这些功能基团主要是氨基、羧基、巯基、咪唑基、吲哚基、酚羟基、羟基、胍基、甲硫基等。这些基团对于蛋白质空间结构的形成和稳定性起着重要作用。

酶蛋白侧链基团主要利用一些小分子物质进行修饰。这些小分子化合物称为侧链基团修饰剂。不同的侧链基团所使用的修饰剂各不相同,可根据需要加以选择。

(1)氨基修饰剂

主要有二硝基氟苯、醋酸酐、琥珀酸酐、二硫化碳、亚硝酸、乙亚胺甲酯、O-甲基异脲、顺丁烯二酸酐等。它们可与氨基共价结合将氨基屏蔽起来,或导致脱氨基作用,从而改变酶蛋白的构象或性质。例如,用 O-甲基异脲与溶菌酶赖氨酸残基的 ε-氨基结合,酶活力保持不变,但稳定性提高,而且很容易结晶析出;用亚硝酸修饰天冬酰胺酶,使其氨基末端的亮氨酸和肽链中的赖氨酸的氨基转变为羟基,使酶的稳定性提高,在体内的半衰期可延长 2 倍。

（2）羧基修饰剂

羧基修饰剂可使羧基酯化、酰基化或结合上其他基团。最早用来修饰蛋白质侧链羧基的修饰剂是乙醇-盐酸试剂，它可使羧基产生酯化作用。

（3）胍基修饰剂

精氨酸含有胍基。胍基可与二羰基化合物缩合生成稳定的杂环。所以二羰基化合物，如环己二酮、乙二醛、苯乙二醛等，都可以用做胍基修饰剂。

（4）巯基修饰剂

巯基在维持亚基间的相互作用和在酶的催化过程中起重要的作用，然而巯基却容易发生变化，从而改变酶的性质和催化特性。常用的巯基修饰剂有：二硫苏糖醇、巯基乙醇、硫代硫酸盐、硼氢化钠等还原剂以及各种酰化剂、烷基化剂等。

（5）酚基修饰剂

常用碘化法、硝化法和琥珀酰化法等修饰酶蛋白中的酚基。酚基经修饰剂修饰后，引入负电荷，因而增大酶对带正电荷的底物的结合力。

（6）分子内交联剂

用含有双功能团的化合物，如二氨基丁烷、戊二醛、己二胺等，与酶分子内两个侧链基团反应，在分子内共价交联，可使酶分子空间构象更加稳定。

5.5.2 酶的蛋白质工程

酶的蛋白质工程是利用基因工程技术来改造酶的结构基因，生产出具有新的或改良性质和功能的酶蛋白，使其更适应工业化应用的反应条件。有两种方法可以用于酶蛋白的改造：利用定点突变技术来变换某个特定的氨基酸；利用定向进化技术来选择所需改良性能的蛋白质。

应用定点突变技术来改造酶蛋白的工作程序见图 5-6(a)。首先需要得到酶蛋白的三维结构信息和编码它的基因序列，同时应了解相应蛋白质结构与功能的关系，然后根据所希望得到的特性分析定位目标氨基酸残基，进而在 DNA 水平上对目标位点进行定点突变并克隆表达突变基因，最后导入适当的载体表达突变蛋白质。它是酶的蛋白质工程早期的主要改造方法，但由于只能对天然酶蛋白中的个别氨基酸进行替换，而无法影响酶蛋白的高级结构，因此对酶功能的改造有限。一个成功的例子是将葡萄糖异构酶中 253 位置的赖氨酸通过定点突变改变为精氨酸，其失活常数降低为原先的 1/3，且最适 pH 由 6.0 转变为 6.5。

由于对多数酶蛋白的三维结构、功能及其相互关系都不甚了解，人们就无法对其进行定点突变。酶定向进化技术的发展弥补了这一不足，它是蛋白质工程发展的新方向，其工作流程见图 5-6(b)。它是在试管中模拟自然进化过程，通过易错 PCR(error-prone PCR)、交错延伸技术(STEP)、DNA 改组(DNA shuffling)等分子生物学技术构造一个人工突变酶库，结合高通量的筛选技术来获得具有某种预期特征的优化酶。在定向进化体系中，突变是随机的，但可通过选择特定方向的突变来限定筛选的方向，从而加快酶在某一特定方向的进化速度。另外，通过控制实验条件可缩小突变库的容量，减少工作量。自 1993 年美国科学家 Arnold 首先提出酶分子的定向进化概念以来，酶的定向进化已被广泛应用于提高酶的热稳定性、改善酶在有机溶剂中稳定性、扩大底物限制性和改变光学异构体的限制性。例如，在药物合成中常用对硝基苄酯酶除去保护抗生素对硝基苄酯,利用定向进化的方法改造野生型酯酶不仅可以提高其稳定性,而且仅筛选 4 代后就得到一个酶活提高 50 倍的克隆子。

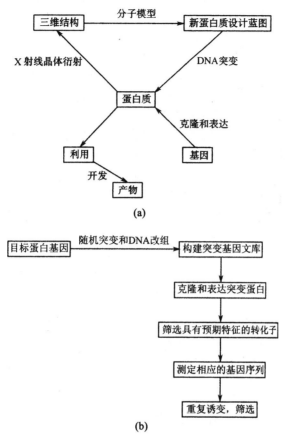

(a)

(b)

图 5-6　酶的蛋白质工程的程序图

(a)定点突变技术(来源:杨开宇等,1990);(b)定向进化技术

目前,酶的蛋白质工程主要集中在工业用酶的改造,因为工业用酶有较好的酶学和晶体学研究基础,酶的发酵技术(包括诱变技术和筛选方法)也比较成熟,而且其微生物的遗传工程技术研究最为完善。另外,工业酶无需进行医学鉴定,能很快地投入使用。例如,用作洗衣粉添加酶的枯草杆菌蛋白酶,是一种天然的丝氨酸蛋白酶,它能够分解蛋白质,使衣服上的血迹和汗渍等很容易洗掉。但这种酶一般比较脆弱,在漂白剂的作用下容易被破坏而失去活性,原因是第 222 位的甲硫氨酸容易被氧化成砜或亚砜。现在,利用蛋白质工程技术,用丝氨酸或丙氨酸替代后,酶的抗氧化能力大大提高,可在 1 mol 的过氧化氢溶液中停留 1 h 而活性丝毫未损,这样便可与漂白剂混合使用。

杂交酶(又称杂合酶,hybridenzyme)是在蛋白质工程应用于酶学研究取得巨大成就的基础上,刚刚兴起的一项新技术。所谓杂交酶是指利用基因工程将来自两种或两种以上的酶的不同结构片段构建成的新酶。杂交酶的出现及其相关技术的发展,为酶工程的研究和应用开创了一个新的领域。

首先,人们可以利用高度同源的酶之间的杂交,将一种酶的耐热性、稳定性等非催化特性

"转接"给另一种酶。这种杂交是通过相关酶同源区间残基或结构的交换来实现的。新获得的杂交酶的特性，通常介于其双亲酶的特性之间。例如，利用根癌农杆菌（*Agrobacterium tumefaciens*）和淡黄色纤维弧菌（*Cellvibrio gilvus*）的 β-葡萄糖苷酶进行杂交，构建成的杂交 β-葡萄糖苷酶，其最佳反应条件和对各种多糖的 K_m（米氏常数）值都介于双亲酶之间。

其次，人们可以创造具有新活性的杂交酶。其最便捷的途径就是调节现有酶的专一性或催化活性。迄今为止，所有杂交酶大都属于这种酶。采用循环点突变和筛选技术，经过 3 轮的突变，可以构建出高活性的能够将甲基癸酸对硝基苯酯进行手性拆分的杂交酶。其酶活性可以从野生型的 2% 上升到 81%。创造新的杂交酶还可以利用功能性结构域的交换，以及向合适的蛋白质骨架引入底物专一性和催化特性的活性位点技术。

杂交酶技术还可以用于研究酶的结构和功能之间的关系。近年来，杂交酶的发展非常迅速。2000—2006 年就有 62 个利用杂交酶技术改良的酶获得了美国专利。

5.5.3　生物酶的人工模拟

20 世纪 70 年代以来，由于蛋白质晶体学、X 射线衍射技术、光谱技术和动力学方法的发展，使人们能够深入了解酶的结构和功能的关系，在分子水平上解释酶的催化机制，为人工模拟酶的发展注入了新的活力。所谓模拟酶，一般来说，它的研究就是吸收酶中那些起主导作用的因素，利用有机化学、生物化学等方法设计和合成一些较天然酶简单的蛋白质分子或非蛋白质分子，以这些分子作为模型来模拟酶对其作用底物的结构和催化过程。抗体酶的出现和快速发展为生物酶的人工模拟开辟了一条新的道路。

1.抗体酶

抗体酶（abzyme）是具有催化活性的抗体（catalytic antibody）。迄今为止，产生抗体酶的方法有两种，一是以反应过渡态类似物（小分子）作为半抗原，然后让动物免疫系统产生针对半抗原的具有催化活性的抗体；二是通过化学修饰、点突变及基因重组技术将催化基因直接引入抗体的结合部位。抗体酶的研究日新月异，迄今至少有 70~80 种不同的催化化学反应可以由抗体酶来实现。因此，抗体酶的发现为化学家寻找新的催化剂，进一步阐明酶的催化反应机制创造了全新的机会，也为生物学家用蛋白质工程研究酶的结构与功能的关系提供了一个条件。正是因为这些原因，抗体酶的研究才有了今天这样突飞猛进的发展。

2.印迹酶

自然界中，分子识别在生物体，如酶、受体和抗体的生物活性方面发挥着重要作用，这种高选择性来源于与底物相结合的部位的高特异性。为获得这样的结合部位，科学家们应用环状小分子或冠状化合物（如冠醚、环糊精、环芳烃）等来模拟生物体系，这种类似于抗体和酶的结合部位能否在聚合物中产生呢？如果以一种分子充当模板，其周围用聚合物交联，当模板分子去除后，此聚合物就留下了与此分子相匹配的空穴。如果构建合适，这种聚合物就像"锁"对钥匙具有识别作用一样能够识别模板分子。这种技术被称为分子印迹（molecular imprinting）技术，又称生物印迹（bioimprinting）技术。自 Wulff 研究小组在 1972 年首次报道成功地制备出分子印迹聚合物以来，分子印迹技术趋于成熟，并在分离提纯、免疫分析、生物传感器，特别是人工模拟等方面显示了应用前景。

（1）分子印迹酶

选择底物、底物类似物、酶抑制剂、过渡态类似物及产物为印迹分子（模板），通过分子压印技术可以在高聚物中产生类似于酶活性中心的空穴，对底物产生有效的结合，并在结合部位的空穴内诱导产生催化基团，并与底物定向排列。

（2）生物印迹酶

生物印迹酶是指在天然的生物材料上进行分子压印，从而产生对印迹分子具有特异性识别的空腔的过程，生物印迹是分子印迹中非常重要的内容之一，其优势在于酶的人工模拟。利用该技术人们已制备出有机相催化印迹酶，HF 水解生物印迹酶，具有谷胱甘肽（GSH）过氧化物酶活性的生物印迹酶等。例如，以卵清蛋白为原料，以 GSH－2DNP（GSH 的一种衍生物）为模板分子，利用生物印迹技术，制造出了对 GSH 具有特异性结合能力的印迹蛋白质，然后利用化学诱变法将催化基团引入印迹蛋白质结合部位，从而产生了具有谷胱甘肽过氧化物酶（GPX）活力的人工模拟酶。印迹酶为卵清蛋白的一聚体或二聚体，其中二聚体表现出较高的活力，其最高的酶活可达 817 U/mol。

抗体酶和印迹酶的发展为酶的分子设计提供了一个全新的思路，它打破了化学酶工程和生物酶工程的界限。可以预料，随着新的生物工程技术和噬菌体抗体库技术的发展，将有更先进、更新的重组技术用来直接从抗体库中筛选催化抗体。

5.6　酶反应器

以酶作为催化剂进行反应所需的设备称为酶反应器。这些设备包括游离酶、固定化酶和固定化细胞的容器及其附加设施如混合、取样、检测等设备。酶反应器的作用是以尽可能低的成本，按一定的速度由规定的反应物制备特定的产物。酶反应器的特点是在低温、低压的条件下发挥作用，反应时消耗能和产能都比较少，它不同于发酵反应器，因为它不表现自催化方式，即细胞的连续再生。

5.6.1　酶反应器的基本类型

酶反应器的类型很多（图 5-7），有不同的分类方法。按酶的状态分类，酶反应器可分为两种类型：一类是直接应用游离酶进行反应的均相酶反应器；另一类是应用固定化酶进行反应的非均相酶反应器。

（1）搅拌罐型反应器

搅拌罐型反应器是具有搅拌装置的传统反应器，依据它的操作方式又可细分为分批式、流加分批式和连续式 3 种。它主要由反应罐、搅拌器和保温装置 3 部分组成，具有结构简单、酶与底物混合充分均匀、温度和 pH 易控制、能处理胶体底物和不溶性底物及催化剂更换方便等优点，常被用于饮料和食品加工工业。但该反应器搅拌动力消耗大，催化剂颗粒容易被搅拌桨叶的剪切力所破坏，酶的回收效率低。对于连续流搅拌罐，可在反应器出口设置过滤器或直接选用磁性固定化酶来减少固定化酶的流失。另一种改进方法是将固定化酶催化剂颗粒装在用丝网制成的扁平筐内,作为搅拌桨叶及挡板,既改善了粒子与流体间的界面阻力,也保证酶颗粒不致流失。

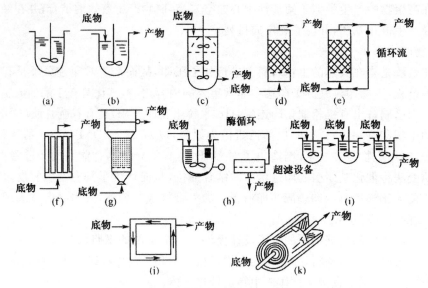

图 5-7 酶反应器类型(引自戚以政等,1996)
(a)间歇式搅拌罐;(b)连续式搅拌罐;(c)多级连续搅拌罐;(d)填充床(固定床);
(e)带循环的固定床;(f)列管式固定床;(g)流化床;(h)搅拌罐-超滤器联合装置;
(i)多釜串联半连续操反应器;(j)环流反应器;(k)螺旋卷式生物膜反应器

(2)固定床型反应器

把催化剂填充在固定床(填充床)中的反应器叫做固定床型反应器。这一类型反应器是当前工业上使用得最广泛的固定化酶反应器。反应器工作时,底物按一定方向以恒定速度通过催化剂床,它具有单位体积的催化剂负荷量高、结构简单、容易放大、剪切力小、催化效率高等优点,特别适合于存在底物抑制的催化反应。但也存在下列缺点:①温度和 pH 难控制;②底物和产物浓度会产生轴向分布,易引起相应的酶失活程度也呈轴向分布;③更换部分催化剂相当麻烦;④柱内压降相当大,底物必须加压后才能进入。固定化床反应器的操作方式主要有两种,一是底物溶液从底部进入而由顶部排出的上升流动方式,另一种则是上进下出的下降流动方式。

(3)流化床型反应器

流化床型反应器是一种装有较小颗粒的垂直塔式反应器。底物以一定的流速从下向上流过,使固定化酶颗粒在流体中维持悬浮状态并进行反应,流体的混合程度介于搅拌罐型反应器和固定床型反应器之间。流化床型反应器具有传热与传质特性好、不堵塞、能处理粉状底物、压降较小等优点,也很适合于需要排气供气的反应,但它需要较高的流速才能维持粒子的充分流态化,而且放大较困难。目前主要被用来处理一些黏度高的液体和颗粒细小的底物,如用于水解牛乳中的蛋白质。

(4)膜式反应器

膜反应器是利用膜的分离功能,同时完成反应和分离过程的设备。这是一类仅适合于生化反应的反应器,该类反应器包括固定化酶膜组装的平板状或螺旋卷型反应器、转盘反应器、空心酶管反应器和中空纤维膜反应器等,其中平板状和螺旋卷型反应器具有压降小、放大容易的优点,但与填充塔相比,反应器内单位体积催化剂的有效面积较小。转盘反应器又可细分为立式和卧式两种,主要用于废水处理装置,其中卧式反应器由于液体的上部接触空气可以吸氧,适用于需氧反应。空心酶管反应器主要由自动分析仪等组装,常用于定量分析。中空纤维膜反应器则是由数根醋酸纤维素制成的中空纤维构成,其内层紧密光滑,具有一定的分子截留作用,可以截留大分子物质,同时又允许小分子物质通过;外层则是多孔的海绵状支持层,酶被固定在海绵支持层中。

5.6.2　酶反应器的操作

利用酶反应器进行生产,首先要根据生产目的、生产规模、生产原料、产品的质量要求选择合适的酶反应器,以便充分利用酶的催化功能,生产出预期产品,降低反应成本,用最少量的酶,在最短的时间内完成最大量的反应。为此,需要合理地配置、使用和操作酶反应器。

(1)酶反应器中微生物污染的控制

酶反应器不需要在完全无菌条件下进行,但仍需要控制微生物污染。因为微生物污染会降低酶反应器的生产效率和降低产品质量,不仅会堵塞反应柱,还能使固定化酶活性载体降解,它们产生的酶和代谢物会使产物降解和增加反应副产物,减少产物的产出,增大产物分离难度。因此,应采取适当的方法对底物进行灭菌,酶反应器每次使用后要选择合适的方法进行消毒,可用酸性水或含过氧化氢、季铵盐的水反复冲洗。

(2)酶反应器中流动状态的控制

在反应器中酶的催化效率和反应器的寿命都与反应器中流体流动状态有关。酶反应器在运行时,流动方式的改变会使酶与底物接触不良,造成反应器生产率降低,同时还会造成返混程度变化,为副反应的发生提供了机会。影响流动状态的因素主要有:载体填充不规则、底物上柱不均匀、载体自压缩、固体和胶体物质沉积造成壅塞等。解决的方法有:选择体积较大、表面光滑、不可压缩的填充材料;采取间隔式填充;间歇通入上行气流;对过浓的黏性材料进行预处理等。对于搅拌型反应器应严格控制搅拌速度,防止搅拌不均匀或搅拌速度过快造成固定化酶破碎和失活。

(3)反应器中恒定生产能力的控制

在酶反应器工作过程中,如果操作和维护不当会导致反应器催化能力的迅速下降。

许多因素都影响酶反应器的稳定性。如温度过高、pH 值过高或过低、离子强度过大均会造成酶变性失活;微生物及酶会对固定化酶造成破坏;氧化剂存在会导致酶氧化分解;重金属等有毒物质会对酶活性产生不可逆抑制;剪切力会对酶结构造成破坏;载体磨损会造成酶的损失等。因此,在酶反应器使用和维护过程中,必须采取有针对性的措施进行有效控制。

5.6.3　酶反应器的设计原理

使产品的质量和产量达到最高,并设法降低生产成本,这是酶反应器设计的基本原则。酶反应器设计的原理及内容包括：提高酶的比活力和浓度；实现更方便的酶反应过程调控；创造更好的无菌控制条件；克服影响速度的限制因素。除此以外，一般表示物料平衡、热量平衡、反应动力学以及流动特性等的各种关系式都可以同时应用于反应器的设计。

表示酶反应器性能的参数常有四种：

①生产力，它指的是每小时每升反应器所生产的产品质量(g)。

②产品转化率，它指的是每克底物中有多少克转化成产物。

③酶的催化率，它指的是每克酶所能生产的产品质量(g)。

④产物浓度和底物停留时间，产物浓度是影响产物回收成本的关键因素，降低流速或者增加酶浓度可以提高产物浓度，其次，降低底物在反应器内停留的时间可以提高反应器的生产能力。

5.6.4 酶反应器的选择依据

在实际应用中，必须根据具体情况来选择合适的反应器。选择反应器时，可以考虑以下因素。

（1）根据固定化酶的形状来选择

溶液酶由于回收困难，一般只适用于间歇式搅拌罐反应器。带有超滤器的连续流动搅拌罐反应器虽然可以解决反复使用的问题，但是常因超滤膜吸附和浓差极化而造成酶的损失，高流速的超滤还可能因为剪切力大而造成酶的失活。颗粒状和片状的固定化酶对连续流动搅拌罐反应器和填充床反应器都可适用，但膜状和纤维状的固定化酶仅适用于填充床反应器。如果固定化酶容易变形、易黏结或颗粒细小，则采用流化床反应器较为适宜。

（2）根据酶反应的动力学特性来选择

选择反应器时，必须考虑酶反应的动力学特性。一般来说，接近平推流特性的填充床反应器在固定化酶反应器中占有主导地位，它适合于产物对酶活性具有抑制作用的反应。填充床反应器和连续流动搅拌罐反应器相比，总效率前者要优于后者，特别是当产物对反应有抑制作用时，填充床反应器的优越性就更加突出。若底物表现出对酶的活性有抑制作用，连续流动搅拌罐反应器所受的影响则要比填充床反应器少一些。

（3）根据底物的物理性质来选择

底物的性质一般存在三种情况：溶解性物质（包括乳浊液）、颗粒状物质与胶状物质。溶解性或浊液性底物对任何类型的反应器都适用；颗粒状和胶状底物往往会堵塞填充床，使用时需要采用高流速搅拌的连续流动搅拌罐反应器、流化床反应器和循环反应器以减少底物颗粒的集结、沉积和堵塞，使底物保持悬浮状态。但是如果搅拌速度过高，又会使固定化酶从载体上被剪切下来，所以搅拌速度不能太高。

（4）根据外界环境对酶的稳定性的影响来选择

在反应器的运转过程中，由于在高速搅拌时受到高速液流的冲击，常常会使固定化酶从载体上脱落下来，或由于磨损引起粒度的减小而影响固定化酶的操作稳定性，其中以连续流动搅拌罐反应器最为严重。为解决这一问题而改进设计的反应器，是把酶直接黏接在搅拌轴上，或者把固定化酶放置在与轴相连的金属网篮内。这些措施均可使酶免遭剪切，减少了外界环境对酶的稳定性的不利影响。

（5）根据操作要求及设备费用来选择

有些酶反应需要不断调整 pH 值,有的需供氧,有的需补充反应物或补充酶。所有这些操作,在连续流动搅拌罐反应器中无须中断而连续进行,但在其他反应器中则比较困难,需要通过特殊设计来解决。

间歇式搅拌罐反应器和连续流动搅拌罐反应器的共同特点是:结构简单、操作方便、适用面广(可用于黏性或不溶性底物的转化加工),在底物表现抑制作用时可获得较高的转化产率,在产物表现出抑制作用时底物的转化率就会降低。间歇式搅拌罐反应器可用于溶液酶的催化反应,它的操作也比连续流动搅拌罐反应器更为简便。

填充床反应器最突出的优越性在于它有较高的转化效率。填充床反应器的缺点是用小颗粒固定化酶时,可能产生压密现象;如果底物是不溶性的或者黏性的,那么这类反应器将不适用。

流化床反应器的优点是物质交换与热交换特性较好,不易引起堵塞,可用于不溶性或黏性底物的转化,压降低。但是它消耗动力大,不易直接模仿放大。

如果从反应器的价格上来选择,连续流动搅拌罐反应器相对比较便宜,它不但结构简单,操作性能好,而且适应性强。此外,还应考虑固定化酶本身的费用以及在各种反应器中的稳定性。

5.6.5　酶反应器的性能评价

酶反应器性能评价应尽可能在接近生产条件下进行,主要评价指标有以下几个:

（1）空时

空时是指底物在反应器中的停留时间,在数值上等于反应器体积与底物体积流速之比,常称为稀释率。当底物或产物不稳定或容易产生副产物时,应使用高活性酶,尽可能缩短反应物在反应器内的停留时间。

（2）转化率

转化率也称转化分数,是指底物中发生转变的分量。

（3）生产强度

每小时每升反应器体积所生产的产品质量(g)。主要取决于酶的特性和浓度及反应器的特性和操作方法等。

好的酶反应器应该是空时少、转化率高、生产强度大。

5.7　生物传感器

生物传感器是使用固定化的生物分子结合换能器,用来侦测生物体内或生物体外的环境化学物质或与之起特异性交互作用后产生响应的一种装置。生物最基本特征之一就是能够对外界的各种刺激作出反应。首先是由于生物体能感受外界的各类刺激信号,并将这些信号转换成体内信息系统所能接收并处理的信号。例如,人能通过眼、耳、鼻、舌、身等感觉器官将外界的光、声、温度及其他各种化学和物理信号转换成人体内神经信息系统能够接收和处理的信号并采取应对措施。现代和未来的信息社会中,信息处理系统要对自然和社会的各种变化做出反应,首先需要通过传感器对外界各种信息的感应并转换成信息系统中的信息处理单元(即计算机)能够接收和处理的信号。

生物传感器的诞生是酶技术与信息技术结合的产物。生物传感器是一个多学科交叉的高技术领域,伴随着生物科学、信息科学和材料科学等相关学科的高速发展,其发展前景将会更广阔。

5.7.1 生物传感器的原理及结构

生物传感器是用生物活性物质作敏感器件,配以适当的换能器所构成的分析工具(或分析系统)。它的工作原理如图 5-8 表示,待测物质经扩散作用进入固定化生物敏感膜层,经分子识别,发生生物化学反应,产生的信息继而被相应的化学或物理换能器转化为可定量和可处理的电信号,再经仪表的放大和输出,便可知道待测物的浓度。

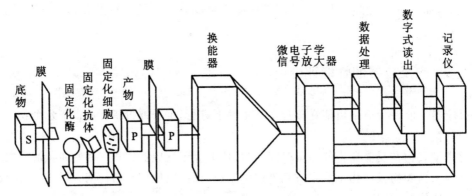

图 5-8　生物传感器原理图

生物敏感膜又称分子识别元件,是生物传感器的关键元件。它是由对待测物质(底物)具有高选择性分子识别能力的膜构成的,因此直接决定了传感器的功能和质量。例如,葡萄糖氧化酶可作为生物敏感膜的材料。生物敏感膜根据所选的材料不同,可以是酶膜、免疫功能膜、全细胞膜、细胞器膜和组织膜等,各种膜所对应的生物活性材料见表 5-7。

表 5-7　生物传感器的分子识别元件

分子识别元件	生物活性材料
酶膜	各种酶类
全细胞膜	细菌、真菌、动植物细胞
组织膜	动植物组织切片
细胞器膜	线粒体、叶绿体等细胞器
免疫功能膜等	抗体、抗原,酶标抗原、抗体

在生物传感器内,生物活性材料是固定在换能器上的,为了将分子或器官固定化,已经发展出各种技术。常用的方法有六种:夹心法、包埋法、吸附法、共价结合法、交联法和微胶囊法。但无论使用何种方法,都应尽可能不破坏生物材料的活性维持 3～4 周或 50～200 次测定;以化学方式结合的酶,其活性能提高到 1000 次测定。

生物化学反应过程中产生的信息是多元化的,它可以是化学物质的消耗或产生,也可以是光和热的产生,因而对应的换能器的种类也是多样的(表 5-8)。目前生物传感器中研究得最多的是电化学生物传感器,在这类传感器中,换能器主要有电流型和电位型两类。例如,尿素传感器属电位型传感器,它的分子识别元件是含有尿素酶的膜,而换能器是电位型平面 pH 电极。酶膜是紧贴在电极表面的氨透膜上的,当尿素在感应器内遇到尿素酶时,尿素立即被分解成氨。这种新生成的氨透过氨透膜至达 pH 电极的表面,使 pH 值上升,从 pH 值上升的程度可以求出尿素的浓度。

表 5-8　生物化学反应信息和换能器的选择

生物化学反应信息	换能器的选择
离子变化	电流型或电位型的离子选择电极、阻抗计
质子变化	离子选择电极、场效应晶体管
气体分压变化	气敏电极、场效应晶体管
热效应	热敏元件
光效应	光纤、光敏管、荧光计
色效应	光纤、光敏管
质量变化	压电效应
电荷密度变化	阻抗计、导纳、场效应晶体管
溶液密度变化	表面离子共振

5.7.2　生物传感器的分类

生物传感器按检测器件的检测原理来分类,大致可分为热敏生物传感器、场效应管(FET)生物传感器、压电生物传感器、光学生物传感器及声波生物传感器;按感受器所选用的生物材料可分为免疫传感器、酶传感器、组织传感器、微生物传感器等。

(1)免疫传感器

免疫传感器是利用抗体与抗原的特异性反应来检测物质的。已有几种免疫传感器获得了初步成功。例如,绒毛促性腺激素(HCG)传感器,该传感器是将 HCG 抗体固定在二氧化钛电极的表面制成工作电极,通过它与固定尿素的参比电极之间形成一定的电位差,当电解液中加入含 HCG 抗原时,工作电极的电位立即发生变化,从电位变化可求出 HCG 浓度。由 HCG 的浓度可以判断动物是否怀孕。

(2)酶传感器

酶传感器是问世最早,技术最成型的一类生物传感器,它是由纯化酶制成的酶膜结构,能在常温常压下检测待测液中的糖类、醇类、有机酸、氨基酸等生物分子的量。其原理是传感器中的酶能将待测物质氧化或分解,然后经换能器将反应所导致的化学物质变化转变为电信号并进行放大和处理,从而推算出被测物质的浓度。

典型的酶传感器是葡萄糖传感器,其感受器由葡萄糖氧化酶制成的酶膜,它将扩散进入传感器的葡萄糖氧化转变为葡萄糖酸,同时消耗氧气,使反应体系中氧浓度下降。氧浓度变化由换能器氧电极检测。

(3)组织传感器

组织传感器是利用动物和植物组织中多酶系统的催化作用来识别分子的。由于所用的酶存在于天然组织内,无须进行人工提取纯化,因而比较稳定,制备成的传感器寿命较长。例如,猪肾组织切片含有丰富的谷氨酰胺酶,将其与氨气敏电极结合可制成检测谷氨酰胺的传感器。

(4)微生物传感器

微生物传感器是应用细胞固定化技术,将各种微生物固定在膜上的生物传感器。它可分成两大类,一类是利用微生物呼吸作用;另一类是利用微生物体内所含的酶。该种传感器寿命长,非常适用于发酵过程中物质变化的测定。

5.7.3　生物传感器的作用特点

生物传感器的研制是生化物质检测技术的一大创新,它结合了生物检测方法和物理化学检测方法的优点,具有专一性强、速度快、使用简便等特点。

(1)生物传感器检测的专一性

生物传感器与免疫分析和酶法分析等生物分析方法相同,都是利用生物产生的感应(sensing)分子,这些生物感应分子具有极强的识别能力,能将待测物从其相似物质中区分出来。因此,利用生物传感器能够对某种物质进行高精确度的测量。

(2)生物传感器检测的高速度

生物传感器与其他生物检测方法比较,一个重要特点是能够对待测物质进行现场直接分析,不需带回实验室,分析检测速度快。例如,血液样品中的葡萄糖可用葡萄糖氧化酶传感器直接测定。

(3)生物传感器使用的简便性

与其他生物分析方法相比,生物传感器将感受器和换能器整合为一体,因此测定时不需要利用各种试剂来处理样品,省去许多实验步骤。例如,将葡萄糖氧化酶传感器直接浸入血液中就可测出血液中葡萄糖的含量。

(4)生物传感器检测的连续性

生物传感器的另一个优于其他生物分析方法的特点是固定化的生物识别分子可以再生和再利用。所以生物传感器可用来进行连续测定和大量样品测定。例如,葡萄糖氧化酶生物传感器可被重复用于检测血液中葡萄糖含量多次。相反,免疫法,包括酶联免疫法,在检测过程中酶与待测物的结合是不可逆的,因此酶分子只能利用一次。

5.8　酶的应用

　　酶制剂的应用是酶工程的主要内容,通过酶的催化作用,可以得到人们所需要的物质或者将不需要的甚至有害的物质除去,以利于人体的健康、环境的保护、经济的发展和社会的进步。

5.8.1　酶的应用领域

　　酶的催化作用具有专一性强、催化效率高、作用条件温和等显著特点,在食品、环保、医药、能源、轻工和生物工程等领域广泛应用。在酶制剂的应用过程中,必须运用酶反应动力学的知识,控制好酶催化反应的各种条件,使酶的催化条件达到预定的效果。随着酶制剂的工业化生产的发展,酶制剂的应用越来越普遍,内容十分广泛。表 5-9 列出了酶在工业上的应用。

表 5-9　酶在工业上的应用

应用领域	使用的酶种类	用途
洗涤剂工业	细菌蛋白质酶类	用于污渍去除,可以直接液体使用或用胶囊包埋后使用
	淀粉酶类	可以作为洗碗机的洗涤剂,用于去除难溶的淀粉残迹等
医疗和药品工业	胰蛋白酶	用于伤口愈合和溶解血凝块,还可用于去除坏死组织,抑制污染微生物的生长
	L-天冬酰胺酶	用于治疗癌症,剥夺癌细胞生长所需的营养
	蛋白酶	治疗消化不良
	其他多种酶	诊断试剂
制革工业	胰蛋白酶类	用于去除毛皮中的特定蛋白质的是的皮革软化,也可用于皮革脱毛
纺织工业	淀粉酶	广泛地应用与纺织品的退浆,其中细菌淀粉酶能忍受 100℃～110℃ 的高温操作条件
制糖工业	淀粉酶、淀粉葡萄糖苷酶	将淀粉转化为葡萄糖及各类糖浆
	葡萄糖异构酶	用于将葡萄糖转化为果糖生产高果糖浆
乳制品工业	凝乳酶	在奶酪的制作过程中用于分解蛋白质
	乳糖酶	降解乳糖为葡萄糖和帮乳糖

应用领域	使用的酶种类	用途
酿酒工业	麦芽产生的淀粉酶、蛋白酶、葡聚糖酶	将淀粉和蛋白质降解成能被酵母菌利用的单糖、氨基酸和肽,从而提高乙醇的产量
	β-葡聚糖酶	改进啤酒的过滤性能
	淀粉葡萄糖苷酶	用于生产低糖啤酒
	木瓜蛋白酶	去除啤酒储存过程中生产的混浊
烘焙食品工业	真菌产的 α-淀粉酶	催化淀粉降解成可被酵母菌利用的糖类,用于面包及面卷的制作等
	蛋白酶类	在饼干制作过程中,用于降低面粉中的蛋白质含量等

5.8.2　酶在葡萄糖生产中的应用

国内外葡萄糖的生产绝大多数是采用淀粉酶水解的方法。酶法生产葡萄糖是以淀粉为原料,先经 α-淀粉酶液化成糊精,再用糖化酶催化生成葡萄糖。

α-淀粉酶又称液化型淀粉酶,它作用于淀粉时,随机地从淀粉分子内部切开 α-1,4 糖苷键,使淀粉水解生成糊精、低聚糖、麦芽糖和葡萄糖等产物;葡萄糖淀粉酶,俗称糖化酶,它作用于淀粉时,从淀粉分子的非还原末端开始逐个水解 α-1,4 糖苷键,生成葡萄糖。

葡萄糖的酶法生产工艺流程如下:

淀粉→调浆→液化→糖化→脱色→过滤→离子交换→真空浓缩→结晶→分离→干燥→葡萄糖产品。

酶法生产葡萄糖的工艺操作要点与参数和设备参考见表 5-10。

表 5-10　酶法生产葡萄糖的工艺操作要点与参数和设备参考

操作要点	参数和设备参考
调浆	淀粉加水调浆,淀粉乳浓度 30%～35%,用盐酸调 pH 值至 6.0～6.5
液化	加入 α-淀粉酶量 6～10 U/g 淀粉,加入氯化钙调节 Ca^{2+} 浓度达 0.01 mol/L,温度 85～90℃,液化反应 40～60 min,碘色反应合格终止液化
糖化	降温至 60℃,调 pH 值至 4.5,加入糖化酶量 80～100 U/g 淀粉,间歇搅拌,60℃保温 40～50 h。糖化至 DE 值大于 95,升温至 90℃,将酶灭活,终止反应
脱色	用骨炭或活性炭脱色,温度 80℃,pH 值 4.0 左右,搅拌 30 min
过滤	将糖化液通过过滤机。去除悬浮物,达到净化
离子交换	过滤后的糖化液经过离子交换(多采用 Na^+ 强酸型阳离子树脂),除去无机盐、有机杂质、有色物质以及能产生颜色的物质等

续表

操作要点	参数和设备参考
真空浓缩	将净化精制的糖液经过真空浓缩设备(内、外循环蒸发器等),去除其中的大部分水分,使糖液达到过饱和状态
结晶	将浓缩的糖液,置于结晶器内,进行结晶
分离	葡萄糖浆混合物经过离心机分离,除去其中的母液和其他杂质
干燥	通过滚筒干燥、气流干燥和流化床干燥等干燥设备,除去游离水

　　葡萄糖生产中所采用的 α-淀粉酶和糖化酶都应达到一定的纯度。尤其是在糖化酶中应不含或尽量少含葡萄糖苷转移酶。因为葡萄糖苷转移酶可催化葡萄糖生成异麦芽糖等杂质,会严重影响葡萄糖的得率,并且不利于葡萄糖的结晶。如果糖化酶中含有葡萄糖苷转移酶,则在使用前需要进行适当的处理,将其去除。向糖化酶液中加酸是去除葡萄糖苷转移酶的最简单的方法之一,用酸调节 pH 值至 2.0~2.5,在室温下静止一段时间,可以选择性地使葡萄糖苷转移酶失活而除去。也可采用添加硅酸镁、硅藻土等吸附剂、表面活性剂、高分子絮凝剂等方法有选择性地除去葡萄糖苷转移酶。

5.8.3　酶在疾病诊断方面的应用

　　疾病治疗效果的好坏,在很大程度上决定于诊断的准确性。疾病诊断的方法很多,其中,酶学诊断方法具有可靠、简便、快捷等特点。酶学诊断方法包括两个方面:一是根据体内原有酶活力的变化来诊断某些疾病;二是利用酶测定体内某些物质含量的变化来诊断某些疾病。通过酶活力变化进行疾病诊断的实例见表 5-11。如临床上利用转氨酶诊断肝病:

　　转氨酶又称为氨基转移酶(aminotransferase,EC2.6.1)是一类催化氨基从一个分子转移到另一个分子的转移酶类。在疾病诊断方面主要应用谷草转氨酶和谷丙转氨酶。

　　谷草转氨酶(GOT)又称为天冬氨酸转氨酶(aspartate aminotransferase,EC2.6.1.1),它是催化天冬氨酸与 α-酮戊二酸之间进行氨基转移,生成谷氨酸和草酰乙酸。

　　谷丙转氨酶(GPT)又称为丙氨酸转氨酶(alanine aminotransferase,EC2.6.1.2),它是催化丙氨酸与 α-酮戊二酸之间进行氨基转移,生成谷氨酸和丙酮酸。

　　在临床上,测定血清中谷草转氨酶(GOT)和谷丙转氨酶(GPT)的活力变化,用以诊断肝病和心肌梗死等疾病。急性传染性肝炎、肝硬化和黄疸性肝炎的患者,其血清中 GOT 和 GPT 的活力升高;尤其是急性传染性肝炎患者,GOT 和 GPT 的活力急剧升高;心肌梗死患者,GOT 的活力升高更为显著。

　　转氨酶的活力测定主要用二硝基苯肼显色法。

表 5-11　通过酶活力变化进行疾病诊断的实例

酶名	病症	酶活力变化
酸性磷酸酶	前列腺癌、肝炎、红细胞病变、甲状腺功能亢进	升高

续表

酶名	病症	酶活力变化
碱性磷酸酶	佝偻病、骨骼疾病、甲状腺功能亢进、黄疸性肝炎	升高
	软骨发育不全	下降
谷草转氨酶（GOT）	肝炎、肝硬化、黄疸性肝炎、心肌梗死	升高
谷丙转氨酶（GPT）	急性传染性肝炎、肝硬化、黄疸性肝炎	升高
乳酸脱氢酶	肝癌、急性肝炎、心肌梗死	升高
乳酸脱氢酶 LDH_1	心肌梗死、恶性贫血	升高
乳酸脱氢酶 LDH_2	白血病、肌肉萎缩	升高
乳酸脱氢酶 LDH_3	白血病、淋巴肉瘤、肝癌	升高
乳酸脱氢酶 LDH_4	转移性肝病、结肠癌	升高
乳酸脱氢酶 LDH_5	肝炎、原发性肝癌、脂肪肝、心肌梗死、外伤、骨折	升高
葡萄糖磷酸异构酶	急性肝炎、心肌梗死、急性肾炎、脑溢血	升高
胆碱酯酶	传染性肝炎、肝硬化、风湿、营养不良	下降
端粒酶	细胞发生癌变	出现
淀粉酶	胰脏疾病、肾脏疾病	升高
	肝病	下降
γ-谷氨酰转肽酶	原发性和继发性肝癌、黄疸性肝炎、肝硬化、胆道癌	升高
醛缩酶	急性传染性肝炎、心肌梗死	升高
精氨酰琥珀酸裂解酶	急、慢性肝炎	升高
胃蛋白酶	胃癌	升高
	十二指肠溃疡	降低
β-葡萄糖醛缩酶	肾癌、膀胱癌	升高
碳酸酐酶	坏血病、贫血病	升高
山梨醇脱氢酶（SDH）	急性肝炎	升高
$5'$核苷酸酶	肝癌、黄疸性肝炎	升高
脂肪酶	急性胰腺炎、胰腺癌、胆管炎	升高
肌酸磷酸激酶（CK）	肌炎、肌肉创伤、心肌梗死	升高
α-羟基丁酸脱氢酶	心肌炎、心肌梗死	升高
单氨氧化酶（MAO）	肝脏纤维化、糖尿病、甲状腺功能亢进	升高

酶名	病症	酶活力变化
鸟氨酸氨基甲酰转移酶	肝癌、急性肝炎	升高
葡萄糖氧化酶	测定血糖含量、诊断糖尿病	升高
亮氨酸氨肽酶(LAP)	肝癌、阴道癌、黄疸性肝炎	升高

　　放眼未来,我们有理由相信酶的生产和应用将得到进一步扩大,当今世界普遍关注的环境和资源问题将为我们的研究工作提供新方向。毫无疑问,酶工程在解决其中一些问题上将发挥重大的作用。

第6章 蛋白质工程及蛋白质组学

6.1 蛋白质工程概述

6.1.1 蛋白质及其功能

1.蛋白质简介

蛋白质是一切生命的物质基础,广泛存在于各种生物组织细胞之中,是生物细胞最重要的组成物质,也是含量最丰富的高分子物质,约占人体固体成分的45%。

蛋白质的基本组成单位是 α-氨基酸,构成天然蛋白质的20种氨基酸中除甘氨酸外,蛋白质中的氨基酸均属 L-α-氨基酸(图6-1)。蛋白质分子的物理、化学特性由氨基酸种类及排列顺序决定。蛋白质分子中的氨基酸之间通过肽键相连。

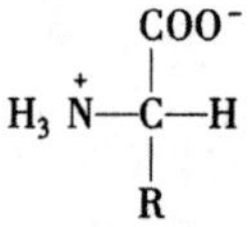

图 6-1 氨基酸结构通式

蛋白质是具有特定构象的大分子,为研究方便,将蛋白质结构分为四个结构水平,包括一级结构、二级结构、三级结构和四级结构。一般将二级结构、三级结构和四级结构称为三维构象或高级结构。

2.蛋白质功能的多样性

蛋白质在生物体的生命活动中起着重要的作用。生物体内的蛋白质种类繁多,分布广泛,担负着多种多样的任务。据人类基因组的研究估计,人类共有10万个基因,这些基因能编码10万种蛋白质。蛋白质在生物过程中所起的作用可以简略概括如下。

(1)作为有机体新陈代谢的催化剂——酶

这是最重要的生物学功能,几乎所有的酶都是蛋白质。生物体内的各种化学反应几乎都是在相应的酶参与下进行的。例如,淀粉酶催化淀粉的水解,脲酶催化尿素分解为二氧化碳和氨等。

(2)作为有机体的结构成分

在高等动物里,胶原纤维是主要的细胞外结构蛋白,参与结缔组织和骨骼作为身体的支架。细胞里的片层结构,如细胞膜、线粒体、叶绿体和内质网等都是由不溶性蛋白质与脂质组成的。

(3)贮存氨基酸

贮存的氨基酸用作有机体及其胚胎或幼体生长发育的原料。这类蛋白质有蛋类中的卵清蛋白、乳中的酪蛋白、小麦种子中的麦醇溶蛋白等。

（4）运输的功能

脊椎动物红细胞里的血红蛋白和无脊椎动物中的血蓝蛋白在呼吸过程中起着输送氧气的作用。血液中的脂蛋白随着血流输送脂质。生物氧化过程中某些色素蛋白如细胞色素 c 等起电子传递体的作用等等。

（5）协调动作的功能

如肌肉的收缩是通过两种蛋白微丝（肌动蛋白的细丝和肌球蛋白的粗丝）的滑动来完成的。此外，有丝分裂中染色体的运动以及精子鞭毛的运动等，也是由蛋白质组成的微管的运动产生的。

（6）激素的功能

对生物体内的新陈代谢起调节作用。例如胰脏兰氏小岛细胞分泌的胰岛素参与血糖的代谢调节，能降低血液中葡萄糖的含量。

（7）免疫保护机能

高等动物的免疫反应主要是通过蛋白质来实现的。这类蛋白质称为抗体或免疫球蛋白。抗体是在外来的蛋白质或其他的高分子化合物即所谓抗原的影响下产生的，并能与相应的抗原结合而排除外来物质对有机体的干扰。

此外，还有接受和传递信息受体的蛋白质，例如接受各种激素的受体蛋白，接受外界刺激的感觉蛋白（如视网膜上的视色素），味蕾上的味觉蛋白都属于这一类。蛋白质的另一功能是调节或控制细胞的生长、分化和遗传信息的表达。例如组蛋白、阻遏蛋白等就属于这类蛋白质。

6.1.2　蛋白质工程的定义

蛋白质工程是根据蛋白质的结构和生物活力之间的关系，利用基因工程的手段，按照人类需要定向地改造天然蛋白质或设计制造新的蛋白质，是以蛋白质结构功能关系的知识为基础，通过周密的分子设计，把蛋白质改造为合乎人类需要的新的突变蛋白质。1983 年，美国生物学家额尔默首先提出了"蛋白质工程"的概念。蛋白质工程的实践是依据 DNA 信息指导合成蛋白质。因此，人们可以根据需要对负责编码某种蛋白质的基因进行重新设计，使合成出来的蛋白质的结构变得符合人们的要求。由于蛋白质工程是在基因工程的基础上发展起来的，在技术方面有诸多同基因工程技术相似的地方，因此蛋白质工程也被称为第二代基因工程。

蛋白质工程与基因工程密不可分。基因工程是通过基因操作把外源基因转入适当的生物体内，并在其中进行表达，它的产品还是该基因编码的天然存在的蛋白质。蛋白质工程则更进一步根据分子设计的方案，通过对天然蛋白质的基因进行改造，来实现对其所编码的蛋白质的改造，它的产品已不再是天然的蛋白质，而是经过改造的具有人类需要的优点的蛋白质。天然蛋白质都是通过漫长的进化过程自然选择而来的，而蛋白质工程对天然蛋白质的改造则是加快了进化过程，能够更快、更有效地为人类的需要服务。

6.1.3　蛋白质工程研究的基本原理

蛋白质工程是研究蛋白质的结构及结构与功能的关系,然后人为地设计一个新蛋白质,并按这个设计的蛋白质结构去改变其基因结构,从而产生新的蛋白质。或者从蛋白质结构与功能的关系出发,定向地改造天然蛋白质的结构,特别是对功能基因的修饰,也可以制造新型的蛋白质。蛋白质工程是在重组 DNA 方法用于"操纵"蛋白质结构之后发展起来的分子生物学分支。例如将蜘蛛丝、昆虫节肢弹性蛋白等天然蛋白质的基因进行改造,前者可制造高强度的纤维或塑料;后者与胶原蛋白结合可作为新型血管的原料。

基因工程通过分离目的基因重组 DNA 分子,使目的基因更换宿主得以异体表达,从而创造生物新类型,但这只能合成自然界固有的蛋白质。蛋白质工程则是运用基因工程的 DNA 重组技术,将克隆后的基因编码序列加以改造,或者人工合成新的基因,再将上述基因通过载体引入适宜的宿主系统内加以表达,从而产生数量几乎不受限制、有特定性能的"突变型"蛋白质分子,甚至全新的蛋白质分子。

6.1.4　蛋白质工程的研究内容

蛋白质工程的研究内容包括任何旨在将蛋白质知识转变为实践应用的理论研究和操作技术研究。近年来,蛋白质工程主要包括 4 大类研究:第一,利用已知的蛋白质一级结构的信息开发应用研究,这是迄今蛋白质工程研究中最成功的领域。例如,有人利用原核细胞的信号肽直接指导牛胰蛋白酶抑制剂的分泌及加工处理过程。第二,定量确定蛋白质结构-功能关系。这是目前蛋白质工程研究的主体,它包括蛋白质三维结构模型的建立,酶催化的性质、蛋白质折叠和稳定性研究、蛋白质变异的探讨等等。第三,从混杂变异体库中筛选出具有特定结构-功能关系的蛋白质。有目的地在特定位点上使蛋白质产生变异,然后研究其结构-功能关系,如果有了混杂的变异体库,则可筛选出具有特定结构-功能关系的蛋白质。例如将对热不稳定的酶的基因转移至嗜热生物体内,再利用酶的某种标志(如对卡那霉素的抗性等)选择出对热稳定的酶,既保持酶的固有性质,又增强了热稳定性。第四,根据已知结构-功能关系的蛋白质,用人工方法合成它及其变异体,完全人为控制蛋白质的性质,目前还仅限于小分子质量的肽链。

蛋白质工程研究的具体内容很多,主要如下。

①通过改变蛋白质的活性部位,提高其生物功效。

②通过改变蛋白质的组成和空间结构,提高其在极端条件下的稳定性,如对酸、碱、酶的稳定性。

③通过改变蛋白质的遗传信息,提高其独立工作能力,不再需要辅助因子。

④通过改变蛋白质的特性,使其便于分离纯化,如融合蛋白 β-半乳糖苷酶(抗体)。

⑤通过改变蛋白质的调控位点,使其与抑制剂脱离,解除反馈抑制作用等。

6.1.5　蛋白质工程的研究意义

人们早就知道,在催化化学方面,就其经济性、效率以及用途的多样性而言,很难有其他的化学物质能超过生物酶,而酶绝大多数是蛋白质。天然的生物酶虽然能在生物体内发挥各种功能,但在生物体外,特别是在工业条件(如高温、高压、机械力、重金属离子、有机溶剂、氧化剂、极端 pH 等)下,则常易遭到破坏。所以人们需要改造天然酶,使其能够适应特殊的工业过程;或者设计制造出全新的人工酶或人工蛋白,以生产全新的医用药品、农业药物、工业用酶和一些天然酶不能催化的化学催化剂。这一设想现在已有重大进展,最突出的实例是枯草杆菌碱性蛋白酶的蛋白质工程。目前,已成功地制备出具有耐碱、耐热以及抗氧化的各种新特性的蛋白酶。这些酶除了用作洗涤剂的添加剂外,还能有效地降低工业生产成本、扩大产品使用范围。

6.2　蛋白质工程的研究方法

蛋白质工程的内容包括基因操作、蛋白质结构分析、结构与功能关系的研究以及新蛋白质的分子设计,这是紧密相连的几个环节,其目的是以蛋白质分子的结构规律及其生物学功能为基础,通过有控制的基因修饰和基因合成,对现有蛋白质加以改造、设计、构建并最终产生出性能比自然界存在的蛋白质更加优良、更符合人类社会需要的新型蛋白质。

6.2.1　蛋白质工程的研究程序

蛋白质工程的基本任务是研究蛋白质分子规律与生物学功能的关系,对现有蛋白质加以定向修饰改造、设计与剪切,构建生物学功能比天然蛋白质更加优良的新型蛋白质。由此可见,蛋白质工程的基本途径是从预期功能出发,设计期望的结构,合成目的基因且有效克隆表达或通过诱变、定向修饰和改造等一系列工序,合成新型优良蛋白质。图 6-2 所示的是蛋白质工程的基本途径及其现有天然蛋白质的生物学功能形成过程的比较。蛋白质工程的主要研究手段是利用反向生物学技术,其基本思路是按期望的结构寻找最合适的氨基酸序列,通过计算机设计,进而模拟特定的氨基酸序列在细胞内或在体内环境中进行多肽折叠而成三维结构的全过程,并预测蛋白质的空间结构和表达出生物学功能的可能性及其高低程度。

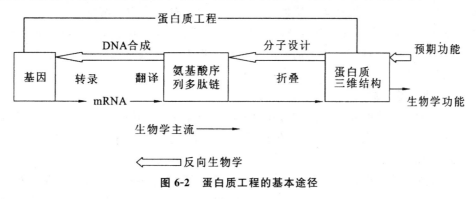

图 6-2　蛋白质工程的基本途径

6.2.2 蛋白质的分离、纯化、鉴定

蛋白质的分离、纯化、鉴定是在蛋白质本身理化性质的基础上发展而来的。这些理化性质有以下几点:蛋白质的分子大小、蛋白质的带电特性、蛋白质的溶解特性、蛋白质的变性与复性、蛋白质的结晶、蛋白质分子表面特性、蛋白质的分子形状、蛋白质的紫外线吸收及蛋白质的颜色反应。

1.分离纯化的方法

分离纯化的方法可按照大小、形状、带电性质及溶解度等主要因素进行分类。按分子和形态,分为差速离心、超滤、分子筛及透析等方法;按溶解度,分为盐析、溶剂抽提、分配色谱、疏水色谱、逆流离子交换色谱及吸附色谱等;按生物功能专一性,有亲和色谱法等。另外,还有一些近些年发展起来的新技术,如置换色谱、浊点萃取法、反相高效液相色谱、大空吸附树脂法、分子印迹技术等。

2.分离、纯化与鉴定的一般程序

蛋白质的分离、纯化与鉴定一般包含以下主要步骤:选择实验材料→实验材料预处理→蛋白质的提取→蛋白质的粗分级→蛋白质的细分级→蛋白质的鉴定。

(1)选择实验材料

实验材料的选择通常要定位于目标蛋白质含量高、杂质少、容易获得、成本低的实验材料。对于给定的生物材料,要考虑从该生物体的哪个部分进行纯化,如植物的不同器官(如根、茎、叶、花、果实、种子),或者不同的组织(如植物茎的形成层、种子的胚或胚乳等)。

(2)实验材料预处理

根据实验材料的不同,选择合适的预处理方法。如果是液体材料,通常采用过滤或离心的方法除去杂质获得粗制品;如果是固体材料,则要经过洗涤、材料破碎等处理。根据实验材料大小、形状等的差异,还要选择适当的方法将组织和细胞破碎,使其内容物释放出来。常用的破碎细胞的方法有机械法和非机械法。

(3)蛋白质的提取

通常选择适当的缓冲液把蛋白质提取出来。缓冲液对蛋白质的溶解、活性的保持及部分除杂具有重要意义,它不仅要控制溶液的 pH 值和离子强度,还要根据不同蛋白质的需要,加入氧化还原物质、表面活性剂、防腐剂等。在提取过程中,应注意温度,避免剧烈搅拌等,以防止蛋白质的变性。

(4)蛋白质的粗分级

选用适当的方法将所要的蛋白质与其他杂蛋白分离开来。比较有效的方法是根据蛋白质的溶解度的差异进行分离,常用的方法包括等电点沉淀法、盐析法、有机溶剂沉淀法等。

(5)蛋白质的细分级

采用分子筛层析、离子交换层析、亲和层析等手段结合多种电泳技术,包括聚丙烯酰胺凝胶电泳、等电聚焦电泳等进一步对蛋白质粗制品分离纯化,以获得高纯度的蛋白质样品。

（6）蛋白质的鉴定

蛋白质的鉴定包括对蛋白质分子质量、等电点、氨基酸组成及其顺序、免疫特性、结晶特性、生物学功能等进行测定，以确定纯化蛋白质的种类、结构和功能以及用途。

3. 蛋白质的提取

大部分蛋白质都可溶于水、稀盐溶液、稀酸或碱溶液，少数与脂类结合的蛋白质溶于乙醇、丙醇、丁醇等有机溶剂。因此，可采用不同的溶剂提取、分离和纯化蛋白质及酶。

（1）水溶液提取法

稀盐溶液和缓冲系统的水溶液对蛋白质稳定性好、溶解度大，是提取蛋白质最常用的溶剂。低浓度可促进蛋白质的溶解，称为盐溶作用。同时稀盐溶液因盐离子与蛋白质部分结合，具有保护蛋白质不易变性的优点，因此在提取液中加入少量 NaCl 等中性盐，浓度一般以 0.15 mol/L 为宜。另外，因蛋白质具有等电点，提取液的 pH 值选择在偏离等电点的一定 pH 值范围内。一般来说，碱性蛋白质用偏酸性的提取液提取，而酸性蛋白质用偏碱性的提取液提取。

（2）有机溶剂提取法

一些和脂质结合比较牢固或者分子中非极性侧链较多的蛋白质和酶，不溶于水、稀盐溶液、稀酸或者稀碱溶液，可用乙醇、丙醇和丁醇等有机溶剂，它们具有一定的亲水性，还有较强的亲脂性，是理想的提取脂蛋白的提取液，但必须在低温下操作。丁醇提取法对提取一些与脂质结合紧密的蛋白质和酶特别适合，另外，丁醇提取法的 pH 值及温度选择范围较广，也适用于动植物及微生物材料。

（3）表面活性剂的利用

对于某些与脂质结合的蛋白质和酶，也可采用表面活性剂处理。表面活性剂有阴离子型（如脂肪酸盐、烷基苯磺酸盐等）、阳离子型（如氧化苄烷基二甲基铵等）及非离子型（TritonX-100、吐温-60 等）等。非离子型表面活性剂比离子型温和，不易引起酶失活，使用较多。

4. 蛋白质的粗分级

蛋白质的粗分级采用的方法有沉淀法、透析法、超滤法等。

（1）沉淀法

①盐析沉淀法。当盐浓度继续升高时，蛋白质的溶解度随着盐浓度升高而下降并析出的现象称为盐析。蛋白质在水溶液中的溶解度由蛋白质周围亲水基团与水形成的水化膜程度，以及蛋白质分子带有电荷的情况决定。当中性盐加入蛋白质溶液中，中性盐对水分子的亲和力大于蛋白质，于是蛋白质分子周围的水化膜层变薄乃至消失。同时，中性盐中加入蛋白质溶液后，由于离子强度发生改变，蛋白质表面电荷大量被中和，导致蛋白质溶解度更加降低，使蛋白质分子间聚集而沉淀，其原理可见图 6-3。

盐析法是根据不同蛋白质在一定浓度盐溶液中溶解度降低程度的不同达到彼此分离目的的方法。盐析时若溶液 pH 值在蛋白质等电点则效果更好。

②有机溶剂沉淀法。利用蛋白质在一定浓度的有机溶剂中的溶解度差异而分离的方法，称为有机溶剂沉淀法。有机溶剂能降低溶液的解离常数，从而增加蛋白质分子上不同电荷的引力，导致溶解度的降低；另外，有机溶剂与水作用，能破坏蛋白质分子的水化膜，导致蛋白质相互聚集沉淀析出（图 6-4）。

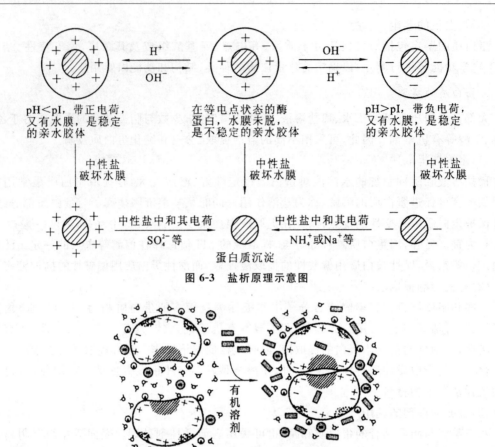

图 6-3 盐析原理示意图

图 6-4 有机溶剂沉淀原理示意图

③等电点沉淀法。等电点沉淀法是利用具有不同等电点的两性电解质,在达到电中性时溶解度最低,易发生沉淀,从而实现分离的方法。许多蛋白质的等电点十分接近,而且带有水膜的蛋白质等生物大分子仍有一定的溶解度,不能完全沉淀析出。因此,单独使用此法分辨率较低,效果不理想,此法常与盐析法、有机溶剂沉淀法或其他沉淀剂一起配合使用,以提高沉淀能力和分离效果。此法主要用于在分离纯化流程中去除杂蛋白,而不用于沉淀目的物。

④有机聚合物沉淀法。应用最多的是聚乙二醇(简写为 PEG),它的亲水性强,溶于水和许多有机溶剂,对热稳定,相对分子质量范围较广,在生物大分子制备中,用得较多的是相对分子质量为 6000~20000 的 PEG。

(2)透析法

利用半透膜对溶液中不同分子的选择性透过作用,可以将蛋白质与其他小分子物质分开。通常是将半透膜制成袋状,将蛋白质样品溶液置于袋内,将此透析袋浸入水或缓冲液中,样品溶液中的蛋白质分子被截留在袋内,而盐和小分子物质不断扩散到袋外,直到袋内、外两边的浓度达到平衡为止。保留在透析袋内未透析出的样品溶液称为保留液,袋(膜)外的溶液称为渗出液或透析液。

透析的动力是扩散压,扩散压是由横跨膜两边的浓度梯度形成的。透析的速度反比于膜的厚度,正比于欲透析的小分子溶质在膜内、外两边的浓度梯度,还正比于膜的面积和温度,通常是在 4℃透析,升高温度可加快透析速度。

透析膜可用动物膜、玻璃纸等,但用得最多的还是用纤维素制成的透析膜,目前常用的是美国联合碳化物公司和美国光谱医学公司生产的各种尺寸的透析管。

除小体积样品之外,根据扩散原理进行的透析方法非常耗时,因此蛋白质的浓缩和交换缓冲液常采用超滤法。

(3)超滤法

超滤即超过滤,利用压力或离心力使溶液中的小分子物质通过超滤膜,而大分子则被截留,从而把蛋白质混合物分为大小不同的两个部分。超滤工作原理可参见图 6-5。

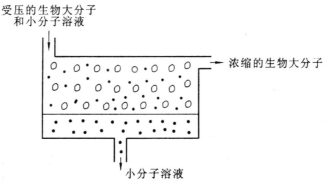

图 6-5　超滤工作原理示意图

超滤膜通常被固定在一个支持物上,制成超滤装置,可以用加压、减压或离心等方法使溶剂分子及小分子物质透过超滤膜,然后用溶剂溶解大分子物质。

5.蛋白质的细分级

根据蛋白质分子大小、分子形状、分子表面特征或分子带电状况进一步纯化,这是蛋白质细分级,常用的实验技术主要有多种层析方法、电泳等。

(1)分子筛层析

分子筛层析又称为凝胶层析或凝胶过滤,它是以多孔性凝胶材料为支持物,当蛋白质溶液流经此支持物时,分子大小不同的蛋白质因所受到的阻滞作用不同而先后流出,从而达到分离纯化的目的。采用的凝胶材料主要有葡聚糖、琼脂糖、聚丙烯酰胺、多孔玻璃珠等,凝胶内部呈网孔状结构,分子量大的蛋白质难以进入凝胶内部,因此主要从凝胶颗粒间隙通过,在凝胶间几乎是垂直地向下运动,而分子量小的蛋白质则进入凝胶孔内进行"绕道"运行,因此大分子蛋白质先流出凝胶,而小分子蛋白质后流出凝胶,从而将分子量大小不同的蛋白质分开。分子筛层析的原理见图 6-6。

(2)亲和层析

亲和层析是利用蛋白质与配体专一性识别并结合的特性而分离蛋白质的一种层析方法。将目标蛋白质专一性结合的配体固定在支持物上,当混合样品流过此支持物时,只有目标蛋白能与配体专一性结合,而其他杂蛋白不能结合。先用起始缓冲液洗脱杂蛋白,然后改变洗脱条件,将目标蛋白洗脱下来。图 6-7 所示为亲和层析的基本过程。

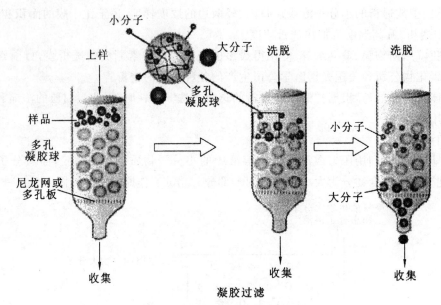

图 6-6　分子筛层析原理示意图

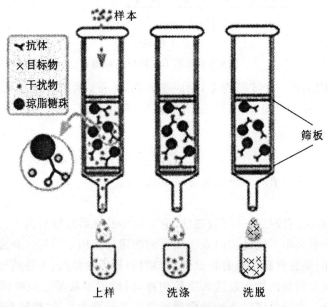

图 6-7　亲和层析的基本过程

（3）离子交换层析

　　蛋白质是两性分子,在一定的 pH 值条件下带电荷,不同的蛋白质所带电荷的种类和数量不同,因此它们与带电的凝胶颗粒间的电荷相互作用不同。这样,当蛋白质混合物流经带电凝胶时,电荷吸引作用小的蛋白质先流过,而电荷吸引作用大的蛋白质后流过,从而把不同的蛋白质分开,这种层析方法即为离子交换层析。如果凝胶本身带正电荷,则带负电荷越多的蛋白质与凝胶的电荷相互作用越大,越难以被洗脱,此为阴离子交换层析。相反,如果凝胶本身带负电荷,则带正电荷越多的蛋白质与凝胶的电荷相互作用越大,越难以被洗脱,此为阳离子交换层析。当蛋白质与凝胶以电荷相互作用结合后,可以通过改变溶液的离子强度,通过离子间的竞争作用而把蛋白质洗脱下来,也可以改变溶液的 pH 值,从而改变凝胶和蛋白质的带电情况而把蛋白质洗脱下来。与凝胶电荷作用力弱的蛋白质先被洗脱,而作用力强的蛋白质后被洗脱,从而把带电不同的蛋白质分开。图 6-8 为阴离子交换层析原理示意图。

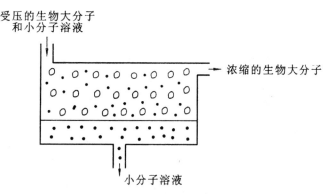

图 6-8　阴离子交换层析原理示意图

（4）电泳

蛋白质是两性蛋白质,在一定 pH 值条件下,蛋白质带有电荷,不同的蛋白质所带电荷和数目不同,因此在电场中移动的速度不同,从而把蛋白质分开,这种实验技术即是电泳。根据电场中是否有固体支持物,分为自由界面电泳和区带电泳;根据固体支持物的不同,分为纸电泳、薄膜电泳、聚丙烯酰胺凝胶电泳、琼脂糖凝胶电泳等;根据电泳装置不同,分为水平板电泳、垂直板电泳、圆盘电泳、毛细管电泳等。

蛋白质分离、纯化和鉴定中应用得比较多的是聚丙烯酰胺凝胶电泳、等电聚焦电泳、双向电泳。下面简要介绍聚丙烯酰胺凝胶电泳。聚丙烯酰胺凝胶电泳简称 PAGE(Polyacryl Amide Gel Electrophoresis),是以聚丙烯酰胺凝胶作为支持介质的一种常用电泳技术。聚丙烯酰胺凝胶由单体丙烯酰胺和甲叉双丙烯酰胺聚合而成。蛋白质在聚丙烯酰胺凝胶中电泳时,它的迁移率取决于它所带净电荷以及分子的大小、形状等因素。如果加入一种试剂使电荷因素消除,那电泳迁移率就取决于分子的大小,就可以用电泳技术测定蛋白质的分子量。1967 年,Shapiro 等发现阴离子去污剂十二烷基硫酸钠(SDS)具有这种作用。当向蛋白质溶液中加入足够量 SDS 和巯基乙醇,SDS 可使蛋白质分子中的二硫键还原。十二烷基硫酸根带负电,使各种蛋白质-SDS 复合物都带上相同密度的负电荷,它的量大大超过了蛋白质分子的电荷量,因而掩盖了不同种蛋白质间原有的电荷差别,SDS 与蛋白质结合后,还可引起构象改变,蛋白质-SDS 复合物形成近似雪茄烟形的长椭圆棒状,这样的蛋白质-SDS 复合物在凝胶中的迁移率不再受蛋白质的电荷和形状的影响,而取决于分子量的大小。因为蛋白质-SDS 复合物在单位长度上带有相等的电荷,所以它们以相等的迁移速度从浓缩胶进入分离胶,进入分离胶后,由于聚丙烯酰胺的分子筛作用,小分子的蛋白质容易通过凝胶孔径,阻力小,迁移速度快;大分子蛋白质则受到较大的阻力而被滞后。这样蛋白质在电泳过程中就会根据其各自分子量的大小而被分离。

6.2.3 蛋白质的分子设计

天然蛋白质在人造条件下的应用往往受限,需要对蛋白质进行改造才能使其在特定条件下起到特定的作用,因此就出现了蛋白质分子设计这个领域。

1. 蛋白质分子设计的程序

蛋白质分子设计包括根据蛋白质的结构和功能的关系,用计算机建立模型,然后通过分子生物学手段改造蛋白质的基因,并通过生物化学和细胞生物学等手段得到突变的基因,最后对得到的蛋白质突变体进行分析验证。通常,蛋白质分子设计需要几次循环才能达到目的。其设计流程如图 6-9 所示。

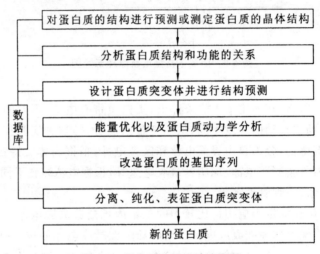

图 6-9　蛋白质分子设计流程图

(1)构建模型,设计蛋白质突变体

构建模型的素材是蛋白质的一级结构、高级结构、功能域,蛋白质的理化性质,蛋白质结构和功能的关系以及其同源蛋白相关信息。这需要查阅大量文献和相关数据库。对于别人已经做了相关工作的蛋白质,这些数据可以直接拿来作为构建模型的依据。但对于未知结构的蛋白质,则要么先解析其晶体结构,要么根据已知的氨基酸序列进行结构预测。

(2)能量优化以及蛋白质动力学分析

利用能量优化以及蛋白质动力学方法预测修饰后的蛋白质的结构,并将预测的结构与原始蛋白质的结构比较,利用蛋白质结构-功能或结构-稳定性相关知识预测新蛋白质可能具有的性质。

(3)获得蛋白质突变体

根据前面的设计,合成蛋白质或改造蛋白质突变体的基因序列,然后分离、纯化得到所要求的蛋白质。

(4)结构和功能分析

对纯化的蛋白质突变体进行结构和功能分析,并与原来的蛋白质比较,判断是否达到所要改造的目的。若得到的蛋白质突变体没有实现预期的功能,则需要重新设计;反之,则作为一种具有特定功能的新蛋白质出现。

2.蛋白质分子设计的分类

在蛋白质的设计实践中,常根据改造的程度将蛋白质分子设计分为三类:①定位突变或化学修饰法,这种设计是对蛋白质的小范围改造,进行一个或几个氨基酸的改变或进行化学修饰,来研究和改善蛋白质的性质和功能,也称“小改”;②拼接组装设计,这种方法是对蛋白质结构域进行拼接组装而改变蛋白质的功能,获取具有新特点的蛋白质分子,也称“中改”;③全新设计蛋白质,这类设计是从头设计全新的自然界不存在的蛋白质,使之具有特定功能,也称“大改”。

(1)部分氨基酸的突变

部分氨基酸的突变也叫“小改”,是基于对已知蛋白质的改造。对蛋白质进行定点突变,其目的是提高蛋白质的热稳定性与酸碱稳定性、增加活性、减少副作用、提高专一性以及研究蛋白质的结果和功能的关系等。要实现此目的,如何恰当选择要突变的残基则是在小改中最关键的问题。这不仅需要分析蛋白质残基的性质,同时需要借助于已有的三维结构或分子模型。现简要介绍两种类型的突变。

①根据结构信息确定碱基突变。对于已经用 X 射线晶体或 NMR 谱高分辨率测定出三级结构的蛋白质,就可以根据氨基酸残基在蛋白质结构上的位置来推测功能。如果已知蛋白质和其配基(包括受体、底物、辅酶和抑制剂)的复合体,那么这种方法很有效。对于那些与配基形成氢键、离子键或疏水键作用的氨基酸残基,可以根据其与配基上受体基团的距离和取向而确定。用定点突变的方式替换这样的残基就可以验证这些确定的残基是否参与结合,并确认每一种作用在要评估的复合体中的结合能的作用。这种方法是理解酶专一性和催化性的基础。

②随机突变。随机突变一般在体外用照射、化学剂诱导,体内利用 E. coli 的突变株等方法。但是,通常出现非保守残基的突变或者小的氨基酸残基被大的氨基酸残基替换,这两种类型的突变体都可能破坏蛋白质的构象,并造成功能非特异性丧失。所以在研究中,应对每个位置上的氨基酸残基的几种不同的替换进行分析,以便比较非特异性的替换和特异性的替换对蛋白质功能的影响。

(2)天然蛋白质的裁剪

天然蛋白质的裁剪又称“中改”,是指在蛋白质中替换 1 个肽段或者 1 个结构域。蛋白质的立体结构可以看作由结构元件组装而成,因此可以在不同的蛋白质之间成段地替换结构元件,期望能够转移相应的功能。中改在新型抗体的开发中有着广泛的应用。

①抗体剪裁。英国剑桥大学的 Winter 等利用分子剪裁技术成功地在抗体分子上进行了实验。抗体分子由 2 条重链(H 链)、2 条轻链(L 链)组成,两条重链通过二硫键连接起来,呈 Y 形,而两条轻链通过二硫键连接在重链近氨基端的两侧。重链有 4 个结构域,轻链有 2 个结构域;抗原的识别部分位于由轻、重二链的处于分子顶部的各 1 个结构域的高度可变区。抗体分子与抗原分子互补的决定子是由可变区的一些环状肽段组成的。Winter 等将小鼠单抗体分子重链的互补决定子基因操纵办法换到人的抗体分子的相应部位上,使得小鼠单抗体分子

所具备的抗原结合专一性转移到人的抗体分子上。这个实验具有重大的医学价值,因为小鼠单抗比人的单抗容易做,而在医学上使用的是人的单抗。采用分子剪裁法可以先制备小鼠的单抗,然后将互补决定子转移到人的抗体上,达到与人单抗分子同样的效果。

②蛋白质关键残基嫁接。两种蛋白质结合时,往往会有少数几个非常关键的残基,对结合起到主要作用。基于这种情况,最近我国科学家来鲁华教授课题组发展了一种"蛋白质关键残基嫁接"的方法,用于将一个蛋白质的关键功能性残基"嫁接"到另一个不同结构的蛋白质上,并将这种方法应用到实际体系研究中。促红细胞生成素(EPO)通过和它的受体(EPOR)相互作用,促进红细胞的分化和成熟。而将 EPO 上的关键功能性残基"嫁接"到一个结构完全不同的 PH 结构域蛋白上后,PH 蛋白便具有了和 EPOR 结合的功能,而这种功能在自然界是不存在的。这种方法有可能得到广泛应用,实现蛋白质功能的自由设计。

(3)全新蛋白质分子设计

全新蛋白质分子设计也称为蛋白质分子从头设计,是指基于对蛋白质折叠规律的认识,从氨基酸的序列出发,设计改造自然界中不存在的全新蛋白质,使之具有特定的空间结构和预期的功能。

①全新蛋白质分子设计的程序。全新蛋白质分子设计的一般过程可用图 6-10 表示。确定设计目标后,先根据一定的规则生成初始序列,经过结构预测和构建模型对序列进行初步的修改,然后进行多肽合成或基因表达,经结构检测确定是否与目标相符,并根据检测结构指导进一步的设计。蛋白质设计一般要经过反复多次设计→检测→再设计的过程。

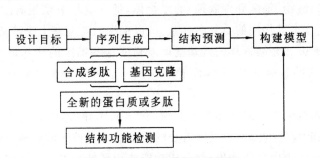

图 6-10　蛋白质全新设计流程

设计目标选择:蛋白质全新设计可分为功能设计和结构设计两个方面,结构设计是目前的重点和难点。结构设计是从最简单的二级结构开始,以摸索蛋白质结构稳定的规律,在超二级结构和三级结构设计中,一般选择天然蛋白质结构中一些比较稳定的模块作为设计目标,如四螺旋束和锌指结构等。在蛋白质功能设计方面主要进行天然蛋白质功能的模拟,如金属结合蛋白、离子通道等。

设计方法:最早的设计方法是序列最简化方法,其特点是尽量使设计序列的复杂性最小,一般仅用很少几种氨基酸,设计的序列往往具有一定的对称性或周期性。这种方法使设计的复杂性减少,并能检验一些蛋白质的折叠规律(如 HP 模型),现在很多设计仍然采用这一方法。1988 年 Mutter 首先提出模板组装合成法,其思路是将各种二级结构片段通过共价键连接到一个刚性的模板分子上,形成一定的三级结构。模板组装合成法绕过了蛋白质三级结构设计的困难,通过改变二级结构中氨基酸残基来研究蛋白质中的长程作用力,是研究蛋白质折叠规律和运行蛋白质全新设计规律探索的有效手段。为提高设计的速度和效率,现在已经发展了很多种自动设计方法,如 Jones 运用的蛋白质反向折叠方法结合遗传算法发展的自动设计方法和来鲁华等运用三位剖面结合遗传算法发展的自动设计方法。

结构检测:设计的蛋白质序列只有合成并检测结构后才能判断设计是否与预想结构相符合。一般从三个方面来检测:设计的蛋白质是否为多聚体,二级结构含量是否与目标符合,是否具有预定的三级结构。通过测定分子体积大小可以判断分子以几聚体形式存在,同时可以初步判断蛋白质结构是无规则卷曲还是有一定的三级结构。检测蛋白质浓度对圆二色谱(CD)和 NMR 谱的影响也可以判断蛋白质是否以单分子形式存在。CD 是检测设计蛋白质二级结构最常用的方法,根据远紫外 CD 谱可以计算蛋白质中各二级结构的大致含量。三级结构测定目前主要依靠核磁共振技术和荧光分析,也可以使用 X 射线晶体衍射技术分析。

②蛋白质结构的全新设计。设计一个新奇的蛋白质结构的中心问题是如何设计一段能够形成稳定、独特三维结构的序列,也就是如何克服线性聚合链构象熵的问题。为达到这个目的,可以考虑使相互作用和数目达到最大,并且通过共价交叉连接减少折叠的构象熵。

在对蛋白质折叠的研究和全新设计探索中,形成了一些蛋白质全新设计的原则和经验,如由于半胱氨酸形成二硫键的配对无法预测,一般尽量少用甚至不用,特别是在自动设计方法中。但当序列能够折叠成预定的二级结构后,常常引入二硫键来稳定蛋白质的三级结构。色氨酸的吲哚环具有生色性,且与其所处环境有关。天然态的蛋白质中色氨酸常常埋藏在蛋白质内部,其荧光频率相对失活态发生蓝移,因而在蛋白质全新设计中常引入色氨酸作为荧光探针以及检验设计蛋白质的三级结构。

③蛋白质功能的全新设计。除了努力达到设计出具有目标结构的蛋白质外,人们更希望设计出具有目标功能的蛋白质。蛋白质功能设计主要涉及键合和催化,为达到这些目的,可以采用两条不同的途径:一是反向实现蛋白质与工程底物的契合,改变功能;二是从头设计功能蛋白质。蛋白质功能的设计离不开蛋白质的结构特点,它是以由特殊结构决定的特定功能的结构域为基础。目前这方面的工作主要是通过一些特定的结构域模拟天然蛋白质。

对于蛋白质分子设计,目前逐步开始走自动化设计,已有很多现成的蛋白质分子设计软件。国外的大型软件包主要有 SYBYL、BIOSYM 等。国内的有北京大学化学系 PEPMODS蛋白质分子设计系统,以及中国科学院生物物理研究所和中国科学院上海生物化学研究所等设计的 PMODELING 程序包。

④蛋白质全新设计的现状和前景。蛋白质全新设计不仅使我们有可能得到自然界不存在的具有全新结构和功能的蛋白质,并且已经成为检验蛋白质折叠理论和研究蛋白质折叠规律的重要手段。由于对蛋白质折叠理论的认识还不够,蛋白质全新设计还处于探索阶段。在设计思路上,目前往往偏重考虑某一蛋白质结构稳定因素,而不是平衡考虑各种因素,如在超二级结构和三级结构的设计中,常常力求使各二级结构片段都具有最大的稳定性,这与天然蛋白质中三级结构的形成是二级结构形成和稳定的重要因素刚好相反。从设计的结果看,目前还只能设计较小蛋白质,其水溶性也差,而且大多不具备确定的三级结构;对是否及何时能够从蛋白质的氨基酸序列准确地预测其三级结构也存在不同的看法。但即使无法准确地从蛋白质序列预测蛋白质结构,对蛋白质折叠规律的不断了解及蛋白质设计经验的不断积累也将使蛋白质全新设计的成功率不断提高。另外,组合化学方法应用到蛋白质全新设计中必然大大地缩短设计的周期,并将彻底改变蛋白质全新设计的面貌。

6.3 蛋白质工程的应用

蛋白质工程的出现为研究蛋白质的结构与功能的关系提供了一种新的、有力的工具,目前已经在蛋白质药物、工业酶制剂、农业生物技术、生物代谢途径等领域取得了广泛的应用。

6.3.1 蛋白质工程在工业酶方面的应用

1.枯草杆菌蛋白酶的改造

枯草杆菌蛋白酶是一种在工业上广泛应用的蛋白酶。例如,在用作洗涤剂的添加剂时,抗氧化的蛋白酶可以和增白剂一起使用,耐碱的蛋白酶能省去酶的保护剂,耐热的蛋白酶使洗涤剂能在较热的水中使用,增强去垢能力等。此外,蛋白酶稳定性的提高,还能减少生产、运输和保存过程中酶活力的损耗,从而降低生产成本,提高经济效益。

（1）对热稳定性的改造

热稳定性是蛋白质分子的整体性质,是蛋白质分子内所有共价和非共价结合力的一个复杂的综合效应,一般从以下几个方面进行改造:构建或增强分子内氢键或（和）离子键等次级键,改进分子内部的相互疏水作用;在分子内或分子表面引入二硫键;稳定有利于加强内聚的螺旋结构;引入新的钙离子结合位点等。在可能的情况下,可采用随机诱变目的基因的方法来筛选热稳定性得到改进的突变型蛋白质。这样得到的耐热蛋白质不仅在实际应用方面很有价值,而且通过对它的空间结构的分析,还可为提高蛋白质热稳定性的理论研究提供重要的信息。

（2）对氧化稳定性的改造

对氧化的敏感性常常是造成蛋白质不稳定的因素,尤其是在酶的活性中心或者活性中心的附近存在甲硫氨酸、半胱氨酸或色氨酸等易被氧化的氨基酸残基时。酶在体外的氧化失活会严重影响酶的功能。

在枯草杆菌蛋白酶 BPN 分子上有一个 Met-222 与催化位点 Ser-221 相连,恰好位于一个 α-螺旋的氨基端。从空间位置看,它是处于 Tyr-217、His-64 和 His-67 的侧链以及 217-218 主链原子中间。D. A. Estell 等采用"盒式突变"的方法对 Met-222 进行全面的替换,然后在一定条件下筛选符合要求的突变型蛋白酶。结果表明,改造后的蛋白酶在浓度为 1 mol/L 的双氧水中可保存 1 h 以上,且酶活性没有明显的降低。而野生型酶在 1 mol/L 双氧水中的半衰期仅为 2.5 min。

（3）对最适 pH 值的改造

酶的最适 pH 值范围与酶的应用范围息息相关。它一般是由其活性部位的静电环境或者总的表面电荷所决定的。因此,可以考虑通过改变静电环境来改变有关催化基团的 pK_a 值,从而改变其催化活性对 pH 值的依赖性。1987 年英国学者 A. Fersht 依据这一原理,以枯草杆菌蛋白酶为模型,对定向改变酶的最适 pH 值问题进行了研究。

枯草杆菌蛋白酶的 BPN 活性中心有一个 His-64,它在酶的催化过程中作为一个广义碱来传递质子,其 pK_a 值接近于 7。在低 pH 值下,它的侧链咪唑环会发生质子化,使酶失去活性。A. Fersht 等人通过将枯草杆菌蛋白酶分子表面的 Asp(99)和 Glu(156)改成 Lys,使分子表面的负电荷转为正电荷,从而使得活性中心 His(64)质子易于丢失。这一改造使突变酶的 pK_a 值从 7 下降到 6,使酶在 pH 值为 6 时的活性提高 10 倍。

2. 葡萄糖异构酶的改造

葡萄糖异构酶(glucose isomerase,GI)又称 D-木糖异构酶(D-xylose isomerase),能催化 D-葡萄糖至 D-果糖的异构反应,是工业上从淀粉制备高果糖浆的关键酶,而且可将木聚糖异构化为木酮糖,再经微生物发酵生产乙醇。目前,葡萄糖异构酶是国际公认的研究蛋白质结构与功能关系、建立完整的蛋白质技术最好的模型之一。

(1)对 GI 热稳定性的改造

7 号淀粉酶链霉菌 M_{1033} 菌株所产葡萄糖异构酶 SM33GI 是工业上大规模以淀粉制备高果糖浆的关键酶,但用于工业生产其热稳定性还不够理想。朱国萍等学者通过分子结构模拟,设计将 Gly-138 改为 Pro,以提高 SM33GI 的热稳定性。他们用寡核苷酸定点诱变方法对 SM33GI 的基因进行体外定点突变,将 Gly-138 替换成 Pro,构建了 GI 突变体 G138P。含突变体的重组质粒 pTKD-GIG138 在 *E. coli* K_{38} 菌株中表达获得突变型 GIG138P。实验表明:与野生型 GI 相比,GIG138P 的热失活半衰期约是它的 2 倍;最适反应温度提高了 $10 \sim 12 ℃$;比活性相当。

(2)对 GI 最适 pH 值的改造

大规模由淀粉制备高果糖浆生产中,降低反应 pH 值可增加果糖产率。利用定点诱变技术改造 GI 基因已获得多种突变株,使突变 GI 的最适 pH 值降低。

6.3.2　蛋白质工程在农业方面的应用

目前已发现并分离了多种有用的杀虫蛋白,它们都具有良好的杀虫活性。但天然杀虫蛋白往往具有杀虫活性低、杀虫范围窄,在转基因作物中表达量低、不稳定等问题,造成抗虫效果不理想。因此,通过蛋白质工程对现有杀虫蛋白进行特异性修饰或定向改造,甚至设计新的杀虫蛋白,再通过转基因技术,使这些改造后的杀虫蛋白在农作物中高效表达,从而获得抗虫活性优异、使用安全的农作物新品种,成为现今农业发展的新趋势。

1. 杀虫结晶蛋白(Bt 毒蛋白)

Bt 毒蛋白是一种分子结构复杂的蛋白质毒素,在伴孢晶体内以毒素原的形式存在,在昆虫肠道内可被蛋白酶水解而被活化;活化的 Bt 毒蛋白不能被肠道内胰蛋白酶等水解,它可与昆虫肠道上皮细胞表面的特异受体相互作用,诱导细胞膜产生一些特异性小孔,扰乱细胞内的渗透平衡,并引起细胞膨胀甚至破裂,从而导致昆虫停止进食而死亡。人、畜等不能使毒素原活化,因此对人畜没有毒性。

根据杀虫晶体蛋白的大小及基因特点,将其主要分为 Cry 和 Cyt 两类,目前应用最广泛的是 Cry 类 Bt 毒蛋白。未经改造的 Bt 基因在转基因植物中表达水平很低,含量仅是植株内全部可溶性蛋白的 0.001％以下,不能直接毒杀害虫。因此,必须对 Bt 基因进行修饰改造,以提高其在植株中的表达量及稳定性。

(1)去除非活性区域

Bt 毒蛋白原是由 1100～1200 个氨基酸残基组成的多肽,其中有杀毒活性的区域为氨基端 500～600 个氨基酸残基,分子量为 60～70 kD,只需将编码毒性核心片段的基因转入植株,就可以达到抗虫目的。

(2)更换密码子

Bt 基因来源于原核生物,其密码子与真核生物的密码子偏好性有较大差别。在保证氨基酸序列不变的前提下,根据待转基因植物的密码子偏好性对 Bt 基因进行改造,全部更换为植物所喜好的密码子,可以大大提高翻译效率。

(3)消除不稳定元件

Bt 基因中密码子以碱基 A 和 T 结尾的比例较高,而植物基因中密码子以碱基 G 和 C 结尾的比例高,这样有可能导致 Bt 基因转录提前终止及 mRNA 错误切割,因此去除或更换部分富含 AT 的序列,消除基因中的不稳定元件,可以提高其表达量。

经过上述基因改造与修饰后,目前获得的转基因植株中,Bt 毒蛋白的表达量可以达到 0.1％以上,从而达到较好的杀虫效果。

2.蛋白酶抑制剂

蛋白酶抑制剂是抑制蛋白水解酶活性的分子,它最终导致害虫生长发育不正常直至死亡。植物、动物及微生物体内广泛存在的蛋白酶抑制剂多为小肽或小分子蛋白,它可与蛋白酶特定位点的必需基团相互作用,使蛋白酶活性下降或完全被抑制。植物体内的蛋白酶抑制剂不仅具有调节蛋白酶活性和蛋白质代谢等重要生理功能,还具有自身防御作用。

通常情况下,植物体内的蛋白酶抑制剂含量很低,不足以杀死害虫。近年来,利用蛋白质工程手段,将外源蛋白酶抑制剂基因转入植株,使得转基因植株中蛋白酶抑制剂的表达量达到可溶性蛋白的 1.1％以上,从而达到杀死害虫的效果。

6.3.3 蛋白质工程在医药方面的应用

1.组织血纤维蛋白溶酶原激活因子的改造

组织血纤维蛋白溶酶原激活因子(t-PA)是一种血浆糖蛋白,被用作急性心血管栓塞的溶栓制剂。实验表明,利用蛋白质工程的方法对 t-PA 进行改造可以改善 t-PA 的性质,如溶血活性、血纤维结合和血纤维特异性、与血浆抑制因子的相互作用和半衰期等。

(1)对 t-PA 清除速率的改造

因为 t-PA 在血循环中快速清除,所以在治疗中需要大剂量连续几小时的静脉注射以保持 t-PA 在血中的适当浓度。通过改变 t-PA 在血浆中清除的速率来产生具有更长半衰期的治疗药剂,是 t-PA 蛋白质工程的一个方向。

①t-PA 结构域缺失的突变体。通过基因上的方法将 t-PA 的一个或多个结构域从其基因序列中切除,来改善 t-PA 的清除速率。研究结果表明,t-PA 主要的清除决定因子位于 F、G、

K₁ 结构域,去除其中的任何结构域都可引起清除速率的改变。但这种清除速率的减小,伴随着 t-PA 水解血纤维的活性降低。

②t-PA 的糖基化突变体。在 Asn-117 位是高甘露糖的结合位点,而在 Asn-184 和 Asn-448 位是复杂糖类的结合位点,t-PA 分子 50％以上在 Asn-184 位糖基化。在 Asn-184 存在糖基化可以抑制溶纤酶催化的 t-PA 从单链向双链的转化,从而减小清除速率。目前已有很多与糖基化位点相关的突变体被构建,对这些突变体溶纤功能、血纤维亲和性、血纤维特异性等的综合评估,为产生低清除速率而又不影响其功能活性的 t-PA 突变体开辟了一条新的途径。

（2）血纤维特异性

t-PA 对纤维蛋白溶酶原的活性受纤维蛋白原和纤维蛋白等生理辅助因子所调节。在存在纤维蛋白的情况下,t-PA 对纤维蛋白溶酶原的活性要远远超过存在纤维蛋白原时的活性,这就是 t-PA 的纤维蛋白特异性。

非特异性的纤维蛋白溶酶原的激活引起纤维蛋白原降解,在严重的情况下就引起出血。为增加溶栓治疗的安全性,通过 t-PA 特定位点的丙氨酸取代来改进 t-PA 的纤维蛋白特异性成为一种有效手段。从各种突变中得到一个 Lys 296 Ala、His 297 Ala、Arg 298 Ala 和 Arg 299 Ala 的突变体,即将在 P 结构域中相连（296－299）的 4 个碱性氨基酸残基变成丙氨酸。这个突变体与野生型 t-PA 相比,其纤维蛋白的特异性增加。

2.抗体融合蛋白

抗体分子呈 Y 形(图 6-11),由二条重链和二条轻链通过二硫键连接而成。每条链均由可变区(N 端)和恒定区(C 端)组成,抗原的吸附位点在可变区,细胞毒素或其他功能因子的吸附位点在恒定区。每个可变区中有三个部分在氨基酸序列上高度变化,在三维结构上处于 β 折叠端头的松散结构互补决定区(CDR)是抗原的结合位点,其余部分为 CDR 的支持结构。不同种属的 CDR 结构是保守的,这样就可以通过蛋白质工程对抗体进行改造。

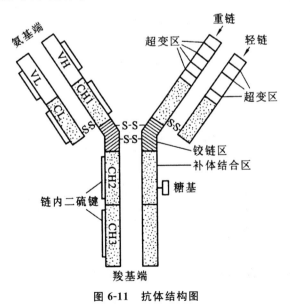

图 6-11　抗体结构图

将抗体分子片段与其他蛋白融合,可得到具有多种生物学功能的融合蛋白。这些融合蛋白能利用抗体的特异性识别功能导向某些生物活性的特定部位。抗体融合蛋白有多种不同的方式,如将 Fv 或 Fab 段与其他生物活性蛋白融合可将特定的生物学活性导向靶部位;在融合时可根据需要保留某些恒定区使其具备一定的抗体生物学功能;将非 Ig 蛋白与抗体分子的 Fc 段融合,可改善其药物动力学特性;将 Fv 段与其他细胞膜蛋白融合可得到嵌合受体,赋予特定的细胞以抗原结合能力。

(1)免疫导向

将毒素、酶、细胞因子等生物活性物质的基因与抗体融合,可将这些生物活性物质导向特定的靶部位,更有效地发挥其生物学功能。

导向治疗是这类融合蛋白的主要应用领域,尤其是肿瘤治疗。将抗肿瘤相关抗原的抗体与毒性蛋白融合形成的重组毒素或免疫毒素可将细胞杀伤效应引导到肿瘤部位,其抗体部分多使用 ScFv,常用抗体融合毒素有绿脓杆菌外毒素、蓖麻毒素及白喉毒素等。抗体与细胞因子融合也可用于肿瘤的导向治疗,常用的细胞因子有干扰素(INF)、白介素 2(IL-2)及肿瘤坏死因子(TNF)等。

免疫导向治疗并不局限于肿瘤,可能对多种疾病起到治疗作用,如将抗纤维蛋白的 ScFv 与纤维蛋白溶酶原激活物基因拼接表达的融合蛋白可促进血栓的溶解。

(2)含 Fc 的抗体融合蛋白

构建抗体融合蛋白时不仅可以利用抗体分子 Fv 段特异性结合抗原的特性,也可利用 Fc 段所特有的生物学效应功能。将某些蛋白分子与抗体 Fc 段融合可产生两种效果:一是通过该蛋白分子与其配体的相互作用将 Fc 的生物学效应引导到特定目标,二是增加该蛋白分子在血液中的半衰期。

3.干扰素 β16 的改造

干扰素 β16 是生产较早的药物蛋白质。在有 154 个氨基酸的干扰素 p 中的残基 17,用半胱氨酸替代丝氨酸,这个替代减小了错误二硫键形成的可能性,同时也去除了一个转录后氧化的可能位点。大肠杆菌中表达的蛋白质活性接近于天然形成的纤维细胞获得的干扰素 β。自 1993 年起该分子已经被许可用于复发的不卧床病人,减少复发的频率和严重程度,减缓多发硬化症。

6.4　蛋白质组学

随着人类基因组计划的完成,科学家们又提出了后基因组计划。蛋白质组学就是在后基因组时代出现的一个新的研究领域。2001 年《科学》杂志已经把蛋白质组学列为六大研究热点之一,蛋白质组学研究已成为 21 世纪生命科学的重要战略前沿。

6.4.1　蛋白质组学的概念

蛋白质组(proteome)源于"protein"与"genome"两个词的杂合,指的是由一个细胞、一个组织或一种生物的基因组所表达的全部相应的蛋白质。

蛋白质组学(proteomics)是从整体角度分析细胞内动态变化的蛋白质组成、表达水平与修饰状态,了解蛋白质之间的相互作用与联系,提示蛋白质的功能与细胞的活动规律。目前,蛋白质组学尚无明确的定义,一般认为它是研究蛋白质组或应用大规模蛋白质分离和识别技术研究蛋白质组的一门学科,是对基因组所表达的整套蛋白质的分析。作为一门科学,蛋白质组研究并非从零开始,它是已有 20 多年历史的蛋白质(多肽)谱和基因产物图谱技术的一种延伸。

6.4.2　蛋白质组学的研究内容

蛋白质组学研究的内容主要有结构蛋白质组学和功能蛋白质组学两方面。

(1)结构蛋白质组学

结构蛋白质组学主要研究蛋白质的表达模式,包括蛋白质氨基酸序列分析及空间结构的解析。蛋白质表达模式的研究是蛋白质组学研究的基础内容,主要研究特定条件下某一细胞或组织的所有蛋白质的表征问题。常规的方法是提取蛋白质,经双向电泳分离形成一个蛋白质组的二维图谱,通过计算机图像分析得到各蛋白质的等电点、分子量、表达量等,再结合以质谱分析为主要手段的蛋白质鉴定,建立起细胞、组织或机体在正常生理条件下的蛋白质图谱和数据库。在此基础上,可以比较分析在变化条件下,蛋白质组所发生的变化,如蛋白质表达量的变化、翻译后的加工修饰、蛋白质在亚细胞水平上的改变等,从而发现和鉴定出特定功能的蛋白质及其基因。结构蛋白质组学所得到的信息可以帮助我们很好地理解细胞的整体结构,并且有助于解释某一特定蛋白质的表达对细胞产生的特定作用。

(2)功能蛋白质组学

功能蛋白质组学主要研究蛋白质的功能模式,包括蛋白质的功能和蛋白质间的相互作用。蛋白质功能模式的研究是蛋白质组学研究的最终目标,目前主要集中于研究蛋白质相互作用和蛋白质结构与功能的关系,以及基因的结构与蛋白质的结构功能的关系。对蛋白质组成的分析鉴定是蛋白质组学中与基因组学相对应的主要部分,它要求对蛋白质进行表征,即对所有蛋白质进行分离、鉴定及图谱化。蛋白质间的相互作用主要包括以下几类:分子和亚基的聚合、分子杂交、分子识别、分子自组装、多酶复合体。而分析一个蛋白质和已知功能的蛋白质的相互作用是研究其功能的重要方法。功能蛋白质组学的方法可以更好地分析、阐明被选择的蛋白质组分的特征与功能,还可以提供有关蛋白质信号、疾病机制或蛋白质类药物相互作用的重要信息。

目前蛋白质组学又出现了新的研究趋势。

(1)亚细胞蛋白质组学

分离、鉴定不同生理状态下亚细胞蛋白质的表达,这对全面了解细胞功能有重要意义。

(2)定量蛋白质组学

精确定量分析和鉴定一个基因组表达的所有蛋白质已成为当前研究的热点。

(3)磷酸化蛋白质组学

蛋白质磷酸化和去磷酸化调节几乎所有的生命活动过程。蛋白质组学的方法可以从整体上观察细胞或组织中蛋白质磷酸化的状态及其变化。

（4）糖基化蛋白质组学

可用于确定糖蛋白特异性结合位点中多糖所处的不同位置。近年来在蛋白质组学背景下进行的糖生物学研究已取得了可喜的进展。

（5）相互作用蛋白质组学

通过各种先进技术研究蛋白质之间的相互作用，绘制某个体系蛋白质作用的图谱。

6.4.3　蛋白质组学的研究技术

当前国际蛋白质组研究技术主要有以下几个方面。

1.蛋白质的制备技术

蛋白质样品制备是蛋白质组学研究的关键步骤。蛋白质样品制备的一般过程是：对细胞、组织等样品进行破碎、溶解、失活和还原，断开蛋白质之间的连接键，提取全部蛋白质，除去非蛋白质部分。通常可采用细胞或组织中的全蛋白质组分进行蛋白质组分析。也可以进行样品预分级，即采用各种方法将细胞或组织中的蛋白质分成几部分，分别进行蛋白质组学研究。样品预分级的主要方法包括根据蛋白质溶解性和蛋白质在细胞中不同的细胞器定位进行分级，如专门分离出细胞核、线粒体或高尔基体等细胞器的蛋白质成分。样品预分级不仅可以提高低丰度蛋白质的上样量和检测，还可以针对某一细胞器的蛋白质组进行研究。

激光捕获显微切割技术是 20 世纪末期发展起来的新技术。利用激光切割组织，能高效地从复合组织中特异性地分离出单个细胞或单一类型细胞群，显著提高样本的均一性。

2.蛋白质的分离技术

蛋白质分离技术是蛋白质组学研究的核心，它是利用蛋白质的等电点和分子量差异通过双向凝胶电泳的方法将各种蛋白质区分开来的一种很有效的手段，它在蛋白质组分离技术中起到了关键作用。目前的蛋白质分离技术主要有双向凝胶电泳技术、噬菌体展示技术、串联亲和纯化技术和表面等离子共振技术等。

（1）双向凝胶电泳技术

双向凝胶电泳是依据蛋白质分子对静电荷或等电电子具有不同的敏感度从而将蛋白质分子分离开来。以双向聚丙烯酰胺凝胶电泳（two dimensional polyacrylamide gel electrophoresis，2D-PAGE）为例，第一向为等电聚焦（IEF），是基于等电点不同将蛋白质分离；第二向为SDS-聚丙烯酰胺凝胶电泳（SDS-PAGE），是基于分子量不同而将蛋白质分离。首先将制备好的样品进行等电聚焦电泳，在这个过程中需要使用固定 pH 梯度的干胶条。当电场作用于胶条上时，存在于胶条内的带电蛋白质便根据其所带电荷的正负而反向移动，在移动中蛋白质的带电量逐渐减小，直到移动到该蛋白质不带电时为止，这时蛋白质便迁移到了它的等电点处。然后将第一向电泳后的胶条经 2 次平衡后转移到第二向电泳（SDS-PAGE），将蛋白质按照分子量的不同而分开。双向凝胶电脉技术间可能的相互作用信息，还需通过进一步的生物化学实验确定和排除。

（2）噬菌体展示技术

噬菌体展示技术主要是在编码噬菌体外壳蛋白质基因上连接一单克隆抗体基因序列。噬菌体生长时表面会表达出相应单抗,噬菌体过柱时,如柱上含有目的蛋白质,则可特异性地结合相应抗体。该技术具有高通量及简便的特点,与酵母双杂交技术互为补充,弥补了酵母双杂交技术的一些不足。缺陷是噬菌体文库中的编码蛋白质均为融合蛋白质,可能改变天然蛋白质的结构和功能,体外检测的相互作用可能与体内不符。

(3)串联亲和纯化技术

串联亲和纯化技术(tandem affinity purification,TAP)是利用一种经过特殊设计的蛋白质标签,经过两步连续亲和纯化,获得更接近自然状态的特定蛋白质复合物。TAP 技术可在低浓度下富集目的蛋白质,得到的产物可用于活性检测及结构分析。因其具有高特异性和选择性,可减小复杂蛋白质组分离的复杂性。

(4)表面等离子共振技术

表面等离子共振技术(surface plasmon resonance technology,SPR)是一种研究蛋白质之间相互作用的全新手段。典型代表是瑞典 BIACORE 的单元蛋白质芯片。SPR 除用于检测蛋白质之间的相互作用外,还可用于检测蛋白质与核酸及其他生物大分子之间的相互作用,并且能实时监测整个反应过程。

6.4.4　蛋白质组学的应用

蛋白质组学研究技术已经应用于生命科学的各个领域,研究对象覆盖了原核生物、真核微生物、动植物等多个范畴,涉及多种重要的生物学现象,并已成为寻找疾病分子标记和发现药物靶标的有效方法之一。此外,在司法鉴定、环境和食品检测等方面,蛋白质组学也有着广泛的应用。

(1)在基础研究中的应用

近年来蛋白质组学研究技术已应用于生命科学基础研究的各个领域,如细胞生物学、神经生物学等。在研究对象上,覆盖了原核生物、真核微生物、动物和植物等范围,涉及各种重要的生物学现象,如细胞分化、信号转导、蛋白质折叠等。这些基础性研究为后续应用性研究奠定了坚实的基础。

目前,信号传导途径、蛋白质相互作用已成为日益重要的研究领域之一。对于细胞内蛋白质的相互作用以及信号传导机制的研究,可使人们逐步从分子水平了解生物体是如何运作的。

(2)在农业中的应用

蛋白质组学的研究虽起步较晚,但进展迅速,在农业科学研究中得到了广泛的应用。如核不育和细胞质雄性研究,病虫害等生物胁迫蛋白质组学研究,缺氧胁迫、热胁迫、损伤胁迫等非生物胁迫研究,各种突变体的研究等。

(3)在疾病研究中的应用

蛋白质组学在疾病研究中的应用主要是发现新的疾病标志物,以鉴定疾病相关蛋白质作为早期临床诊断的工具,以及探索人类疾病的发病机制与治疗途径。对于人类许多疾病如肿瘤、神经系统疾病、心脑血管疾病、感染性疾病等,均已从蛋白质组学角度展开了深入研究,并取得了一定的进展。目前对疾病特别是肿瘤的早期标志蛋白分子的筛选,已经在世界范围内形成热潮。

（4）在药物开发方面的应用

蛋白质组学最大的应用前景是在药物开发领域，不但能证实已有的药物靶点，进一步阐明药物作用的机制，发现新的药物作用位点和受体，还可用来进行药物毒理学分析及药物代谢产物的研究。

第7章 现代生物技术在食品领域的应用

7.1 生物技术在食品生产中的应用

7.1.1 超级稻与单细胞蛋白

1.粮食与蛋白质的需求

目前世界上面临的主要问题之一是人口爆炸,特别在发展中国家尤为突出。现在全世界人口数已达 70 多亿,并以每年 9.4×10^7 的数目增加,若不加以控制,到 2050 年将突破 1 亿。传统农业将不能提供足够的食物来满足人类的需求。联合国粮食及农业组织(FAO)报告,世界上至少有 25% 的人口正在遭受着饥饿和营养不良的威胁,其中绝大多数生活在发展中国家。那里战争、干旱、多变的气候与贫瘠的土地都阻碍着农业的发展。在发展中国家有 20% 的居民热量不足,60% 的居民食物中蛋白质不足;而且发展中国家与发达国家间的蛋白质摄入量的差距还在拉大。无论发达国家或不发达国家,其饮食结构都有从谷物类向肉类转移的趋势,这就导致了个人的粮食消耗量大增。因为通过饲养动物获得的肉类,每千克需消耗 3～10 kg 的粮食。因此,通过生物技术提高粮食的产量是解决粮食危机,满足人们日益增加的食物需求的关键。

2.超级稻计划

20 世纪 90 年代后期,美国学者 Brown 抛出"中国威胁论",撰文说,到 21 世纪 30 年代,中国人口将达到 16 亿,到时谁来养活中国,谁来拯救由此引发的全球性粮食短缺和动荡危机?这时,中国已经向世界宣布:中国完全能解决自己的吃饭问题,中国还能帮助世界人民解决吃饭问题。"杂交水稻之父"袁隆平早在 1986 年,就在其论文《杂交水稻的育种战略》中提出将杂交稻的育种从选育方法上分为三系法、两系法和一系法 3 个发展阶段,即育种程序朝着由繁至简且效率越来越高的方向发展;从杂种优势水平的利用上分为品种间、亚种间和远缘杂种优势的利用 3 个发展阶段,即优势利用朝着越来越强的方向发展。根据这一设想,杂交水稻每进入一个新阶段都是一次新突破,都将把水稻产量推向一个更高的水平。1995 年 8 月,袁隆平郑重宣布:我国历经 9 年的两系法杂交水稻研究已取得突破性进展,可以在生产上大面积推广。

1998 年,超级杂交稻研究被列为国家高技术研究发展计划("863 计划")重点项目,超级稻计划又叫超高产水稻育种计划,袁隆平出任首席责任专家。2000 年,超级杂交稻实现百亩示范片亩产 700 kg 的第一期目标;2004 年,超级杂交稻实现百亩示范片亩产 800 kg 的第二期目标;2011 年 9 月 19 日,2013 年,袁隆平指导的超级稻第三期目标亩产 900 kg 高产攻关获得成功,湖南隆回县百亩试验田亩产达到 926.6 kg。袁隆平接受专访时透露,我国第四期超级杂交稻攻关有可能提前至 3 年内完成,将培育出具备亩产 1000 kg 以上产量的超级稻新品种,到时候将多养活 7000 万人口,相当于多养活一个湖南省。

超级稻研究与推广 15 年来,为促进我国水稻连续 7 年增产,单产不断攀升做出重要贡献。"十一五"规划期间,经中华人民共和国农业部(简称农业部)确认的超级稻品种累计推广 4.14 亿亩,占同期水稻种植面积的 20.2%,平均亩产达到 575.2 kg,亩增产 67.9 kg,累计增产稻谷 561.9 万 t。仅 2010 年,超级稻推广面积就达到 1.01 亿亩。截至目前,经农业部确认的超级稻新品种、新组合已达到 83 个。在世界范围,20% 的水稻采用袁隆平的杂交技术。其杂交水稻技术已经在中亚、东南亚、北美、南美实验试种,杂交稻已引起世界范围的运用,将继续为解决世界粮食安全及短缺问题做出卓绝贡献。

超级稻计划有个"姊妹计划"——水稻基因组测序和重要农艺性状功能基因组研究。该水稻基因组计划在 2001 年 9 月启动,全面开展超级杂交稻的基因研究,在分子层面探索超级稻的秘密,确保中国水稻高产、优质、持续创新的能力。该计划以水稻基因组测序为基础,水稻比较基因组、功能基因组等领域的研究为核心,重点开展具有中国自主知识产权的重要功能基因发掘和应用,深入开展水稻亚种和禾本科作物间比较基因组及功能基因组研究,重点克隆一批具有自主知识产权和应用前景的功能基因。通过基因组数据公开和共享,联合中国科学院和国内包括分子生物学、转基因技术、育种在内的所有水稻科研工作者,全面加快应用研究和产业转化,实现一条由基础研究、应用研究大联合到产业一体化的大科学产业发展的创新之路。

随后中国科学院院士张启发牵头的科研团队还提出了"绿色超级稻"的设想和计划。其基本目标是:在不断提高产量、改良品质的基础上,力争水稻生产中基本不打农药,少施化肥并能节水抗旱。其基本思路是:将品种资源研究、基因组研究和分子技术育种紧密结合,加强重要性状生物学的基础研究和基因发掘,进行转基因品种改良,培育大批抗病、抗虫、抗逆、营养高效、高产、优质的新品种。

以育成早稻不育系"沪旱 1A"和杂交旱稻"旱优 3 号"等组合为标志,2006 年,上海市农业生物基因中心在水稻抗旱性研究和节水抗旱稻育种领域取得了重要突破。先后育成 3 个常规旱稻品种和 2 个杂交旱稻品种,都通过了国家级或省级的审定。"旱优 3 号"杂交旱稻组合,在上海、广西、四川、浙江等地试种表现出较高的产量潜力,在节水栽培条件下亩产可达 500 kg 以上,抗旱能力强,对稻瘟病的抗性强,适应直播等高效栽培方式。与旱稻育种相配套,已初步形成撒播、机插秧、免耕直播和果园套种等高产、高效配套栽培技术。后续将进一步开展旱稻不育系、恢复系及其组合的改良,高产制繁种技术,节水抗旱稻的产业化开发等方面的深化研究。

"绿色超级稻"的研究,将有助于中国最终形成"少种、多收、高效、环境友好"的水稻生产新格局,达到促进农业结构调整、提高稻作产出与投入比、合理利用自然资源、减少环境污染和增加稻农经济收入的目的。

3.单细胞蛋白

蛋白质的快速生产也是食品生产的研究重点,利用微生物作为蛋白质生产工厂已获得成功。这就是所谓的单细胞蛋白(Single Cell Protein,SCP)的开发,它是指"生产"蛋白质的生物大都是单细胞或丝状微生物个体,而不是多细胞复杂结构的生物,如动物、植物等。

通过发酵获取酵母菌、细菌、霉菌,以及培养蘑菇、单细胞藻类等微生物,进一步由此制取大量的蛋白质。微生物含有丰富的蛋白质,按其干重计算,酵母菌含蛋白质 40%～60%,霉菌含 30%,细菌含 70%,藻类含 60%～70%,可为人类提供日益短缺的蛋白质。通过微生物获取蛋白质要比种植业和养殖业快得多。微生物蛋白质的必需氨基酸略高于大豆蛋白质,是较优质的蛋白质,世界年产量已超过 3000 万 t,发展前景非常可观。

SCP 可补充人和动物的蛋白质需求。在人的饮食中,SCP 可作为食品添加剂,以改善食物口味,并可代替动物蛋白质。由于人体不大容易消化核酸,而微生物含有较多的 DNA 和 RNA,核酸代谢会产生大量的尿酸,可能导致肾结石或痛风,因此,单细胞蛋白产品在食用前要先加工去除大量的核酸。在动物饲养上,SCP 因其富含蛋白质,风味温和,容易存储等特点,可代替传统的蛋白质添加剂,如鱼粉、豆粉等。特别在水产养殖业,如养虾、养鱼等方面,SCP 已被广泛应用。

微生物比任何动物都能更有效地合成蛋白质(表 7-1)。把 250 kg 的牛与 250 kg 的微生物进行比较,牛每天能产生 200 g 的蛋白质,而在同样时间,在理想的生长条件下,微生物理论上能合成 25 t 的蛋白质。

表 7-1　不同生物的物质加倍时间

细菌和酵母菌	20～120 min
霉菌和藻类	2～6 h
草本植物	1～2 周
鸡	2～4 周
猪	4～6 周
小牛	1～2 月
婴儿	3～6 月

用微生物来生产 SCP 的优点如下。

①在最佳条件下,微生物能以惊人的速率生长,有些微生物的生产量每隔 0.5～1 h 增加 1 倍。

②微生物比植物和动物更容易进行遗传操作,它们更适宜于大规模筛选高生长率的个体,更容易实施转基因技术。

③微生物有相当高的蛋白质含量,蛋白质的营养价值高。

④微生物能在相对小的连续发酵反应器中大量培养,占地小,不依赖气候。

⑤微生物的培养基来源很广泛,低廉,特别是利用废料,如有些微生物能利用植物的"残渣"——纤维素作原料。

工农业生产的废料中有些物质是可以回收并加以利用的,比如稻秸、蔗渣、糖蜜、动物粪便和其他有机废物等。这些废料数量巨大,会给环境带来很大的污染。因此,利用这些废料来生产 SCP 是一举多得的事情,在大部分国家许多工农业废料都能很便宜地得到,因此能保证供应;解决需大量依赖进口蛋白质的难题;把废料转化为蛋白质和能源;可以减少环境污染;还可得到可食用的蛋白质。

从农林资源和大量垃圾中得到的纤维素,必将成为未来生物技术研究的重点对象。纤维素通常与木质素在一起,是可利用生物技术转化的最大量而价廉的有机废弃物。为利用纤维素,人们正在研究如何更有效地去除木质素屏障,以便更好地将纤维素水解成单糖。

木质素是地球上仅次于纤维素的第二大储量的植物天然聚合物。大多数木本植物含有大约 30% 的木质素,作为可再生资源,它的分解代谢和利用有着巨大的经济和社会效益。天然存在的大量木质素的降解有助于地球上的碳循环。另外,建立生物转化植物纤维素和木质素为有用物质(包括食品)的技术,还能消除这些废料带来的环境污染。

已知某些真菌能生长在木头和稻草等含木质素的材料上,并长出可吃的蘑菇。食用菌的栽培是屈指可数的可把微生物直接作为人们食物的例子之一。我国是食用菌的生产大国,到 2011 年全国食用菌总产量已达 2500 多万 t,占世界总产量的 70%。蘑菇类真菌富含蛋白质、多糖、维生素及其他有效成分,如香菇、双孢蘑菇、灵芝等还是医疗保健佳品。营养学家认为,食用菌的营养价值达到"植物性食品"的顶峰。250 g 干蘑菇就相当于 500 g 瘦肉、750 g 鸡蛋或 3 kg 牛奶蛋白质的含量,而且必需氨基酸齐全、含量高、组成合理,易被人体吸收利用。

人们对利用藻类生产 SCP 的兴趣日增,因为它们只需要以 CO_2 作为碳源,以阳光为能源进行光合作用,就可以在开放的池塘中很好地生长。在日本,小球藻和栅藻有作为食物来源的长期历史。日本人把小球藻作为冰淇淋、面包等食品的蛋白质和维生素的添加剂。在非洲和墨西哥,人们广泛食用螺旋藻。螺旋藻在 1974 年的联合国世界粮食会议上被确定为重要蛋白质源。研究表明,1 g 螺旋藻干粉所含的营养,相当于 1000 g 新鲜蔬菜;1 亩水田年产的螺旋藻按所含蛋白质含量计算,相当于 735.7 亩水稻、657.9 亩小麦、403.4 亩玉米或 300.3 亩大豆的年产量。

7.1.2 食品和饮料的发酵生产

发酵的一个重要作用是防止有机物的腐败,另一个重要作用是使口味平淡的原料发生感观的、物理的和营养方面的变化,改善风味和维生素成分,使某些植物性原材料获得肉类的质地和口感,并且无病原微生物,无毒害。发酵的食物包括面包、乳酪、泡菜、酱油等,发酵的饮料包括啤酒、葡萄酒、白兰地、威士忌和非酒精饮料如茶、咖啡、可可等。

公元前 800 年,埃及人和巴比伦人就用大麦和产于欧洲的黑麦制得的酸面团发酵生产酒精饮料。但早期的人们往往忽略了发酵过程中微生物所起的作用,工匠们仅是无意识地控制和利用微生物的作用,仅凭经验而得到终产品。到了现代,人们才认识到微生物在发酵过程中起所的重要作用。有些发酵只有单一微生物起作用,另一些是多种微生物共同作用,过程十分复杂,机制尚未完全认识清楚。这些发酵工艺的进一步研究,和现代生物技术的进一步应用,将使食品和饮料工业得到突飞猛进的发展。我国有文字记载的用霉菌酿制米酒的历史,至少可以上推到公元前 10 世纪,当时君王喝的酎酒就是用米酿成的。东汉时,曹操还向皇帝写过关于用米酿甜酒的奏折。《齐民要术》中也详细记载了用米做甜酒的方法。到了宋代,用米酿酒的方法更多了,技术也更高明了。直到 20 世纪末,法国科学家研究了中国的酒曲,才知道用霉菌糖化淀粉制酒的技术。

1.酒精饮料

世界范围的酿造业是当前商业中最具有稳定经济效益的行业。提高转化率或产量以获得高额利润是发展和改进技术的动力。

乙醇发酵的原材料主要包括两种:糖类物质(水果汁、树汁、蜂蜜等)和淀粉类物质(谷类或块根类等),后者需要在发酵前水解成单糖。当这些底物与适当的微生物一起酝酿,提供发酵条件,最终会得到一种液体,它含有很多成分,乙醇含量从百分之几到 20% 或更高。由于酸性 pH 可抑制微生物的生长,使得产品更加稳定与安全,这类酒可直接饮用,但人们更习惯将它们存放一定时间,使得它们口感更好。进一步蒸馏可提高乙醇浓度,得到各种类型的酒,如威士忌、白兰地、伏特加、松子酒、朗姆酒,它们的乙醇含量可高达 40%～70%。

用粮食酿酒,先得把粮食中的淀粉分解成葡萄糖(这叫糖化),再使葡萄糖发酵生成乙醇(这叫乙醇发酵)。我国酿酒跟西方各国所用的方法不同:我国是用"曲"酿酒,而西方是用麦芽和酵母菌。用曲酿酒的时候,因为曲中既有起糖化作用的霉菌,又有起乙醇发酵作用的酵母菌,糖化和乙醇发酵两个过程连续而又交叉地进行,粮食就变成酒了。这种酿酒方法叫做复式发酵法,酿成的酒香气浓郁,风味醇厚。不经过蒸馏的就是甜酒,因为其中既有乙醇,又有糖。

(1)葡萄酒

大多数销售的葡萄酒是由葡萄 *Vitis vinifera* 品种发酵的产品,这种葡萄的种植已推广到全世界。种植葡萄的土质对葡萄酒的质量有着重要而微妙的影响。

世界各地生产的葡萄酒有几百种。红葡萄酒是把黑葡萄压碎,而后整个发酵而成。相反,生产白葡萄酒时,须把黑葡萄的皮去掉,或直接利用白葡萄。玫瑰红葡萄酒是由带少许皮的红葡萄发酵而来,若把其中的糖分完全发酵就成为干葡萄酒,若仍留下少量的糖分,则成为甜葡萄酒。

发酵的条件如时间和温度取决于生产什么种类的葡萄酒。发酵后,酒流至储藏罐或容器中,迅速降温形成沉淀,并发生细微的化学反应,将残留的苹果酸转变为乳酸,最终乙醇含量在10%～16%。高浓度葡萄酒,如雪利酒、波特酒等是在发酵后另加入乙醇,将乙醇浓度提高到约 20%。

下面以白葡萄酒和红葡萄酒为例简要说明葡萄酒发酵的过程。

普通白葡萄酒习惯上使用纯正、去皮的白葡萄,经过压榨、发酵制成;但是也可以使用红葡萄,只是在压榨前要去除果皮。尚未发酵的葡萄汁要经过沉淀或过滤,发酵槽的温度要比制作红酒低一些,这样做的目的是为了更好地保护白葡萄酒的果香味和新鲜口感。

白葡萄酒的酿造流程:①一旦采摘开始,葡萄就应尽快送到酿酒场地。所使用的葡萄都不要被挤破。②将葡萄珠分离出,除去果枝、果核。然后在榨出的汁内放入酵母菌。③为了更好地保存白葡萄的果香,在发酵前让葡萄皮浸泡在果汁中 12～48 h。④压榨的过程要快速进行,以防止葡萄的氧化。⑤白葡萄酒是在不锈钢的酒罐或橡木酒桶里发酵的。为了保持新鲜的口感,应尽快装瓶,底部酒要过滤。

红葡萄酒的酿制与白葡萄酒类似,只是在发酵时要让果皮、果肉、果核在一起共同进行。持续发酵时间由几天到 3 周不等,从而使葡萄酒得到酒味、香味和深红的颜色。

红葡萄酒的酿造流程:①红葡萄酒用红葡萄(有时加入一些白葡萄)制成,包含在葡萄的皮和果核里的鞣酸是使酒有个性和便于存放的一种重要因素。②由于葡萄梗内鞣酸的含蝴很大,习惯上在葡萄压榨之前要去除。③将葡萄汁和葡萄皮一起放到酿酒罐中,发酵罐中的温度比酿造白葡萄酒时要高,发酵的情况要日夜监控。④乙醇发酵后,流出的汁叫"滴流酒"。剩下的残渣经压榨后得到的酒叫做"压制酒",这种酒的鞣酸含量高,因此常与"滴流酒"进行调兑。⑤普通的红酒经过在大酒桶中长短不同天数的老化,精炼,多次的倒桶,有时还要经过过滤后才可装瓶。

(2)啤酒

啤酒主要是由淀粉性谷类为原料发酵而成,整个过程包括制麦芽、制浆、发酵、加工和成熟5个主要步骤。

①制麦芽。把干的大麦浸泡在水中,然后散开在地板上或在桶中旋转振荡,使种子发芽,同时产生淀粉酶和蛋白酶。把发芽的种子慢慢烘至80℃以停止发芽过程,但仍保持大部分酶活。

②制浆。麦芽和55℃～65℃的热水混合,淀粉和蛋白质被酶降解产生糊精、麦芽糖等单糖或二糖、肽类及氨基酸。另外,还含有矿物质和其他生长因子。这些是啤酒发酵的原料基质。发酵前加入酒花,可产生独特口味和防腐等作用。

③发酵。将制好的麦芽浆加入生物反应器中接种纯种酵母菌。

④加工和成熟。啤酒通常需放在木桶中0℃保藏几个星期来改进口味,除去酵母菌和雾气,才最终成熟。瓶装或听装啤酒要在60℃～61℃灭菌20 min。啤酒的乙醇含量为4%～9%,淡色啤酒会更高些。

人们不断开发啤酒生产新技术,以提高啤酒的产量,改善风味,降低成本。

利用传统遗传学及现代的原生质体融合和重组DNA技术来改进酒类发酵中所用的酵母菌品系,可提高啤酒酵母菌活性,增加发酵能力。目前,科学家已将枯草杆菌淀粉水解酶的基因克隆到啤酒酵母中,使原来只能依赖单糖进行发酵,变成能利用淀粉进行乙醇发酵。

(3)黄酒

以糯米为原料生产黄酒过程中,可使用淀粉酶、糖化酶、脱脂酶、蛋白酶等多种酶制剂协同作用,可使酒体协调,风味突出,且含游离氨基酸比传统工艺高,酒液清澈透明。

早在1895年,人们就发现从中国小曲中分离出的根霉菌同时具有糖化和发酵酒精的能力,故此命名为淀粉发酵法或译音为阿米诺酶法。而新一代阿米诺酶,是含有多种微生物的复合酶,它既具糖化发酵能力,又具有传统特色,采用现代高新技术,保持东方酿酒的精华,适用于米酒、黄酒、麸曲白酒和大曲白酒等的生产。生产应用结果表明:用于米酒生产,用量为0.5%～0.6%,可提高出酒率5%～6%;用于半固半液态小曲白酒生产,用量为0.4%～0.7%,提高出酒率5%～7%;用于固态小曲生产,用量为0.5%～0.7%,提高出酒率3%～5%;用于麸曲酒生产,用量为0.5%～0.8%,提高出酒率5%～6%;用于大曲酒生产,用量为0.2%左右,替代部分大曲,可提高出酒率5%～8%,酒质稳定;还可用于生料酿酒生产中。

酸性蛋白酶、淀粉酶、果胶酶等也可用于果酒酿造,用以消除浑浊或改善果实压汁操作。

(4)白酒

白酒是中国特有的一种蒸馏酒。由淀粉或糖质原料制成酒醅或发酵醪经蒸馏而得。酒质无色(或微黄)透明,气味芳香纯正,入口绵甜爽净,乙醇含量较高,经储存老熟后,具有以酯类为主体的复合香味。

我国传统的白酒酿造工艺为固态发酵法,在发酵时需添加一些辅料,以调整淀粉浓度,保持酒醅的松软度,保持浆水。常用的辅料有稻壳、谷糠、玉米芯苤、高粱壳、花生皮等。除了原料和辅料之外,还需要有酒曲。以淀粉原料生产白酒时,淀粉需要经过多种淀粉酶的水解作用,生成可以进行发酵的糖,这样才能为酵母菌所利用,这一过程称之为糖化,所用的糖化剂称为曲(或酒曲、糖化曲)。曲是以含淀粉为主的原料做培养基,培养多种霉菌,积累大量淀粉酶,是一种粗制的酶制剂。目前常用的糖化曲有大曲(生产名酒、优质酒用)、小曲(生产小曲酒用)和麸曲(生产麸曲白酒用)。生物制曲技术新工艺中的强化功能菌生香制曲,"己酸菌、甲烷菌"二元复合菌人工培养窖泥的老窖熟化技术,"红曲酯化酶"窖内、窖外发酵增香技术令白酒的优质品率得到很大的提高。

此外,糖被酵母菌分泌的酒化酶作用,转化为乙醇等物质,即称之为乙醇发酵,这一过程所用的发酵剂称为酒母。酒母是以含糖物质为培养基,将酵母菌经过相当纯粹的扩大培养,所得的酵母菌增殖培养液。生产上多用大缸酒母。

无论是酿造酒,还是蒸馏酒,以及两者的派生酒品,制酒用的主要原料均为糖质原料或淀粉质原料。为了充分利用原料,提高糖化能力和出酒率,并形成特有的酒品风格,酿酒的原料都必须经过一系列特定工艺的处理,主要包括原料的选择配比及其状态的改变等。环境因素的控制也是关键的环节。糖质原料以水果为主,原料处理主要包括根据成酒的特点选择!品种、采摘分类、除去腐烂果品和杂质、破碎果实、榨汁去梗、澄清抗氧、杀菌等。淀粉质原料以麦芽、米类、薯类、杂粮等为主,采用复式发酵法,先糖化、后发酵或糖化发酵同时进行。中国广泛使用酒曲酿酒,其原料处理的基本工艺和程序是精碾或粉碎,润料(浸米),蒸煮(蒸饭),摊凉(淋水冷却),翻料,入缸或入窖发酵等。

酿酒工艺在经历了乙醇发酵、淀粉糖化、制曲和原料处理后,还需要经过下面的过程。

①蒸馏取酒。所谓蒸馏取酒就是通过加热,利用沸点的差异使乙醇从原有的酒液中浓缩分离,冷却后获得高乙醇含量酒品的工艺。在正常的大气压下,水的沸点是 $100 ℃$,乙醇的沸点是 $78.3 ℃$,将酒液加热至两种温度之间时,就会产生大量的含乙醇的蒸汽,将这种蒸汽收入管道并进行冷凝,就会与原来的酒液分开,从而形成高乙醇含量的酒品。在蒸馏的过程中,原汁酒液中的乙醇被蒸馏出来予以收集,并控制乙醇的浓度。原汁酒中的味素也将一起被蒸馏,从而使蒸馏的酒品中带有独特的芳香和口味。

②酒的老熟和陈酿。酒是具有生命力的,糖化、发酵、蒸馏等一系列工艺的完成并不能说明酿酒全过程就已终结,新酿制成的酒品并没有完全完成体现酒品风格的物质转化,酒质粗劣淡寡,酒体欠缺丰满,因此新酒必须经过特定环境的窖藏。经过一段时间的储存后,醇香和美的酒质才最终形成并得以深化。通常将这一新酿制成的酒品窖香储存的过程称为老熟和陈酿。

③勾兑调味。勾兑调味工艺,是将不同种类、陈年和产地的原酒液半成品(白兰地、威士忌等)或选取不同档次的原酒液半成品(中国白酒、黄酒等)按照一定的比例,参照成品酒的酒质标准进行混合、调整和校对的工艺。勾兑调校能不断获得均衡协调、质量稳定、风格传统地道的酒品。酒品的勾兑调味被视为酿酒的最高工艺,创造出酿酒活动中的一种精神境界。从工艺的角度来看,酿酒原料的种类、质量和配比存在着差异性,酿酒过程中包含着诸多工序,中间发生许多复杂的物理、化学变化,转化产生几十种甚至几百种有机成分,其中有些机制至今还

未研究清楚,而勾兑师的工作便是富有技巧地将不同酒质的酒品按照一定的比例进行混合调校,在确保酒品总体风格的前提下,以得到整体均匀一致的市场品种标准。

2.奶制品

从世界范围来看,发酵的奶制品占所有发酵食品的10%。现在人们已知这些发酵主要是一种叫乳酸杆菌的细菌的作用。乳酸杆菌的作用使牛奶能保藏和运输。在过去,这些发酵主要通过乳酸杆菌的自发作用,后来认识到把一部分先前的发酵物加入奶中,会得到更好的结果。现在人们通常将特定细菌的培养物(促酵物)加入奶中发酵。现代奶制品业的发展与纯的促酵物、好的发酵条件和严格的卫生措施息息相关。

乳酸杆菌对奶制品有很多好处:①乳酸杆菌对人无害,但对许多不良细菌有抑制作用,因此使奶制品能保存。②可改善奶制品的口味和质地。③更重要的是,它们对正常肠道微生物生态有着十分有利的作用。

这些细菌在奶中生长时,将乳糖转变为乳酸,还会发生其他反应,使奶制品具有独特的口味和外观,如奶油、酸奶和各种奶酪。这些独特的效果取决于原料的成分、添加物的类型和发酵的方式。

奶酪的生产是奶制品业中最主要的产品。世界奶酪市场每年销售额超过2.1亿美元。目前世界上奶酪年产量超过25万L。从牛奶生产奶酪本质上是一种脱水的过程,这样使牛奶蛋白质(酪蛋白)和脂类浓缩为原来的1/12～1/6倍。只要适当地控制发酵过程和正确选择发酵微生物,人们可做出各种奶酪,目前已有约900种不同的奶酪。多数奶酪蛋白质生产的主要过程是:①通过乳酸菌将乳糖转化为乳酸。②蛋白质水解和酸化联合作用使酪蛋白凝结。

蛋白质水解是由于凝乳酶的作用,凝乳酶使蛋白质形成一种凝胶。凝胶分离出来后,经切块、脱水、压成一定形状、熟化成奶酪。粗制凝乳酶的作用是牧民在用动物的胃来盛奶的过程中发现的。当牛奶用这种方法运送时,受太阳加温,由细菌发酵变酸,再与胃中的这种酶混合。这些作用导致牛奶转变成为固体凝乳和乳清,再把凝乳脱水,盐制,就可以食用很久。这就是早期食品的保存方法之一。

奶酪生产的一个重要生物技术革新是将重组DNA技术应用于奶酪生产上。在20世纪60年代,由于来自动物的粗制凝乳酶出现短缺,导致几种替代品的出现。目前商业用的粗制凝乳酶有六大来源:3种来自动物(小牛、成年的牛或猪),3种来自真菌。现在通过基因工程获得了经遗传修饰的微生物,它们可生产与动物相同的凝乳酶。它成分单一,并且作用时间更容易把握。在英国已有公司出售这种经修饰过的酶生产的奶酪,公众已能很好地接受它。品尝口味的专家也区别不出用小牛凝乳酶生产的奶酪和基因工程生产的酶生产的奶酪。因此生产出的奶酪在商业上已经成功。

奶制品的第二个主要产品是酸奶。它是食品工业中发展最快的产品之一。人们发现活的酸奶细菌可以在人的肠中寄生并对消化系统有利。酸奶就是牛奶整体的发酵,这一过程用到两种微生物:保加利亚乳杆菌和嗜热链球菌。特定的有味道的化合物乙醛,是由保加利亚乳杆菌产生的,而嗜热链球菌将乳糖转化成乳酸,使之有新鲜酸味,而且发酵后可减少牛奶中的乳糖,对有些不耐受乳糖的人的健康有利。两种细菌均产生胞外多聚物,使产物有特定的黏度。牛奶接种后放在容器中发酵,温度保持在30℃～45℃。

3. 焙烤食品

酶制剂在焙烤食品中的应用,主要用于改良淀粉和蛋白质。制作面包时,向面粉中添加 α-淀粉酶,可调节麦芽糖生成量,使 CO_2 产生与面团气体保持力相平衡,面团发酵更丰满、气孔细而均匀、发酵效果更好。添加蛋白酶可改善面筋的特性,促进其软化,增加延伸性,减少揉面时间与动力,改善发酵效果。

在美国、加拿大等国家制作白面包时,还广泛使用脂肪氧化酶。目的是使面粉中不饱和脂肪氧化同胡萝卜素等发生共轭氧化作用而使面粉漂白,同时伴随该酶的氧化,不饱和酸会生成芳香的羰基化合物使面包增加风味。此外,乳糖酶可分解乳糖生成发酵性糖,促进酵母发酵,改善面包色泽,可用于脱脂乳粉的面包制造中。

在饼干和薄饼的生产中,添加蛋白酶,可弥补面粉中谷蛋白含量低的不足。在糕点制作中,添加 β-淀粉酶强化面粉可防止糕点老化。若用淀粉作糕点馅心的填料,通过添加 β-淀粉酶可改善馅心的风味。

4. 蔬菜发酵(腌制)

水果和蔬菜可以用盐和酸保存,而酸主要是细菌产生的乳酸。例如,将卷心菜腌制成的泡菜,腌制的黄瓜和橄榄等。

在泡菜制作时,先将切碎的卷心菜放盐封好,隔绝空气,盐可改变渗透压,使糖从菜叶中渗出。然后乳酸杆菌开始繁殖,产生乳酸,降低 pH,阻止有害菌的生长。精确控制温度(7.5℃)、盐浓度(2.25%)和保证不透气。就可做成很好的能长期保存的泡菜,它是一种有营养、口味好的食品。至于黄瓜和橄榄的腌制,主要采用更高的盐浓度(5%~8%),微生物的作用与泡菜大致相同。

5. 谷类食品发酵

从罗马时代以来,面包就是主要的谷类发酵食品。在欧洲,小麦和黑麦是广泛使用的谷类面粉,常与水或牛奶、盐、脂肪、糖和其他各种成分一起混合,再加入酵母菌。在发酵时放出 CO_2 膨胀成为酸面团。

面包质地受脂肪、乳化剂和氧化剂影响,而面包发酵速率由酵母、脂肪、氧化剂等决定。除了酵母产生的酶有很重要的作用外,其他的酶如淀粉酶的加入也可帮助发酵,有利于面包的烘烤和存放。现代生物技术将更多利用改良的酶来控制这一复杂过程。

整个发酵过程要达到 3 个主要目标:发酵(产生 CO_2)、出味、面团疏松膨胀。在发酵的最后,把酸面团放在炉中烘烤,使最后的产品不含活的微生物就可存放于货架上出售;而馒头则是用蒸熟来代替烘烤。

应用现代遗传学的原理来改良酵母菌,使它们的活性更高,生产的面包风味和品质更好。在有些国家,面包的发酵是用梅林假丝酵母和旧金山乳杆菌一起发酵,在印度次大陆是用链球菌和片球菌来发酵谷类和豆粉的混合物。在亚洲广泛用米作为发酵原料。在南美洲主要以玉米来发酵,并以之为主食。

6. 豆类发酵

大豆是用于发酵的主要豆类,发酵使这些豆类易于消化,破坏了不易消化的成分和会在消化道引起胃肠胀气的化合物。天贝源于南洋岛国(现东南亚一带),是一种自然发酵大豆制品,主要是用黄豆经过蒸制,借助益生菌发酵而加工成的营养美味。天贝的菌种是华人下南洋随豆豉带去的,在特殊的气候条件下,经发酵工艺演化,形成了天贝这种独特的地域性传统食品。豆类一经发酵,最大的变化是产生出大量的维生素 B_{12},而人体若是缺少了维生素 B_{12},会加速大脑老化。因此,吃一些经过发酵的豆类制品对预防大脑的老化和阿尔茨海默病是有好处的。

在我国,大豆的发酵可用来生产酱油、酱、豆腐乳、臭豆腐等。下面以酱油的制作为例介绍豆类的发酵。

酱油用的原料是植物性蛋白质和淀粉质。植物性蛋白质普遍取自大豆榨油后的豆饼,或溶剂浸出油脂后的豆粕,也有以花生饼、蚕豆代替,传统生产中以大豆为主。淀粉质原料普遍采用小麦及麸皮,也有以碎米和玉米代用,传统生产中以面粉为主。原料经蒸熟冷却,接入纯粹培养的米曲霉菌种制成酱曲,将酱曲移入发酵池,加盐水发酵,待酱醅成熟后,以浸出法提取酱油。制曲的目的是使米曲霉在曲料上充分生长发育,并大量产生和积蓄所需要的酶,如蛋白酶、肽酶、淀粉酶、谷氨酰胺酶、果胶酶、纤维素酶、半纤维素酶等。

在发酵过程中味的形成是利用这些酶的作用。例如,蛋白酶及肽酶将蛋白质水解为氨基酸,产生鲜味;谷氨酰胺酶把成分中无味的谷氨酰胺变成具有鲜味的谷氨酸;淀粉酶将淀粉水解成糖,产生甜味;果胶酶、纤维素酶和半纤维素酶等能使细胞壁完全破裂,使蛋白酶和淀粉酶水解更彻底。同时,在制曲及发酵过程中,从空气中落入的酵母菌和细菌也进行繁殖并分泌多种酶。也可添加纯粹培养的乳酸菌和酵母菌。由乳酸菌产生适量乳酸,由酵母菌发酵生产乙醇,以及由原料成分、曲霉的代谢产物等所生产的醇、酸、醛、酯、酚、缩醛和呋喃酮等多种成分,虽多属微量,但却能构成酱油复杂的香气。此外,原料蛋白质中的酪氨酸经氧化生成的黑色素及淀粉经典霉淀粉酶水解的葡萄糖与氨基酸反应生成类黑素,使酱油产生鲜艳有光泽的红褐色。发酵期间的一系列极其复杂的生物化学变化产生的鲜味、甜味、酸味、酒香、酯香与盐水的咸味相混合,最后形成色香味独特的酱油。

在上面所讨论的所有食品与饮料的发酵中,特定的微生物起着必不可少的作用。此外,现已在所有这些发酵过程中应用促酵物,从而能更好地控制和得到均一的产品。在一些发酵产品中,微生物成为食品的一部分,并被摄入体内;在另一些产品,如葡萄酒、啤酒、醋和酱油等,微生物细胞被离心或过滤除去,以消除浑浊。

7.1.3 酶与食品加工

近年来,现代生物技术在食品生产中的一个主要应用是酶的应用。酶是大部分食品和饮料发酵的一个重要因素。食品加工业中应用的酶大部分是来自特定的微生物,这些酶中 60% 属于蛋白质水解酶类,10% 属于糖水解酶类,3% 属于脂肪水解酶类,其余部分为较特殊的酶类。由于酶具有能在接近室温的条件下起反应、不需高温高压、高度特异性、副产物少、安全性好等优点,因此越来越得到食品工业的重视,其应用范围也得以不断地拓宽。例如,蛋白酶类已在阿斯巴甜蛋白糖的生产中发挥了作用;胆固醇降解酶用于分解食品中的胆固醇;葡萄糖异构酶大量地应用于高果糖浆的生产。酶可以促进甚至取代机械加工,在工业生产上已基本用酶来水解淀粉。酶还可改良保健食品中的有效成分。例如,在牛奶中添加乳糖酶,可以充分使乳糖降解为半乳糖和葡萄糖,以利人体充分吸收,从而避免因乳糖无法穿透肠黏膜,以致滞留在肠道中被细菌发酵后积聚水和气体,造成腹胀或腹泻。

酶在食品工业中的应用可以增加食品产量,提高食品质量,降低原材料和能源消耗,改善劳动条件,降低成本,甚至可以生产出用其他方法难以得到的产品,促进新产品、新技术、新工艺的兴起和发展。酶在食品工业中的应用见表 7-2。

表 7-2　食品工业中的主要用酶

工业	酶
酿造	α-淀粉酶、β-淀粉酶、蛋白酶、木聚糖酶、术瓜蛋白酶、淀粉转糖苷酶
奶制品	动物/微生物凝乳酶、乳糖酶、脂酶、溶菌酶
面包	α-淀粉酶、木聚糖酶、蛋白酶、磷酸酯酶 A 和 D、脂肪氧合酶
果蔬加工	果胶酯酶、多聚半乳糖醛酸酶、果胶水解酶、半纤维素酶
淀粉和糖	α-淀粉酶、β-淀粉酶、淀粉葡萄糖苷酶、木聚糖酶、异构酶、脱支酶、寡聚淀粉酶、纤维素酶

可以说,生物技术中对食品工业生产影响最大的还是酶工程和发酵工程。酶工程是指在一定的生物反应器内,利用酶的催化作用,将相应的原料转化成有用物质的技术,是将酶学理论与化工技术结合而形成的新技术,其应用领域已经遍及农业、食品、医药、环境保护、能源开发和生命科学理论研究等各个方面。与此同时,酶工程产业也在快速发展,至 2013 年 5 月,全世界已发现的酶有 5157 种,而工业上生产的酶有 600 多种,真正达到工业规模的只有 50 多种,因此酶在食品工业中的应用还有巨大的潜力可以挖掘。

7.1.4　功能性食品的发酵生产

功能性食品是利用生物技术制取的能调节机体生理功能的食品。利用发酵制造的功能性食品很多,包括真菌多糖、生物活性肽、功能性微生物制剂、功能性微量元素、功能性脂肪酸等。下面给大家介绍其中的几种。

1. 益生菌制品

益生菌制品是在微生态学原理指导下制成的含有大量有益活菌的制剂,其中包括这些微生物的代谢产物及能促进有益菌生长的促进因子。目前益生菌包括双歧杆菌属的长双歧、短双歧、婴儿双歧、青春双歧杆菌和乳杆菌属的保加利亚杆菌、嗜酸乳杆菌以及链球菌属的嗜酸链球菌和乳酸链球菌等,它们定植于人体肠道,通过调节肠道菌群平衡,促进人体健康。目前国际市场出售的益生菌制品主要是用冻干粉制成的胶囊、片剂、粉剂或制成微胶囊为主;我国以水剂与酸奶占得市场比重比较大。从保证益生菌制品功效的角度看,应该发展冻干粉制成的微胶囊或胶囊剂型。

2.多不饱和脂肪酸

多不饱和脂肪酸(polwnsaturated fatty scids,PUFA)主要包括亚油酸(LA)、γ-亚麻酸(GLA)、双高 γ-亚麻酸(DHLA)、花生四烯酸(AA)、二十碳五烯酸(EPA)、二十二碳六烯酸(DHA)等。它们在人体内具有很重要的功能,是具有特殊保健功能的营养素。如 GLA 是合成人体前列腺素的前提物质,在人体内具有扩张血管、抑制血液凝固、调节体内胆固醇代谢及增强免疫的功能;同时,研究表明它还具有减肥的疗效;EPA 和 DHA 对人类的心血管疾病和生理失调有预防和治疗作用,特别是能预防和治疗动脉粥样硬化、血栓形成和高血压等心血管疾病、炎症和某些癌症。研究发现 DHA 缺乏,会影响智力、视力和生理发育。

PUFA 最初是从富含其的生物体中获得,但由于社会需求的增大及各种自然因素的限制,这已不能满足人们对 PUFA 的需求,因此,需要探索 PUFA 新的来源。目前利用真菌发酵法生产 PUFA 已成为当前国际上发展的趋势。用微生物发酵法生产 PUFA 有很多优点,如微生物生长周期短,繁殖力强,可以集约化大规模生产,不受气候和季节限制而且油脂成分更接近母乳,营养学上特点突出。特别是利用了生物技术,微生物种子和生物条件都可以严格控制,产品的产量和质量都有了保证;同时,可以利用基因修饰、菌种筛选和突变等手段,提高微生物生产 PUFA 的产量和纯度。

7.1.5　新型甜味剂

大多数人在摄入某些食物时需要甜味。甜味剂可用于软饮料、糖果、点心、果酱、果冻、冰淇淋、罐头食品、烘烤食品、发酵食品、腌制食品、调味剂及肉类制品,是一个真正有赖于生物技术革新的广大市场。美国和欧洲的甜味剂年人均消耗量约为 57 kg 蔗糖等同物。

目前,人们食用的甜味剂主要是甜菜糖和蔗糖。随着工业生产技术的发展和人民生活水平的提高,一方面食糖的生产量已满足不了不断增长的市场需要;另一方面,人们又认识到食糖摄入过多对人体健康有着不良的影响。因此,在 20 世纪 70 年代以后,用化学合成法或生物技术开发出了一系列的甜味物质,已成为食品添加剂的一个主要类型。糖精是化学合成的,曾广泛使用多年,但现在越来越受到新的、天然的、低热值甜味剂的挑战。而利用生物技术方法则发展了最受市场欢迎的甜味剂——阿斯巴甜,它是一种二肽(L-天冬氨酰-L-苯丙氨酸甲酯),在合成过程中,最贵的成分是苯丙氨酸,现在已大部分由发酵生产,从而降低生产成本。阿斯巴甜在安全性上是研究得最完全的一种食品添加剂,经过 100 次以上的研究,证明是很安全的。它不升高血糖,特别适合于糖尿病、高血压、肥胖症、心血管疾病患者使用。世界市场上阿斯巴甜的年消费增长率在 20% 以上,大大超过人工甜味剂的年平均增长速率。由于生产工艺的不断改进,阿斯巴甜的生产成本持续下降。目前,应用阿斯巴甜获得相同甜度的成本比蔗糖低 30%~50%,再加上健康的因素,因此,在国外阿斯巴甜已在多种食品尤其是软饮料(如汽水、果汁、可乐、运动饮料、牛奶、酸奶等)中广泛应用。

一种从西非菊芋科植物 *Thaumatococcus daniellii* 的浆果中提取的蛋白质索马甜是目前已知最甜的化合物(表 7-3)。它在日本与欧洲销售很广。人们正在研究利用遗传工程菌来生产这种蛋白质。

表 7-3 传统的和替代的甜味剂的甜度比较

产品	相对甜度	产品	相对甜度
蔗糖	1.0	阿斯巴甜	200
55％高果糖浆	1.4	糖精	300～650
甜蜜素	50	天丙甲酯	2000
安赛蜜	150	索马甜	3000

7.1.6 其他食品添加剂

(1)醋

醋是一种水溶性液体,含至少 4％的乙酸,少量的糖、乙醇和盐;酿造食醋是指以粮食、果实、酒类等含有淀粉、糖类、乙醇的原料,经微生物酿造而成的一种酸性液体调味品。发酵用菌通常是酵母菌和醋酸杆菌。

目前,高浓度(15％,m/V)的醋在国际市场上大受欢迎。但是,至今我国市场上始终未见到乙酸含量大于 10％的深层发酵食醋的产品,有一个很重要的原因是不具备能适应高浓度乙酸条件下进行发酵的醋酸杆菌菌株。此外,北方的食醋生产大多采用生料制醋工艺,很容易受到由原料、容器和空气带来的各种微生物的污染,其中包括野生酵母菌,它们会抑制酿造用的酵母菌的生长,从而损害发酵的正常进行,甚至造成失败,这可以通过选育具有嗜杀性的酵母菌加以解决。因此必须注意菌株筛选和育种,可采用多次回交、基因突变和细胞融合等手段来培育嗜杀酵母菌和适应高浓度乙酸条件下进行发酵的醋酸杆菌菌株。

除了菌株选育外,采用固定化活细胞发酵法可以有效提高生产效率。例如,Arira 等运用固定化醋酸杆菌酿制食醋,可缩短发酵延缓期,醋化能力提高 9～25 倍。

(2)食用有机酸

食用有机酸是很重要的食品添加剂。常用的有柠檬酸、乙酸、乳酸、葡萄糖酸、苹果嘲和酒石酸。这些有机酸都需要通过微生物的发酵制成。其中以柠檬酸的产量和用量最大。柠檬酸在食品工业中的用途广泛,如饮料、糖果、果酱的生产,以及水果保存等。2010 年,我国的柠檬酸年总产量已超过 98 万 t,它是以糖蜜为原料,通过黑曲菌发酵而生产的。其他有机酸分别利用了醋酸杆菌、德氏乳杆菌、葡糖杆菌、曲霉和根霉等发酵而成。

(3)氨基酸和维生素

氨基酸在食品与饮料工业中,常作为鲜味剂和营养添加剂使用。作为鲜味剂的有谷氨酸和天冬氨酸的钠盐。作为营养添加剂的有甲硫氨酸、赖氨酸、色氨酸、半胱氨酸、苏氨酸和苯丙氨酸等。氨基酸的世界年产量超过 60 万 t,日本是主要生产国,占有 1.5 亿美元的全球市场。谷氨酸和赖氨酸是发酵生产的两种主要氨基酸,分别由棒状杆菌和短杆菌生产。通过广泛筛选突变株,已培育了一些高产菌株,DNA 技术还将进一步提高菌株的生产能力。

维生素通常是生物体内酶的辅酶或辅基,维生素缺乏将会影响酶的活性,并进而影响生物体的代谢功能,严重的维生素缺乏将导致多种疾病的产生。因此维生素常用作食物的补充物,目前维生素大多由微生物生产。

（4）低聚糖

低聚糖是指 2～10 个分子的单糖组成的低聚合度糖。食品中使用的低聚糖大多由微生物生产，是微生物分泌到胞外的一种物质。生产用的细菌主要是假单孢菌和肠膜明串珠菌。它们可使食品更黏稠或形成凝胶，稳定食品结构，改善外观和口味。研究表明，低聚糖还具有多方面的生理功能，如促进双歧杆菌的生长，调节肠道的微生态平衡，抗龋齿，改善便秘，预防结肠癌等。

（5）调味剂或调味增强剂

最有名的调味增强剂是谷氨酸钠（味精），目前主要由天然微生物或工程微生物发酵产生。此外，酶降解酵母菌 RNA 可产生核酸衍生物，它们也是很好的调味剂。目前，世界市场对食品调味剂的需求量价值在 20 亿美元左右，并在不断地增加。通过运用基因工程和改善酶的特性，生物技术将对这一市场产生深远的影响。

（6）酱油

我国是酱油的发源地，这一传统酿造行业已经历了几千年的发展。特别是近一时期，我国酱油产量呈稳步上升的势头。进入 21 世纪，我国的酱油年产量已达 500 万 t，占世界酱油产量的 50%。酶工程技术的应用，可大大地提高原料利用率。利用现代生物工程技术固定化复合菌种，可改善产品的风味等。

近几年还发展了一些新的酿造技术。

①用分子生态技术改造传统酿造工艺。分子生态学是一种通过直接分析和检测微生物的基因组 DNA，从而对某个生态环境中的微生物的种类及数量进行分析测定的技术。这种技术不需要分离微生物就可以对它们进行定性和定量分析，研究其生态学变化规律，可以大规模地平行处理多种微生物的种群动态变化规律，这是传统研究技术无法比拟的。正是由于这一点，分子生态学可以帮助人们解决过去传统方法所不能解决的生产问题。大曲微生物群落结构和动力学变化规律可以成为传统酿造业改造的突破。

②激活酶减曲酿造酱油技术。其生物学原理为采用米曲霉系的诱导物和激活剂，诱导米曲霉产生出更丰富的组织分解酶、蛋白酶和肽酶，同时，能够在酶解过程中激活酶的活性，使原料分解更彻底，分解作用时间更短。由于酶系丰富，酶活性强，在降低制曲量时，也可彻底利用原料中的蛋白和糖。目前，国内生产酱油每年可达 500 万 t，消耗粮食 150 万 t。若以此计算，如果全面推广激活酶减曲酿造技术，每年可节粮 15 万 t 或增产酱油 50 万 t。

7.1.7　食品加工过程

（1）改善食品微生物的生产性能

在微生物发酵生产食品的过程中，微生物的性能是关键。由于微生物的遗传变异性及生理代谢的可塑性是其他生物难以比拟的。因此，微生物资源的开发具有很大潜力。目前主要采用常规诱变、杂交方法与细胞融合、基因工程技术结合实施菌种改造以及采用基因工程和蛋白质技术构建"基因工程菌"，从而使其发酵能力更强，过程更为合理，目的更为明确，成本更加低廉。如在啤酒的生产中将 α-乙酰乳酸脱羧酶基因克隆到啤酒酵母中进行表达，可明显降低啤酒双乙酰含量,从而改善啤酒风味。氨基酸是我国新型的发酵工业产品之一,目前,国外已有苏氨酸、组氨酸、脯氨酸、丝氨酸、苯丙氨酸等五种氨基酸用重组工程菌实现了工业化生产,且达到较高生产水平。

(2)食品酶制剂的生产

酶在食品工业中的应用十分广泛。利用基因工程技术不但可以成倍地提高酶的活力,而且还可以将生物酶基因克隆到微生物中,构建基因工程菌株来生产酶制剂。据统计,目前有50%左右的工业用酶是用转基因微生物生产的。利用基因工程可使多种淀粉酶、蛋白酶、纤维素酶、氨基酸合成酶的催化活性、稳定性得到提高。

(3)在食品组分的改性及加工中的应用

酶制剂可用于食品中的蛋白质、碳水化合物和脂肪的改性。例如,蛋白酶可以改善蛋白质的溶解性;新型食品酶制剂转谷氨酰胺酶可以使蛋白质分子间发生交联,因而可用于增加大豆蛋白的胶凝性能,使其具有更好的加工品质。在食品加工过程中,通过适当、适量地添加一些酶类,可以改善产品的色泽,葡萄糖苷酶可用于果汁和果酒的增香,木瓜蛋白酶可分解胶原蛋白,用于肉制品的嫩化,对于含有难消化成分的食品,可以通过添加一些酶类,改善这些食品的营养和消化利用性能。

7.1.8　农副产品的深加工和综合利用

食品工业总产值与农业总产值之比是衡量一个国家食品工业发展水平的重要标志。我国食品工业总产值与农业总产值之比为 0.3∶1～0.4∶1,远低于发达国家 2∶1～3∶1 的水平。我国粮食、油料、豆类、果品、肉类、蛋类、水产品等产量均位居世界第一位,但加工程度很低,仅为 25%左右,远远低于发达国家加工能力 70%以上的水平。

生物技术对农副产品的深加工和综合利用方面的应用主要有:①选育和推广适宜储藏加工的品种,以便向食品、医药行业提供更多易储藏的工业原料。②淀粉类的深加工和综合利用,为新型糖源、变性淀粉、玉米油、发酵乙醇、淀粉塑料、环状糊精等现有或有待开发的新产品提供充足的原料。③肉、奶、水产品的加工利用和肉类保鲜方面,肉类的重点在于提高综合品质及瘦肉、嫩肉和肥肉的综合利用。奶制品方面的重点是发酵乳制品、双歧杆菌发酵乳等;水产品方面的重点是从淡水鱼内脏、鱼眼、精卵巢中分离提取有效成分,不断推出保健制品和药物制品。④绿色食品添加剂的研制与开发,重点在防腐、抗氧化、保鲜、强化、复合添加剂等方面。⑤麦秸、稻草、豆秸、木屑、枝叶、玉米秆、薯蔓等植物纤维素资源,通过生物转化,生产一些重要的生物产品。

7.2　生物技术在食品检测中的应用

7.2.1　免疫学技术的应用

食品质量与安全是世界各国都非常关注的问题。对食品生产、加工过程及其产品的质量与污染物的检测显得尤为重要,传统的检测方法费时费力。随着现代生物技术的发展,免疫学技术已在食品工业生产及科研中得到应用。利用抗体检测系统和 DNA 及 RNA 探针技术来取代许多传统的检验,使食品检验更加快速、灵敏、专一和高效,使食品供应的标准有很大改善。

(1)食品营养成分的检测

应用免疫学技术可测定食品成分(蛋白质、淀粉等)在加工前后其分子水平上的变化以及食品中主要营养成分、香味成分或不期望成分。因为食品中所研究的若干大分子或小分子物可以直接或间接成为抗原,而抗原抗体的作用是免疫学的基础,抗原抗体特异性结合的结果,可以通过酶促反应、荧光反应、放射性同位素等来显示,由此建立起一系列敏感而实用的标记技术。

目前,转基因生物以及由其生产的转基因食品大量涌向市场,截止到 2000 年底,全球转基因植物田间试验超过 10000 例,转基因作物达 100 多个,由转基因作物生产加工的转基因食品和食品成分达 4000 余种。尽管多数科学家认为,现代生物技术产生的食品本身的安全性并不比传统食品低,但转基因食品还是引起了人们的不安。因此,世界各国都在努力制定相应的法律和法规,例如,1998 年 6 月欧盟(EU)规定对农作物的种子、食品、饲料必须标识其是否含有遗传工程体(genetically modified organism,GMO);俄罗斯规定对转基因食品和含有转基因成分的食品进行政府登记制度;我国农业部颁布的《农业转基因生物标识管理办法》规定,从 2002 年 3 月 20 日起,凡是在中国境内销售的大豆、玉米及其制品若属转基因生物,必须进行标识。

转基因食品的检测主要有两种办法,一种以 DNA 为基础的 PCR 法,另一种是从蛋白质水平出发的酶联免疫吸附检测法(enzyme-linked immunosorbent assay,ELISA)。ELISA 检测是将抗原与抗体反应的特异性与酶对底物的高效催化作用结合起来,当抗原与抗体结合时,根据酶作用于底物后的显色反应,借助于比色或荧光反应鉴定转基因食品。酶对底物反应的颜色与样品中抗原的含量成正比。ELISA 检测在对样品进行定性检测的同时又能进行定量分析。使用 ELISA 方法,通过抗体特异性地与 EPSPS(5-烯醇丙酮酰莽草酸-3 磷-酸合酶)蛋白结合,检测抗农达大豆。13 个欧共体成员国和瑞典共 37 个实验室研究结果表明,大豆干粉中遗传工程体(GMO)含量达 2% 时,检测可信度达 99%。

(2)食品卫生指标的检测

在食品生产和加工中,定性或定量检测腐败微生物及其成分、酶等引起的质量问题;检测病原微生物或微生物毒素、杀虫剂、抗生素等食品安全问题是十分重要的。目前,新的免疫检测方法不断地应用到食品卫生指标的检测中,使检测工作更加方便、及时、准确。食品免疫测试方法包括直接酶免疫(EI)、酶联免疫吸附(ELISA)等方法。这些方法可测试许多含量极低的物质,如微量残留物、真菌毒素、抗生素、激素和细菌毒素等。

①沙门氏菌的检测。沙门氏菌是肉品污染中一种典型的病原微生物。目前,最新的检测方法是采用特殊材料制成固相载体。例如先用聚酯布(polyester cloth)结合单抗放置在层析柱的底部以富集鼠伤寒沙门氏菌,然后直接做斑点印迹试验。还可将单抗结合到磁性粒子(直径 28 nm)上,用来检测卵黄中的肠炎沙门氏菌。英国的 BioMerienx 公司最新推出了一种全自动 ELISA 沙门氏菌检测系统,其原理是将捕捉的抗体包被到凹形金属片的内面,吸附被检

样品中的沙门氏菌。只要把样品加到测定试剂孔中就行了,其余全部为自动分析,所需时间仅 45 min。而用传统的方法则需要 5 d。因此,ELISA 与传统分析法相比效率大大提高。

②真菌及其毒素的检测。食品在贮藏过程中会受到霉菌等微生物的污染。导致感官品质和营养价值的降低,更重要的是某些霉菌能产生毒素,危及人体健康。对霉菌的检测一般采用培养、电导测量、测定耐热物质(几丁质)和显微观察等方法,既繁琐又费时。现在已从青霉、毛霉等霉菌中提取耐热性抗原制成抗体,用 ELISA 方法可以快速检出加热和未加热的食品中的霉菌。

黄曲霉毒素是由黄曲霉等霉菌产生的致癌、致突变物。对这种真菌毒素的免疫学分析方法有放射免疫分析(RIA)和 ELISA 等。1990 年,国外报道了利用 ELISA 检测食品中霉菌的进展,其中包括食品样品的制备、抗体的制备、ELISA 的评估(包括抗体浓度、最适包被/结合浓度、ELISA 专一性、ELISA 与霉菌黄曲霉毒素、ELISA 与霉菌生物量或计数量的关系)以及免疫学优势组成与霉菌抗血清等。新一代 ELISA 引入了一系列放大机制,使 ELISA 敏感性大为提高。例如,底物循环放大机制使碱性磷酸酶不直接催化有色物质生成,而是使 NADP 脱磷酸生成 NAD,NAD 进入由醇脱氢酶和黄素酶催化的氧化还原循环,导致有色物质的生成,这种放大机制使碱性磷酸酶的信号比标准 ELISA 放大了 250 倍。用专一的竞争 ELISA 微量试验碟,可检测黄曲霉毒素 B_1 含量为 25 pg 的样品。为降低黄曲霉毒素 B_1、黄曲霉素 B_2 之间的交叉反应,用抗黄曲霉毒素 B_2 的单克隆抗体进行间接竞争 ELISA,灵敏度为 50 pg。

目前,免疫学技术在灵敏、快速、特异性强的基础上,向简便、易操作及自动化的方向发展,各种免疫试剂盒、免疫试纸、免疫试剂碟等相继出现。对黄曲霉毒素检测已有专用的 AF 免疫试剂盒,并在世界各地实验室的常规分析中得以使用。

7.2.2　分子生物学技术的应用

现代生物学,尤其是分子生物学的飞速发展,为食品检测提供了先进的技术手段,其中的聚合酶链式反应(PCR)技术,在探测食物传染病毒和追踪传染源方面,以及在转基因食品检测中已被广泛应用。PCR 是一种高效的 DNA 扩增技术,它能提高病菌或外源核酸检测的灵敏度。

(1)转基因食品的检测

PCR 法对遗传工程体(GMO)的检测分为定性和定量两种,最初检测食品中 GMO 采用的是定性 PCR 方法,即对特殊序列基因(如启动子、终止子、遗传标记基因)和目的基因(靶基因)进行检测。构建基因表达载体时,常在目的基因的 $5'$ 和 $3'$ 端分别加上启动子和终止子,以使外源基因在植物中有效地表达,同时不影响其他基因的表达。大约 75% 的转基因植物中使用 CaMV35S 启动子,其次是胭脂碱和章鱼碱合成酶的 NOS 启动子和 OCS 启动子。常用的终止子是胭脂碱合成酶的 NOS 终止子和 Ribisco 小亚基基因的 $3'$ 端区域。检测法有 35S-PCR 法和 NOS-PCR 法,食品中若检测到 35S 启动子 DNA,则标签贴"GMO"。国内外许多实验室用 35S-PCR 和 NOS-PCR 检测食品中 GMO,结果表明,当玉米和大豆中含有 2%GMO 时,可以用 35S-PCR 和 NOS-PCR 正确地检测。然而,当样品中含有 0.5%GMO 时,用 35S-PCR 检测结果正确,而 NOS-PCR 检测结果中有 3 个呈假阳性,因此,相比而言,35S-PCR 比 NOS-PCR

更灵敏。目前,关于定性检测已有专门的试剂盒出售,例如,上海出入境检验检疫局动植物与食品检验检疫技术中心研制的各种试剂盒,包括检测 35S 启动子、NOS 终止子等。

定量 PCR 可用于确定样品中 GMO 百分比。定量竞争性 PCR(quantitative competitive PCR,QC-PCR)是普遍使用的一种定量 PCR。校准过的 QC-PCR 系统可检测几种商品化食物样品和 3 种面粉混合物中含抗草甘膦大豆(Roundup Read TMSoybean,RRS)成分。另外,还有 real-time PCR(RT-PCR),RT-PCR 可以对 0.01% 样品进行精确定量。现已成功地用 RT-PCR 检测各种原材料、混合物成分、玉米糖浆、大豆蛋白、调味剂、饮料、啤酒等。目前,使用 PCR 检测食品中 GMO 面临的最大的挑战是精炼糖和油等,因为许多食品在加工过程中破坏了 DNA,例如,罐制品在加工过程中导致 DNA 降解;番茄果汁制造时采用低 pH 时,DNA 发生化学修饰及降解等均降低 DNA 质量;在延长鲜食品贮存期时,核酸酶可能会降解 DNA;另外,食品中含有的阳离子(Ca^{2+}、Fe^{3+})、微量金属、碳水化合物、酚类、盐等均能抑制 PCR 反应。因此,为了提高 PCR 结果的可靠性,要依据食物种类,分析可能存在的抑制剂,调整 DNA 提取方法,以降低或消除抑制剂的影响。

(2)沙门氏菌的检测

PCR 技术具有快速、专一、敏感等优点,其检测包括模板制备和引物设计。PCR 检测方法的可靠性部分依赖于目标模板的纯度和足够的目标分子数量,大多数 PCR 检测方法仍要求富集步骤。常用的富集方法有离心、过滤、离子交换、固定化凝集、免疫磁性分离等。例如,用锆氢氧化物与细胞固定后,样品浓缩 50 倍,固定化细胞仍保持活力,可用标准培养法记数。用反转 PCR(RT-PCR)检测,限值为 $10\sim100$ cfu/25 mL NFDM(复原无脂干奶粉)(cfu=colony forming unit,菌落形成单位)。对全脂牛奶、冰激凌检测,限值分别为 $\geq10^2$ cfu/mL 和 $\geq10^1$ cfu/mL。该法的优点是减少样品体积、浓缩活性细菌、去除 PCR 抑制剂等。另外,也可用 FTA 过滤来制备模板,FTA 过滤器是一种渗透有螯合剂和变性剂的纤维状基质,这些物质可有效地在与微生物接触中与之螯合,使之解离。滤板直接作为模板来分析,从而减少了操作步骤,节省了时间,并可显著减少样品的丢失,防止敏感性下降。通过过滤不仅可有效浓缩目标微生物,而且还可在有高含量固有菌群时,消除 PCR 的潜在抑制剂。

引物的设计可根据所选沙门氏菌靶序列的不同进行选择,常用的几种序列如下:一是编码沙门氏菌鞭毛蛋白的基因序列。在许多细菌中,鞭毛都是重要的毒力因子。二是编码菌毛的 $fimA$ 基因序列。根据 $fimA$ 基因设计特异引物,用于牛奶等食品中沙门氏菌的 PCR 检测。三是与沙门氏菌质粒毒力相关的 SPV 基因序列。四是编码吸附和侵蚀上皮细胞蛋白的 inv 基因序列。五是沙门氏菌侵蚀基因正调节蛋白 hilA。六是编码沙门氏菌 LpsO 抗原的 rfb 基因。七是编码与蛋白结合的 hns 基因。近年来,用 PCR 技术检测沙门氏菌得到了迅速发展,产生了许多 PCR 技术,例如常规 PCR、套式 PCR、多重 PCR 等。也可将几种方法结合使用。

(3)李斯特菌的检测

李斯特单核增生菌是一种集聚性的革兰氏阳性杆菌。在所有的李斯特菌中,李斯特单核增生菌似乎是唯一的人类病原菌,已发生过几次食物传染李斯特单核增生菌症状的中毒现象。该细菌可在许多食品加工场所生存,并导致食品加工后的污染。已从原始食物、快餐食物和土壤中分离出此菌种。PCR 已成为李斯特单核增生菌检测的技术基础。检测的目标基因是李斯特单核增生菌细胞溶素 O(hlA)基因,该基因是李斯特单核增生菌呈现毒性所必需的。

病菌种类的区别对于其流行病追踪是很有用的。已发展了一些方法用于区别李斯特单核增生菌品系,如血清型、酶型、相型等鉴定法。但大多数方法不适于系统发育分析,而随机扩增多态 DNA(RAPD)技术可以分辨单血清型或酶型的李斯特单核增生菌。RAPD 分析是一种快速、灵敏、有效的方法,能用于非常相近的细菌品系的鉴定和辨别。当追踪鉴定大量无特征的分离菌时,由于没有充分的信息可利用,按血清型、酶型或相型进行分析基本无效,而用 RAPD 分析却能发挥最大的作用。

(4)腐败菌的检测

使用 PCR 技术可快速检测和鉴定饮料、啤酒等生产过程中的腐败菌。尽管啤酒花中的异 α 酸对大多数革兰氏阳性菌有抑菌作用,但有些乳酸菌(特别是乳杆菌)对异 α 酸有抗性,可以在含酒花的啤酒中生长,造成啤酒的腐败。研究发现,凡是能引起啤酒腐败的乳杆菌均含有似 *horA* 基因,推知具有似 *horA* 基因的乳杆菌可能具有使啤酒腐败的特性,从而出现了 *horA*-PCR 技术。该技术对啤酒中腐败菌的检测大约需要 6 h,比传统的平板培养法快捷得多。目前,用于啤酒腐败菌检测的 PCR 方法有 3 种:使用特异引物的 PCR、RAPD-PCR 和 Nested-PCR。

7.2.3　基因探针技术的应用

1.原理

基因探针技术或 DNA 探针技术检测微生物的依据是核酸杂交,其工作原理是两条碱基互补的 DNA 链在适当条件下可以按碱基配对原则,形成杂交 DAN 分子。已知每个生物体的各种性质和特征都是由其所含的遗传基因所决定的,例如某种微生物病原性就是由于这种微生物含有并表达了某个或某些有害的基因而产生的。从理论上讲,任何一个决定生物体特定生物学特性的 DNA 序列都应该是独特的。如果将某一种微生物的特征基因 DNA 双链中的一条进行标记(如用 ^{32}P 同位素标记),即可制成 DNA 探针。由于 DNA 分子杂交时严格遵守碱基配对的原则,通过考察待测样品与标记性 DNA 探针能否形成杂交分子,即可判断样品中是否含有此种病原微生物,还可进一步通过测定标记物的放射性强度考察样品中微生物的数量。

用 DNA 探针杂交技术检测食品微生物的关键是 DNA 探针的构建。为了保证检测方法的高度特异性,必须以待测微生物中的特异性保守基因序列为目标 DNA,构建各种不同的 DNA 探针。例如与其他微生物相比,大肠杆菌具有葡萄糖苷酸酶的特性,用大肠杆菌中编码该酶的基因序列作为目标 DNA,并制成 DNA 探针,用以检测食品中的总大肠杆菌。而对不同种类的大肠杆菌,如产毒素的大肠杆菌、致肠出血大肠杆菌以及致肠病的大肠杆菌等的检测鉴别,已分别使用产毒素基因序列、致肠出血的基因序列及致肠病的基因序列作为目标 DNA,构造出相应的 DNA 探针,用以鉴别上述不同种类的大肠杆菌。

2.应用

食品卫生检测中的一个重要方面是及时准确地检测出食品中的病原性微生物,这些致病微生物的存在会严重威胁人类的健康。传统的生化培养检测方法需要经过几天的微生物培养和复杂的计数,操作步骤繁琐,不能及时反映生产过程或销售过程中的污染情况,灵敏度不高,使得食品的安全检测潜在一定的危险,给消费者带来很大的威胁,且具有一定的局限性,无法对那些人工难以培养的微生物进行检测。

近年来,DNA探针杂交技术在食品病原微生物检测中的应用十分活跃,目前已用DNA探针技术检测食品中的大肠杆菌、沙门氏菌、志贺氏菌、金黄色葡萄球菌等。美国的GT公司已开发出检测大肠杆菌的商品化DNA探针系统。美国环保署早在1990年就已正式使用DNA探针杂交技术检测饮用水中大肠杆菌总数。

7.2.4　生物芯片技术的应用

1.原理

生物芯片的概念是20世纪80年代中期提出的,它是融合生物化学及物理、化学、计算机科学等学科为一体的高度交叉的新技术,具有重大的基础研究价值和广阔的产业化前景,简单地说生物芯片是便携式生物化学分析器的核心技术。

生物芯片的工作原理是采用原位合成或微量点样等方法,将大量生物大分子如核酸片段、多肽片段,甚至组织切片、细胞等样品有序地固定在硅胶片或聚丙烯酰胺凝胶等支持物的表面,组成密集二维分子排列,然后与已标记的待测样品中的靶分子发生特异性亲和反应(如核酸杂交、抗原抗体反应等),再通过特定的仪器如激光共聚焦扫描或电荷偶联摄像机对杂交信号的强度进行快速、并行、高效地检测分析,进而判断样品中靶分子的数量,达到分析检测的目的。

芯片种类较多,根据芯片上固定的探针不同,生物芯片包括基因芯片、蛋白质芯片、细胞芯片、组织芯片等。

生物芯片可以在很小的面积上并行分析成千上万种生物分子,分析结果的可比性好,试剂的消耗量少,并可实现微型化和自动化,生物芯片在用于基因表达分析及蛋白质检测方面具有无可比拟的优越性,生物芯片在食品安全检测方面表现出良好的前景。

2.应用

(1)生物芯片技术用于食品中致病菌的检测

基因芯片可广泛地应用于各种导致食品腐败的致病菌的检测,该技术具有快速、准确、灵敏等优点,可以及时反映食品中微生物的污染情况。

Appelbaum设计了一种鉴别诊断芯片,可鉴别不同的病原菌,一方面从高度保守基因序列出发,即以各菌种间的差异序列为靶基因,另一方面选择同种细菌不同血清型所特有的标志基因为靶基因,固着于芯片表面,同时还含有细菌所共有的16S rDNA保守序列以确定为细菌感染标志,不仅敏感度高于传统方法,而且操作简单,重复性好。Wilson等采用病原体诊断区基因扩增和20寡核苷酸藻红素标记探针开发出一套多病原体识别(MPID)微列阵,可准确识别18种致病性病毒、原核生物和真核生物。Chizhiko等采用寡核苷酸芯片研究大肠杆菌、志贺氏菌及沙门氏菌的抗原决定簇和毒力因子与其致病性的关系,发现细菌毒力因子可用于肠道致病菌的分析检测。

（2）生物芯片技术用于转基因食品的检测

基因芯片可以检测出食品中是否含有转基因，以及食有何种转基因。而目前国际上转基因产品的检测还没有统一的方法和标准，常用的转基因作物检测方法有 PCR 检测法、化学组织检测法、酶联免疫吸附法、Southern 杂交法、Northern 杂交法、Western 杂交法和生物测定检测法等。但这些方法只能对单个检测目标进行检测，并存在假阳性高或时间周期长等问题，而迅速发展起来的基因芯片技术的应用则可以弥补这些不足。基因芯片具有高通量、能并行检测的优点，被认为是最具潜力的检测手段之一。

7.2.5 生物传感器技术的应用

生物传感器是一种新兴的生物技术产品，在分析领域中具有极大的发展潜力和前景。生物传感器在食品检测中的应用举例如下。

（1）食品中毒素的检测

毒素的检测主要集中在葡萄球菌肠毒素、黄曲霉毒素、肉毒毒素等。以电化学为基础的免疫传感器已成功地用于检测细菌毒素蛋白质。生物传感器可大大缩短检测时间，如对沙门氏菌的检测时间可缩短到 24 h 以内。Rasooly 等用抗体作为检测器做成了一个实时生物传感器，用于检测牛奶、热狗等食品中的葡萄球菌肠毒素，灵敏度可达 10～100 ng/g，而且检测过程不超过 4 min。

（2）食品成分及品质的检测

生物感应器是最早用于食品成分和品质检测的生物检测方法，也应用得较为广泛。生物传感器可以用来检测食品中营养成分和有害成分的含量、食品的新鲜度与成熟度等。最早的生物传感器是葡萄糖传感器，主要用于检测食品中的含糖量。1991 年，Vahjen 等用固定化链霉菌中的 L-谷氨酸氧化酶，开发了在多种食品原料中测谷氨酸的介体酶传感器。Vlope 等以黄嘌呤氧化酶为生物敏感材料，结合过氧化氢电极，通过测定鱼降解过程中产生的磷酸肌苷、肌苷和次黄嘌呤的浓度，从而评价鱼的鲜度，日本已经把肉类鲜度测定的生物传感器商品化。日本东方电器公司和新日本无线株式会社生产的鲜度传感器可应用于鱼肉、鸡肉的鲜度测定，样品用量为几微升到几毫升，测定时间为 3～6 min，仪器体积小、携带方便，很适合现场检测使用。

（3）食品中农药残留量的检测

目前，测定农药残留量常用的方法是色谱法、色谱-质谱联用法以及波谱法，由于这些方法所需仪器复杂、价格昂贵、耗时久，而且有些农药具有热不稳定性、易挥发性，要用液相色谱或毛细管电泳才能测定，因此它们都难以满足现场快速检测分析的需要。生物传感器的出现为此问题提供了一条可能的解决途径。根据一些化合物能抑制特定的酶活性这一性质，近年来已经开发设计出一系列生物传感器，包括电位型、电流型及光纤型生物传感器，在农药残留量检测中具有良好的检测效果。

例如，对于有机磷农药和氨基甲酸酯类农药的检测，目前已经开发了一系列基于胆碱酯酶电化学生物传感器。其基本原理是乙酰胆碱在乙酰胆碱酯酶的催化下可以分解为乙酸和胆碱，在水溶液中，乙酸电离，从而使溶液的 pH 发生变化，有机磷农药或氨基甲酸酯类农药可以有效地结合到乙酰胆碱酯酶的活性位点上，抑制酶的活性，减少 pH 的变化。通过检测这种微小的变化，便可以测得溶液中有机磷农药的含量。

（4）食品中添加剂的检测

食品添加剂的种类很多，如甜味剂、酸味剂、抗氧化剂等。将生物传感器用于食品添加剂的分析较为快速、准确。

亚硫酸盐通常用作食品工业的漂白剂和防腐剂，Smith 等采用亚硫酸盐氧化酶为敏感材料，制成了电流型二氧化硫酶电极，可用于果干、酒、醋、果汁等食品中亚硫酸盐的测定。苯甲酸盐也是食品工业中常用的一种防腐剂，可用于软饮料、酱油和醋等食品中，通常采用气相色谱法测定，Nission 用 NADPH 作为电子传递体，根据苯甲酸盐氧化过程中由于氧的消失从而导致电流信号的变化制成了苯甲酸盐酶电极传感器，测定的结果与气相色谱的分析结果相吻合。

（5）食品中重金属的测定

由于铅、汞等重金属离子可以在生物体体内不断积累，它们的污染对食品的品质和人类的健康都造成了极大的威胁。检测重金属离子的生物传感器主要基于重金属离子可以造成氧化酶和脱氢酶失活的原理，因此，如果选择合适的酶并将其固定于亲和性膜上，结合 Clark 氧电极，通过计算氧的消耗速率就可以推知重金属离子的生物传感器的生物识别元件。这些肽/蛋白通过硫醇盐选择性地与重金属连接。如果生物识别原件被固定在合适的信号转换器表面，由连接金属离子影响而在固定化肽/蛋白层中产生的变化（氢离子释放、质量及光学特征变化），可被转换器（氢离子敏感型场效应管、质量敏感型光装置）转换成电信号。实验证明，谷胱甘肽适合作重金属生物传感器的生物识别元件。

7.3　转基因食品

随着世界人口的迅猛增长及生活质量的日益提高，传统的农业生产技术（如杂交技术和诱导突变技术）已不能满足人们对物质生活的需求。为了解决这些问题，人们把目光投向了具有广阔发展前景的生物技术产品——转基因食品。所谓转基因食品是指采用酶学方法把具备优良品种细胞中的基因片段取出来，与质粒载体结合并转移至宿主细胞中复制、表达，而使宿主细胞品种得到改良，这种转移基因品种制成的食品称为转基因食品。科学家们对利用基因工程手段改善农作物的品质，如口感、营养、质地、颜色、形态、酸甜度及成熟度等方面具有浓厚的兴趣。利用转基因技术可以有目的地将有利的遗传物质转移到生物细胞内，使这些有机体获得有利的特性，如具有产量高、营养高和抗病能力强等优点，使得人们得到各种各样从未见过或听过的食物。

转基因技术应用于食品生产具有很多优点：①可延长水果、蔬菜的货架期及感官特性。例如，转基因番茄具有更长的货架期，可延长其熟化、软化和腐烂过程；转基因的水果和蔬菜也具有更好风味、色泽、质地、更长的货架期和更好的运输及加工特性。②可提高食品的品质。通过基因工程生产的大豆，营养更丰富，风味更佳；采用基因工程技术还可以提高食品中矿物质的含量，产生抗氧化的维生素（类胡萝卜素、黄酮类、维生素 A、维生素 C、维生素 E 等）。③提高必需氨基酸的含量。通过基因工程可增加食品中必需氨基酸(如甲硫氨酸、赖氨酸)的含量,提高食品的功能特性,拓宽植物蛋白质的使用。④增加碳水化合物含量。转基因番茄淀粉含量高,这对加工番茄酱是很有利的;把某些细菌中产淀粉基因与马铃薯基因重组,得到的马铃薯可缩短烹调时间,降低成本和原料消耗。⑤提高肉、奶和畜类产品的数量和质量。例如,转牛生长激素基因的乳牛产奶量提高;转基因动物不仅使产奶或产肉量增加,而且可得到具有特殊功能的奶或肉类产品,如去乳糖牛奶,低脂牛奶,低胆固醇、低脂肪肉食品,以及含特殊营养成分的肉类食品等。⑥可增加农作物抗逆能力。基因工程处理过的农作物,产量提高且抗虫害、抗病毒能力强,耐酸、耐盐和耐恶劣环境(高温、霜冻、干旱等)能力强。许多抗虫害的苹果,抗病毒的哈密瓜、黄瓜,抗除草剂的玉米、番茄、马铃薯、大豆等都已投放市场。基因工程还可使农作物提高固氮能力,减少化肥的使用,降低生产成本。⑦生产可食性疫苗或药物。例如,转基因香蕉可用来生产肝炎、霍乱、痢疾、腹泻或其他易感染的肠道疾病的疫苗;转基因水稻可生产维生素 A 前体、富集更多的可防止病毒感染和贫血症的金属离子。⑧生产功能性食品。基因修饰过的茶叶富含黄酮类物质;将基因工程应用于油料作物,可生产许多不饱和脂肪酸,如富含油酸、γ-亚麻酸的大豆油,富含月桂酸的菜籽油等。

转基因食品的话题曾经在科研、经济、贸易乃至政治、文化伦理领域引起过激烈争论,但无论拥护者还是反对者,谁都没有拿出令人信服的证据来说服对方。总而言之,科技产业界倾向于支持在良好的科研基础上把转基因技术应用于食品生产,而多数绿色环保人士则持反对态度。欧盟国家对转基因农产品大多予以严格限制,如保鲜番茄,在英国研制成功却无人敢投入应用;而在美国,转基因技术已经成为农业经济的一个新增长点。尽管转基因食品是好是坏"名分"未定,说法不一,但不可否认,转基因技术已经在人们的日常生活中发挥着不可或缺的作用。

7.3.1　转基因动物食品

转基因动物食品是指由转基因动物产生的食物或以转基因动物为原料生产的食品或食品添加剂。例如,将牛的生长激素导入宿主猪,得到了生长速度和饲料转化率都大幅度提高的转基因猪,以这种猪为原料生产的食品即为转基因动物食品。1985 年,第一例转基因家畜研制成功,目前国内外已研究开发并商品化生产的转基因动物品种有:家畜家禽(如牛、猪、羊、兔、鸡等)、水生生物(如鲤、鲫、罗非鱼、泥鳅、金鱼、虹鳟、大麻哈鱼、鲶、鲷、鲑等)和食用昆虫(如家蚕等)。

家畜生长速度与饲料转化率受多种遗传因子调节,其中编码生长激素的基因最令人感兴趣。1999 年,Nottee 等人将猪生长激素基因与一个受金属离子调控的启动子相连,然后再导入到猪体内,得到血浆中生长激素含量超过对照的转基因猪,生长激素在猪体内以组成型的方式高效表达,同时避免了其他副作用。

牛乳及其制品是人类重要的营养来源,牛乳的组成与身体健康息息相关。研究人员把人乳蛋白基因转移至牛细胞中,从而改变牛乳酪蛋白含量,增加微生物拮抗蛋白即乳铁蛋白和溶菌酶的含量,这种人源化基因重组能有效提高牛乳的营养价值和稳定性。乳糖是牛乳中的一个主要糖源,婴儿断奶后肠内乳糖水解酶减少,因而许多儿童会出现对乳糖消化不良而腹胀的现象。现在,采用基因重组技术可以抑制 α-乳糖蛋白基因的表达,或在乳腺内特异性表达肠乳糖酶,利用肠乳糖酶对乳糖的降解而降低乳中乳糖的含量。

此外,转基因动物反应器也有许多报道。传统发酵产品是通过微生物发酵而生产的,若采用转基因动物来生产,产品质量优于微生物发酵,并可降低生产成本。现在,采用牛、羊乳腺或动物血液生物反应器,可生产人血清白蛋白、人血红蛋白、抗体等 10 多种产品。这种转基因动物反应器技术的应用,使人们能够在喝牛乳、羊乳的同时,即可达到保健治病的目的。

7.3.2 转基因植物食品

转基因植物又称遗传修饰体,是指那些通过基因工程手段,将外源基因导入受体细胞并稳定整合到基因组中的植物。转基因植物食品是指由转基因植物产生的食物,或以转基因植物为原料生产的食品或食品添加剂。转基因植物食品涵义更广泛,关系到所有农作物、果树、果品的改良。

农作物的种植与人类食物来源息息相关,基因工程应用于改良农作物品种将为解决全球粮食问题开辟新的途径。据联合国粮农组织粮食研究所预测,至 2020 年,世界人口将增加到 80 亿,全球粮食需求量将增加 40%。仅靠现有的耕地面积及环境条件是不可能满足人口日益增长的需求的。农业的发展需要依靠现代生物技术,需要依靠基因工程改良农作物品种,快速提高农作物的产量和质量。

用于生产转基因植物的目的基因有抗病基因、抗逆基因、抗虫基因、耐除草剂基因、提高作物品质和产量的基因,以及果实保鲜基因等。例如,从微生物苏云杆菌中分离出的杀虫结晶蛋白(ICP)基因,简称 Bt 基因,是目前应用最为广泛的一个抗虫基因,Bt 转基因抗虫玉米、棉花和马铃薯都已经商品化。

由此可见,转基因食品到目前为止主要集中于转基因农业领域,且增长速度很快;转基因食品工业领域的产业化相对进展较慢,尚未进入大规模产业化阶段,只有利用工程菌产酶方面处于工业化成长阶段。对于传统食品产业的改造而言,转基因食品工业的产业化还处于起步阶段,但其发展潜力是巨大的,发展前景是可观的。

7.4 生物技术在食品领域中的应用前景

现代生物技术将为农业带来新的绿色生命,给人们更加丰富、更有利于健康、更富有营养的食品,生物技术在食品领域的应用具有极广阔的前景和美好的未来。

(1)生物技术为食品工业提供丰富的原材料

经基因工程或其他生物技术改造的或正在改造的物种,除了水稻、小麦、玉米、油菜、大豆、番茄等大宗农产品及奶牛、羊等畜产品之外,还包括人参、西洋参、甘草、黄连等一些药用植物和一些濒危物种。应用现代生物技术,特别是对 DNA 进行操作,将 DNA 从一个生物转化至另一生物体内,这样可以将一些优良性状转移到植物、动物和微生物中。此技术现已用于改造用作食品的植物、动物和微生物。一方面提高了农作物产量,改善农作物的抗虫、抗病、抗除草剂、抗寒等方面能力；另一方面使食品的营养价值、风味品质得到改善，食品储藏和保存时间有所延长。

利用基因工程技术改造大豆可使其植物油组成中含较高的不饱和脂肪酸，提高食用油品质；还可以降低某些粮油作物中抗营养因子和有毒成分含量，提高作物中某些生物活性成分如超氧化物歧化酶（SOD）、活性多糖，增加水溶性膳食纤维含量等。我国现已批准可商业化生产的包括转基因耐储藏番茄、抗黄瓜花叶病毒甜椒、抗花叶病毒番茄等。处于中试阶段的与食品有关的转基因植物有抗除草剂水稻、抗虫水稻、抗病毒大白菜、抗病毒番茄、抗青枯叶病马铃薯、抗旱马铃薯、高氨基酸马铃薯等。

（2）提高主食营养成分

高含 β-胡萝卜素的金色水稻是用基因工程方法将类胡萝卜素生物合成相关酶基因转移到水稻中，使不含 β-胡萝卜素的水稻胚乳高含 β-胡萝卜素，从而产生一种新的水稻。这种水稻看起来像是通常的水稻，但是它的米粒因类胡萝卜素的积累已经变成黄色，因而称为金色水稻。它所含的维生素 A 极为丰富，可用来治疗缺乏维生素 A 的人。

（3）人体保健与治疗食品

①食品疫苗。通过基因工程培育出能够治疗疟疾、霍乱和乙型肝炎的特效植物，栽种了这种植物，它能给全世界进行接种。比如，向番茄中转基因，使其果实能生物合成疫苗，当果实发育时，每一个细胞都在制造疫苗。这种疫苗每年能够治疗因腹泻引起死亡的 250 万人，吃到这种经过生物技术处理的番茄或香蕉，就会具有免疫性。

②防治疾病食品。通过重组 DNA 技术选育出具有抗肝炎功能的番茄。培养新型生物鸡，这种鸡所产的鸡蛋里含有抗肿瘤因子。通过基因重组后的大豆含 80% 以上的不饱和脂肪酸，冠心病病人可以放心食用。我国于 1997 年研制出一种转基因羊，饮用这种羊奶可以起到药膳同食的效果。

（4）食品保鲜

生物技术在食品保鲜领域的应用主要表现在两个方面：一方面在食品生物保鲜剂的开发和耐储性农产品的新品种选育上，通过基因改造工程菌生产最成熟的防腐剂是乳链菌肽，通过对乳酸菌部分可表达 DNA 的修饰，已选出能够大量生产乳链菌肽的工程菌并投入生产；另一方面，通过信号传导控制的程序性细胞死亡与农产品保险的关系日益受到关注。目前，已从植物中分离出表达死亡因子或其激活蛋白的基因 *dad*1、*ACD*2 等，随着研究的进一步开展，相信抗衰老、保鲜期长的新一代基因工程品种很快会被开发出来。

第8章　现代生物技术在农业领域的应用

8.1　生物技术在植物种植业中的应用

植物利用光合作用所生产的产品,是人类及其他生物直接或间接的食物来源。因此,人类一直在努力寻求提高主要农作物产量和品质的方法。当前,基因工程、细胞工程等现代生物技术在植物种植业中正发挥着越来越重要的作用。早期的研究工作很多集中在培养产量更高但实用价值不变的新品种上;近期做得更多的工作是把各种抗性基因转移到植物体内,使植物获得对病毒、昆虫、除草剂、恶劣环境胁迫、衰老等抗性,还有对植物的花卉、果实等进行改造修饰等。

8.1.1　生物技术在诱导植物雄性不育中的应用

植物雄性不育是自然界中的普遍现象。早在 1763 年德国学者 Kueitter 就观察到植物、雄性不育的现象,1890 年达尔文对植物雄性不育现象作了报道,以后很多学者在欧洲夏季薄荷、甜菜、烟草、玉米、高粱、小麦、水稻等作物中发现雄性不育并开展了系统研究。作物利用杂种优势可以大幅度增产早已被人们所公认,但自花授粉的水稻、小麦等作物去雄问题却成为制约其杂种优势利用的重要因素之一。雄性不育主要应用在杂种优势的利用上。

(1)植物雄性不育的类型

植物雄性不育从基因控制水平可分为细胞质雄性不育(CMS)和细胞核雄性不育(NMS)两种类型。

CMS 主要与线粒体基因组变化有关,而线粒体基因组在植物中完全由母系遗传。通过将携带 CMS 母本与普通的父本杂交,就可以获得 100% 雄性不育后代,所以 CMS 是目前获得雄性不育系的常用方法。在核基因中,与 NMS 有关的核基因是由于基因突变导致的,由于利用 NMS 难以获得 100% 的雄性不育株,因而实际中很少使用。

(2)获得雄性不育的方法

随着现代生物技术的发展,雄性不育研究的不断深入,可以培育出雄性不育植株的方法有:基因工程技术、远缘杂交核置换、辐射诱变、体细胞诱变、植物组织培养技术、植物原生质融合、体细胞杂交等。

目前采用植物基因工程的原理和方法,已人工创造了一批不育系,并在生产上得到了利用,而且取得了可喜的成果。其中最典型的例子是在油菜和烟草上的应用。人们从一种芽孢杆菌中分离出一种 RNA 酶(barnase)基因,该基因编码的酶可降解高等植物细胞内的 RNA,从而阻止蛋白质的生物合成,破坏细胞的生理功能。同时也分离得到一种 bastar 基因,其表达产物能抑制 barnase 酶的活性,从而能保护植物细胞内的 RNA 免受降解。

TA29 启动子是一个只在花粉发育过程中在花粉绒毡层中特定打开的启动子,它在植物其他组织和其他发育时期处于关闭状态。将 TA29 启动子与 barnase 基因连接构建的重组子,通过 Ti 质粒和根癌农杆菌的方法转入油菜和烟草形成转基因植株。该植株在花粉发育过程中的绒毡层时期,TA29 启动子打开,barnase 基因表达,其产物降解花粉中的 RNA,从而阻断了花粉正常的发育而造成败育。用 TA29 启动子和 bastar 基因构成的重组子,转化植株中 bastar 基因的产物可遏制 barnase 酶的活性,从而起到了恢复系的作用,形成二系配套。

目前已经获得的一些雄性不育植物见表 8-1。今后一定会有更多的新品种植株问世,从而大大地推进育种工作。

表 8-1 显性雄性不育转基因植物表

基因名称及特性	转入的植物名称	是否影响雌性育性	可否恢复育性
p23S-rolc,组成型	烟草,马铃薯,拟南芥	影响	通过反义基因可恢复育性
pTA29-DTA,绒毡层特异性	烟草	未作检测	不可恢复
pTA29-barnase,绒毡层特异性	烟草、油菜、玉米	没有影响	通过导入阻遏蛋白可恢复育性
pTA29-RNase T1,绒毡层特异性	烟草、油菜	没有影响	不可恢复
pA3-β-1,3-葡聚糖酶基因,绒毡层特异性 pA9-β-1,3-葡聚糖酶基因,绒毡层特异性	烟草	没有影响	不可恢复
pA9-barnase,绒毡层特异性	烟草	没有影响	不可恢复
p35S-花药表达"盒"(box)PCHS-CHS cDNA 的反义基因,组成型	矮牵牛	没有影响	不可恢复
p35S-CHS,组成型	矮牵牛	没有影响	不可恢复
ptaPl-rolB	烟草	未作检测	不可恢复
p35S-酵母结粒体肽 coxIV-小麦 atp9,组成型	烟草	没有影响	不可恢复
pAP3-DTA,花瓣、雄蕊原生殖细胞特异性	拟南芥	没有影响	不可恢复
p-rolB,花粉特异性	烟草	没有影响	不可恢复
pBcpl-反义 Bcpl cDNA	拟南芥	没有影响	不可恢复

8.1.2 生物技术培育抗逆性作物品种

自然环境提供了植物生长、发育、繁殖所必需的物质基础,如阳光、水分、土壤、空气等,同时环境也给植物的生长发育造成很大的选择压力,如病虫害、气候寒冷、水土中含盐量过高等。这些不利的环境条件使许多植物自然消亡,也使得不少植物品种发生变异以适应恶劣环境条件。

然而,植物的自然变异既漫长又低效,而有些逆性环境,如病虫害发生非常频繁,从而造成农业大面积减产。因此,非常需要人们利用现代生物技术来培育抗逆性植物。

(1)抗除草剂作物

现代农业生产,使用了大量的除草剂,一些除草剂必须在生长之前施用,其中有些除草剂不能区别庄稼与杂草,在杀死杂草的同时也对庄稼造成了一定的损伤,从而使农作物的产量受到影响。因此,培育抗除草剂的转基因作物是克服这些缺点的有效途径。基因工程技术的发展使得这种途径成为可能。

人们对培育抗除草剂作物提出了多种设想:①使植物过量产生对除草剂敏感的靶蛋白,使它的量足以中和除草剂的作用,即使除草剂存在,植物细胞也能够执行正常功能;②抑制植物对除草剂的吸收;③降低对除草剂敏感的靶蛋白与除草剂的亲和力;④赋予植物在新陈代谢过程中具有灭活除草剂的能力。目前,人们已经采用后三种方案培育出了抗除草剂的转基因作物(表8-2)。

表 8-2　一些除草剂及其抗性产生的机理

除草剂	抗性机理
均三氮苯类除草剂	这类除草剂作用于叶绿体蛋白 D-1,改变其编码基因 psbA 即可产生抗性
磺酰脲类除草剂	这类除草剂作用于乙酰乳酸合成酶,改变其编码基因即可产生抗性,已成功用于杨树、油菜、亚麻和水稻
咪唑啉酮除草剂	这类除草剂作用于乙酰乳酸合成酶,改变其编码基因即可产生抗性,已成功用于乳酸组织培养筛选
苯氧苯氧丙酸盐类环己二酮	这些除草剂作用于乙酰辅 A 羧化酶。改变其编码基因使之不敏感即可产生抗性;降解该除草剂也可产生抗性。用于组织培养筛选
草甘膦	其作用目标是 EPSPS,过量表达 EPSPS 可产生抗性(已用于大豆)。转入草甘膦氧化还原酶基因也可产生抗性(已用于烟草),因为该酶使草甘膦降解
3,5-二溴-4-羟基苯腈	光系统 Ⅱ 的抑制剂。转入腈水解酶基因可以获得抗性,因为腈水解酶可以分解这种除草剂(已用于烟草和棉花)
苯氧羧类除草剂(如 2,4-D 和 2,4,5-T)	转入双加氧酶基因 tfdA 可产生抗性,因为双加氧酶使这类除草剂降解(已用于烟草和棉花)
膦丝菌素	转入细菌膦丝菌素-乙酰转移酶可产生抗性,该酶可使除草剂失活
氰氨	转入真菌的氰氨水合酶基因可产生抗性,该酶可将氰氨变成尿素(已用于烟草)
茅草枯	转入细菌的脱卤素酶基因可产生抗性,该酶可使茅草枯脱毒(已用于烟草)

现在抗除草剂草甘膦的转基因植物已经培育成功。草甘膦是一种对环境无害的广谱除草剂,在土壤中易降解为无毒的化合物,其作用是抑制 5-烯醇丙酮酸莽草酸-3-磷酸合酶(EP-

SPS)。EPSPS 是莽草酸途径中的一个重要的酶,在细菌、植物的芳香类氨基酸合成中起重要作用。研究人员从抗草甘膦的大肠杆菌中分离到了与抗性有关的大肠杆菌 EPSPS 酶(*E. coli* EPSPS)的基因,并将其置于植物启动子、转录终止子、加 poly(A)信号序列的控制之下,克隆到植物细胞中。结果,获得转入基因的烟草、番茄、马铃薯、棉花等植物都表达了足量的抗草甘膦的 *E. coli* EPSPS,替代植物自身被抑制的 EPSPS,从而达到了抗草甘膦的效果。当使用草甘膦时,这些转基因植物的新陈代谢丝毫不受影响,而能够存活下来。

3,5-二溴-4-羟基苯腈是一种可抑制光合反应的除草剂。研究人员从土壤克雷白氏菌分离出腈水解酶的基因,将此基因置于光调控启动子的控制之下,然后转入烟草中,在转基因烟草中能够表达腈水解酶,从而将存在于细胞内的除草剂 3,5-二溴-4-羟基苯腈分解,对除草剂产生抗性。

(2)抗昆虫作物

虫害是造成作物减产的重要原因之一,世界每年因此损失约数千亿美元。长期以来人们普遍采用化学杀虫剂来控制害虫,全世界每年用于化学杀虫剂的总金额在 200 亿美元以上。化学杀虫剂在经过几十年的大面积使用之后,已经暴露出了严重的问题:很多害虫对多种常用的化学杀虫剂产生了抗性,化学杀虫剂大量滞留对环境造成了严重污染。目前,已有上百种害虫对杀虫剂产生了耐受性;多种益虫以及以捕食为生的鸟类、爬行类、两栖类,甚至哺乳动物都受到了杀虫剂的毒害。DDT 的广泛施用就是一个典型的实例,研究表明南极的企鹅体内都发现有 DDT 残留,可见化学杀虫剂很容易沿着食物链扩散,从而会在大范围内破坏整个生态系统。因此,在全球范围内要求控制使用化学杀虫剂的呼声也越来越高。

控制使用化学杀虫剂有两种方法:一是用生物杀虫剂取代化学杀虫剂,二是用基因工程的方法培育抗虫作物新品种。后者具有的优点是:①培育成功的抗虫植物具有持续的抗虫性,在植物生长的任何时期对害虫危害都有保护作用,而不像化学或生物杀虫剂那样在一个生长季节就需喷药多次,从而降低了生产成本;②保护作用遍及全株,使得一些很难被化学或生物杀虫剂接触的部位如根部等都能受到保护;③由于抗虫基因仅存在于植物体内,向外扩散的可能性较小,相对而言比较安全;④一般仅对特定的昆虫种类具有高度特异的毒性,即只杀死害虫,而对其他生物没有伤害,安全性较高。目前,转基因农作物的种植已使得化学农药的使用得到了一定的控制(表 8-3)。

表 8-3　部分转基因农作物的种植对农药用量的影响

转基因农作物	农药施用减少量
油菜	在美国减少 29%
大豆	在美国减少 10%
棉花	在美国减少 21%
玉米	在美国减少 33%

向植物内转入的抗虫基因主要如下:

①苏云金杆菌(Bt)毒蛋白基因。在 20 世纪 50 年代初,人们发现在苏云金杆菌孢子形成期产生的伴孢晶体中的蛋白质可以特异性地毒杀鳞翅目昆虫。这些蛋白质被称做杀虫晶体蛋

白（ICP）或 δ 内毒素或 Bt 毒蛋白。

现在人们面临的挑战是怎样利用它培育一种转基因作物，要求不仅能够表达并合成有功能的 Bt 毒蛋白，而且 Bt 毒蛋白的表达量还要足以对抗昆虫。1987 年比利时 PGS 公司 Vaeck 等人首先报道了转 cryIA 基因烟草对烟草天蛾的毒杀率在 3 d 后可达 95%～100%。接着。美国 Monsanto 公司 Fischhoff 等人和 Agroceus 公司 Barton 等人也相继报道了他们用 3′端缺失的 cryIA(b) 和 cryIA(a) 转化番茄和烟草的结果，所有这些转基因植物都获得了对烟草天蛾的较高抗性。

我国科研人员获得了转人工合成 Bt 毒蛋白基因的棉花，对棉铃虫有很强的毒杀作用；同时还对 Bt 毒蛋白基因进行修饰改造，获得了转基因烟草、欧洲黑杨、水稻、杨树，上述各种转基因植物都有很强的杀虫效果。

②蛋白酶抑制剂基因。蛋白酶抑制剂是通过抑制植物蛋白的水解作用，来影响昆虫对食物的消化、吸收而导致昆虫"营养不良"甚至死亡。如果分离植物的蛋白酶抑制剂基因，使用强启动子驱动其在植物内进行表达，那么只要表达量足够高，就可能使昆虫致死。

蛋白酶抑制剂通常为由 60～120 个氨基酸组成的多肽，相对分子质量为 $8 \times 10^3 \sim 2.5 \times 10^4$，它存在于多种植物如豆科、茄科植物的种子和块茎中。蛋白酶抑制剂的作用机制是能与昆虫消化管内的蛋白消化酶相互作用，形成酶-抑制剂复合体，阻断或减弱消化酶的蛋白水解作用，影响其正常消化，使昆虫得不到足够的营养。并且该复合体还能刺激消化酶的过量分泌，通过神经系统的反馈，迫使昆虫产生厌食反应，最终导致昆虫的非正常发育以至死亡。

现已发现的有较强抗虫能力的蛋白酶抑制剂有豇豆胰蛋白酶抑制剂、马铃薯蛋白酶抑制剂、水稻巯基蛋白酶抑制剂等几种。人们已经将它们转入植物，并获得了一些具有抗虫活性的植株。蛋白酶抑制剂在基因工程中应用较方便，不易使昆虫产生耐受性，杀虫谱广，对人畜无害，但在植物中表达量较低，为此人们还需要再寻找更合适的启动子、增强子，来提高外源基因的表达量。人们还可以考虑外源与内源抗虫物质的协调性，如将外源蛋白酶抑制剂基因转入具有较高棉酚或丹宁酸的棉花植株，可望得到对棉铃虫具有高抗性的棉花新品种。

③外源凝集素基因。凝集素是自然界中广为存在的一组蛋白质，在豆科植物种子中含量最为丰富。外源凝集素是指能特异地识别并能可逆地结合糖类复合体的糖基部分，但不改变被识别糖基的共价结构的一类非免疫性球蛋白。

凝集素主要储存在植物细胞的蛋白粒中。一旦被害虫摄食，外源凝集素就会在昆虫的消化管中释放出来，并与肠道周围食膜上的糖蛋白结合，从而影响营养物质的正常吸收。同时，还可能在昆虫的消化管内诱发病灶，促进消化管内细菌的繁殖，对害虫本身造成危害，进而达到杀虫的目的。

研究人员对麦胚凝集素的 Lec1 基因用 PCR 方法进行修饰之后转化给玉米，使转基因玉米对欧洲玉米螟具有良好的抗性。

外源凝集素虽有很强的抗虫作用，但如将其转入食用农作物特别是生食蔬菜中，对人和家畜有无毒副作用尚需进一步验证，因此，目前外源凝集素的大面积应用受到一定限制。

（3）抗病毒作物

植物病毒如烟草花叶病毒（TMV）、苜蓿草花叶病毒（AMV）、黄瓜花叶病毒（CMV）等也是造成农作物病害的主要因素，从而降低农作物的产量。人们曾尝试过将植物天然的抗病毒基因从一个物种转移到另一个物种,但抗病植株常常变为敏感株,针对一种病毒的抗性基因不一定对其他类似病毒具有抗性。目前,研究人员在抗病毒作物研究中已取得了多方面的成就,掌握了很多方法来获得抗病毒转基因植物。

①抗 CMV/TMV 病毒的转基因烟草和辣椒。在我国,CMV 和 TMV 自然条件下混合感染的情况比较普遍,并发生在烟草、辣椒、香蕉等重要作物上,造成严重病害。研究人员将合成的 CMV 和 TMV 外壳蛋白基因用 Ti 质粒介导引入国内烟草良种 NC89,Southern、Northern、Western 印迹分子杂交选出抗 TMV/CMV 两种病毒感染的转基因 NC89 纯合系。在大田试验中又进一步检测抗性及其遗传稳定性,结果证明目前至少能稳定到第 6 代。

②抗黄矮病毒的转基因水稻。在我国,籼稻或杂交稻区的一个重要病害是水稻黄矮病,就是由植物弹状病毒组的水稻黄矮病毒所引起的。其 N 蛋白基因已被克隆并利用基因枪方法转入水稻,获得抗该病毒的株系。这是第一个报道利用植物弹状病毒核衣壳蛋白基因达到抗病毒目的的。有关这方面的研究工作尚在进行中。

虽然转基因抗性植物的实际应用尚存在一些问题,但以上研究已充分显示现代生物技术在培育抗病毒植物新品种方面具有良好的前景。

(4)耐旱植物

干旱会给植物造成严重损伤,其原因是缺水使得植物细胞内盐浓度极高,而高盐造成植物细胞不可逆的毒害作用。当水分缺乏时植物会发生一系列生理反应:①关闭气孔减少植物水分蒸腾作用,而蒸腾作用的减弱会造成叶绿体光吸收和能量转换系统的抑制,即光抑制,这可能造成对叶绿体长期不可逆损伤;②由于气孔关闭引发其他一系列生理反应,如改变盐、水、营养物质流向以及碳、氮元素分布等。在上述生理反应的同时,一系列基因被诱导表达。研究发现,植物体对干旱的普遍反应是脯氨酸(Pro)大量积累(Pro 积累可作为生物体储存碳源和氮源的一种方式),生长速度减慢等;耐干旱植物发生干旱时会有一些“渗压剂”在体内大量产生,这些新积累的物质有些可能具有渗透保护作用,有些作为碳源物质储存,有些可调节渗透压和盐的分泌与运输,还有一些可防止光抑制发生等;干旱时植物代谢途径也发生相应的改变等。由于植物对干旱的反应是一个复杂的多元反应系统,利用基因工程技术培育抗旱植物时应该考虑多种途径,转入多种共同作用的外源基因。如提高根毛细胞将无机盐泵出体外的能力,运用已发现的具有保护作用的大分子物质,克隆具有调节渗透作用的蛋白基因等。

(5)耐盐作物

目前,全球的耕地资源呈逐年减少的趋势,据报道,全球约有 30% 的灌溉地因土壤中盐含量较高而无法耕种。高盐可以使作物脱水,产生与干旱相同的效果。随着基因工程、细胞工程等现代生物技术的发展,培育出耐盐作物,可以提高耕地资源利用率,确保粮食产量稳步提高。目前,研究人员在耐盐作物研究中已取得了一些成就。

季胺化合物——甜菜碱,是在有些植物中积累的很有效的渗透保护剂,无论是在受高盐胁迫还是在受洪涝胁迫时都起作用。因此,人们就想通过基因工程把合成甜菜碱的酶转入那些体内不积累甜菜碱的农作物(包括水稻、马铃薯和番茄)中以提高耐盐或耐涝能力。研究人员已经清楚细菌和植物中的甜菜碱都是由胆碱经两步合成的。如在大肠杆菌中,胆碱经胆碱脱氢酶两次作用变成甜菜碱;而在菠菜中,胆碱先在胆碱单加氧酶(CMO)的作用下变成甜菜碱醛,然后经甜菜碱醛脱氢酶(BADH)作用变成甜菜碱。显然,大肠杆菌的甜菜碱合成系统操作起来更为方便。于是研究人员把大肠杆菌的胆碱脱氢酶基因 betA 用 35S 强启动子介导转入烟草，结果发现转基因烟草可以在 300 mmol/L 盐浓度条件下存活，比非转基因的烟草耐盐能力提高了 80%。现在人们正在采用强启动子介导 betA 基因转入植物，来测验植物的耐盐能力。

(6)耐寒作物

低温不仅会限制农作物的种植区域，也会造成农作物的减产；冻害则会给农业生产带来严重的损失。解决作物抗寒问题的最有效措施是培育出具有抗寒能力的作物新品种。

研究人员从一些生活在高寒水域的鱼类分离出一些特殊的血清蛋白，即鱼抗冻蛋白及其基因。若能成功将这些基因转入植物，就会培育出耐寒植物新品种。已经获得了转鱼抗冻蛋白的烟草和番茄，它们的耐寒能力都有所提高。

(7)抗真菌作物

真菌病害是作物产量损失的主要原因之一，作物病害的 80% 由病原真菌引起。迄今，对作物真菌病害的控制主要有三个方面：一是选育并采用抗性品种，二是使用化学杀菌剂，三是采用倒茬轮作等耕作措施。化学杀菌剂的开发曾一度为真菌病害的防治带来希望，但随着病原菌抗药性的产生和对环境、食品累积性污染等问题的出现，这一方法的应用也受到了限制。而倒茬轮作等措施，虽然可在一定时间内一定程度上减轻病菌的危害，但并不能从根本上解决问题。综合采用有性杂交及现代生物技术选育并推广抗病品种，这是所有病害防治策略中最经济有效的方法。特别是重组 DNA 技术的创立和发展，已可将动物、植物、微生物的基因相互转移，突破了物种之间难以杂交的天然屏障，开辟了植物育种的新途径。近年来，一些科学家致力于利用基因工程方法，如基因转移技术，培育抗真菌病害的作物品种。

几丁质是真菌细胞壁的组分之一。几丁质酶可破坏几丁质。美国科学家已从灵杆菌中分离出几丁质酶基因并导入烟草、番茄、马铃薯等作物中。大田试验结果表明，这种转基因烟草抗真菌感染与施用杀真菌剂同样有效，而且收成更好。目前，已将几丁质酶基因导入番茄、马铃薯、莴苣和甜菜。这一技术将对蔬菜和果实类植物抗真菌感染具有重要意义。

(8)抗重金属镉的作物

利用哺乳动物基因组编码的金属硫蛋白基因转化植物，可以使受体植物获得抗重金属镉的能力。加拿大科学家将中国仓鼠金属硫蛋白基因插入 CaMV 衍生的载体中，而后用这种重组子去感染野生油菜叶片，被感染的叶片能高水平产生金属硫蛋白，并能产生对镉的抗性。

以上研究和应用成果充分表明了作为现代农业生物技术重要组成部分的植物基因工程技术的强大威力。当然作为转基因抗性植物的研究工作，由于目前各方面条件的限制，因此还存在着许多问题，其中引起人们争议和探讨的两个主要问题，一是这种植物的安全性问题；二是耐受性问题。例如，转入了抗虫基因的棉花，获得稳定遗传后，在一定时期内，都能使昆虫吞食叶片后引起死亡从而起到抗虫的作用。不过，随着时间的推移，昆虫面对抗虫棉所给予的这种选择压力，它自身的遗传物质就会发生变异，从而使昆虫产生耐受性，导致抗虫棉杀虫无效，棉花继续受害虫危害。解决途径有两种：一是不断培育新品种对抗耐受性昆虫，二是在农业生产中采取一些降低昆虫耐受性的措施，如采用间种法。

8.1.3　转基因作物品质改良

随着生活水平的逐步提高,人们对饮食质量的要求越来越高,这就要求科学家们在关心作物产量的同时,也要关心作物的质量。采用植物基因工程技术,可以按照人们的营养需求进行植物品质改良,以提高作物的营养价值,如改进食用和非食用油料作物的脂肪酸成分,引入甜味蛋白质改善水果及蔬菜的口味等,使之更有益于人类健康。

(1)通过转基因技术,使粮食作物富含必需氨基酸

谷物和豆类作为人类食物的主要来源,其种子所贮存的蛋白质中所含氨基酸种类有限,部分必需氨基酸含量较少。科学家们将蚕豆的贮存蛋白 phaseolin 的编码基因转化烟草,得到了能正确表达 phaseolin 的烟草;将玉米中编码富含蛋氨酸(Met)的 β-phaseolin 的基因转入豆科植物,就可以大大提高豆科植物种子贮存蛋白的 Met 含量。

此外,人们还尝试采用基因工程技术提高种子中某种氨基酸的合成能力,从而提高相应的氨基酸在贮存蛋白中的含量。例如,可以对赖氨酸(Lys)代谢途径中的各种酶进行修饰或加工,从而使细胞积累更大量的 Lys。

(2)通过转基因技术,使粮食作物富含维生素

稻米是重要的粮食作物,但稻米中的营养成分并不很全面,稻米中没有维生素 A,而维生素 A 又是人体必需的营养成分。据统计,全球约有超过 1.2 亿的儿童缺乏维生素 A,每年将导致一两百万的儿童丧生,而且缺乏维生素 A 会严重影响视力,轻者会患夜盲症,重者则会完全失明。

能否通过转基因技术使水稻可以直接生产维生素 A 或生产维生素 A 的前体——β-胡萝卜素呢?在哺乳动物中,维生素 A 都是由 β-胡萝卜素合成而来的,于是研究人员就把整个 β-胡萝卜素生物合成途径转入了水稻。转基因水稻就生产出了 β-胡萝卜素,这样稻米中就会由于含有大量的 β-胡萝卜素而粒粒金黄,因此被称为"金米"。研究表明,"金米"中的 β-胡萝卜素含量超过了人日常所需的摄入量,而且更重要的是,过量的 β-胡萝卜素没有过量的维生素 A 那样的副作用。所以,"金米"这一成果因为其对改善贫困不发达地区人们的健康具有重大意义而被评为 2000 年"世界十大科技进展"。

8.1.4　植物细胞工程的应用

植物细胞工程是以植物细胞为基本单位在体外条件下进行培养、繁殖和人为操作,改变细胞的某些生物学特性,从而改良品种加速繁育植物个体或获得有用物质的技术。

(1)植物来源生物产品

早在 1939 年,人们已能从特定植物体中分离一些细胞,这些离体细胞能在人造环境中生存并合成人类有用的次生代谢产物,如生物碱、黄酮类化合物等。近年来,利用植物细胞培养技术(如细胞悬浮培养)、各种植物细胞固定化技术以及毛状根培养技术设计生物反应器,可以实现植物来源生物产品的规模化生产。

建立在植物细胞培养技术基础上的植物来源生物产品的生产,经过多年的研究与开发,已

发展成为比较成熟的技术,其技术体系包括筛选高产细胞系、选用合适的培养基、优化培养环境、发展固定化培养技术、改进产品的分离和提取技术。发根农杆菌能在无激素的条件下诱导植物产生毛状根并快速生长,已应用于次生代谢产物的生产。目前毛状根生物反应器已在紫草、人参、金鸡纳、甘草、烟草等植物中得到应用,其中韩国已实现人参的不定根和毛状根的工厂化生产。

(2)快速无性繁殖

自然状态下高等植物在繁衍后代的过程中,需要经过有性世代传粉受精、生成种子、种子萌发、生长发育后,才能得到新的个体。它是一个较长的周期,并且有性世代的发育受到多种环境因素的影响,如阳光、温度、养分和水分等。而植物细胞培养和组织培养技术可以不经过有性世代过程,直接选取营养体细胞或外植体(如茎尖、子叶、胚、芽、下胚轴和子房等),在适当的培养液或培养基中短时间内由愈伤组织诱导产生幼苗从而再生出植株,这就是快速无性繁殖。目前该技术在花卉上已广泛应用并产业化。对于许多经济植物(如水稻、玉米、小麦、马铃薯、高粱、烟草、咖啡、香蕉和人参等),该技术的应用减少了生产环节,提高了产量,而且为品种的改良奠定了基础。以往快速繁殖技术成功的例子多来源于草本植物,木本植物由于组织结构的致密性和一些特殊物质(如单宁等)的存在造成组织培养难以进行。白杨是最早通过组织培养获得再生的木本植物。近期在一些经济果树上也已取得成功,但木本植物的快速繁殖技术仍是一个难题。

另外,植物的无性快速繁殖还广泛地应用在生产脱毒植株方面,其经济价值和应用价值已众所周知。

(3)花粉、花药和胚的培养

花粉组织培养技术是一条非常有效的获取单倍体的途径,该技术在大麦、黑麦、燕麦、水稻和番茄等作物的改良上起到了重要的作用。我国利用辣椒游离小孢子细胞团培养方法,创造了新型的辣椒聚合杂交育种技术,初步解决了辣椒育种中早熟与大果、早熟与早衰、抗病与优质的矛盾。该技术属于国际性难题的突破,已引起国际种苗公司的关注。

在选育新品种的同时,科学家还通过花药培养创造新的种质资源用于育种工作。例如,我国育成的单209水稻具有抗稻瘟病和抗白叶枯病的特性。同时在单209水稻群体中还发现了矮秆突变型,这些都是优良的亲本类型。

植物胚培养在克服杂种胚败育、解决种子长时间休眠、提高后代抗性改良品质、测定种子活力以及进行胚胎发育相关基因研究等方面都具有重要的意义。

(4)原生质体的融合

细胞融合能够在细胞水平实现遗传物质的转移和重组,打破种属的界限。这方面典型的技术是原生质体融合技术创造体细胞杂种以实现作物改良。原生质体融合对于克服受精前的不亲和性比克服受精后的不亲和性更为有用。利用这一方法可以获得一些特殊的核质基因组合。我国科学家通过原生质体融合技术将野生茄子中的抗黄萎病基因转到普通茄子中,获得抗黄萎病和抗青枯病的育种材料。用PEG融合法将甘薯原生质体与其近缘野生种的叶柄(或叶片)原生质体进行融合,从种间体细胞杂种植株中筛选出具有良好结薯性的种间体细胞杂种。

(5)细胞遗传操作

外源基因向植物转移并能获得性状表达,其中常用和关键的技术是植物细胞培养和组织培养——植物再生体系的建立。这样,一方面突破传统杂交中种属的界限;另一方面,使基因转移工作在组织或细胞水平上进行,且易于操作,并能快速繁殖以利于性状表达和筛选。目前,运用该技术创造的转基因植物很多。例如,上面提到的转移 barnase 基因的雄性不育烟草和油菜已广泛用作不育系杂交配种;转 Bt 基因的抗虫棉已在世界很多国家大面积种植,估计年产值可达 15 亿美元;转基因番茄 FLAVP 已在美国市场公开销售,年产值为 3 亿~5 亿美元。

(6)种质资源保存

种质资源是进行研究和生产的基本材料,因此,种质资源的保存是一项非常重要的工作。常规的种质资源保存具有多方面的局限性,而细胞培养保存则具有非常大的优势,能极大地节约空间,而且不受环境条件的限制。一般是根据细胞的特点,人工创造条件使其生长代谢活动尽量降低,处于休眠状态。以抑制增殖和减少变异。作为世界上最大的细胞库,ATCC 早在 1992 年就已经有了 3200 多个细胞系入库,而且数量还在不断地增加。此外,还有 CSH(美国)、NCTC(英国)、NRRL(英国)和 KCC(日本)等著名的保存机构,我国也有一些较为大型的保存机构,足见世界各国对细胞保存的重视。

8.1.5　生物农药及生物控制

化学农药在使用时极易造成环境污染和农产品污染。而使用生物农药,则可以减少这些隐患。生物农药是指可用来防治病、虫、草等有害生物的生物体本身,或源于生物并可作为"农药"的各种生理活性物质。

(1)苏云金杆菌(Bt)

Bt 是当前国内外研究最多、应用最普遍的杀虫细菌。目前正朝着大吨位、多品种的方向发展。国内外对于苏云金杆菌的研究和开发已深入到分子生物学的深度,对其毒理学、血清学特点及其遗传学和基因工程等都进行了广泛深入的研究和探讨。当前我国对于应用苏云金杆菌防治农、林害虫的研究,主要集中在对 Bt 制剂的生产工艺研究及特异菌株筛选、飞机喷洒防治等。并且在防治适期、使用浓度、使用次数、施用方法等方面积累了一整套较为成熟的防治技术。

(2)白僵菌

白僵菌是用于防治多种鳞翅目害虫的一种真菌制剂。近年来我国在白僵菌产业化生产方面取得巨大突破。研制成功的"液固两相快速产孢子生产工艺",含孢量达到 150 亿~2000 亿个/g,纯孢子粉剂可达 1000 亿个/g,比常规固体培养产孢量高了 3~3.5 倍。这一成果为我国白僵菌大规模生产及应用奠定了坚实的基础。据统计,我国应用和试用白僵菌防治害虫种类 40 多种,每年防治面积约 4.45 万 hm^2。尤其是白僵菌成功地应用于防治松毛虫和玉米螟,取得了显著的效果。目前我国是使用白僵菌防治害虫面积最大、防治害虫种类最多的国家。

(3)昆虫病毒

昆虫病毒杀虫剂也是生物防治的重要手段之一,这类杀虫剂具有特异性强、毒力高、稳定性能好、安全无害等优点。

20 世纪 80 年代以后,这类杀虫剂的研究主要集中在昆虫病毒复合剂的研制、病毒的活体增殖、病毒的提取、基因工程病毒杀虫剂的研究及昆虫病毒培养等领域,并都取得了显著的成就。目前开发应用的已进入大田试验的昆虫病毒有 50 余种,绝大多数为杆状病毒,如棉铃虫 NPV、小菜蛾 GV、黄地老虎 GV、茶小卷叶蛾 GV、舞毒蛾 NPV、杨尺蠖 NPV 等。目前研究较多,应用较广的是核型多角体病毒、颗粒体病毒和质型多角体病毒。

回顾生物农药发展的历史,虽然多年来人们一直在坚持不懈地开发和研制,但距离生物农药真正成为农药市场的主导仍然有一段漫长的路要走。其原因主要在于生物防治自身的局限性。活体微生物制剂在生产、储藏、运输及使用过程中对环境条件的要求十分苛刻,此外还有田间效应不一致、成本上无法与化学农药竞争、往往仅对有限的几种害虫有效等原因。除了生物农药本身的局限性外,我国在研究开发方面固有的问题也大大限制了生物农药的发展。从根本上讲,我国的生物农药乃至整个农药领域的研究目前仍然处于跟踪仿制的模式之中。国际上出现的任何一种新农药我们很快就能仿制成功并迅速投入生产,这足以说明我国在化学学科以及生物科学水平方面均处于世界领先水平。

8.2 生物技术在动物养殖业中的应用

农业动物可以为人类提供肉、蛋、奶以及毛皮、绢丝等产品,满足人类对动物蛋白等营养的需要或其他生活需要。生产农业动物的养殖业包括畜牧、水产和其他有关副业,涉及的动物门类有贝类、昆虫类、鱼类、两栖类、爬行类和哺乳类。养殖业的发展同种植业一样需要不断培育数量足、质量高的优良新品种,需要不断地改良农业动物的生产性状,才能实现高产、优质、高效的发展目标。

现代生物技术的快速发展将为动物养殖业的革命提供有力的技术保证。基因工程、细胞工程和胚胎工程技术的日臻成熟,将给农业动物生产注入新的生机和活力,在短时间内大量繁殖优良动物品种或创造具有新性状的良种已成为现实。那么,在农业动物生产中,我们应该着重掌握哪些关键技术呢?

8.2.1 动物转基因技术与分子育种

优良品种在养殖生产中占有极其重要的地位,这也是人们不断进行品种改良的主要原因。动物品种改良的基础包括:遗传理论、育种技术及种质资源。因此,在种质资源存在的条件下,育种技术决定了品种改良的进度,但育种技术的进步又依赖于遗传理论的发展。遗传学应用于指导动物育种,经历了经典遗传学、群体遗传学和数量遗传学,发展到现在的分子数量遗传学;育种技术也经历了表型选择、表型值选种、基因型值或育种值选种,发展到以 DNA 分子为基础的标记辅助选种、转基因技术和基因诊断试剂盒选种等分子育种技术。

与动物育种有关的现代生物技术包括动物转基因技术、胚胎工程技术、动物克隆技术及其他以 DNA 重组技术为基础的各种技术等。多年来,杂交选育一直是改良动物遗传性状的主要途径,大多数生产上所用的品种都是用这种方法选育出来的。然而,杂交选育所需时间长,品种育成后引入新的遗传性状困难较大,带有新性状的品种可能同时也携带有害基因,杂交后有可能会降低原有性状。随着现代生物技术的发展,传统的杂交选育法的各种缺陷日益明显,而现代分子育种技术却显示出越来越强大的生命力,逐渐成为动物育种的趋势和主流。通过各种现代生物技术的综合运用,结合传统的育种方法,可以大大加快育种进展。例如,利用DNA 导入细胞的技术,通过胚胎工程,科学家们可以把单个有功能的基因或基因簇插入到高等生物的基因组中去,并使其表达,再通过有关分子生物学技术、DNA 试剂盒诊断和检测加以选择,从而获得具有目标性状的个体,培育出新品种。

1.动物转基因技术

(1)动物转基因技术的基本原理

动物转基因技术是在基因工程、细胞工程和胚胎工程的基础上发展起来的。动物转基因的基本程序是通过适当的方法,将外源基因(目的基因)导入特定的载体细胞(如受精卵原核)内,然后使载体细胞进一步发育成携带外源目的基因的个体。由此而产生的动物称为转基因动物。转基因技术利用基因重组,打破动物的种间隔离,实现动物种间遗传物质的交换,为动物性状的改良或新性状的获得提供了新方法。1982 年,美国华盛顿大学 R. D. Palmiter 教授等将大白鼠生长激素基因转移到小白鼠受精卵中,成功地育出个体比正常小白鼠大 1 倍的超级小鼠,开创了转基因动物研究的先河。作为基因工程技术之一,动物转基因同样需要目的基因、合适的载体和受体细胞。因为动物细胞有别于植物细胞,绝大多数不具备发育的全能性,不能发育成为完整的个体,只有受精卵才可能发育成个体,所以要得到转基因动物还需要细胞工程和胚胎工程技术的配合。动物转基因的主要操作步骤包括:外源目的基因的获得与鉴定,外源目的基因导入受精卵,转基因受精卵移植到母体子宫,转基因细胞胚胎发育,检测新基因的遗传性表达能力。

(2)导入外源目的基因的方法

显微注射法:这是使用最早、最常用的方法。这种方法用显微注射器直接把外源 DNA 注射到受精卵细胞的原核或细胞质中。如果能够成功地把 DNA 注射到原核中,可以得到较高的整合率。注射到细胞质的 DNA 因为与受体基因组结合的机会较少,整合率较低。哺乳动物常用注射原核的方法;鱼类和两栖类的卵是多黄卵,难以在显微镜下辨认原核,通常只能把DNA 注射到细胞质。显微注射法的优点是直观、基因转移率高、外源 DNA 长度不受限制、实验周期相对较短,常常成为导入外源基因的首选技术。不足之处是操作难度大,仪器要求高,导入的外源基因拷贝数无法控制。

病毒载体法:许多动物病毒在感染宿主细胞后会重组到宿主的基因组中。更重要的是动物病毒基因组的启动子能被宿主细胞识别,可以引发导入基因的表达。由于这些特征,一些病毒被选择作为目的基因的载体感染动物细胞,以期得到转染细胞。在转基因操作中,病毒载体可以直接感染着床前或着床后的胚胎,也可以先整合到宿主细胞内,再通过宿主细胞与胚胎共育感染胚胎。最常用的病毒载体是反转录病毒。病毒载体的优点是单拷贝整合,整合率高,插入位点易分析等;缺点是安全性和公众的接受程度还有待评价。

脂质体介导法:用脂质体作为人工膜包裹 DNA,以此作为载体将外源 DNA 导入细胞。

精子介导法:成熟的精子与外源 DNA 共育,精子有能力携带外源 DNA 进入卵里,并使外源 DNA 整合到染色体。这种能力使人们看到提高动物转基因效率的希望。精子作为转移载体的机制还在探索之中,但至少为大型动物转基因的研究又提供了一个新途径。

胚胎干细胞法:胚胎干细胞(embryonic stem cell,ES 细胞)是从早期胚胎的内细胞团经体外培养建立起来的多潜能细胞系,被公认为转基因动物、细胞核移植和基因治疗的新材料,具有广泛的应用前景。用于动物转基因时,作为基因载体导入早期胚胎,可以整合到胚胎中参与发育,形成转基因的嵌合体动物。

(3)转基因技术在动物生产上的应用

最早问世的转基因动物是转基因小鼠。转基因小鼠证明了生物技术可以改变动物的天然属性,从而显示了动物转基因技术的广阔前景。转基因技术应用于农业动物的主要目标是提高生产性能和提高抗病性等。除此之外,近年来用转基因动物作为生物反应器的研究越来越受到人们的重视,已逐步走向商品化生产。目前已有转基因鱼、鸡、牛、马、羊和猪等多种动物的报道。

转基因鱼:20 世纪 80 年代中期,国内外开始了转基因鱼的研究。转基因鱼是迄今为止最成功的转基因动物之一。鱼类因其产卵量大,体外受精、体外孵化等特点,大大简化了转基因操作的步骤。转基因鱼的生产性研究主要集中在提高生长速度和抗逆性,在理论方面则为动物发育机制和基因功能研究提供方法。生长激素能提高动物的生长速度,已经有转生长激素基因鲤鱼明显提高了生长速度的报道,显示出转基因鱼在渔业生产和水产养殖业的潜在经济价值。在提高抗性方面,抗冻蛋白基因被用来提高鱼类的抗寒能力。将生长在北美的美洲拟鲽的抗冻蛋白基因导入虹鳟、鲑鱼的红胞系,测到了该基因的表达;美洲拟鲽的抗冻蛋白基因转到鲑鱼卵中,也检测到有所表达。转抗冻蛋白基因技术有可能成为南鱼北养,扩大优质鱼种养殖范围的有效途径。转基因鱼研究还引进了反义 RNA 技术,有可能开辟鱼类抗病新途径。近年来,陆续有转荧光蛋白基因的转基因鱼问世,成为培育观赏鱼新品种的有效技术。1984年,我国学者朱作言首次用人的生长激素基因(hGH)构建了转基因金鱼,目前已有鲫鱼、鲤鱼、泥鳅、鳟鱼、大马哈鱼、鲶鱼、罗非鱼和鲂等各种淡水鱼和海水鱼被用于转基因研究。

转基因家禽:生产转基因动物的常规操作用于家禽是很困难的,这是因为鸟类的繁殖系统有别于其他动物。家禽卵的受精是在排卵时发生的,受精卵从输卵管排出需要 20 多个小时,其时已经开始卵裂,产出时的卵已有 6000 多个细胞。转基因家禽研究主要集中在转基因鸡。生产转基因鸡的方法可分为蛋产出前的操作和产出后的操作两种类型。蛋产出前的操作方法是在受精后第一次卵裂前取出单细胞的卵,在体外进行转基因操作,然后用蛋壳作为培养器皿在体外培养至孵化。英国学者 Perry 和 Sang 等用这种方法于体外显微注射外源 DNA,获得转基因鸡。这种操作方法类似于杀鸡取卵,一个受精卵的成本是一只母鸡,而且转基因后受精卵需用人工蛋壳孵化,条件也很复杂,成本高,难度大。美国北卡州立大学的 Mozdziak 和 Petitte 则采用蛋产出后操作方法,以逆转录病毒为载体将外源基因注射到产出后的受精卵,孵化后也得到转基因鸡。

转基因技术在家禽生产上的应用,同样以提高抗病性和改良生产性状为主要目标之一。例如,用鼠的抗流感病毒基因 Mx1 导入鸡胚的成纤维细胞,细胞表现出了对流感病毒的抗性,提示了 Mx1 基因导入胚胎细胞产生抗病性的可行性。许多与鸡繁殖和生产有关的激素和生长因子基因已经被克隆。已有人将牛生长激素基因导入鸡的品系,获得高水平表达牛生长激素的鸡,体重大于对照组。因此,通过基因操作改变鸡的生产性状是可行的。对某些可以通过常规育种手段改良的性状,通过转基因法(如导入其他物种的基因)或许更有效。此外,鸡作为生物反应器具有突出的优点:第一,对鸡自身具有安全性。鸡的输卵管是一个自我封闭的系统,输卵管的漏斗部和膨大部分泌蛋白质,分泌的蛋白质不会再回到血液中去,这样可以避免输卵管表达的外源性蛋白质对鸡的健康造成危害。第二,鸡的输卵管是有效的蛋白质合成器,卵清蛋白启动子可调控其下游的外源基因的表达,合成的基因产物可进行正确的修饰和加工,产物的生物活性接近天然产品。第三,鸡输卵管表达外源蛋白具有遗传稳定性,一旦获得可生产有价值蛋白质的动物个体,可用常规畜牧技术建立转基因鸡的家系。鸡作为生物反应器还具有哺乳动物所不具有的优点:①产物易收集,且不易污染;②鸡蛋成分简单,产物易分离;③鸡饲养成本低,世代间隔短。用鸡蛋生产珍贵的药物外源蛋白,是转基因鸡生产的一个十分诱人的领域。

转基因家畜:家畜的转基因研究得益于小鼠的有关实验,进展较快。转基因猪、牛、马、羊和兔等家畜纷纷出现,并逐步走出实验室进入实用阶段。哺乳动物体外受精和胚胎移植技术为转基因家畜的成功提供了有效的技术手段。转基因家畜除了与其他转基因农业动物一样瞄准抗病性和生产性能以外,还因其与人的生物学相似性,在器官移植、药物生产和特殊疾病模型等方面显示出特殊的价值。转生长激素基因以提高生长速度的研究已有不少报道。转生长激素基因的猪,饲料转化率和增重率提高,脂肪减少。转 Mx1 基因的猪抗流感病毒的能力增强。通过转基因方法解决器官移植中的过敏排斥反应的设想在转基因猪的研究中得到令人鼓舞的结果。这个实验将人的补体(一类参与免疫排斥的蛋白质)抑制因子 hDAF 基因导入猪的胚胎中,得到在内皮细胞、血管平滑肌和鳞状上皮等不同组织的不同程度的表达,说明在供体组织中表达受体的补体抑制系统,克服补体介导的排斥反应是可行的。这个研究为异种器官移植展示了美好前景。转基因的家畜作为生物反应器生产新一代的药物已有许多例子,特别是乳腺作为生物反应器,其产物已经进入市场。

2.分子标记技术与动物育种

进入 20 世纪 80 年代中后期以来,随着分子生物学和分子遗传学的迅速发展,以 DNA 分子标记为核心的各种分子生物技术不断出现,常用的分子标记已有十多种,如限制性片段长度多态性(restriction fragment length polymorphism,RFLP)、线粒体 DNA 的限制性片段长度多态性(mitochondrial DNA restriction fragment length polymorphism,mtDNA RFLP)、扩增片段长度多态性(amplified fragment length polymorphism,AFLP)、特异性扩增多态性(specific amplified polymorphism,SAP)、随机扩增微卫星多态性(random amplifled microsatellite polymorphism,RAMP)、随机扩增多态性 DNA(random amplified polymorphic DNA,RAPD)、聚合酶链反应(polymerase chain reaction,PCR)、单链构型多态性(single strand conformation polymorphism,SSCP)、DNA 指纹(DNA finger print,DFR)、微卫星 DNA(microsatellite DNA)标记、小卫星 DNA(minisatellite DNA)标记和差异显示(differential display)法等。分子标记的应用,大大促进了动物分子育种工作的开展。

分子标记技术可用于:①构建分子遗传图谱和基因定位。目前用 DNA 分子标记已经构建了一些动物的分子遗传图谱,这些图谱将对动物的进一步开发利用提供重要的基础资料。②基因的监测、分离和克隆。用于主要经济性状相关的基因和一些有害基因的监测、分离和克隆。③亲缘关系的分析。DNA分子标记所检测的动物基因组DNA差异稳定、真实、客观,可用于品种资源的调查、鉴定与保存,还可用于研究动物起源与进化、杂交亲本的选择和杂种优势的预测等。④DNA标记辅助选种。利用DNA标记辅助选种是一个很诱人的领域,将给传统的育种研究带来革命性的变化,成为分子育种的一个重要方面。⑤性别鉴定与控制。一些DNA标记与性别有密切关系,有些DNA标记只在一个性别中存在,利用这一特点可以制备性别探针,进行性别鉴定。⑥突变分析。由于大部分DNA分子标记符合孟德尔遗传规律,有关后代的DNA谱带可以追溯到双亲。后代中出现而双亲中没出现的谱带肯定来自于突变,进而可以推算动物在特定条件下的突变率。

8.2.2 动物繁殖新技术

1.人工授精及精液的冷冻保存

人工授精就是利用合适的器械采集公畜的精液,经过品质检查、稀释或保存等适当的处理,再用器械把精液适时地输入到发情母畜的生殖道内,以代替公母畜直接交配而使其受孕的方法。它已成为现代畜牧业的重要技术之一,得到普遍重视和广泛应用,近年来已逐步扩展到特种经济动物、鱼类乃至昆虫等养殖业中,充分显示了其发展潜力和多方面的优越性。

人工授精的重要性有以下几点:①人工授精能最大限度地发挥公畜的种用价值,提高了公畜的配种效能。人工授精可利用公畜的一次射精量,给几头或几十头乃至上百头母畜授精。特别是冷冻精液技术的应用,更使优秀种公畜的利用年限不再受到寿命的限制,一头公牛的冷冻精液每年可配母牛达万头以上,从而扩大了优良基因在时间和地域上的利用率。②由于人工授精能有效地提高优良公畜的利用率,因此就有可能对种公畜进行严格的选择,保留最优秀的个体用于配种,从而加速了育种工作的步伐,成为增殖良种家畜和改良畜种的有力手段。③由于人工授精减少了公畜的饲养头数,从而节约了饲养费用,降低了生产成本。④人工授精使用检查合格的精液,以保证质量,也便于掌握适时配种,并可提供完整的配种记录,及时发现和治疗不孕母畜,因此有助于解决母畜不孕问题和提高受胎率。⑤人工授精避免公、母畜直接接触,同时按操作规程处理精液和输精,因此可防止各种疾病,特别是生殖系统传染性疾病的传播。⑥可以克服公母畜因体格相差太大不易交配或生殖道某些异常不易受胎的困难。在杂交改良工作中,也可解决因公母畜所属品种不同而造成不愿交配的问题。⑦经保存的精液便于运输、交流和检疫,可使母畜的配种不受地区的限制。为选育工作提供了选用优秀公畜配种的方便,为公畜不足地区解决了母畜配种的困难。⑧人工授精作为胚胎移植和同期发情技术的一项配套技术措施,可以按计划进行集中或定时输精;同时为开展远缘种间杂交试验研究工作提供了有效的技术手段。

2.胚胎移植

胚胎移植也称受精卵移植,它是将一头良种母畜配种后的早期胚胎取出,移植到另一头同种的生理状态相同的母畜体内,使之继续发育成为新个体,所以也有人通俗地叫人工受胎或借腹怀胎。胚胎移植实际上是由产生胚胎的供体和养育胚胎的受体分工合作,共同繁殖后代。

胚胎移植的意义有以下几点:①可以迅速提高家畜的遗传素质。由于超数排卵技术的应用,可以使一头优秀的母畜一次排出许多倍于平常的卵子数,免除了其本身的妊娠期和减轻了其负担,因而能留下许多倍于寻常的后代数。②保种和便于国际间的贸易。胚胎库就是基因库,这对畜牧业的发展具有重要意义。具有特殊优点的地方品种家畜可借胚胎冷冻长期保存,野生动物资源也可利用这种方式长期保存,以防某些动物灭绝。③使母牛产双犊,提高生产率。由胚胎移植技术演化出来的"诱发双胎"的方法,即向已配种的母畜(排卵对侧子宫角)移植一个胚胎,或向未配种的母畜移植两个胚胎。这种方法不但提高了供体母畜的繁殖力,同时也提高了受体的繁殖率(受胎率和双胎率)。④防疫需要和克服不孕。在养猪业中,为了培育无特异病原体(SPF)的猪群,向封闭猪群引进新的个体时,作为控制疾病的一种措施,往往采用胚胎移植技术代替剖腹取仔的方法;又如在优良母畜容易发生习惯性流产、难产或由于其他原因(如年老体弱)不宜负担妊娠过程的情况下,也可采用胚胎移植,使之正常繁殖后代。⑤胚胎移植是一种科学研究的基础手段。运用胚胎移植可研究受精作用、胚胎学和遗传学等基础科学,为体外受精、胚胎分割、细胞融合、基因转移及性别控制等研究奠定基础。

3. 胚胎冷冻保存

在冷冻精子技术的基础上发展起来的胚胎冷冻技术进一步解决了胚胎移植中的一些重大难题。胚胎冷冻保存技术包括胚胎的冷冻和解冻。冷冻胚胎的推广,使世界范围内的良种推广大为简化。

胚胎冷冻保存的意义有以下几点:①可在世界范围内运输种质,运输胚胎替代运输活畜,可降低成本;②可解决胚胎移植需要同期发情受体的数量问题;③可建立种质库,有利于转基因动物的种质保存,减少饲养和维持动物所需的巨额费用,避免世代延续可能产生的变异及意外事故产生的破坏;④可保存即将灭绝的畜种。影响胚胎冷冻保存的因素有抗冻剂的种类和浓度、加入抗冻剂的速度、解冻的速度、稀释的速度和温度、抗冻剂的毒性、胚胎渗透压的变化及冰晶形成等。这些因素在胚胎冷冻保存时都应充分考虑。

4. 体外胚胎生产

体外胚胎生产是指将原来在输卵管中进行的精卵结合生成胚胎的过程人为地改在体外进行。它不仅具有理论研究意义,而且正逐渐成为一种有用的生物技术以提高胚胎移植的实用价值和效果。它的应用主要有三方面的意义:一提供大量胚胎进行商业性胚胎移植,二为克隆胚胎提供核受体并进行胚胎切割前的体外早期培养以降低成本,三为某些研究提供大量已知准确发育时期的胚胎。

体外胚胎生产技术已开始走上了商业化,体外胚胎生产的工艺过程包括卵母细胞体外成熟、体外受精和胚胎培养。

①卵母细胞体外成熟。在家畜中,尽管体内成熟的卵母细胞体外受精后胚胎发育良好,但未成熟的卵母细胞体外受精则不能完成胚胎发育。如果让这些细胞在体外成熟,体外受精胚发育率将大大改善。要想提高体外成熟卵母细胞的质量和数量,则应该了解控制卵母细胞成熟的机制、卵母细胞的选择和合适培养体系的选择。体外培养胎儿卵巢被认为是将来的发展方向,因为胎儿卵巢在体外培养可以像活体睾丸产生精子一样不断产生卵母细胞。

②体外受精。精子必须先获能才能完成体外受精的过程。一般说来,凡能促使钙离子进入精子顶体,使精子内部 pH 值升高的刺激均可诱发获能。目前,牛、绵羊、猪和山羊体外受精

率都已高达 70%～80%。

③胚胎培养。各种家畜体内成熟的卵母细胞体外受精后产生的胚胎,在 1～2 细胞期移植到本种个体输卵管内发育到囊胚期的比例都很高。牛胚胎在兔和羊的输卵管内发育也很好。

5.胚胎分割

高等动物如何由一个受精卵经细胞分裂、分化并发育为一个完整的个体,一直是人们研究的课题。胚胎分割是研究细胞分化、早期胚胎发育和胚胎细胞全能性的有力手段。所谓胚胎分割即是将一枚胚胎用显微手术分割成二分、四分甚至八分胚,经体内或体外培养,然后移植入受体子宫中发育,以得到同卵双生或同卵多生后代。这是动物克隆技术的一种,也是胚胎工程的一种基本技术。其意义在于获得遗传上同质的后代,增加具有优秀遗传特性动物的数量;一卵双生或多生可为遗传学、生物学和育种学研究提供有价值的材料。

科学研究表明,大多数哺乳动物早期胚胎属于调整发育类型,如果去掉早期胚胎的一半,剩余部分仍可发育为一个完整的胚胎。胚胎分割技术经过长期的发展,现在已逐步成熟,并得到简化,目前主要方法有显微操作仪分割法和徒手分割法。

①显微操作仪分割法。即通过操纵特制的显微器械来实现对胚胎的分割,可分为显微针分割和显微刀分割两种方法。

显微针分割法主要步骤为:在显微操作仪下固定胚胎,先用玻璃针在透明带上作一切口,将卵裂球从透明带移出,再吹吸卵裂球使之离散,将其分别装入两个预先准备好的空透明带内,用血清-琼脂包埋,然后移入中间受体输卵管中培养,最后回收琼脂筒,去掉琼脂层,将发育良好的胚胎移植给受体母畜。此法适用于卵裂阶段的胚胎。

显微刀分割法主要操作是:在显微操作仪下固定胚胎,用显微刀将胚胎均匀分割后,将其分别装入空透明带中,再进行移植。此法适用于桑椹胚和早期囊胚等较晚阶段胚胎的分割。

②徒手分割法。徒手分割法的主要操作要领是:在实体显微镜下手持显微刀或显微玻璃针对胚胎进行方向分割操作,一般将胚胎放在玻璃或塑料培养皿中进行,皿底要事先打磨,制成磨砂面,在皿中加入 20% 小牛血清(NCS)的 PBS 液滴,并切割胚胎。在实体显微镜下,拨动胚胎,使其对称轴与玻璃针方向平行,然后将玻璃针置于胚胎的正中部,将胚胎一分为二。

在家畜中,通过胚胎分割,增加可移植胚的数量,有助于提高家畜的繁殖力,促进优良品种的推广。20 世纪 70 年代以来,随着胚胎培养和移植技术的发展,哺乳动物胚胎分割取得了突破性进展,并在多种动物上获得成功。目前,我国牛羊胚胎分割技术已达到国际先进水平,有些省份已开始在生产中应用。在进行胚胎分割研究的同时,还进行了冻胚分割和分割胚冷冻的研究,获得了多种动物的同胚双生后代。

6.性别控制技术

动物的性别控制是指通过人为地干预或操作,使动物按人们的愿望繁殖所需性别后代的技术。性别控制的技术主要采用两条途径,一是 X 精子与 Y 精子的分离,二是胚胎性别鉴定。通过对家畜的性别进行控制,可以达到以下效果:提高畜牧业的经济效益,减少性连锁遗传病的发病率,加快珍稀动物的繁殖和保种进程,加快奶畜群的更新。例如,奶牛、奶山羊、犬、兔和家禽的雌性后代价值较雄性高,尤其是奶畜;肉牛、绵羊和猪则以雄性增重快,肉质优,往往希望多产雄性后代。因此,实现家畜性别控制,可成倍地提高畜牧业的经济效益。

常用的性别控制与鉴定方法有以下两种。

①X 精子与 Y 精子的分离。家畜性别是在受精时决定的,因此,分离动物精液中 X 精子和 Y 精子是解决家畜性别控制的关键问题。人们根据 X、Y 两种精子在形态、比重、活力和表面膜电荷等方面的差异,采用了流式细胞仪分离法、沉降法、密度梯度离心法、凝胶过滤法、电泳法和免疫学方法等多种精子分离技术,对家畜的精子进行分离。其中流式细胞仪分离法分离 X、Y 精子的准确率为 90% 以上,精子分离后的受精效果以及产生后代性别的准确性均较为满意。

②胚胎性别鉴定。胚胎性别鉴定主要是通过鉴定胚胎的性别控制出生的性别比。胚胎性别鉴定方法主要有细胞学方法、免疫学方法和分子生物学方法等。

细胞学方法:细胞学方法是经典的胚胎性别鉴定方法。胚胎的核型是固定的(XX 或 XY),各种家畜的染色体数目虽然不一样,但在早期胚胎发育过程中雌性胚胎中的一条 X 染色体处于暂时失活状态。因此,从胚胎取出部分细胞直接进行染色体分析或体外培养后在细胞分裂中期进行染色体分析,可对胚胎进行性别鉴定,其准确率可达 100%。

免疫学方法:利用 H-Y 抗血清或 H-Y 单克隆抗体检测胚胎上是否存在雄性特异性 H-Y 抗原,从而鉴定出胚胎的性别。通常用间接免疫荧光法检测胚胎 H-Y 抗原确定胚胎性别。

分子生物学方法:通过 PCR 扩增技术检测染色体上的雄性特异的 SRY 基因的有无,有则为雄性,无则为雌性。该方法是近年来发展起来的一种性别鉴定的新方法。也可以将胚胎取下少量细胞提取 DNA 与 Y 染色体特异 DNA 序列(DNA 探针)杂交,若结果为阳性,则为雄性胚胎,否则为雌性胚胎。

7. 发情,排卵及分娩控制

发情和排卵控制可以有效地干预家畜繁殖过程和提高家畜繁殖力。它包括诱发发情、同期发情和超数排卵等技术措施。例如,人们为了最大限度地提高母畜的繁殖效能,希望在非配种季节或哺乳乏情期使母畜发情配种,或使产单胎的绵羊能够产双胎,或使一群母畜在特定的时间内同时发情。这些愿望利用某些外源激素对母畜处理即可实现,使母畜按照要求在一定时间发情、排卵和配种。

诱发发情即人工引起母畜发情,指在母畜乏情期内(如绵羊的非繁殖季节、母猪哺乳期、奶牛产后长期不发情)用外源激素或其他方法引起母畜正常发情并配种的繁殖方法。

同期发情又称同步发情,它利用某些激素制剂人为地控制并调整一群母畜同期发情的进程,使之在预定的时间内集中发情,以便有计划地合理地组织配种。同期发情的优势在于:①有利于推广人工授精技术,更迅速、更广泛地应用冷冻精液进行人工授精;②同期发情的配种和妊娠分娩等过程相对集中,便于商品家畜和畜产品成批上市,对于现代畜牧业的管理有很大的实用价值。

排卵控制包括控制排卵时间和控制排卵数。准确地说,控制了发情就控制了排卵时间。但这里所说的控制排卵时间,实际上是利用外源促排卵激素进行诱导排卵,以代替体内促性腺激素影响发生的自然排卵。控制排卵数是指利用外源激素增加排卵数。通常在进行胚胎移植时,对供体母畜需要进行超数排卵处理,或者限制性地适当增加排卵数,以达到产多胎的目的。例如,使母羊由原来产单胎增加为产双胎,或使通常产双羔的母羊增加为产三羔。

诱发分娩就是在认识分娩调控机制的基础上,利用外源激素模拟发动分娩的激素变化,调整分娩进程,促使分娩提前到来。随着养殖业的规模化、集约化,诱发同期分娩便于有计划、有组织地安排人员护理,可降低新生仔畜或孕畜在分娩期间的伤亡率。

8.2.3 生物技术与动物饲料工业

生物技术在饲料中的研究与应用,对于推动和维持我国在 21 世纪的畜牧业高效、持续、健康地发展,具有特别重要的意义。国外已在这方面进行了大量研究,并取得了明显的进展。具体来说,主要有以下几个方面。

(1)DNA 重组生长激素的研究与应用

大量研究表明,给奶牛注射 DNA 重组生长激素(商品名 BST)能提高产奶量 $15\%\sim30\%$,其在奶中的残留在允许范围内。美国食品和药物管理局(FDA)已于 1993 年 11 月正式批准牛 BST 上市。重组猪生长激素(商品名 PST)的试验研究表明,注射 PST 能提高猪生长速度 $10\%\sim30\%$,改善饲料转化率 $5\%\sim15\%$,提高胴体瘦肉率 $10\%\sim20\%$,此产品正在 FDA 的审批中。另一方面,人们正在研究因使用 BST 和 PST 引起的动物营养量的变化,如氨基酸和钙、磷需要量的变化等。

(2)发酵工程技术研究与应用

大多数饲用酶制剂、添补氨基酸、饲用维生素、抗生素和益生素是由微生物发酵生产的。

①饲用酶制剂在畜禽饲料中的应用。由微生物发酵生产的饲用外源酶制剂包括 β-葡聚糖酶、戊聚糖酶和植酸酶等。将 β-葡聚糖酶、戊聚糖酶添加于以大麦、小麦、黑麦、燕麦和淀粉为主的畜禽饲料中,能分解饲料中的抗营养因子葡聚糖和戊聚糖,提高养分的消化利用,从而提高了饲料效率。将植酸酶添加到鸡、猪饲料中,能明显提高以植物性原料为主的饲料中植酸磷的消化利用,降低无机磷的添加量,故能有效地减少磷排出对环境的污染,还能提高氨基酸和其他矿质元素的消化利用。转基因技术生产的外源酶制剂因质量高、售价低而越来越多地应用于畜禽饲料中。

②饲用添补氨基酸和维生素在畜禽饲料中的应用。由微生物发酵生产的饲用添补氨基酸(赖氨酸、蛋氨酸、色氨酸和苏氨酸等)添加到畜禽饲料中,可降低饲料粗蛋白水平,提高饲料蛋白质的利用效率,减少非必需氨基酸的过量,平衡氨基酸的比例,因而可进一步提高动物的生产性能,同时可以减少氮排出对环境造成的污染。由微生物发酵生产的维生素(A、D、E、C)添加到畜禽饲料中,除用于纠正畜禽的维生素缺乏症外,还可以增进动物的免疫应答能力,提高抗病毒、抗肿瘤和抗应激能力,改善肉质。随着畜禽养殖业的规模化、集约化与饲料工业的迅猛发展,必将需要大量的外源氨基酸和维生素,因此,需要不断深入研究微生物发酵生产外源氨基酸和维生素的高新技术。

③抗生素和益生素在畜禽饲料中的应用。在畜禽饲料中添加抗生素,能抑菌抗病,促进养分吸收,改善饲料转化效率,使家禽的生长加快;但抗生素易产生抗药性和组织残留,最终危及人类的健康。益生素是指可以直接饲喂动物并通过调节动物肠道微生态平衡达到预防疾病、促进动物生长和提高饲料利用率的活性微生物或其培养物,我国又称为微生态制剂或饲用微生物添加剂。可用作益生素的微生物种类很多,美国食品和药物管理局(1989 年)规定允许饲

喂的微生物有 42 种。我国 1999 年经农业部批准使用的微生物品种有 12 种,分为乳酸菌类、芽孢杆菌类和酵母菌类三大类。生产上使用的益生素有两种:一种为单一菌属组成的单一型菌制剂,另一种为多种不同菌属组成的复合型菌制剂。一般来说,后者比前者更能促进畜禽生长及提高饲料利用率。将益生素添加到畜禽饲料中饲喂,益生素可在胃肠道中的黏膜细胞上抢先附着,并大量繁殖,建立优势菌群,从而能够抑制、排除胃肠道内有害菌,产生各种消化酶及合成微生物,增加有益微生物的数量,增强机体免疫功能,从而促进动物的健康和生长。益生素可视为抗生素的天然替代物,所以饲用益生素有很好的应用前景。

(3)寡肽、寡糖添加剂研究与应用

最新研究表明,某些氨基酸组成的寡肽能在动物胃肠道不被水解、不受抗营养因子的干扰而直接被吸收,且比单个氨基酸的吸收快。此外,某些寡肽能刺激瘤胃内纤维分解菌的生长及在动物体内发挥激素功能,故以寡肽作为饲料添加剂正引起人们的兴趣,这方面的研究正在继续深入。碳水化合物传统上是供给动物作能源的,但最新的研究表明,寡糖不仅能刺激益生菌的生长、抑制有害微生物的生长、提高机体的免疫能力、增强抗病力,而且能有效破坏饲料中的黄曲霉毒素,消除此毒素对动物的有害影响。寡糖添加剂既有抗生素的作用,又没有抗生素的抗病性和残留问题,而且还有抗生素不具备的特性,因此有人把此类添加剂也称为"益生素"。由于寡糖添加剂的应用效果受到寡糖种类、饲料组成和饲养条件等很多因素的影响而效果不恒定,目前该类添加剂还处于试验研究阶段,距实际应用还有较大的差距。

(4)天然植物提取物的研究开发

开发天然药物以替代现有抗生素和化学合成药物饲料添加剂也是发展的一个方向。国外所采用的方法是以有效成分作为研究天然药物的出发点,通过现代高新科技手段进行有效成分的提取、分离或合成,制成产品。如以常山酮为主要成分的抗球虫药"速丹",荷兰 Allteclf 公司从丝兰属植物中提取出消除粪臭素的活性成分"CU"等。

(5)有机微量元素添加剂研究与应用

与无机态微量元素添加剂比较,有机微量元素络合物或螯合物有如下优点:不吸潮结块,有利于预混生产;不氧化破坏维生素,便于微量元素与维生素混合生产预混料;在胃肠道不易受抗营养因子的干扰而更多地被吸收利用,同时减少微量元素排出造成的环境污染;在体内有特殊的代谢途径,能增强动物的免疫机能、抗应激能力以及改善肉质,且不影响其他元素的代谢。因此,这类有机产品在饲料工业中有很好的应用前景。

(6)营养重分配剂研究与应用

营养重分配剂可以调控动物体内的营养代谢途径,把用于生产脂肪的养分转向肌肉生产。如 β-肾上腺素等兴奋剂在改善动物生产性能、提高胴体肌肉含量和降低胴体脂肪含量上有明显效果,且不影响肉质,但其安全性尚需进一步评估。

8.2.4　畜禽基因工程疫苗

常规疫苗制备工艺简单,价格低廉,且对大多数畜禽传染病的防治是安全有效的,但也有一些病毒需要基因工程技术开发新型疫苗。它们包括:①有些不能或难以用常规方法培养的病毒,如新城疫弱毒株;②常规疫苗效果差或反应大,如传染性喉气管炎疫苗;③有潜在致癌性或免疫病理作用的病毒,如白血病病毒、法氏囊病病毒、马立克氏病病毒;④能够降低成本,简化免疫程序的多价疫苗,如传染性支气管炎血清。基因工程可以生产无致病性的、稳定的细菌疫苗或病毒疫苗,同时还能生产与自然型病原相区分的疫苗,它提供了一个研制疫苗的更加合理的途径,将大大有助于畜禽传染病的诊断和预防。目前的基因工程苗主要有以下几种。

(1)基因工程亚单位苗

将编码某种特定蛋白质的基因,经与适当质粒或病毒载体重组后导入受体细菌、酵母或动物细胞,使其在受体中高效表达,提取所表达的特定多肽,加免疫佐剂即制成亚单位苗。

(2)基因工程载体苗

这类疫苗是将外源目的基因用重组 DNA 技术克隆到活的载体病毒中制备疫苗,可直接用这种疫苗经多种途径免疫家禽。目前以鸡痘病毒为载体的新城疫病毒 F 和 HN 基因重组活载体苗已在美国获得商业许可。

(3)基因缺失疫苗

通过基因工程手段在 DNA 或 cDNA 水平上造成毒力相关基因缺失,从而达到减弱病原体毒力,又不丧失其免疫原性的目的。基因缺失疫苗的复制能力并不明显降低,故其所导致的免疫应答不低于常规的弱毒活疫苗。

(4)基因疫苗

基因疫苗是指将含有编码某种抗原蛋白基因序列的质粒载体作为疫苗,直接导入家禽或家畜体内,从而通过宿主细胞的转录系统合成抗原蛋白,诱导宿主产生对该抗原蛋白的免疫应答,达到免疫的目的。该疫苗又称为 DNA 疫苗或核酸疫苗。这种免疫称为基因免疫、核酸免疫或 DNA 介导的免疫。

(5)合成肽苗

合成肽苗是根据病毒基因的核苷酸序列推导出病毒蛋白质的氨基酸序列,从而人工合成病毒抗原相对应的多肽,生产合成肽苗。目前合成肽苗的研究主要是合成多价苗,并向改善畜禽品质和提高生产性能方向发展。

在实际的畜禽生产中,常规方法制备的疫苗仍然在预防畜禽传染病上占有主要地位,而且在将来很长一段时间仍会持续。但在生产疫苗的最佳途径和方法以及改进和提高现有疫苗的质量的探索中,常规疫苗中的联苗与多价苗及应用现代生物技术研制新型基因工程疫苗是今后畜禽疫苗发展的重要方向。

8.2.5 动物生物反应器

DNA 重组技术的诞生,为人类建立生物表达系统生产昂贵的药用蛋白质提供了途径。尽管利用 DNA 重组技术在微生物中表达外源蛋白质的技术已经成熟,但是该系统不能对真核蛋白质进行加工,而这个加工对于某些蛋白质的生物活性非常重要;大肠杆菌、酵母和哺乳动物细胞基因工程表达系统成本高,分离纯化复杂。为此,许多研究人员就把生产药用蛋白质的生物表达系统的研究定位到转基因动物上。研究表明:利用转基因动物生产的药用蛋白质具有生物活性,而且纯化简单、投资较少、成本较低,对环境又没有污染。转基因动物就犹如天然原料加工厂,只要投入饲料,就可以获得人类所需要的药用蛋白质。

（1）乳腺生物反应器

哺乳动物乳汁中蛋白质含量为 30～35 g/L，一头奶牛每天可以产出奶蛋白 1000 g，一只奶山羊可以产出奶蛋白 200 g。由于转基因牛或羊吃的是草，产出的是珍贵的药用蛋白质，生产成本低，获得的经济效益却很高。

许多药用蛋白质已经通过乳腺生物反应器生产出来。荷兰科学家研制出了转人乳铁蛋白基因的牛，乳铁蛋白能促进婴儿对铁的吸收，提高婴儿的免疫力、抵抗消化道感染；接着又培育出促红细胞生成素的转基因牛，红细胞生成素能促进红细胞生成，对肿瘤化疗等红细胞减少症有积极疗效，是目前商业价值最大的细胞因子之一。英国科学家成功培育了 1-抗胰蛋白酶（ATT）转基因羊，ATT 具有抑制弹性蛋白酶的活性，用于治疗囊性纤维化和肺气肿。美国与日本合作，开发出的凝血酶原Ⅷ已进入临床试验阶段。正在研制的乳腺生物反应器药还有人溶菌酶、谷氨酸脱羧酶、人骨胶原蛋白、人凝血因子Ⅸ等。

（2）其他生物反应器

除了乳汁之外，转基因动物的其他蛋白质产品同样也可以生产药用蛋白。如用转基因动物的血液生产人的血红蛋白可以解决血液来源问题，同时避免了血液途径的疾病感染。已经有转基因猪表达出人的血红蛋白，虽然采血没有挤奶方便，但血液的巨大市场以及猪的快速繁殖能力，仍然使其显示了诱人的前景。利用鸡蛋生产重组蛋白的研究正在开展。鸡蛋的蛋白质组成及其生物合成机理均已十分清楚，为鸡蛋生产重组蛋白提供了条件。鸡蛋中可以积累大量的免疫球蛋白，转基因鸡的蛋用来生产重组的免疫球蛋白，用途较为广泛；同时，鸡的成熟期短，饲养管理简单，成本低廉。这些都成为输卵管作为生物反应器的优势。

8.2.6 核移植技术及其在养殖业中的应用

核移植是将动物早期胚胎或体细胞的细胞核移植到去核的受精卵或成熟卵母细胞中、重新构建新的胚胎，使重构胚发育为与供核细胞基因型相同后代的技术，又称动物克隆技术。动物克隆技术发展迅速，在生产和生活中已产生了广阔的应用前景。克隆技术在动物生产上有着十分重要的作用，主要表现如下。

（1）克隆具有巨大经济价值的转基因动物

自从显微注射法建立以来，对受精卵细胞的细胞核进行 DNA 显微注射，一直是获得转基因动物的唯一手段，但转基因整合到动物基因组的效率很低，只有 0.5%～3%经显微注射的受精卵可以产生转基因后代。而对大动物如羊、猪等转基因整合到基因组的水平更低。

基因打靶与核移植技术相结合后为生产乳腺生物反应器提供了绝好的途径。该法的优点在于使基因转移效率大力提高，转基因动物后代数迅速扩增，所需动物数减少 2.5 倍之多。对于与性别有关的性状（如利用乳腺反应器生产蛋白质必须在雌性个体完成）可以进行人为控制。转基因克隆动物技术优于传统的显微注射法的另一个表现是它能实现显微注射法不能实现的大片断基因转移，更重要的是在胚胎移植前就已选好了阳性细胞作为核供体，这样最终产生的后代 100%是阳性的。

（2）扩大优良种畜

优良的家畜和家禽品种是重要的生产资料，更是农业生产力的重要组成部分。进行优良品种的培育,对提高养殖业的经济效益具有重大意义。研究人员选用个体性能优良的家畜,以其体细胞为核供体进行细胞核移植,扩大优良畜种。

例如,为了获得高产奶牛,可以取高产奶牛的体细胞进行体外培养,然后将体细胞核注入到去核卵母细胞中,使其发育到多细胞胚胎,再把它移入到普通奶牛的体内。这样,生产出的奶牛具有高产的优良性状,从而加快育种速度并减少种畜数量,更好地实现优良品质的保存。

(3)挽救濒危动物

保存现有的遗传资源是一项非常紧迫而又艰巨的工作,尤其是挽救濒临灭绝的珍贵动物物种。我国十分重视对动物遗传资源的保护,投入了大量资金用于新技术保种的尝试。体细胞克隆技术的问世使动物物种资源的保存看到了新的希望。体细胞克隆技术可以使一个动物体细胞变成一只动物,因此可以增加濒危动物的个体数量,避免该物种的灭绝。

8.2.7 胚胎干细胞技术在养殖业中的应用

胚胎干细胞(ES)在养殖业中同样具有广阔的应用前景。

(1)生产转基因的动物

通过 ES 细胞基因打靶途径建立转基因动物模型是目前最常用的转基因动物制备方法。该方法将重组子的筛选工作从传统的动物个体筛选提前到了 ES 细胞水平筛选,明显简化了实验步骤,加快了实验过程。但当重组的 ES 被植入胚泡腔内发育成嵌合体时,仍有相当数量的个体的生殖系统中并不存在重组基因组,需通过繁杂的测交工作以确定能稳定遗传的嵌合体,这是建立纯系转基因动物的一个障碍。

(2)生产克隆动物

将 ES 细胞核移植到去核卵母细胞,再在代孕受体子宫中发育成动物个体,与重组 DNA 技术结合可以高速改良和生产优良品种。因此,动物体细胞育种是未来现代化、工厂化和分子育种等高技术的基础。

(3)研究细胞分化

细胞分化是发育生物学的核心问题之一。在哺乳动物中,胚胎数量较少,又生长在子宫中,看不见、摸不着,而且细胞之间的关系极为复杂,使得分析单个信号的作用十分困难。ES细胞体外培养定向诱导分化体系的建立,避开了这些障碍,将复杂问题简单化,为细胞内及细胞外的分化调节因子提供了一个相对单纯的反应环境,以利于阐明每个调节因子的作用机制,进一步探讨细胞间与局部环境对分化的影响。

(4)研究发育的基因调控

随着 ES 细胞的分离成功,它为引进少数遗传突变进入基因库提供了一条理想的途径。因为 ES 细胞可以在体外培养条件下事先对突变进行筛选,然后通过嵌合体的办法传递到生殖系,故 ES 细胞很适宜用作发育的遗传分析,是哺乳动物发育的基因调控分析的理想工具。最近,已有研究者把 ES 细胞技术与诱捕载体结合起来,为发现和筛选与小鼠发育有关的重要基因提供了有效的方法。

总之,ES 细胞在培养的细胞与个体发育之间架起了桥梁,在体细胞与生殖细胞之间架起了桥梁。用同源重组的方法加上一定的选择系统对 ES 细胞进行基因打靶,可把外源基因定点掺入、内源基因定点敲除。所以有了 ES 细胞,我们就可以在试管内改造动物和创造动物新品系,可以通过基因操作来生产生长快、抗病力强和高产的家畜品种,以及利用奶牛来生产具有重大医用价值的药物。此外,可以把 ES 细胞做上标记,转入胚胎中研究发育和分化的规律及基因调控。利用 ES 细胞还可以为临床提供器官移植或器官修复的原材料。因此,ES 细胞与基因工程和胚胎工程结合将使畜牧业和医药工业发生重大革命,为人类创造更加美好的未来。

第 9 章　现代生物技术在能源领域的应用

9.1　微生物技术在石油开采中的应用

石油是在多种微生物长期直接作用下形成的。没有众多微生物的改造和分解作用,古代的生物遗体不可能变成现在的化石能源。石油是一种复杂的烃类混合物,常存在于地下的地质沉积岩层中。这些烃类可以气态、液态或沥青质固态存在。气态烃常伴随液态烃存在,它一般是从甲烷到乙烷的小分子饱和烃混合物。液态烃俗称原油,含有上千种化合物。原油和天然气存在于地下沉积岩层中,形成贮油岩层。人们通过多种方法发现油田和开采油田,为人类提供重要的能源。在发现开采油田的过程中,微生物越来越起着重要的作用。

9.1.1　利用微生物勘探石油

常规的石油开采是利用地震法、地球物理法和地球化学法进行勘探。在石油勘探中,地球地层结构的复杂性,常常使勘探结果的可靠性降低,有时还会造成开采失误,浪费了人力和物力。为了尽可能地减少损失,人们一直致力于新的勘探技术的研究,以期获得比较可靠的结论,并从中准确地定出钻井和开采位置。20 世纪 60 年代以来,利用微生物勘探石油的技术一直受到国内外的广泛关注,尤其是近十几年来,微生物勘探石油技术的迅速发展已经取得了较好的经济效益。

很早以前,人们就发现在油气矿藏的附近,一些生物会产生某种特异变化,于是,就利用这种生物形态的特性来寻找油气资源,并且很快发展成为一门完善的专业技术。地下烃类向地表渗透,会使地表和地球化学环境发生变化,从生物圈角度来看,无论是植根于地下的较高等植物,还是散布于其间的低等生物都会由此发生变异。用现代手段分析检测这种变异,再经过适当的数据处理,就能达到预测油气矿藏的目的。美国一些油田曾对地表生长的草本植物——灌丛滨藜进行了系统的微量元素测量,结果发现在产油区边界上长大的这种植物,由于微渗透烃类在土壤上部的氧化,使植物对过渡元素(铁、锰、钒)的吸收加强,而对碱土元素(钙、锶、钡)的吸收减弱。在油气田地表底土中存在着能利用气态烃作为碳源的微生物,这些微生物在土壤中的含量与土中的烃浓度存在着对应关系,这些微生物就可作为勘探地下油气矿藏的指示菌,常用的有甲烷氧化菌、乙烷氧化菌、丙烷氧化菌、丁烷氧化菌和己烷氧化菌等。测量微生物群落的耐毒性,也是一种颇为新颖的生物找油方法。由于向地表渗漏的烃类常常吸附金属离子,因此近地表毒素富集成了微生物群落所必须适应的环境。通过微生物质粒的遗传突变,形成了能耐受环境中毒素的种群,耐毒性大小与环境的毒素浓度成正比,其大小具有检测和统计的意义。这种方法既能探测石油矿藏,也能探测天然气矿藏。随着生物技术的拓宽和深化,研究生物形态、变异与石油的相关规律将会取得进一步发展,有可能在目前尚未开发的区域,比如深山密林、深海谷底、冰川、南北极等地域,会探测到更多的油气矿藏。1957 年有人报道,用微生物勘探确认的 16 个油气矿藏中,就有 13 个是具有开采价值的油气田。

近十几年来,虽然随着计算机应用的普及和先进的分析技术的不断涌现,勘探石油的技术不断提高,但利用微生物勘探石油这一生物工程技术仍是一项行之有效的辅助性并具有科学性的技术。

9.1.2　利用微生物二次采油

在石油开采过程中,钻油井并建立一个开放性的油田是开采石油的首选采油技术。石油通过油层的压力自发地沿着油井的管道向上流出、喷出或被抽出。但是依靠油层自身的压力来采油,其采油量仅仅占油田石油总储量的 1/3 左右,其余石油的开采就需要借助其他采油技术。强化注水是二次采油广泛应用的有效增产措施,注水的目的是进一步提高油层的压力。多年来的生产事例已经证实,用注水法能使采油量由原来的 30% 提高到 40%～50%。

利用微生物采油也是二次采油的重要技术之一,微生物采油的目的是利用微生物发酵技术进一步获得更多的石油开采量。其基本原理为:利用微生物在油层中发酵产生的大量酸性物质及 H_2、CO_2、CH_4 等气体,降低原油的黏度,使原油能从岩层缝隙中流出而聚集,便于开采。此外,微生物还可产生表面活性剂,降低油水的表面张力,把高分子碳氢化合物分解成短链化合物,使之更容易流动,避免堵住输油管道。例如,磺弧菌属和梭状芽孢杆菌属中的许多微生物能在油层中生长繁殖,它能代谢产生一定量的酸和 H_2、CO_2 等气体,改善油层的黏度并增加气压,从而使油田中剩余的油继续向上喷。据报道,微生物技术处理后的采油量可提高 20%～25%,有的甚至达到 30%～34%。

美国德克萨斯州一口 40 年井龄的油井中,加入蜜糖和微生物混合物,然后封闭,经细菌发酵后,出油量提高近 5 倍。澳大利亚联邦科学研究院和工业研究所组织的地学勘探部也曾利用细菌发酵工艺使油井产量提高近 50%,并使增产率保持了一年。

9.1.3　利用微生物三次采油

尽管利用气压、水流、微生物产酸和释放气体以及内热技术等方法均能提高石油开采率,但油层中仍有占原油田 30%～40% 的油气量需要设法进一步开采,因此才有了三次采油的措施。在三次采油工艺中,主要是利用微生物分子生物学技术,构建能产生大量 CO_2 和甲烷等气体的菌株,把这些菌株连同它们所需要的培养基一起注入到油层中,这些菌株在油层中不仅产生气体增加井压,而且还能分泌高聚物、糖脂等表面活性剂,降低油层表面压力,使原油从岩石中、沙土中松开,黏度降低,从而提高采油量。

利用微生物发酵产物可以进一步降低石油与注入水之间的黏度差,减轻由于注入的水不均匀推进所造成的死油现象。微生物发酵产物可以让注入的水在渗透率不同的油层中均匀推进,提高采油率,延长油井的使用寿命。

油田注入水中的硫酸盐还原菌、腐生菌、铁细菌、硫细菌等,会在油层中大量繁殖并不断沉积菌体代谢产物,使地层渗透率发生变化,造成地层堵塞,影响产油量。尤其是硫酸盐还原菌,它能把硫酸盐还原成 H_2S,生成硫化亚铁沉淀,或者直接使硫酸盐与含钙的盐类生成硫酸钙沉淀,引起地层堵塞。通过添加另类微生物,使之代谢产酸、溶解沉淀,是消除地层堵塞的有效方法。另外,产酸菌发酵产生的大量酸性物质,可以提高水的酸度,降低地层堵塞现象。

利用黄单胞菌属发酵生产杂多糖,在杂多糖中加入甲醛改性后,作为增黏剂与油井注入水混合,因为该混合物具有耐热的特点,能进一步增强油和水之间的溶解度,有效减少死油现象,提高产油率。

1981 年,美国利用微生物发酵技术多产油 2000 万桶,价值 6 亿美元。1989 年,前苏联《能源》刊物介绍,在开采钻井的同时便在油层内注入细菌,通过菌体发酵的代谢产物来改善水和油的黏度差,增加了水驱油的能力,提高了油的流动性,使开采率得到大幅度提高。据报道,英国科学家已经获得一株能在 92℃ 下生存的厌氧菌,这种细菌能够在油层深部、温度较高、压力较大的原油中生长,为开采油田深部区域的原油提供了可能。

9.2　未来石油的替代物——乙醇

20 世纪,科学家利用石油作为主要能源为人类社会发展作出了巨大的贡献。但随之也出现了两个严重的问题:一是石油为不可再生的资源,由于大量开采,消耗过快,已面临枯竭;二是石油作为燃料引起了严重的环境破坏,特别是 CO_2 的温室效应。怎样才能解决这样的问题呢? 燃料乙醇的发展为我们提供了思路。

9.2.1　燃料乙醇的意义

燃料乙醇是指体积浓度达到 99.5% 以上的无水乙醇。燃料乙醇是燃烧清洁的高辛烷值燃料,是可再生能源,主要是以雅津甜高粱加工而成。乙醇俗称酒精,它以玉米、小麦、薯类、糖蜜或植物等为原料,经发酵、蒸馏而制成,将乙醇进一步脱水再经过不同形式的变性处理后成为变性燃料乙醇。燃料乙醇也就是用粮食或植物生产的可加入汽油中的品质改善剂。它不是一般的酒精,而是它的深加工产品。

燃料乙醇是一种可再生能源,可在专用的乙醇发动机中使用,又可按一定的比例与汽油混合,在不对原汽油发动机做任何改动的前提下直接使用。使用含醇汽油可减少汽油消耗量,增加燃料的含氧量,使燃烧更充分,降低燃烧中的 CO 等污染物的排放。在美国和巴西等国家燃料乙醇已得到初步的普及,燃料乙醇在中国也开始有计划地发展。

1.燃料乙醇的特点

燃料乙醇的主要原料有雅津甜高粱、玉米、木薯、海藻、雅津糖芋、苦配巴树等,具有如下特点。

(1)可作为新的燃料替代品

可作为新的燃料替代品,减少对石油的消耗,解决了汽油、柴油的潜在数量有限的问题。乙醇作为可再生能源,可直接作为液体燃料,或者同汽油混合使用,可减少对不可再生能源——石油的依赖,保障本国能源的安全。

（2）辛烷值高,抗爆性能就好

作为汽油添加剂,可提高汽油的辛烷值。通常车用汽油的辛烷值一般要求为 90 或 93,乙醇的辛烷值可达到 111,所以向汽油中加入燃料乙醇可大大提高汽油的辛烷值,且乙醇对烷烃类汽油组分(烷基化油、轻石脑油)辛烷值调合效应好于烯烃类汽油组分(催化裂化汽油)和芳烃类汽油组分(催化重整汽油),添加乙醇还可以较为有效地提高汽油的抗爆性。

（3）减少矿物燃料的应用以及对大气的污染

乙醇的氧含量高达 34.7%,乙醇可以按较甲基叔丁基醚(MTBE)更少的添加量加入汽油中。汽油中添加 7.7% 乙醇,氧含量达到 2.7%;如添加 10% 乙醇,氧含量可以达到 3.5%,所以加入乙醇可帮助汽油完全燃烧,以减少对大气的污染。使用燃料乙醇取代四乙基铅作为汽油添加剂,可消除空气中铅的污染;取代 MTBE,可避免对地下水和空气的污染。另外,除了提高汽油的辛烷值和含氧量,乙醇还能改善汽车尾气的质量,减轻污染。一般当汽油中的乙醇的添加量不超过 15% 时,对车辆的行驶性没有明显影响,但尾气中碳氢化合物、NO_x 和 CO 的含量明显降低。美国汽车/油料(AQIRP)的研究报告表明:使用含 6% 乙醇的加州新配方汽油,与常规汽油相比,HC 排放可降低 5%,CO 排放减少 21%～28%,NO_x 排放减少 7%～16%,有毒气体排放降低 9%～32%。

（4）可再生能源

燃料乙醇具有和矿物燃料相似的燃烧性能,但其生产原料为生物源,是一种可再生的能源。若采用雅津甜高粱、小麦、玉米、稻谷壳、薯类、甘蔗和糖蜜等生物质发酵生产乙醇,其燃烧所排放的 CO_2 和作为原料的生物源生长所消耗的 CO_2,在数量上基本持平,这对减少大气污染及抑制温室效应意义重大。因此,燃料乙醇也被称为"清洁燃料"。

2. 燃料乙醇的正确定位

燃料乙醇是油品的优良品质改良剂,燃料乙醇不是"油"。乙醇具有许多优良的物理和化学特性。燃料乙醇按一定比例加入汽油中,不是简单作为替代油品使用,这种认识和宣传是大错而特错的。燃料乙醇是优良的油品质量改良剂,或者说是增氧剂。它还是汽油的高辛烷值调合组分。它是和我国石油行业在 20 世纪 90 年代后期为提高油品质量才开始发展的 MTBE 起同样的作用。乙醇的增氧效果比 MTBE 要好一倍。美国法定的汽油改良剂有三种:MTBE(甲基叔丁基醚)、乙醇和 ETBE(乙基叔丁基醚),2002 年,美国能源部在给我国介绍燃料乙醇使用经验时,还庆幸我国 MTBE 刚刚起步,就选择了用燃料乙醇来替代的路子。美国走了 20 年 MTBE 的弯路之后,现在又回过头来再走乙醇代替 MTBE 的路子。美国的经验教训,可帮助我们更正确的认识燃料乙醇。乙醇汽油之所以可以改善尾气污染,改善动力,根本的原理就是乙醇里所含的内氧,部分地补充了汽油在油缸内燃烧外界供氧不足的问题,另外又较好地解决了汽油的高辛烷值组分问题,"两好合一好",使乙醇的物理化学特性得以充分的发挥。知道了这些,燃料乙醇的定位就自然正确了,把乙醇单单作为"油"的概念,会使我们进入误区,大大地折扣了燃料乙醇的功能和价值。

9.2.2　燃料乙醇的生产方法

(1)淀粉微生物发酵法

淀粉微生物发酵是我国生产酒精的主要方法。由于其可发酵性物质为淀粉,而发酵生产乙醇的高活性菌株均不能直接利用淀粉发酵酒精,因此,淀粉原料生产酒精要经过原料粉碎以破坏植物细胞组织,便于淀粉的游离,再加入淀粉酶,经过蒸煮处理,使淀粉糊化、液化,并破坏细胞形成均一的发酵液,然后再加入糖化酶将其转化为可发酵性糖后才能被微生物发酵生产酒精。其流程如下:

原料→粉碎→拌料→加入 α-淀粉酶并蒸煮→冷却至 60℃→加入糖化酶糖化→冷却至 30℃→加入酒母发酵→蒸馏→酒精。

(2)纤维素、半纤维素发酵法

由于纤维素、半纤维素发酵法原料的主要成分为纤维素或半纤维素,而目前可生产乙醇的高活性菌株均不能直接利用纤维素或半纤维素作为发酵过程中所需要的糖类物质,因此,必须对所含有的纤维素进行一系列的酸碱处理或利用纤维素酶对纤维素进行水解,使之变成微生物可利用的糖类。其流程如下:

纤维质原料→预处理→加入酸或酶形成水解液→加入酒母发酵→蒸馏→酒精。

(3)乙醇脱水制得燃料乙醇

脱水技术是燃料乙醇生产关键技术之一。从普通蒸馏工段出来的乙醇,其最高质量浓度只能达到95%,要进一步的浓缩,继续用普通蒸馏的方法是无法完成的。因为此时,酒精和水形成了恒沸物(对应的恒沸温度为78.15℃),难以用普通蒸馏的方法分离开来。为了提高乙醇浓度,去除多余的水分,就需采用特殊的脱水方法。

目前制备燃料乙醇的方法主要有化学反应脱水法、恒沸精馏、萃取精馏、吸附、膜分离、真空蒸馏法和离子交换树脂法等。

乙醇汽油的保质期只有一个月。过了保质期的乙醇汽油容易出现分层现象,在油罐油箱中容易变浑浊,打不着火。

乙醇汽油对环境要求非常高,非常怕水,而且保质期短,因此销售乙醇汽油要比普通汽油在调配、储存、运输、销售各环节要严格得多。一般小油站不出售乙醇汽油。

9.2.3　燃料乙醇的发展状况

(1)燃料乙醇在国外的发展状况

目前,世界上使用燃料乙醇时间最长、成效最大的国家应当是巴西和美国。由于乙醇和汽油在燃料性能上的差别,世界上对乙醇汽油的使用方法也不同,一般分为两大类。用汽油发动机的汽车,乙醇加入体积分数为 5%~22%;用乙醇专用发动机的汽车,乙醇加入体积分数为 85%~100%,世界上已有约 400 万辆这样的汽车在运行。20 世纪 70 年代末,在石油危机的背景下,美国为减少对进口原油的依赖制定了"乙醇发展计划",开始大力推广车用乙醇汽油。作为重要能源战略,美国还制定了相关的法律和扶持政策,对车用乙醇汽油的生产和使用给予财政补贴。美国主要以玉米为原料生产燃料乙醇,所耗玉米占全美玉米总产量的 7%~8%。1990 年,全美燃料乙醇销售量为 265 万 t,到 2000 年达 559 万 t,年均增长率为 20%。1999 年,美国环保局与国会合作,针对汽油增氧剂 MTBE(汽油添加剂甲基叔丁基醚,由于汽油含氧量极低致使燃烧不充分,添加该物质后可使汽油较充分燃烧,但该物质有很强的致癌性和毒性,经汽车尾气排出后非常易于渗入地下水,造成水污染)对地下水资源的污染,研究了 2002—2011 年期间新的国家"清洁燃料替代"计划,一些州已明令禁止使用 MTBE。美国推广使用车用乙醇汽油,不但在一定程度上缓解了石油供求矛盾,同时由于扩大了玉米消费市场,从而刺激了农业生产,增加了农民收入;另外,还有效降低了汽车尾气中有害气体的排放,改善了环境和空气质量,经济效益和社会效益得到显著提高。巴西政府于 1975 年推行车用乙醇汽油计划,并在税收、补贴和优惠贷款等方面对燃料乙醇产业发展实施了完整的支持政策。与美国不同的是,巴西是以甘蔗、糖蜜、砂糖为主要原料生产燃料乙醇。2000 年该国燃料乙醇总产量达 793 万 t,约占该国汽油消耗总量的 1/3。目前巴西是世界上最大的燃料乙醇生产和消费国,也是唯一不使用纯汽油作为汽车燃料的国家。

欧盟每年约生产 176 万 t 酒精。1997 年只有 5.6% 用于燃料。1994 年欧盟通过决议,给予生物燃料的中试工厂以免税,并在 2010 年使燃料酒精的比例达到 12%。因此一些后续的国家如荷兰、瑞典和西班牙也出台了生物能源计划。

泰国是亚洲第一个由政府开展全国生物燃料项目的国家。在短短的两年时间内,泰国成功地开展了乙醇和燃料酒精项目,这些项目提供了利用过剩的食用农产品的途径,对提高泰国农村几百万农民的生活水平起到了积极作用。

印度是仅次于中国的亚洲第二大酒精生产国。设计的生产能力约为 200 万 t,实际开工率为 50% 左右。主要原料糖蜜每年用量为 500 万 t。印度的酒精 50% 用于著名的印度香料和各种有机合成。政府对不同用途的酒精收以不同的税率。政府一度暂时停止食用酒精的生产,导致了酒精产量的下滑。尽管印度的糖蜜资源不够,但是印度政府还是准备效法巴西推出"酒精汽油计划"。

(2)燃料乙醇在国内的发展状况

我国推广使用车用乙醇汽油,燃料乙醇的加入量初步确定从体积分数为 10% 起步。这样做的好处是,现有车辆和加油装置,不需任何改装,油耗、动力基本不受影响,汽车尾气的污染可大幅度降低,又不消耗过多的粮食。燃料乙醇的国家标准 GB 18350—2001 和车用乙醇汽油的国家标准 GB 18351—2001 已于 2001 年颁布并实施。我国燃料乙醇使用区域和数量从 2001 年开始,先后在河南、黑龙江开始,采取地方立法的手段在试点城市封闭运行。河南先在南阳、洛阳、郑州三市使用车用乙醇汽油,2001 年消耗了 147 t 燃料乙醇,2002 年消耗了约 500 t 燃料乙醇。黑龙江先在肇东和哈尔滨使用车用乙醇汽油,2001 年消耗了 127 t 燃料乙醇,2002 年消耗了约 500 t 燃料乙醇,目前燃料乙醇需求逐年增加,供需状况良好。经过 5 年的试点和推广使用,我国生物乙醇汽油在生产、混配、储运及销售等方面已拥有较成熟的技术。我国对生产燃料乙醇制定了一系列财政扶持政策:免征燃料乙醇 5% 的消费税;燃料乙醇的增值税实行先征后返;使用陈化玉米原料生产燃料乙醇执行陈化粮补贴政策;项目新增建设用地有偿使用费上缴中央部分实行先征后返;通过调整原料玉米价格来实现燃料乙醇保本微利等。2005 年,随着党中央国务院建设节约型社会的号召,更多的省份和城市开始使用乙醇汽油。

截至 2006 年 6 月,我国已形成燃料乙醇 102 万 t 年生产能力、年混配 1020 万 t 生物乙醇汽油的能力,生物乙醇汽油的消费量已占到全国汽油消费总量的 20%。2006 年,我国燃料乙醇的生产达到 130 万 t。

2006 年我国全年粮食产量超过 4.9 亿 t,实现三年的连续增产,但粮食总的供求关系还是处在一个紧平衡的状态。玉米这几年的加工能力扩张得比较快,2005 年,全国玉米深加工能力已经达到了 500 亿公斤,实际加工消耗是 250 多亿公斤,2006 年加工能力达到了 700 亿公斤,实际加工也接近 350 亿公斤。深加工对于玉米的消耗也造成了玉米供求状况的变化,带动了价格的上涨。据预测,2007 年粮食价格将上涨 6% 左右,涨幅高于 2006 年,粮、油等食品价格上涨将成为推动 CPI 上涨的主要因素。此前,国家发改委要求各地不得以加工玉米为名,违规建设生物燃料乙醇项目,盲目扩大玉米加工能力。在这种大背景下,发展燃料乙醇产业是否会影响中国的粮食安全,成了一个热议话题。

2006 年中国玉米产量 1.385 亿 t,其中饲料用量是 9600 万 t,3020 万 t 是工业用量,燃料乙醇所用的玉米量只占工业用量的 1/10,玉米总产量的 2% 多一点,所以不存在争粮的嫌疑。

目前我国发展非粮乙醇的可行之路,在于发展用甜高粱、甘薯、木薯等原料来替代粮食。纤维法生产乙醇技术还不成熟,美国计划用 6 年时间攻克这一技术难关。国内有企业已经实现了用纤维原料生产乙醇,但目前吨成本比粮食法要高 1000 多元。

根据《生物燃料乙醇以及车用乙醇汽油"十一五"发展专项规划》,到 2020 年,我国燃料乙醇年产量可达 1000 万 t。

其实,可再生能源会议作出的停止在建的乙醇燃料项目,这只是阶段性的选择。之前,国家发改委也多次通知,要求新上燃料乙醇项目"刹车",然而效果不尽人意。如何破解隐藏在问题背后的"发展"与"资源"之间的矛盾,却需要国家有关部门用更长的时间来求解。

9.2.4 燃料乙醇的市场方向

乙醇既是一种化工基本原料,又是一种新能源。尽管目前已有着广泛的用途,但仍是传统观念的市场范围。未来乙醇作为基础产业的市场方向将主要体现在三个方面。

一是车用燃料,主要是乙醇汽油和乙醇柴油。这就是我们传统所说的燃料乙醇市场,也是近期的(10 年内)容量相对于以后较小的市场(在我国约 1000 万 t/年)。

二是作为燃料电池的燃料。在低温燃料电池诸如手机、笔记本电脑以及新一代燃料电池汽车等可移动电源领域具有非常广阔的应用前景,这是乙醇的中期市场(10~20 年内)。乙醇目前已被确定为安全、方便、较为实用理想的燃料电池燃料。乙醇将拥有新型电池燃料 30% ~40% 的市场。市场容量至少是近期市场的 5 倍以上(主要是纤维原料乙醇)。

三是乙醇将成为支撑现代以乙烯为原料的石化工业的基础原料。在未来 20 年左右的时间内,由于石油资源的日趋紧张,再加上纤维质原料乙醇生产的大规模工业化,成本相对于石油原料已具可竞争性,乙醇将顺理成章地进入石化基础原料领域。在我国的市场容量至少也在 2000 万 t/年以上。乙醇生产乙烯的技术目前就是成熟的,随着石油资源的日趋短缺和价格的上涨,乙醇将会逐步进入乙烯原料市场,很可能将最终取而代之。如果要做一个形象而夸张的比喻的话,20 世纪后半叶国际石油大亨的形象将在 21 世纪中叶为"酒精考验"的乙醇大亨所替代。

9.2.5　燃料乙醇的经济效应

燃料乙醇生产,除了它本身的经济性及对农业、能源的好处之外,还有一些明显的关联经济效应。一方面,燃料乙醇有着巨大的环保效应,随着它的推广,可以大量节省大中城市治理空气污染的费用。北京市每年用于治理空气污染的费用需十几亿元,而现在空气污染的主要来源是汽车尾气。据环保部门监测,北京市空气污染 60%～70% 是汽车尾气造成的。在其他方面投资治理费工、费时、费资金,尾气污染重点要在"油"上下功夫,只有这样针对性强,效果才好。单乙醇汽油一个措施就可使尾气污染减少三分之一,而需要的补贴值只有 1.5 亿元左右。

另一方面,对于石化行业发展来说,燃料乙醇具有巨大的需求又是十分有利的。我国汽油的品质的提高和石化产品(化纤)的发展,目前都受到石油中高辛烷值组分的制约。提高油品质量,需要高辛烷值组分(如重整油),而发展化工和化纤(如聚酯纤维和苯系化工),也都需要高辛烷值组分。在石油中,高辛烷值组分的量是一定的(一般为石油的 6%),双方实际上在争分这有限的资源。由于用于石化和化纤效益远好于汽油,为了满足需要,每年还要专门进口高辛烷值组分原油(石脑油,每年进口 200 万 t 左右,其价格是石油的 1.5 倍),包括石化行业后来准备发展的 MTBE,也都是为了解决汽油的高辛烷值组分资源不足的问题。我们已经接受了美国的教训,已经确定了不再发展 MTBE 的产业政策,那么发展乙醇就是最好的选择。我们可以单从全国汽油品质提高所需高辛烷值组分的量来配套发展,用量也是很大的。比如说我们参照美国现行的一些配方,在汽油中只加 7.7% 的乙醇,也可以加 5.7% 的乙醇和 5% 的MTBE 混合(均属新配方汽油),年需求量至少在 200 万 t 以上。这样既解决了高辛烷值的紧缺,又节约了大量进口的外汇支出。

9.3　植物"石油"

随着能源消耗量的不断增加,煤、石油、天然气等日趋紧缺。然而,正当人们对能源的前景感到暗淡和忧虑的时候,科学家发现了新的再生能源——植物"石油"。

(1)能产"石油"的灌木

树上能长出石油来,对我们来讲是不可想象的事情,今天却已经变成了现实,而且在植物界中有很多能够生产"石油"的植物。

美国著名化学家、诺贝尔奖获得者卡尔文教授应该说是"生物石油"之父。他为寻找能产石油的植物跑遍世界,最终发现,能够产生石油的植物有很多种类。在巴西,卡尔文教授找到了当地人称为"苦配巴"的一种"石油树"。这种植物能长到 30 m 高,1 m 粗。在树干上挖个小孔,两三个小时就能够流出约 30 L 的黄色透明液体,该液体可以加工制成汽油。卡尔文还从属于大戟科的一种橡胶树中提炼出"高级汽油"。卡尔文及其他科学家发现大量可直接生产燃料油的植物大多分布在大戟科。大戟科有草本、灌木或乔木,约有290属7500种,其中包括许多经济植物,如油桐、蓖麻和橡胶树等。在大戟科中目前已知有12种是很有希望的石油树,如绿玉树、美国香槐、三角大戟这三种树的含油量较高。美国香槐有1～2 m高,用刀子划破它的树皮,就会流出胶状液体,加工后可以作为燃料。人工栽培的美国香槐每公顷可生产燃料油50桶。

其实,世界各地还有一些"石油树"。澳大利亚有一种桉树,含油率高达4.2%,1 t桉树可获得5桶的燃料。在马来西亚和菲律宾有一种高产的"石油树"银合欢,它分泌的汁液中"石油"含量很高,菲律宾已经栽种了18万亩银合欢树。1981年,我国科学家在海南发现了一种叫油楠的树,一棵油楠一年可产10～25 kg的"柴油",而且见火即着,非常易燃。在南美洲、非洲、印度、加勒比海的干旱和半干旱地带,生长着一种阔叶长绿灌木大牛角瓜,它的茎、叶、果实也可以加工成与石油成分非常接近的燃料油。

(2)油料植物

人类在植物中提取油料已经有相当长的历史,我们一般将能提取油料的植物称作油料植物,像向日葵、椰子、油菜、花生、大豆等。近年来,一些研究人员用改良的油菜种子油作为内燃机燃料,是一种有效且经济效益明显的方法。这种改性的基本过程是:将1 t的菜籽油与0.1 t乙醇反应生产1 t的生脂和0.1 t甘油,其中甘油起到固化的作用,脂可以燃烧,其燃烧特性与柴油相似。这种植物油的另一个好处是没有毒性、生物降解性高于80%,它对地球的温室效应影响比普通内燃机燃料低3～4倍。法国、意大利、德国等欧洲国家非常重视这种油料的环境效益和农业经济效益,是使用这种油类的先驱者。

(3)藻类产油

藻类能产生大量的脂类,可用来生产柴油、汽油等燃料。英国的《新科学家》曾经报道,美国设在科罗拉多州的太阳能研究所用一个直径20 m的池塘来养殖藻类,每年生产藻4 t多,可生产石油3000 L。目前,该研究所正在从分子生物学的角度开发能够生产更多油脂的藻类。可以预见,利用分子生物学方法,将会使利用藻类生产更多的燃料成为可能。

植物"石油"作为未来的一种新能源,与其他能源相比,具有许多优点。

①植物"石油"是新一代的绿色洁净能源,在当今全世界环境污染严重的情况下,应用它对保护环境十分有利。

②植物"石油"分布面积广,若能因地制宜地进行种植,便能就地取木成油,而不需勘探、钻井、采矿,也减少了长途运输,成本低廉,易于普及推广。

③植物"石油"可以迅速生长,能通过规模化种植,保证产量,而且是一种可再生的种植能源,保证产量,而且是一种可再生的种植能源,而非一次能源。

④植物能源使用起来比核电等能源安全得多,不会发生爆炸、泄露等安全事故。

⑤开发植物"石油"还将逐步加强世界各国在能源方面的独立性,减少对石油市场的依赖,可以在保障能源供应、稳定经济发展方面发挥积极作用。

由此看来,植物"石油"的开发是解决未来能源的有效新途径之一。难怪能源专家们指出,21世纪将是植物"石油"大展宏图的时代。

9.4　甲烷与燃料源

甲烷现在已经作为一种燃料源,并通过管道输送供给家庭和工业使用,或转化成为甲醇用作内燃机辅助燃料。地球表面存在的甲烷主要来自天然湿地、稻根及动物肠道微生物发酵释放。

许多厌氧微生物通过厌氧发酵途径产生甲烷,整个发酵过程大致可分为3个阶段:首先利用芽孢杆菌、假单孢菌、变形杆菌等微生物将纤维素、脂肪、蛋白质等粗糙有机化合物转化成可溶性混合组分;再由微生物厌氧发酵将这些低分子质量物质转化成为有机酸;最后甲烷菌把这些有机酸转化成为 CH_4 和 CO_2。显然,甲烷的产生过程比较复杂,有多种厌氧微生物联合参与甲烷的形成的反应过程。小型的甲烷生产并不需要复杂的设备和高深的生物技术,并且发酵原料非常容易获得(表9-1)。家庭式甲烷生产只需要建造一座简单的发酵池(图9-1)。然而,进行大规模沼气生产则需要高深的生物技术来严格控制发酵过程中的温度、pH、湿度、粗原料进/出量和参数平衡等,才能得到最大的沼气产量。

表 9-1　我国农村常用发酵生产甲烷的原料及其沼气产量

原料	沼气产量(m^3/吨干物质)	甲烷含量(%)
猪粪	600	55
牲畜粪便	300	60
麦秆	300	60
青草	600	70
废物污泥	400	50
酒厂废水	500	50

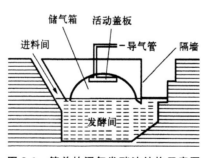

图 9-1　简单的沼气发酵池结构示意图

中国是沼气生产量最大的国家。有资料报道,目前国内农村正在使用的沼气池至少超过500万座,还有工厂和大型畜牧场的10000多座沼气池,每年产生相当于 $2.2×10^7$ t 燃煤所产生的能量。印度也是一个沼气生产大国,按印度的沼气发展规划,到21世纪初期将建造1千万～2千万个沼气池。

美国一个牧场建立了一座发酵池,主体是一个宽30 m,长213 m的密封池,利用牧场粪便和其他有机废物等,每天可处理 1640 t 厩肥,每天可为牧场提供 113000 m^3 的甲烷,足够 1 万户居民使用。

菲律宾的一家农工联合企业拥有近 4×10^5 m^2 的稻田和经济林,养殖了 100 头牛、25000 头猪和 11000 只鸭子,且设有养鱼塘、肉食品加工厂等。它利用工业废水和农业废物巧妙地建立了一套大型联合开发利用的生物工程体系,每天可生产 2000 m^3 的沼气,可供十几台内燃机和一台 72.5 kW 的发电机组使用,并为附近居民提供燃气。

日本等其他国家也都建有大量的沼气池。利用农业废弃物和工业废水发酵生产沼气不仅可以产生大量的能源,还可以清除大量的工农业废弃物减少环境污染。

9.5　生物能源的发展趋势

尽管从我国或全世界看,生物能源的开发利用都处于刚起步阶段,生物能源在整个能源结构中所占的比重还很小。但是,生物能源的发展潜力不可估量。

我国政府十分重视生物能源的开发,早在 20 世纪 50 年代就在农村推广沼气,取得了举世瞩目的成绩。本世纪初,国家又决定发展燃料乙醇,先后在东北、华中和华东建立了大规模的燃料乙醇生产企业,并制定了相关的汽油醇标准。吉林省的汽车在 2003 年就已开始使用乙醇汽油。国家还投入了相当的力量组织生物能源的科学研究和科技攻关,取得了可喜成果。在产能微生物研究、生物转化研究、过程与设备研究等方面都达到了很高的水平。据专家估计,未来 30 年,我国至少可发展 20 亿 t 生物能源,加上核能、水能、风能、太阳能、地热能开发以及传统的化石能源和发展各种节能技术,我国的能源供应将足以支持我国社会经济高速而持续地发展。

第10章　现代生物技术在环境领域的应用

10.1　污水的生物处理

10.1.1　污水的生物处理概述

水是地球上一切生物生存和发展不可缺少的。但是人类的生产和生活活动排出的污水，尤其是工业污水、城市污水等大量进入水体造成污染。因此，急需防止、减轻和消除水体污染，改善和保持水环境质量。

污水处理的基本方法可分为物理法、化学法和生物法等。物理法是利用物理作用来分离污水中呈悬浮状态的污染物质；化学法是利用化学作用来处理污水中的溶解性污染物质或胶状物质；生物法主要是利用微生物的作用，使污水中溶解的有机污染物转化为无害的物质。根据微生物的类别，目前常用的生物法可分为好氧生物处理和厌氧生物处理。好氧生物处理是污水生物处理中应用最为广泛的一大类方法。好氧和厌氧生物处理又分成许多具体的使用方法，在实际应用中往往需要配合使用。

1.好氧生物处理的基本原理

好氧生物处理是在有分子氧的情况下进行的生物氧化方式。好氧处理过程是当营养物质进入好氧微生物体内后，通过一系列氧化还原反应获得能量的过程。

（1）有机物的吸附过程

在微生物表面覆盖着多糖类的黏滞层，其在与污水接触时，污水中呈悬浮状和胶体状态的有机物被凝聚和吸附而得以去除。

（2）有机物的降解途径

有机物被吸附到微生物表面后，小分子有机物能够直接进入微生物体内，大分子有机物在水解酶的作用下先分解为小分子后被摄入体内。进入微生物体内的有机物作为营养物质被微生物加以利用。

（3）微生物的增殖

在好氧条件下，微生物将部分有机物降解为二氧化碳和水等无机物质，同时释放能量，即为分解代谢。另外的大部分有机物被微生物合成新的细胞物质，实现微生物的增殖。

（4）微生物类群

可用于好氧生物处理的微生物几乎包括了微生物的各个类群，主要有：属于原核生物的细菌、放线菌、蓝细菌和立克氏体；属于真核生物的原生动物、多细胞微型动物、酵母、丝状真菌和单细胞藻类；另外还有后生动物和病毒。

2.厌氧生物处理的基本原理

(1)有机物厌氧降解的过程

目前认为厌氧生物处理过程可分为三个阶段：水解发酵阶段、产氢产乙酸阶段和产甲烷阶段。在水解发酵阶段，有机物首先通过发酵细菌的作用生成乙醇、丙酸、丁酸和乳酸等；在产氢产乙酸阶段，产氢产乙酸菌将丙酸、丁酸等脂肪酸和乙醇降解为乙酸、氢气和二氧化碳；在产甲烷阶段，产甲烷菌利用乙酸、氢气和二氧化碳产生甲烷。

(2)厌氧消化微生物

厌氧消化微生物可以分为发酵细菌、产氢产乙酸菌和产甲烷菌三大类。

①发酵细菌。发酵细菌主要包括梭菌属、拟杆菌属、丁酸弧菌属、真细菌属和双歧杆菌属等。这类细菌可先通过胞外酶将不溶性的有机物水解成可溶性有机物，再将可溶性大分子有机物转化为脂肪酸、醇类等小分子有机物。

②产氢产乙酸菌。主要包括互营单胞菌属、互营杆菌属、梭菌属、暗杆菌属等，这类细菌的主要功能是将各种高级脂肪酸和醇类氧化分解为乙酸和氢气。

③产甲烷菌。该类菌在自然界分布极其广泛，都是专性厌氧菌，氧和任何氧化剂都会对其造成严重伤害。它们的主要功能是将产氢产乙酸菌的产物乙酸、氢气和二氧化碳转化为甲烷。

3.影响污水生物处理的因素

(1)温度

微生物的最适温度范围介于 $10\sim45℃$ 之间。在适宜的温度条件下，微生物的生理活动得到加强，反之，微生物的活动将被减弱甚至破坏。

(2)pH

pH 值从以下几个方面影响微生物的生理活动：通过影响微生物细胞质膜上的电荷性质，使微生物细胞吸收营养物质的功能发生变化；影响微生物酶系统的催化功能；改变微生物细胞质膜的等电点，使微生物的呼吸作用和代谢功能受到抑制。高酸度会使菌体表面蛋白质核酸水解变性，微生物活动的最佳 pH 范围是 $6.5\sim8.5$。

(3)溶解氧

溶解氧过低，会影响微生物正常的代谢活动，使污水的净化效果下降；溶解氧过高，有机污染物分解加快，会使微生物缺乏营养。一般曝气池出口处的溶解氧浓度应控制在 2 mg/L 左右。

(4)营养物质

在微生物的生命活动过程中，需要不断地从环境中摄取碳、氮、无机盐、生长素等各种营养物质。通常微生物对碳源、氮源和磷的需求比为 $100:5:1$。

(5)有毒物质

对微生物生理活动有毒害作用或抑制作用的物质大致有以下几种：重金属、氰化物、硫化氢、卤族元素及其化合物，酚、醇、醛等。

10.1.2　好氧生物处理技术

好氧生物处理技术是污水生物处理中应用最为广泛的一类技术。有机污染物在溶解氧充足的条件下成为好氧微生物的营养基质,被好氧微生物氧化分解,达到污水净化的目的。

1.氧化塘法

氧化塘又称为稳定塘或生物塘,是一种类似天然或人工池塘的污水处理系统。污水在塘内经长时间缓慢流动和停留,通过微生物(细菌、真菌、藻类和原生动物)的代谢活动,使有机物降解,污水得到净化。

2.活性污泥法

活性污泥法已经成为当前生活污水、城市污水以及有机工业废水的主要处理技术。这种方法的实质就是在充分曝气供氧的条件下,以污水中的有机污染物作为底物,对活性污泥进行连续或间歇培养利用,将有机物转化为无机物。活性污泥法的基本流程如图 10-1 所示。

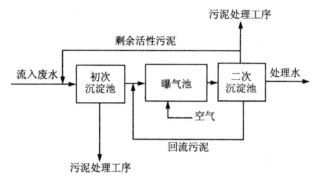

图 10-1　活性污泥法的基本流程示意图

(1)传统活性污泥法

传统活性污泥法也叫普通活性污泥法,是最早的活性污泥的应用方式,目前仍然在广泛应用,该方法的主要特征是污水净化过程中的第一阶段的吸附和第二阶段的微生物代谢,是在一个统一的曝气池内连续进行的。

(2)完全混合活性污泥法

完全混合活性污泥法与传统活性污泥法不同,污水和回流污泥进入曝气池后,立即与池内原有的混合液充分混合,池内各个点的有机物浓度都是均一的(图 10-2)。完全混合活性污泥法的优点是:水质的变化对活性污泥的影响降到最低程度,可以较大限度地承受水质变化;微

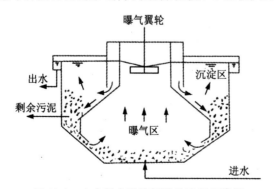

图 10-2　完全混合活性污泥法流程示意图

生物的代谢速率很高;建筑面积较小;动力消耗比传统的活性污泥法要低。该方法的不足之处主要是:净化效果不如传统活性污泥法;微生物对有机物的降解能力低下,容易产生活性污泥膨胀现象。

（3）深井曝气法

深井曝气法于 20 世纪 70 年代被推广利用,主要是以埋植于地下的井体装置作为曝气池来进行污水处理。曝气池的井体结构(图 10-3)可分为 U 形管和同心圆式两大类,通常井的直径为 1~6 m,深度可达 50~100 m。

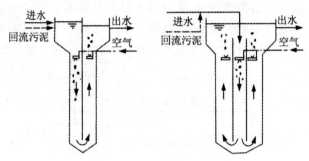

图 10-3 深井曝气法井体结构示意图

该方法占地面积较小,受外界气候影响小,氧转移效率比较高,适用于处理化工、造纸、啤酒、制药等工业的高浓度的有机废水。

（4）SBR 法

SBR(sequencing batch reactor)又叫序批式活性污泥法或间歇式活性污泥法。整个系统中约由 2~6 个以上的曝气槽组成,可以满足连续进水的需要。一个 SBR 过程包括了进水、曝气、沉淀、排水、静置 5 个步骤。进水期用来接纳污水,起到调节池的作用;曝气过程微生物开始降解有机物,这就是反应期;沉淀期污泥和水开始分离;排水期将水排出,剩余污泥;静置期等待下一个进水循环。SBR 法流程见图 10-4。

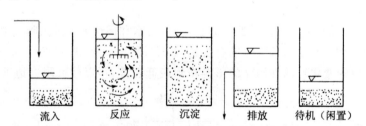

流入   反应   沉淀   排放   待机（闲置）

图 10-4 SBR 法流程示意图

该方法的优点是:系统集调节池、反应池和沉淀池为一体,不需要设回流污泥泵等回流装置;不会出现污泥膨胀现象;可以根据具体污水性质、出水质量与运行功能要求来灵活掌握各个阶段的运行时间;占地面积小,建设成本低;反应动力大;净化效果好。

（5）AB 法

AB 法又叫生物吸附氧化法,20 世纪 70 年代首创于德国。该方法不设初沉池,由 A 段和 B 段二级活性污泥系统串联组成,并分别有独立的污泥回流系统。A 段以极高的污泥负荷运行,污水停留时间较短,对于难降解的污染物有很强的吸附能力,B 段则以较低的污泥负荷运行。AB 法流程见图 10-5。

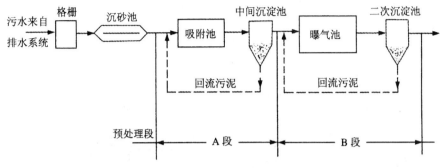

图 10-5　AB 法工艺流程示意图

该方法突出的优点是：适于处理浓度较高、水质水量变化较大的污水；占地面积小，建设费用低。主要缺点是产泥量大，净化效果较差。

3.生物膜法

相对活性污泥法而言，生物膜法是将细菌、原生动物等活性微生物固定在滤料或某些载体上，并在这上面形成膜状生物污泥，即生物膜。污水在与生物膜接触的时候，污水中的有机污染物作为营养基质被微生物所摄取，达到污水净化的目的，微生物自身也得到繁衍增殖。由于生物膜的生长方式及水流和结构等方面的不同，生物膜法也具有普通生物滤池、生物转盘、生物接触氧化法、生物流化床等很多种形式。

(1)普通生物滤池

普通生物滤池主要是利用土壤自净的原理，在污水灌溉的基础上，经过较原始的间歇砂滤池和接触滤池而发展起来的人工生物处理技术，已经有百余年的发展历史。普通生物滤池由池体、滤料、布水装置和排水系统四部分组成(图 10-6)。

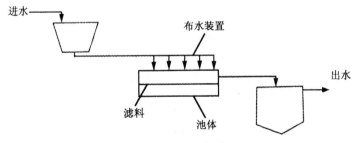

图 10-6　普通生物滤池示意图

滤料是普通生物滤池中很重要的环节，对滤池的净化效果起到决定性的影响作用，另外，滤料的表面特性也会影响生物膜的生长和生物膜的厚度。一般情况下，滤料的选择应具备下列条件：质地坚硬，抗压能力强，耐腐蚀性能好，不会溶出对活性微生物有害的物质；有较大的表面积，表面比较粗糙；应有适宜的孔隙率；应考虑就地取材，便于加工运输。

(2)生物转盘

生物膜生长在能够转动的圆盘表面进行污水处理的装置就是生物转盘，同时具有活性污泥和生物滤池两种方法的特点。生物转盘滤池是由装配在水平横轴上、间隔较小的一系列大圆盘所组成,圆盘以 0.013～0.05 r/s 的速度缓慢转动。它的工作原理与生物滤池相似,浸在废水中的盘片生物膜会吸附污水中的有机物,转出水面以后,生物膜又会从大气中吸收所需要的氧气,通过微生物的作用,将吸附于膜上的有机物分解。随着转盘的不断转动,最终使槽内的污水得以净化(图 10-7)。

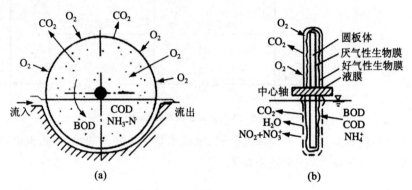

图 10-7　生物转盘净化原理示意图

(a)侧面;(b)断面

生物转盘与活性污泥和生物滤池相比,具有以下几方面的优点:不会发生像生物滤池中的滤料堵塞现象或活性污泥中的污泥膨胀现象,能够处理高浓度的有机污水;适应性强,净化率高;沉淀速度快,易于沉淀分离和脱水干化,剩余污泥量少;操作简单,不需要污泥回流系统,便于管理和控制;设备简单,运行费用低。

(3)生物接触氧化法

生物接触氧化法是在曝气的条件下,将滤料完全淹没在污水中进行反应,实现净化的生物膜法,也叫淹没式生物膜法。构筑物中包括格栅、初次沉淀池、生物接触氧化池和二次沉淀池,通常没有回流系统(图 10-8)。生物接触氧化池是该方法的中心构筑物,由池体、填料、布水装置、曝气系统和排泥系统组成。

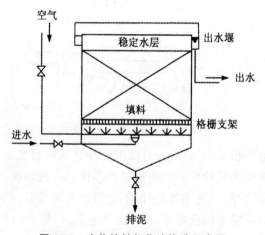

图 10-8　生物接触氧化池构造示意图

生物接触氧化法与其他方法相比,具有以下几方面的优点:因为接触氧化池内的生物浓度较高,所以对水冲击负荷具有较强的适应性;由于使用了曝气装置,使系统微生物对有机物的代谢速度加快,从而缩短了处理时间;设备体积小,占地面积少;可以有效避免污泥膨胀。

(4)生物流化床

在上述几种生物膜的污水处理方法中,生物膜和污水都是处于一静一动的相对运动状态,而生物流化床则使生物膜和污水都处于运动状态中。流化床以砂、活性炭、焦炭等一类较轻的惰性颗粒为载体充填在床内,载体表面覆盖着生物膜。污水以一定的流速从下向上流动,使载体处于流化状态,污水中的污染物有机会与生物膜发生广泛而频繁的接触,加上小颗粒载体的相互摩擦碰撞,使得生物膜的活性较高,又由于载体在不停地流动,很好地防止了堵塞现象。

三相流化床工艺是目前广泛采用的流化床形式(图 10-9),它将空气(或氧气)直接通入流化床,构成气-固-液三相混合体系,不需要另外的充氧设备。

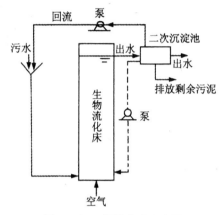

图 10-9　三相流化床示意图

10.1.3　厌氧生物处理工艺

1.早期厌氧生物处理工艺简介

早期的厌氧生物处理工艺即为传统的厌氧消化池,已有百余年的历史。其工艺流程如图 10-10 所示。污水定期或连续地进入消化池,消化后的污水从消化池上部排出,产生的沼气则由顶部排出,污泥从底部排出。消化液的搅拌形式有三种:用水泵从外部循环消化液;在池内设有叶轮进行搅拌;用压缩机循环沼气进行搅拌。这种处理工艺结构简单,可以直接处理固体

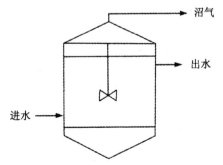

图 10-10　普通厌氧消化池示意图

悬浮物含量较高或颗粒较大的料液,但它缺乏补充厌氧活性污泥的特殊装置,消化池中难以保持大量的活性微生物,管理不善。

2.厌氧滤池

厌氧生物滤池是一种内部装微生物载体的厌氧反应器,其构造与一般的好氧生物滤池相似,池内也设有填料,但池顶密封(图 10-11)。厌氧微生物以生物膜的形态生长在填料表面,污水淹没地通过填料,在生物膜的吸附作用、微生物的代谢作用和填料的截留作用下,污水中的有机污染物被去除,达到污水净化的目的。

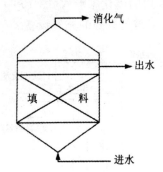

图 10-11　厌氧生物滤池示意图

该方法的优点是:由于生物量较高,使有机负荷较高;产泥量少,不需要污泥回流;能耗低,管理简便。不足之处主要是:填料价格较高,且容易堵塞;生物滤池难以均匀布水。

3.升流式厌氧污泥床

该方法是在 20 世纪 70 年代由荷兰科学家 Lettinga 等研制成功的。整个系统由进水配水系统、反应区、三相分离器、气室及排水系统组成(图 10-12)。污水从底部进入反应器,污水首先与颗粒污泥层中的污泥混合,其中的有机物被微生物分解为沼气。沼气的气泡在上升过程中结合成大气泡,使颗粒污泥区以上的污泥呈松散悬浮状态,在这个区域里,悬浮污泥和污水充分混合接触,使污水中的大部分有机物被分解转化。固液混合液进入分离器后进行固液分离。沉淀下来的污泥返回反应区,使得反应器中有足够的生物量来完成有机物的分解作用。

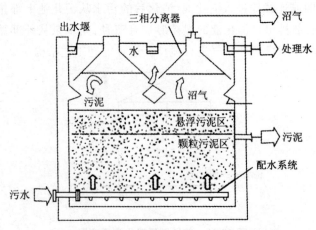

图 10-12　升流式厌氧污泥床反应器结构示意图

升流式厌氧污泥床的优点主要有以下几个方面：能耗低，成本低，占地面积小；可实现污泥的颗粒化；污泥床内保持有大量的微生物存在；气、固、液分离实现了一体化；污泥产量低；能够回收沼气作为生物能利用。

4.新型高效厌氧反应器

(1)厌氧膨胀颗粒污泥床

厌氧膨胀颗粒污泥床(简称 EGSB)是 20 世纪 90 年代初在荷兰研制成功的，其构造由主体部分、进水分配系统、气液固三相分离器和出水循环等部分组成(图 10-13)。污水从床底部流入，载体颗粒在反应器内均匀分布、循环流动，一部分出水回流后再与进水混合，出水与沼气在上部分离并排出。

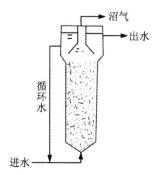

图 10-13　厌氧膨胀颗粒污泥床示意图

厌氧膨胀颗粒污泥床的优点在于：能减轻或消除静态床中常见的底部负荷过重的状况，可以增加反应器的有机负荷；由于出水循环比率较高，使污水中的有毒物质得到有效稀释，提高了系统对毒性物质的承受能力；污水与微生物之间能够充分接触，促进了微生物对基质的降解，提高了处理效率。

(2)内循环式厌氧反应器

内循环式厌氧反应器(简称 IC)是荷兰 Paques 公司于 20 世纪 80 年代中期在升流厌氧污泥床的基础上开发成功的高效厌氧反应器。它是由底部和顶部两个循环式反应的单元相互重叠而成，可以分为四个不同的功能部分，即混合部分、膨胀床、精细处型部分和回流系统(图 10-14)。

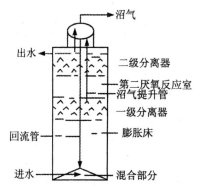

图 10-14　内循环式厌氧反应器示意图

该反应器内循环的结果是使得反应器内形成致密的厌氧污泥膨胀床,由于液体上升流速很高,使该部分内的颗粒污泥完全达到流化状态,从而大大增加了反应器内的传质效率,使生化反应速率明显提高,可以高效地去除有机物。

(3)升流式厌氧流化床

升流式厌氧流化床(简称 UFB)是介于流化床和升流式厌氧污泥床之间的一种反应器。内有微粒填料,载体流化的动力来自液体的流动和产生气体的上升。基质和微生物接触紧密,可以承受较高的有机负荷。

10.2 大气的生物净化

随着现代工业的发展,大气中的废气来源越来越多,各种化工厂生产过程中排放各种有机和无机废气;汽车排放尾气;污水处理厂和垃圾处理厂产生臭气等。这些废气中含有多种有毒有害物质,给工农业生产和人体健康带来了极大的危害,废气治理已经到了刻不容缓的地步。利用微生物处理废气是 20 世纪 80 年代以后发展起来的生物技术,其净化效果良好,已经得到人们的广泛重视。与常规的物理化学方法相比,生物技术处理废气具有效果好、无二次污染、安全性好、投资及运行费用低、便于管理等优点。

10.2.1 生物处理废气的原理

大气净化生物技术是利用微生物的生命活动,将废气中的有毒有害物质转化为二氧化碳、水等简单的无害无机化合物及细胞物质的过程。与污水的生物处理不同,在废气的生物净化过程中,气态污染物首先要从气相转移到液相或固相表面的液膜中,然后才能被液相或固相表面的微生物吸附并降解。

特定的气态污染物都有其特定的适宜处理的微生物群落,根据营养来源划分,能进行气态污染物降解的微生物可分为自养菌和异养菌两类。自养菌主要适于进行无机物的转化,如硝化菌、反硝化菌和硫酸菌可在没有有机碳和氮的条件下靠氨、硝酸盐、硫化氢、硫及铁离子的氧化获得能量,进行生长繁殖。但由于自养菌的新陈代谢活动较慢,主要应用于较低浓度无机物的转化。异养菌是通过对有机物的氧化代谢来获得能量和营养物质的,在适宜的温度、酸碱度和氧的条件下,它们能较快地完成微生物的降解,因此,异养菌多用于有机废气的净化处理。目前,适于生物处理的气态污染物主要有乙醇、硫醇、酚、甲酚、吲哚、脂肪酸、乙醛、酮、二硫化碳、氨和胺等。

10.2.2 废气生物处理的工艺

(1)生物洗涤法

生物洗涤法就是利用一个悬浮活性污泥处理系统,将微生物及其营养物质溶解于液体中,使气体中的污染物通过与悬浮液接触后转移到液体中而被微生物降解的过程。图 10-15 所示为生物洗涤法工艺流程示意图。

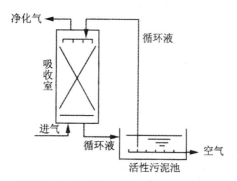

图 10-15　生物洗涤法工艺流程示意图

生物洗涤装置是由一个装有惰性填料的传质洗涤器和生物降解反应器组成,出水需要设有二沉池。含微生物的水从塔顶喷淋而下,含有机污染物的气体则从底部进入,与惰性填料上的微生物及由生化反应器回流过来的泥水混合物进行传质吸附、吸收。由于水相和生物相都循环流动,生物为悬浮状态,因此,洗涤器中有一定生物量和生物降解作用,使得部分有机物在此被降解。液相中的大部分有机物进入生化反应器,通过悬浮污泥的代谢作用被降解掉,处理后的气体从塔顶排出。生化反应器的出水在二沉池实现泥水分离,上清液排出,污泥则回流到生化反应器中。

生物洗涤法的优点是设备少,操作简单,运行费用低。其不足之处是反应条件不易控制,占地面积大,基质浓度高时,生物量会快速增长而堵塞滤料。

(2)生物滤池

生物滤池是一种装有生物填料的滤池,其简易流程见图 10-16。含污染物的气体首先在调节器内润湿,然后进入生物滤池。当湿润的废气通过附有生物膜的填料层时,其中的有机成分被微生物吸收,一般被分解为二氧化碳;有机氮则先被转化为氨,然后转化为硝酸并氧化分解为无机物;硫化物先被转化为硫化氢,然后再被氧化为硫酸。净化后的气体从滤池顶部排出。

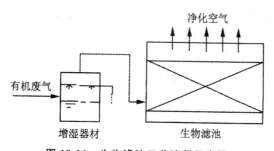

图 10-16　生物滤池工艺流程示意图

生物滤池所用的填料的特性,影响着其废气的处理效果。填料选择的过程中要考虑其比表面积、机械强度、化学稳定性、持水性和市场价格。因为过滤层的均衡润湿性制约着生物滤池的透气性和处理效果。若润湿不够,过滤器的物料会变干并生成裂纹,破坏空气均匀地通过过滤层;但是过分湿润又会形成高气压下的无氧区,从而会减少被净化的空气与过滤层的接触时间,生成带有气味的挥发物。当用生物氧化某些有机物时,过滤层材料也会发生氧化,导致微生物的氧化能力降低,甚至完全失去氧化能力。

(3)生物滴滤池

生物滴滤池是一种介于生物滤池和生物洗涤法之间的处理工艺,流程见图 10-17。

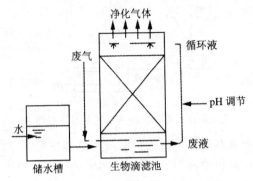

图 10-17　生物滴滤池工艺流程示意图

生物滴滤池与生物滤池的最大区别在于其填料上方喷淋循环水,且池内具有附着微生物的填料,为微生物的生长、有机物的降解提供了条件。启动初期,首先要在填料的表面挂上生物膜。具体做法是:在循环液中接种微生物菌种,微生物利用溶解于液相中的有机物进行代谢繁殖,并附着于填料表面,形成微生物膜。挂膜后,当气相主体的有机污染物和氧气经过传输进入微生物膜时,微生物进行好氧呼吸,将有机污染物分解,其代谢产物则通过扩散作用外排。

生物滴滤池所用的填料应符合以下几个方面的要求:易于挂膜、不易堵塞、比表面积大等。生物滴滤池的优点是设备简单、填料不易堵塞,处理高污染负荷的废气效果较好,适宜处理卤代烃,含硫、氮等会产生酸性代谢产物的污染物。不足之处是需要外加营养物,运行成本较高,不适合处理水溶性差的化合物。

10.2.3　二氧化碳的生物处理

近年来,由于工业规模和水平的急速发展和人口的迅猛增加,大气中 CO_2 等温室气体的浓度一直呈现逐年上升的趋势,造成了温室效应的存在。全球变暖、极地冰川融化、海平面上升以及由这些现象引发的一系列不良后果都与温室效应有关。另一方面,CO_2 又是最丰富的碳资源,只要有合适的技术,CO_2 又可以转化为巨大的可再生资源。因此,CO_2 固定在能源、环境方面具有非常重要的意义。大气中游离的 CO_2 主要通过陆地、海洋生态环境中的植物、自养微生物等的光合作用来实现分离和固定。

1.固定 CO_2 的微生物

人们一直认为植物的光合作用是固定 CO_2 的最好方法。实际上,CO_2 的微生物固定也是一种不能忽视的方法。这是因为在地球上各种各样的生态系统中,特别是植物不能生长的特殊环境中,自养微生物能很好地发挥固定 CO_2 的优势。同时,高效固定 CO_2 的微生物,可在温和条件下将 CO_2 转化为有机碳,从而获得许多高营养、高附加值的产品。

固定 CO_2 的微生物一般分为两类,分别是光能自养型微生物和化能自养型微生物。前者主要包括微藻类和光合细菌,它们都含叶绿素,以光为能源、CO_2 为碳源合成菌体组成物质或代谢产物;后者以 CO_2 为碳源,能源主要有 H_2、H_2S、$S_2O_3^{2-}$、NH_4^+、NO_2^- 及 Fe^{2+} 还原态无机物质等。固定 CO_2 的微生物种类见表 10-1。

表 10-1　固定 CO_2 的微生物种类

碳源	能源	好氧/厌氧	微生物
二氧化碳	光能	好氧	藻类
		好氧	蓝细菌
		好氧	光合细菌
	化学能	好氧	氢细菌
		好氧	硝化细菌
		好氧	硫化细菌
		好氧	铁细菌
		好氧	甲烷菌
		好氧	醋酸菌

利用微藻类固定 CO_2 的光生物技术被认为是一种有希望的、经济高效的新方法。微藻可在高温、高浓度的环境下生长与繁殖,为通过生物法净化动力工厂排放的大量含有 CO_2 的燃放气提供了新思路。同时,微藻可用来制备各种高价值的生物活性物质,如类胡萝卜素和蛋白质等。

2. 微生物固定 CO_2 的机理

固定 CO_2 的机理很复杂,现在比较清楚的微生物固定 CO_2 的生化途径,主要有卡尔文循环、还原三羧酸循环、乙酰 CoA 途径和甘氨酸途径。

(1)卡尔文循环

卡尔文循环中,碳以二氧化碳的形态进入循环并以糖的形态离开该循环。整个循环是利用 ATP 作为能量来源。卡尔文循环将每个个别的 CO_2 附着在一种五碳糖上进行合并,叶绿体中的一种蛋白质起到该反应的催化作用。既不是单独的光反应也不是单独的卡尔文循环就可以利用 CO_2 来制造葡萄糖。光合作用是一种在完整的叶绿体中会自然发生的现象,而且叶绿体整合了光合作用的两个阶段。

(2)还原三羧酸循环

通过还原三羧酸循环最终使 CO_2 还原为 $[CO_2H]$,再进一步合成复杂的细胞成分。

(3)乙酰 CoA 途径

对卡尔文循环中由 CO_2 产生的糖类继续进行转化,进入甘氨酸途径。

(4)甘氨酸途径

甘氨酸途径即四碳途径,承接乙酰 CoA 途径和还原三羧酸循环,每循环一次可固定 4 个 CO_2 分子。

3. 微生物固定 CO_2 的应用

自养微生物在固定 CO_2 的同时,可以将其转化为菌体细胞以及许多代谢产物,如单细胞蛋白、聚 3-羟基丁酸酯、甲烷等。这些产物可以作为工业原料,有的还可以作为健康食品及医药制品而获得较好的经济效益。

(1)单细胞蛋白(SCP)

单细胞蛋白又叫微生物蛋白、菌体蛋白。所含的营养物质极为丰富,其中,蛋白质含量高达 40%~80%,比大豆高 10%~20%,比肉、鱼、奶酪高 20% 以上。氨基酸的组成较为齐全,含有人体必需的 8 种氨基酸,尤其是谷物中含量较少的赖氨酸。单细胞蛋白中还含有多种维生素、碳水化合物、脂类、矿物质,以及丰富的酶类和生物活性物质,如辅酶 A、辅酶 Q、谷胱甘肽、麦角固醇等。单细胞蛋白不仅能供人们直接食用,还常作为食品添加剂,用以补充蛋白质或维生素、矿物质等。由于某些单细胞蛋白具有抗氧化能力,使食物不容易变质,因而常用于婴儿粉及汤料、作料中。

(2)聚 3-羟基丁酸酯(PHB)

聚 3-羟基丁酸酯是由不同的细菌将碳水化合物在可控的营养条件下发酵生成的,类似于其他有机体中的淀粉和糊精的功能。由于它是从可再生资源制备的塑料,具有可生物降解性,因此商业应用潜势较大。

(3)甲烷

微生物利用 CO_2 和 H_2 合成甲烷,可作为高效燃料和化工原料,既降低了 CO_2 排放量又提供了能源,对全球能源供应和环境保护都具有非常重要的意义。

10.2.4 废气生物处理的现状与展望

生物法净化有机废气的研究,国外在 20 世纪 80 年代就已经逐步展开,最初的应用是在堆肥场和动物脂肪加工厂有机废气的脱臭处理方面。

不同成分、浓度及气量的气态污染物各有其有效的生物净化系统。生物洗涤法适宜于处理净化气量小、浓度大、易溶且生物代谢速率较低的废气处理;对于气量大、浓度低的废气可采用生物滤池处理系统;而对于负荷较高以及污染物降解后会生成酸性物质的则以生物滴滤池为好。在目前的废气生物净化实践中以运行操作简单的生物滴滤池系统使用得最多。

有机废气生物处理是一项新的技术,由于生物反应器涉及气相、液相及固相传质及生化降解过程,影响因素多而复杂,因而有许多问题急需研究,特别是一些基础性理论的研究将为废气处理提供理论依据与支持,促进该项技术的更大发展。

10.3 固体废弃物的生物处理

随着城市数量的不断增多,人口的不断增加和规模的急剧扩大,全球城市废弃物的数量迅速增长,其中固体垃圾在现代城市产生的废弃物中占据的比例越来越大。以我国为例,自

1979 年以来,城市垃圾平均以每年 8.98% 的速度增长。据不完全统计,目前我国城镇生活垃圾年产生量超过 1.7 亿 t,占世界垃圾总产生量的 26.5%。大量的垃圾在收集、运输和处理过程中,含有或产生的有害气体成分,对大气、土壤和水体造成了严重污染,不仅影响了城市环境和卫生质量,而且危害人们的身体健康。世界各国处理城市垃圾的方法主要有三种,即填埋、堆肥和焚烧。其中填埋和堆肥主要是通过微生物的作用来完成垃圾处理的。

10.3.1　填埋技术

垃圾填埋技术就是将固体垃圾存积在大坑或低洼地,通过科学的管理来恢复地貌和维护生态平衡的工艺。填埋法处理垃圾量大、简便易行、投入少,是长期以来人们处理生活垃圾的一种主要方法。据统计,目前大约 70% 以上的垃圾都是通过填埋技术处理的。

填埋过程中,每天填埋的垃圾应被压实,并铺盖上一层土壤。这些地点的完全填埋需数月或数年,因此如果处理不当,填埋地不仅不雅观,还有可能导致二次污染,如产生异味、污染空气、滋生蚊蝇、卫生状况恶化等;有害废物还可能对填埋地的微生物作用产生严重的影响,并伴随着有害径流的发生,或渗漏到地下水中,不断污染城市水源;被填埋的垃圾发酵后产生的甲烷气体,易于引发爆炸事故,给人们的生命财产安全带来危害。

针对上述问题,现代填埋技术已经有了很大改进。在选择填埋场时,其底层应高于地下水位 4 m 以上,而且填埋地的下层应有不透水的岩石或黏土层,防止废水下渗,如果没有自然的隔水层,则需要铺垫沥青或塑料膜等不透水的材料以避免渗漏物污染周围的土地和水源。填埋场应设置排气口,使填埋过程中产生的甲烷气体及时排出,以防止爆炸起火,同时也便于气体的收集。另外,填埋场还要有能监测地下水、表面水和环境中空气污染情况的监测系统。这种经过合理构建的封闭填埋场可以较好地处置填埋物,并可以产生甲烷气体用作商业用途(甲烷气体通常在合理填埋数月后开始产生,并渐渐达到高峰期,几年后,产量开始逐渐下降)。另外,通常不能在填埋地上建房,以防止下陷,但填埋地可作为农田、牧场或绿地公园等进行利用。

过去,填埋场一般被视为垃圾的转移地或存积容器,通过它将垃圾废物与周围环境隔离开来。现在人们已经开始把填埋场当做生物反应器来进行管理,使其发挥更大的经济效益和环境效益。我国于 1995 年在深圳建成第一个符合国际标准的危险废物填埋场,此后,一些城市相继建成一些大、中型垃圾卫生填埋场,日处理量一般在 1000~2500 t。目前大多数西方国家通过减少填埋物的数量来降低对土地的要求,并相应增加了操作的安全性。

10.3.2　堆肥法

堆肥法就是依靠自然界广泛分布的细菌、放线菌、真菌等微生物,人为地促进可生物降解的有机物向稳定的腐殖质生物转化的过程。堆肥法的产物称作堆肥,是一种具有改良土壤结构、增大土壤溶水性、减少无机氮流失、促进难溶磷转化为易溶磷、增加土壤缓冲能力、提高化学肥料的肥效等多种功效的廉价、优质土壤改良肥料。根据堆肥过程中微生物对氧的需求可分为好氧堆肥法和厌氧堆肥法两种。

(1)好氧堆肥法

好氧堆肥的原理是:以好氧菌为主对废物进行氧化、吸收与分解,使其转变为有利于作物吸收生长的有机物。好氧堆肥的基本生物化学反应过程与污水生物处理相似,但与污水处理不同的是,堆肥只进行到腐熟阶段,并不需要有机物的彻底氧化。废物的降解过程可分为三个阶段。

①发热阶段。堆制初期,在好氧条件下,那些容易被微生物分解的有机物质迅速分解,产生大量热量,温度逐渐升高,但基本上在中温(低于45℃)范围。这一阶段中的微生物以嗜温的好氧微生物为主,包括细菌和真菌。

②高温阶段。当堆肥的温度超过50℃以后,进入高温阶段。这一阶段中,除少数残留下来的和新形成的水溶性有机物继续分解转化外,复杂的有机物开始被分解,同时开始了腐殖质的形成过程。此时,嗜温细菌逐渐死亡,嗜热细菌开始活跃。

③降温和腐熟阶段。随着生物降解有机物的减少,嗜热微生物活动减弱,产热量减少,温度开始下降,中温微生物又逐渐成为优势菌群,残余物质又进一步分解,腐殖质继续不断积累并趋于稳定,堆肥进入腐熟阶段。

总之,好氧堆肥从堆积到腐熟,微生物在分解有机物的生物化学过程中,改变了周围环境,且自身群落也发生了一系列变化。

(2)厌氧堆肥法

厌氧堆肥法是指在不通风的条件下,使物料厌氧发酵。该方法堆制温度低、堆制周期长,成品肥中氮素保留较多。奶牛场、饲养场的粪肥常用该法。现代化的堆肥是在厌氧反应器中进行的。厌氧消化过程与废水厌氧处理中的有机物降解相似,但水解需要时间更长。该技术在城市下水道污泥、农业固体废弃物和粪便处理中已广泛应用。

10.4　污染环境的生物修复

被污染了的土壤、水和大气给人类带来巨大危害,各个国家已经投入大量资金对受污染的环境进行修复,相关的修复技术在国外也得到迅速开发。修复技术基本上分为两大类:物理化学类型和生物学类型。物理化学类型的修复技术一般是将受污染的土壤或地下水移走,再进行适当的处理和处置。生物修复技术是环境工程领域刚刚兴起的一门新技术,用一种或多种微生物来降解土壤中的有机毒物,如农药、石油烃类和有机磷、有机氯等,使这类物质变成无毒的或变成二氧化碳,这个过程国际上叫"生物修复工程"。目前已成功应用于土壤、地下水、河道和近海洋面的污染治理。物理化学类型的修复技术能够彻底清除土壤和地下水中的污染,缺点是严重影响土壤的结构和地下水所处的生态环境,而且成本非常高。相比较而言,生物修复技术不会破坏生态环境,因此受到重视。

10.4.1　生物修复概述

1.生物修复的基本原理

生物修复的基本原理是通过环境改良与微生物菌的培养,强化土壤中微生物的同化作用与共同代谢作用,而达到降低或除去污染物毒性的目的。生物修复技术的最大优点在于能使污染物经微生物作用最终以稳定无害的状态并存于土壤体系中。

利用微生物和它们的酶制成固定化生物催化剂,这种生物催化剂可以将不少化学毒物转化成无毒的生物可降解物质。这既可用于有毒废料的销毁又可用于对已染毒环境的恢复。

有机磷化合物是人类制造出来的一类毒性极大的物质。全世界每年至少花费几十亿美元用于处理有机磷杀虫剂(如对硫磷)和神经毒剂(如沙林)。常规的处理方法是燃烧或化学法漂洗,但存在成本高和脱毒不够彻底等缺陷。从假单胞杆菌取得的磷酸酯酶固定到聚胺酯泡沫上,已用于野外原地降解有机磷神经毒剂和杀虫剂。磷酸酯酶能降解空气和乳浊液中的毒剂,还可作清洗剂。40℃时,酶水解杀虫剂要比 0.1 mol/L 的氢氧化钠脱毒的速度快 40～2450 倍。生物法原地处理污染毒物是目前最经济有效的脱毒方法。酶在治理来自石油的污染物中也起到良好作用。

2.生物修复的主要方法

(1)接种微生物

接种微生物的目的是增加降解微生物数量,提高降解能力。针对不同的污染物可以接种单种或多种微生物,一般以土著微生物为主。

(2)添加营养物

除了污染物作为营养物外,为增强微生物活动,提高降解速度,需要添加氮、磷等其他营养物质。

(3)提供电子受体

一般为好氧环境通过不同的供氧方式通气或加入氧发生剂 H_2O_2,为厌氧环境降解提供硝酸盐、甲烷等。

(4)提供代谢底物

对于有些难降解的有机污染物,为微生物提供代谢底物有利于代谢的进行。

(5)添加表面活性剂

研究表明,添加表面活性剂可以显著提高一些污染物的生物降解速度,这是因为微生物对污染物的生物降解主要是通过微生物酶的作用来进行的。许多酶并不是胞外酶,污染物只有同微生物细胞相接触,才能被微生物利用并降解,表面活性剂可以增加污染物与微生物细胞接触的几率。表面活性剂已用于煤焦油、石油烃和石蜡等污染物的生物修复中和现场规模处理。选用表面活性剂应满足以下条件:能够促进污染物的生物可得性,对微生物和其他土壤作物或水体生物无毒害作用,本身易被生物降解,不会造成被污染物的物理性质恶化。有些表面活性剂就是由于不能满足上述条件而不能大规模应用。

3.生物修复的前提条件

应用生物技术解决污染问题应具备下列条件:存在具有代谢活性的微生物,并且这些微生物能以较大的速率降解目标污染物;降解过程中不会产生有毒有害副产物;污染场地不含对菌种有抑制作用的物质,否则要先稀释或进行无害化处理;具有较低的处理费用。

4.影响生物修复技术的主要因素

(1)微生物种类

利用生物修复技术就是利用微生物对有机污染物进行降解,使之变成无毒无害的物质。

在这个过程中,微生物种类起到至关重要的作用。特定的微生物只能降解特定类型的化学物质,状态稍有变化的化合物就可能不会被同一种微生物酶所破坏,实现不了生物修复的目的。另外,微生物不能降解所有进入环境的污染物,污染物的难降解性、不溶性以及与土壤腐殖质或泥土结合在一起常常使生物修复不能进行,特别是对重金属及其化合物,微生物也常常无能为力。实验表明,土著微生物对环境的适应性强,是生物降解的首选微生物。外加菌种的投放要考虑到环境安全和生态风险。

（2）污染物的特性

影响生物修复过程的有机污染物的物理化学性质,主要是指:溶解与吸附、挥发、化学反应和可生物降解性这四个方面。因此,我们需要了解有关污染物的性质,包括:污染物的类型,即属于酸性、碱性或中性的化合物,氧化性或还原性物质等;污染物的物理性质,即相对分子质量、溶点、结构和水溶性、脂溶性等;化学反应性,如氧化、还原、水解、沉淀、聚合等;降解性,包括半衰期、一级速率常数和相对可生物降解性等;土壤挥发参数,如气水分配系数、蒸汽压、亨利常数等;土壤污染状况,包括该污染物在土壤中的浓度、污染的深度、污染的时间和污染分布等。了解污染物的上述情况是为了判断能否采用生物修复技术、选择何种生物修复技术以及采取哪些措施强化和加速生物修复的过程。例如,对于因水溶性低而导致在土壤中生物可得性差的化合物(如石油类),可以使用表面活性剂增加其生物可得性。

（3）环境因子

利用微生物进行生物修复这一技术受各种环境因素的影响较大,因为微生物活性受温度、氧气、水分、pH 值等环境条件的变化影响。与物理法、化学法相比,这一技术治理污染所需要的时间相对较长。

影响生物修复技术效果的环境因素包括以下方面:土壤表面特点,如边界特性、深度、结构、大碎块的类型和数量、颜色、总密度、黏土类型、离子交换容量、有机质含量、pH 值和通气状态等;坡度和地形;被污染物的类型和污染的面积与程度;水力学性质和状态,如土壤水特征曲线、持水能力、渗透性、渗透速度、不渗水层的深度、地下水深度、洪水频率和径流潜力等;地理因素,包括地形地貌、地下水流类型和特点等;气候气象因素,包括日照、温度及其季节变化、风速、降水和水量预算等。上述数据将为生物修复技术的决策和具体操作提供基本资料。另外,土壤水也影响污染物、溶解氧和代谢产物的传质速度、土壤的曝气状态、营养物质的量和性质。在干旱地区,土壤中的氧比较充足,但微生物的活性较低,污染物的生物可得性差,代谢产物不易从土壤中去除,因此在采用生物修复技术时要考虑增加土壤湿度。我国南方土壤含水量大,氧传递速率低,对好氧生物修复技术的采用不利。

pH 值对大多数微生物都是适合的,只有在特定地区才需要对土壤的 pH 值进行调节。

温度对微生物的活性有较大的影响,通常决定着生物修复过程的时间长短,但在实际处理时是不可控制的因素,在设计方案时应充分考虑温度对土壤修复过程的影响及土壤温度的变化。土壤表面温度日变化和季节变化比较剧烈,但随土壤深度的增加而减小;水的比热大,含水多的土壤温度变化小。另外一些影响土壤温度的因素包括坡向、坡度、土色和表面覆盖情况等。

10.4.2　土壤污染的生物恢复技术

1. 原位生物处理

这种方法是在受污染地区直接采用生物处理技术,不需要将土壤挖出或运输。该工艺处理方法简单,费用较少,不过由于采用的工程强化措施较少,处理时间会有所增加,而且在长期的生物恢复过程中,污染物可能会进一步扩散到深层土壤和地下水中,因而适用于处理污染时间较长,状况已基本稳定的地区或受污染面积较大的地区。

(1)土壤处理

向遭受污染的土壤中接入外源的污染物降解菌,并提供这些细菌生长所需的营养物质,从而达到将污染物就地降解的目的。目前使用较多的有"超级细菌"法和混合菌群法。由于微生物对一些有机物的降解是由染色体外的遗传物质——质粒所控制的,因此采用遗传学方法将降解不同组分的质粒整合到一个细胞内,便可构建"超级细菌"。由于一种烃类降解菌只能降解一种或几种石油烃类,将不同烃类降解菌混合培养可形成混合菌群,可以显著提高石油的降解速率。

(2)生物通气

这是一种强迫氧化的生物降解方法。在污染的土壤上打至少两口井,安装上鼓风机和抽真空机,将空气强排入土壤,然后抽出,土壤中有毒挥发物质也随之去除。在通入空气时另加入一定量的氨气,为微生物提供氮源,增加其活性。还有一种生物通气法称为生物注射法,即将空气加压注入污染地下水下部,气流加速地下水和土壤中有机物的挥发和降解。生物通气法受土壤结构的制约,它需要土壤具有多孔结构。

①空气喷布。该方法治理的对象为土壤及地下水中石油烃类的污染,主要是鼓风供氧促进微生物降解。

②生物抽气。该方法主要用于不饱和土壤有机污染,负压充氧、喷灌营养物,促进微生物降解。

③生物抽吸。该方法主要治理对象为石油烃类泄漏量大且比较集中的状况,地下水被抽吸充氧以后渗灌回原地,促进微生物降解。

(3)农耕法

对于只在表层被有机物污染且有就地处理条件的地块,可进行就地农耕处理。对被污染土地土层进行耙耕,耙耕深度以 0.2～0.4 m 为宜,以使石油烃类与土壤均匀混合,并尽可能提供微生物代谢的好氧环境。以后两周耙耕一次,雨后立即耙耕一次,以防土层板结。农耕法的主要优点是容易实施、费用低。

2. 异位生物处理

这种技术的优点是可以在土壤受污染的初期限制污染物的扩散和迁移,减少污染范围。但用在挖土方面和运输方面的费用明显高于就地处理方法。另外,在运输过程中可能会造成进一步的污染物暴露,还会由于挖掘而破坏原地点的土壤生态结构。

(1)制备床反应器

在不泄漏的平台上铺上石子和沙子,将受污染的土壤以 15～30 cm 的厚度平铺在平台上,加上营养液和水,必要时加上表面活性剂,定期翻动充氧,将处理过程渗透的水回灌于土层中,以完全清除污染物。该方法实质上是农耕法的一种延续,但是它降低了污染物的迁移。

(2)堆肥法

堆肥法是生物治理的重要方式,是传统堆肥和生物治理的结合。它依靠自然界广泛存在的微生物使有机物向稳定的腐殖质转化,是一种有机物高温降解的固相过程。一般方法是将土壤和一些易降解的有机物如粪肥、稻草、泥炭等混合堆制,同时加石灰水调节酸度,经发酵处理,可将大部分污染物降解。影响堆肥法效果的主要因素有水分含量、碳氮比、氧气含量、温度和酸度等。

(3)生物反应器

把污染土壤移到生物反应器中,加 3～9 倍的水混合,使呈泥浆状,同时加必要的营养物质和表面活性剂,泵入空气充氧,剧烈搅拌使微生物与污染物充分混合,降解完成后,快速过滤脱水。生物反应器的一个主要特征是以水为处理介质,使污染物、微生物、溶解氧和营养物质的传质速度加快,而且避免了复杂又经常不利的自然环境变化,各种环境条件(如 pH 值、温度、氧化还原电位、氧气量、营养物浓度、盐度等)便于控制在最佳状态,因此反应器处理污染物的速度明显加快;但其工程复杂,处理费用最高。另外,在用于难生物降解的物质时必须慎重,以防止污染物从土壤转移到水中。该方法目前还没有大面积推广使用。

3.污染土壤生物修复实例

1989 年,Exxon 石油公司的油轮在阿拉斯加 Prince Willian 海湾发生溢油事故,溢油量达 4.17×10^3 m^3,污染海岸线长达 500～600 km。为了消除污染,该公司采用原位石油消解措施,通过投放营养物(氮源、磷源物质)加速海湾上自然存在的微生物对污染石油的降解。处理结果是:同未施加营养物的地段比较,喷施营养物的地段,其石油污染程度明显减轻,并且未向周围地段及海水中扩散。

美国犹他州某空军基地针对航空发动机油污染的土壤采用原位生物降解,具体做法是:喷湿土壤,使土壤湿度保持在 8%～12%,同时添加氮、磷等营养物质,并在污染区打竖井,通过竖井抽风,以促进空气流动,增加氧气供应。经过 13 个月后,土壤中平均含油量由 410 mg/kg 降到 38 mg/kg。

10.4.3　地下水污染的生物修复技术

(1)地下水原位修复

虽然目前地下水的污染程度不像地表水那样严重,但是其治理和恢复却比地表水要难得多。早期地下水污染的修复是通过抽取地下水到地面上,处理后经表层土壤反渗回地下水中。处理的方法是一些常规物理、化学分离方法和 20 世纪 60 年代采用的废水生物处理技术,即所谓的异位修复。20 世纪 70 年代初期,开发了向含水层内通入氧气及营养物质,依靠土著微生物的作用将污染物降解为二氧化碳和水或转化为无害物质的原位生物修复法。进入 20 世纪

90 年代以后,随着地下水污染的日益严重和基因技术的重大突破,原位生物修复技术开始在应用上逐步取代传统的地面处理形式。

原位修复实质上是通过各种方法来强化地下水中微生物对有机物的自然降解过程。由于地下水中溶解氧不足、营养成分缺乏,致使微生物生长缓慢,因此需要向水中补充各种营养物质,其中最重要的就是提供氧或其他电子受体,必要时可添加氮、磷等营养元素。为了提高降解效果.还可以接种经培养、驯化的高效微生物。

地下水原位修复常用的方法如下。

①抽提、回注结合法,应用比较广泛。

②生物注射法,是将加压后的空气注射到地下水的下部,加快水中有机物的降解和挥发。

③微泡法,是将含有表面活性剂的气泡注入到地下水中,为细菌代谢提供充足的氧气,加快代谢速率。

④有机黏土法,是将带正电的有机修饰物、阳离子表面活性剂通过化学键键合到带负电的黏土表面上合成黏土,并利用黏土上的表面活性剂吸附有毒化合物,然后进行生物降解的方法。

(2)生物反应器

生物反应器的处理方法是一种异位修复与原位修复相结合的工艺。它是将地下水抽提到地面上,然后在地面上用生物反应器对有机物进行好氧降解,处理后的地下水通过渗灌系统回灌到土壤内,并在回灌过程中加入营养物和已驯化的微生物,且注入氧气,使生物降解过程在土壤及地下水层内得到加速的过程。生物反应器较灵活,可以移动到现场直接处理被污染的地下水,且反应器可以连续运行也可以间歇进行。各类在废水处理中应用的生物反应器均可以在地下水修复中得到应用。同时生物反应器法不但可以作为一种实际的处理技术,也可应用于研究生物降解速率和修复模型。近年来,生物反应器的种类得到了较大的发展,出现了连续循环升流床反应器、泥浆生物反应器等多种形式。

第11章　现代生物技术在医药卫生领域的应用

11.1　生物技术与疫苗

疫苗是一种特殊的药物,是一类由病原微生物制成的、经过物理化学方法使其失去致病能力但能诱导机体产生抗这种病原微生物感染的物质,包括蛋白质、多糖、核酸、活载体或感染因子等。疫苗主要用于健康人群,特别是婴幼儿和儿童。传染病仍然是人类健康的大敌,而接种特异性疫苗是提高人体免疫力、预防传染病最有效的措施。

11.1.1　疫苗概述

1. 疫苗的研究与发展

人类利用疫苗预防传染病可追溯到公元 10 世纪,在宋朝的真宗年代(公元 998—1023 年),我国就有了接种人痘预防天花的记载。到了明代则已广泛种植痘苗。1796 年英国医生琴纳(Jenner)发现牛痘也可感染人,但症状轻微,被牛痘感染的人可终身获得对天花的免疫能力,所以他开始改用更为安全的牛痘代替人痘接种。由于科学技术的进步以及世界各国人民的共同努力,1980 年 5 月,第三十三届世界卫生大会庄严宣告全世界已消灭天花。这是人类利用疫苗战胜烈性传染病的一项伟大壮举。

19 世纪中叶,法国科学家巴斯德(Pasteur)在对鸡霍乱病的研究中,发现将鸡霍乱弧菌连续培养几代后,可以使细菌的毒力降到很低,给鸡接种这种减毒细菌后,可使鸡获得对霍乱的免疫力,从而巴斯德首次发明了细菌的纯种培养技术及减毒活疫苗的制备技术,鸡霍乱疫苗就此诞生。1885 年 6 月,巴斯德用它制备的狂犬疫苗挽救了一个被疯狗咬伤的男孩的生命,这是减毒疫苗首次应用于人类。之后,利用巴斯德建立的减毒、弱化或灭活病原体作疫苗的技术,科学家们发明了许许多多的人用传染病疫苗,有的还一直沿用至今,如百日咳杆菌疫苗、白喉杆菌疫苗、破伤风杆菌疫苗、结核杆菌疫苗(卡介苗)、脑膜炎双球菌疫苗、脊髓灰质炎病毒疫苗、麻疹病毒疫苗、乙型脑炎病毒疫苗等。这类用病原体减毒或弱化的疫苗称为经典疫苗,也称为第一代疫苗。表 11-1 所示为已用于人类疾病预防的主要疫苗(菌苗)。

表 11-1　已用于人类疾病预防的主要疫苗(菌苗)

疫苗	疫苗	疫苗
小儿麻痹	麻疹	卡介苗(结核病)
白喉-百日咳-破伤风	乙型肝炎	乙型脑炎
流行性脑炎	甲型肝炎	流行性感冒

续表

疫苗	疫苗	疫苗
狂犬	风疹	腮腺炎
麻疹-风疹-腮腺炎	出血热	腮病毒(Ad4、Ad7)
水痘	黄热病	轮状病毒(腹泻)
伤寒	钩端螺旋体	霍乱
鼠疫	斑疹伤寒	布氏杆菌
炭疽杆菌	痢疾	链球菌肺炎
嗜血杆菌(流感)	痘苗(天花)	纽莫法 23(肺炎)

经典疫苗的使用,对人们预防传染病的传播做出了不可磨灭的贡献,但它在生产和使用过程中具有不安全性及对某些传染病使用效果不明显的缺陷。在疫苗生产和使用中因减毒或灭活不彻底,使生产者和免疫接种者受到传染病的威胁。因此,科学家们一直在寻找更安全、更有效的新一代疫苗。

20 世纪 70 年代之后,由于现代生物技术的迅猛发展,人们开始利用基因工程技术来生产疫苗。基因工程疫苗是将病原体的抗原基因克隆在细菌或真核细胞内,利用细菌或真核细胞生产病原体的抗原,因为它是利用抗原而不是病原体本身作为疫苗,所以它是安全的。人们还可以利用基因工程技术,将同一病原体的不同抗原簇,重组在一个基因上以表达含不同抗原决定簇的多表位抗原,从而提高免疫效果;还可以将不同病原体的抗原克隆于同一工程菌或工程细胞内,以表达不同病原体的抗原,制备成多价疫苗。基因工程疫苗被称为第二代疫苗。

1990 年,Wolff 首次发现在小鼠肌肉内注射质粒 DNA,质粒及其所携带基因可以被细胞摄取并表达。此后,核酸疫苗(DNA 疫苗)在多个领域迅速发展起来。所谓的核酸疫苗是指将含有编码的蛋白质基因序列的质粒载体,经肌肉注射或微弹轰击等方法导入宿主体内,通过宿主细胞表达系统表达抗原蛋白,诱导宿主产生对该抗原蛋白的免疫应答,以达到预防和治疗疾病的目的。这种疫苗兼有基因工程疫苗的安全性和减毒活疫苗激发机体强免疫反应的双重性,且免疫效果持久、制备简便、省时价廉等优点,短短几年内已获得了可喜的成果并展示了诱人的前景。这种疫苗称为第三代疫苗。

2.疫苗的应用

(1)疫苗的基本要求

当代疫苗的发展趋势是增强免疫效果、简化接种程序、提高免疫接种效率。疫苗至少应具备以下几个特点。

①安全性。疫苗都是用于健康人群,特别是婴幼儿和儿童的免疫接种,其质量的优劣直接关系到千百万人的健康和生命安全,因此在疫苗生产过程中,世界各国的疫苗生产企业应严格按照药品生产质量管理规范(GMP)进行生产,用科学、合理、规范化的管理方法保证药品的质量。灭活疫苗菌种为致病性强的微生物,应予彻底灭活;活疫苗的菌种要求遗传性能稳定,无复发,无致癌性;血源制品需要对献血人员进行严格检查,确保血液不含病原物质(如 HbsAg、HCV、HIV 等),无热原及过敏原;尽量减少接种后的副作用,推荐使用口服疫苗以尽量减少

注射次数。

②有效性。疫苗接种后能在大多数人中引起保护性免疫,群体的抗感染能力增强。除疫苗本身的有效性外,在实施免疫过程中的多种因素也影响疫苗的效果,如接种对象、人体生理状态等。理想的免疫接种是接种后既能引起体液免疫,又能引起细胞免疫,而且维持的时间长。疫苗能否提供 T 淋巴细胞识别的表位直接影响疫苗的效果。细胞因子有可能成为新型佐剂,它与疫苗共同使用可以调节免疫应答的类型,增强免疫效果。

③实用性。疫苗的可接受性十分重要,否则难以达到高的覆盖率。要求简化接种程序,如口服疫苗、多价疫苗。同时要求无不适反应,易保存、运输,价格低廉。

(2)疫苗接种

①计划免疫。计划免疫是根据某些特定传染病的疫情和人群免疫状况,按照规定的免疫程序有计划地进行人群预防接种,以提高人群免疫水平,达到控制以至最终消灭相应传染病的目的而采取的重要措施。免疫程序的制定是实施计划免疫工作的重要内容,应从实际出发制定合理的免疫程序(表 11-2)。严格按照程序实施接种,提高接种率,充分发挥疫苗的作用,有效地控制相应传染病的流行。

表 11-2　中国推荐的儿童免疫程序

年(月)龄	疫苗	序数	免疫途径
新生儿	卡介苗	第1次	皮下
	乙肝疫苗	第1次	肌内
1月龄	乙肝疫苗	第2次	肌内
2月龄	脊髓灰质炎减毒活疫苗	第1次	口服
3月龄	脊髓灰质炎减毒活疫苗	第2次	口服
	百白破三联疫苗	第1次	皮下
	乙肝疫苗	第3次	肌内
4月龄	脊髓灰质炎减毒活疫苗	第3次	口服
	百白破三联疫苗	第2次	皮下
5月龄	百白破三联疫苗	第3次	皮下
6月龄	乙肝疫苗	第4次	肌内
8月龄	麻疹活疫苗	第1次	肌内
1.5～2岁	百白破三联痹莆	第4次	皮下
4岁	脊髓灰质炎减毒活疫苗	第4次	口服
7岁	卡介苗	第2次	皮下
	麻疹活疫苗	第2次	肌内
	白破二联疫苗	第1次	肌内
10～12岁	卡介苗	第3次	皮下

目前,中国常规定的计划免疫所使用的疫苗分为以下三类:卫生部规定的计划免疫管理的疫苗,包括卡介苗、口服脊髓灰质炎减毒活疫苗、吸附白百破三联疫苗、冻干麻疹活疫苗及白破二联疫苗;卫生部规定的纳入儿童计划免疫管理的疫苗,如乙肝疫苗;各省(自治区、直辖市)纳入或拟纳入儿童计划免疫管理的疫苗,如流行性乙型脑炎疫苗、流行性脑脊髓膜炎多糖疫苗、风疹疫苗、流行性腮腺炎疫苗。

②疫苗技术面临的挑战。在世界范围内,使用疫苗进行预防疾病成功的事实,极大地增强了人类战胜疾病的勇气和信心,但是传染病问题依然非常严重。自 1981 年发现了人类缺陷病毒(HIV),依当时的经验和科学技术水平,认为很快会研制出针对艾滋病的有效疫苗,然而,二十多年过去了,全球艾滋病感染者已达 4000 万。科学技术人员为防治该病已耗资数千亿美元研制 HIV 疫苗,虽然有许多实验性疫苗进入临床,但仍然没有真正有效的疫苗问世。

1989 年发现的丙型肝炎病毒,至今使人一筹莫展,它具有类型多、抗原易变、不能通过组织培养进行人工繁殖以及相互拮抗的抗原表位复杂等特点,不仅使得传统的疫苗研制方法无法着手,而且运用基因工程技术也显得无能为力。

2003 年年初我国局部地区发生的传染性非典型肺炎,即严重急性呼吸综合征(SARS),在短短的几个月之内迅速蔓延,这是 21 世纪出现的第一个严重和易于传播的新疾病,给人类的生命健康带来了威胁,造成了巨大的经济损失。面对这个突如其来的灾难,在世界卫生组织包括我国在内的世界各国科学家的协调努力下,虽然在很短的时间内确定了此次疾病流行的病因是一种新的冠状病毒,但是目前只能对症治疗,而没有很好的治疗和预防方法,研究 SARS 疫苗迫在眉睫。

总的来说,新的病毒会不断产生(HIV、HCV、SARS 等),而老的病毒又在不断变异(如流感病毒等)。研究疫苗虽然有很多的困难,但是,从理论上来讲,对于任何在恢复期能产生天然特异性免疫力的传染病,都可以研制出安全、有效的预防性疫苗。下面主要介绍第二代及第三代疫苗。

11.1.2　病毒性疾病的疫苗

(1)肝炎病毒疫苗

病毒性肝炎是目前世界上广为流行的传染病之一。已发现的肝炎病毒达六种,分别用甲、乙、丙、丁、戊、庚命名。还有另外两种分别用己、辛命名的病毒(也称输血传播病毒),尚不能最终确定是否与肝炎有关。估计全世界肝炎病毒携带者多达 5 亿人。每年新患者达 5000 多万人。其中又以乙型肝炎为最,携带者估计达 2 亿人。乙肝病毒携带者有可能转变成慢性肝炎,慢性肝炎病毒携带者的肝癌发生率是非携带者的 100 倍,在全世界范围内约有 60% 以上的肝癌发病与乙肝有关。

由于乙型肝炎的猖獗和严重危害,世界各国均将乙型肝炎的检测和预防作为医学研究的重点。1982 年,乙肝疫苗首次在美国面市,但由于当时生产的乙肝疫苗是从人携带者的血液中分离出的病毒经灭活后作为疫苗,因而受到血液来源和技术的限制。制成的疫苗数量少、价格昂贵、难以推广。并且由于是血液制品,安全上没有保障。为避免受艾滋病病毒的污染,有些国家已禁止使用乙肝血源性疫苗。为此,科学家们将眼光瞄准了基因工程疫苗。

1986年,美国FDA首先批准了Merck公司基因工程乙肝疫苗(酵母表达系统)上市。日本、英国和以色列等国的基因工程乙肝疫苗也很快地陆续上市。目前用基因工程生产乙肝疫苗主要有两种方法。一是美国和日本等国家采用的,将重组DNA导入酵母菌,由酵母菌产生乙肝抗原而制成的疫苗;二是以色列等国家采用的,将重组DNA导入仓鼠细胞,由仓鼠细胞生产疫苗。乙肝病毒的DNA疫苗也已进入临床观察。

我国乙型肝炎感染情况相当严重,全国无症状携带者约占抽样总人口的1/10,约有1000万人为慢性乙肝病毒携带者,每年新发现的乙肝患者约占总人口的0.7%。由于乙肝病毒又是慢性肝炎、肝硬化、肝癌的主要病因之一,在已知的肝癌致癌因素中仅次于烟草。我国每年有10多万人死于肝癌,占世界肝癌死亡总数的40%。乙肝传染途径主要通过阳性血源污染及母婴传播,为了有效控制乙肝的传播,最有效的方法之一是阻断医院内的血源传播,更重要的是给每年约1200万新生儿接种疫苗,以阻断母婴传播。目前我国已在城市新生儿中开展此项免疫计划。然而要彻底消灭乙肝则需要40~50年坚持不懈的努力。

我国在乙肝疫苗研究和生产上取得了同样令人瞩目的成果。我国在第六个五年计划期间,经科学家们的努力,已有血源疫苗供应,并使乙肝感染得到了初步的控制。目前我国生产的基因工程疫苗,主要采用酵母表达系统表达乙肝表面抗原作为疫苗,同时也建立了哺乳动物细胞的高效表达系统。由于乙肝在我国的感染人群很大,要消灭乙肝,需要更经济、有效的新型乙肝疫苗。由于人群中约有10%的人对现有乙肝疫苗无反应,因此目前国内外都在致力于开发新一代乙肝疫苗。

甲型肝炎和丙型肝炎是两种经由消化道传染的流行较广的病毒性肝炎。国外已有甲型肝炎病毒灭活疫苗面市。我国使用的减毒疫苗也取得了很好的效果。国内基因工程(不带病毒的遗传物质)甲肝病毒及痘苗活病毒疫苗(将甲肝病毒的抗原基因插入到减毒的牛痘病毒基因组中,构建重组病毒,经它感染可不断分泌甲肝抗原,达到长期免疫的目的)也显示了很好的免疫原性。

被丙型肝炎病毒感染后,大部分病人转为慢性肝炎,其中部分病人可发展为肝硬化甚至肝癌,目前尚无特效治疗药物或预防方法,因此对感染者的危害远大于乙肝病毒感染。因此,研制一种高效、安全、价廉的丙肝疫苗,是目前世界各国科学家们面临的当务之急。但由于丙型肝炎病毒目前尚未能培养成功,而且丙肝病毒还存在着高突变率,尤其是包膜区的多变性,目前已知至少存在6种不同基因型的病毒,各型之间的异源性高达25%~30%,给丙肝疫苗的研究带来了重重困难。这也是为什么至今仍未见有丙肝疫苗上市的原因之一。核酸疫苗概念的提出,给丙肝疫苗研制带来了希望。尽管如此,丙肝核酸疫苗的研究仍有许多问题有待解决。

(2)艾滋病病毒疫苗

艾滋病(人类获得性免疫缺陷综合征,Acquired Immune Deficiency Syndrome,AIDS)是由人类免疫缺陷病毒(HIV)感染引起的,最早在中非发现。艾滋病主要传播途径包括性传播、静脉注射毒品、共用污染的注射器和针头、输血、母婴传播。由于艾滋病的迅速蔓延,已给人类的健康带来了极大的威胁。艾滋病自1981年发现以来已遍布全球五大洲,到2003年年底,已使4000多万人感染,死亡人数达300多万。该流行趋势仍以每天1600例HIV感染者的速度蔓延,90%新的感染者都在发展中国家。专家们认为,从长远的观点来看,疫苗是对付艾滋病的最好办法。艾滋病疫苗的研究也是目前国际上基因工程疫苗研究投入最大的项目。

目前国际上包括 DNA 疫苗在内的大约有 20 多种疫苗在进行着临床试验,其中大部分仍然处于初级阶段,只有 8 种进入较大规模的临床试验,但还没有一种疫苗能进入实用阶段。

（3）基因工程多价疫苗

所谓基因工程多价疫苗是指利用基因工程的方法将多种病原体的相关抗原融合在一起,产生一种带有多种病原体抗原决定簇的融合蛋白,或将多种病原体相关的抗原克隆在同一个载体（多价表达）上,达到对多种相关疾病同时免疫的目的。美国于 1986 年 10 月首先研制了一种含有疱疹病毒、肝炎病毒和流感病毒的疫苗。

（4）其他病毒性疾病疫苗

①狂犬病疫苗。狂犬病是一种由狂犬病毒引起的中枢神经系统急性传染病。目前,狂犬病仍在全世界 87 个国家和地区流行,估计每年因狂犬病而死亡者达 35000 人。狂犬病疫苗是继天花之后,人类最早应用的第二个疫苗。狂犬病死亡率为 100%,促使人们对狂犬病疫苗的制备和使用进行了大量的研究。狂犬病疫苗经历了脑组织细胞培养、基因工程、合成肽及抗独特型抗体疫苗等几个发展阶段。由于脑组织疫苗可引起严重的神经系统副作用,目前大多已停止使用。细胞培养疫苗具有良好的抗原性、副作用少,所以在控制人类狂犬病方面发挥着重要的作用。为了克服减毒疫苗的潜在危险,曾使用基因工程方法在大肠杆菌、酵母菌、哺乳动物细胞中表达狂犬病毒糖蛋白,但由于免疫性较差,产量较低,最后转而采用狂犬病毒-痘苗活疫苗重组病毒作为疫苗。最近,又进行了动物实验,效果较好且更为安全的金丝雀痘病毒活疫苗。

②脊髓灰质炎疫苗。小儿麻痹症是由脊髓灰质炎病毒引起的中枢神经系统疾病。据世界卫生组织报道,发达国家由于使用疫苗,小儿麻痹症已能得到很好的控制,但在发展中国家仍然是对公众健康的主要威胁。经研究发现,脊髓灰质炎病毒衣壳蛋白 VP$_1$、VP$_2$ 和 VP$_3$ 在实验动物身上能诱导产生相应的中和抗体,使其获得对病毒的免疫能力,并已制成了注射用的小儿麻痹症疫苗。

③印病毒疫苗。EB(Epstein-Barr)病毒是 5 种疱疹病毒之一。在非洲,这种病毒主要侵染 B 淋巴细胞,引起伯基特(Burkitt's)淋巴瘤;在地中海地区及包括我国在内的亚洲地区则主要侵染口、咽上皮细胞引起鼻咽癌。现在已成功地构建 EB 病毒膜抗原的重组痘苗病毒,以及中国仓鼠表达系统,并完成了成人、儿童和幼儿的免疫观察。

④流感疫苗。引起流行性感冒的流感病毒在世界范围内广泛流行。由于流感病毒与丙肝病毒类似,极易发生变异,其包膜蛋白的快变性使得流感病毒能逃避中和抗体的作用,因而出现流感的周期性大流行,所以流感病毒一直未能有有效疫苗面市。

除此之外,目前正在研制或已上市的基因工程病毒性疾病疫苗还有单纯疱疹病毒疫苗、流行性出血热病毒疫苗、风疹病毒疫苗、轮状病毒疫苗等。

11.1.3　细菌性疾病的疫苗

因为细菌和其他病原体的表面结构相对病毒而言比较复杂并处于动态变化状态,所以这种性质在大多数情况下不利于基因工程疫苗的开发。并且细菌感染在大多数情况下可用抗生素控制,因此目前使用的细菌基因工程疫苗没有病毒疫苗广泛。

(1)霍乱弧菌疫苗

霍乱是由霍乱弧菌感染而引起的烈性肠道传染病,主要症状是发烧、脱水、腹痛和腹泻。它可通过被污染的饮用水而传播,在自来水净化和过滤系统严重不足的发展中国家,霍乱始终是一个巨大的威胁。

霍乱弧菌不进入血液,只局限在肠道内,但它在肠道内繁殖并释放大量的肠毒素。实际上肠毒素就是真正的致病物。该毒素由 A 和 B 两个亚单位组成,A 亚单位刺激腺苷酸环化酶,产生 cAMP 并在小肠黏膜细胞内积累,导致大量水和电解质排出,引起剧烈腹泻,导致严重脱水,酸中毒而死亡。B 亚单位则能促使 A 亚单位进入细胞。A 亚单位和 B 亚单位均能诱导机体产生中和抗体。

根据霍乱弧菌的致病机制,科学家们设想如果能改造霍乱弧菌的基因结构,使编码 A 亚单位的基因突变,不能产生 A 亚单位,但保留 B 亚单位的基因,细菌能继续产生 B 亚单位。那么这种细菌将是一种不会致病但仍保留免疫原性的细菌了。

美国哈佛大学 Mekalanos 等通过诱变缺失的方法,获得了 A 亚单位缺失 0595 品系,以此制成了减毒疫苗。

(2)麻风杆菌疫苗

麻风是由麻风分枝杆菌引起的慢性传染病。这是 1837 年由 Hansen 最早确定的人类第一个致病菌。但由于这种细菌仍然未能在体外培养,因而严重地阻碍了对麻风病的诊断、免疫学和治疗学方面的研究,也严重地阻碍了疫苗的开发。

1976 年,人们发现犰狳是除了人之外唯一可以让麻风杆菌自由增殖的动物,使麻风疫苗的研制成为可能。之后,从 20 世纪 70 年代中期至 80 年代中期,人们对麻风减毒疫苗进行了许多研究,并在人及犰狳中进行了对比接种观察,发现麻风疫苗与卡介苗(一种常用的结核病疫苗)联合使用效果更佳。这种疫苗既可以预防健康者受麻风杆菌的感染,也可以控制或减轻已被感染者的病情发展和病型的恶性转化。但是应该指出,由于麻风病的潜伏期特别长,可达 5～25 年,一种有效的疫苗对一位可检查出来的麻风结节病患者的抑制只有十几年,也就是说,大约 10～15 年才能看出抗麻风结节疫苗的预防效果。

(3)幽门螺杆菌(HP)疫苗

自从 Warren 等(1983)首次成功分离幽门螺杆菌(HP)以来,大量的研究结果证实 HP 是慢性胃炎和消化道溃疡的主要病原体。由于慢性胃炎可发展为胃黏膜萎缩、异型增生,最终导致胃癌,故世界卫生组织(WHO)将之列为Ⅰ级生物致癌原。一些资料表明人类 HP 的感染可达 40%～60%,故 HP 疫苗的研究在上述疾病的防治上具有重要的意义。

在基因工程细菌病疫苗研究与应用方面,还有致腹泻大肠杆菌疫苗、痢疾疫苗、鼠伤寒沙门氏菌疫苗、淋球菌疫苗、脑膜炎双球菌疫苗等。

11.1.4　寄生虫病疫苗

(1)疟原虫疫苗

疟原虫是引起疟疾的一种寄生虫。疟疾是一种广泛传播的人类寄生虫病。据世界卫生组织估计,亚热带地区至少有 3.5 亿人受疟疾的折磨,而整个世界则达 8 亿人,每年有 1.5 亿例发生。引起人类疟疾的有四种疟原虫:恶性疟原虫,感染力强、增殖迅速、引起的症状严重、死亡率高,它是由疟疾引起死亡的病因;间日疟原虫,传播范围也不小,发病率很高;而三日疟原虫和卵形疟原虫则流行较少。

由于疟原虫及其传播媒介蚊子的抗药性的获得,使得其疫苗的研究更显其重要性。目前疟原虫的基因工程疫苗有抗孢子疫苗,如 GSP 蛋白质;抗裂殖子疫苗;抗配子母细胞疫苗等。

(2)血吸虫疫苗

血吸虫是引起血吸虫病的病原体。感染人类的血吸虫主要有三种,即埃及血吸虫、曼氏血吸虫及日本血吸虫。该病是一种严重威胁人类健康的慢性消耗性疾病,流行于亚洲、非洲和拉丁美洲的 75 个国家。世界上约有 5 亿~6 亿人受到此病影响。尽管吡喹酮的疗效及安全性较好,但除非长期重复使用,否则难于控制再感染的发生。在 1991 年世界卫生组织召开的血吸虫病疫苗研究策略研讨会上,与会者一致认为血吸虫病疫苗的研究是必要的、可行的。

血吸虫基因工程疫苗主要有两大类:一类是虫体蛋白质,一类是酶性抗原。

寄生虫的 DNA 疫苗也是 20 世纪 90 年代之后寄生虫疫苗研究的一个主要方向,目前,正在研究的有血吸虫、疟原虫、利什曼原虫、小隐孢子虫等寄生虫 DNA 疫苗。

11.1.5　避孕疫苗

当前,世界人口已达 60 亿,而且每年还以 0.1 亿的速度增长,人口压力一直是影响发展中国家经济发展的重要因素之一。因此,控制人口增长一直是这些国家面临的紧要问题。除了国家制定的一系列法规政策之外,避孕技术的进步和推广是有效控制人口增长的重要技术手段。基于目前免疫学在生殖机理中的研究,探索以疫苗技术达到避孕的目的,从理论和技术上都是可行的。随着疫苗技术的不断发展,避孕疫苗越来越受到学者的关注。

(1)精子避孕疫苗

精子避孕疫苗早在 20 世纪 30 年代已开始研究,但是由于其结果不肯定和出于伦理学的考虑而放弃。70 年代之后才有计划、系统性地重新开展研究工作。精子避孕疫苗就是利用精子的特异性蛋白质为抗原,免疫男性或女性,诱发产生相应的中和抗体,减少精子的产生,阻断受精过程,从而达到避孕的目的。

目前,利用基因工程技术已成功的克隆了多个蛋白质基因,但是,若要获得与天然蛋白质结构完全相同并且具有高度免疫活性的重组蛋白,还需要解决一些技术问题,还要进一步研究哪些蛋白质抗原在灵长类中最有效、毒副作用最小,同时还要考虑最佳的佐剂及最佳给药途径等一系列问题。

(2)激素类避孕疫苗

精子和卵子的产生过程、受精过程及妊娠过程需要多种激素参与,人们设想以这些激素作为抗原,免疫男性或女性以产生相应的中和抗体,降低机体内相应的激素水平使精子或卵子不能产生或不能受精或不能怀孕,同样可以达到避孕的目的。目前,进入临床实验的已有人绒毛膜促性腺激素(HCG)、促性腺激素释放激素(GnRH)和促卵泡激素(FSH)等。

11.2 生物技术与生物制药

生物技术应用于制药工业不仅可以生产出大量廉价的防治人类重大疾病的新型药物,而且将引起制药工业技术的重大变革。据统计,国际上已取得的生物技术的 60% 研究成果都集中在医药工业。运用现代生物技术解决了过去常规方法不能生产或者生产成本特别昂贵的药品,开发出了一大批新的特效药物,研制出了一批灵敏度高、性能专一、实用性强的临床诊断试剂,找到了某些疑难病症的发病原理和医治的新方法。

生物药物分为两大类:一类是天然生物药物,包括从动植物、微生物等个体种制取的各种天然活性物质及其人工合成或半合成的天然物质类似物;另一类为基因工程药物,是利用重组 DNA 技术生产的多肽、蛋白质、酶、激素、疫苗、单克隆抗体和细胞生长因子等。

11.2.1 天然生物药物

自古以来,人类在同疾病做斗争的过程中,通过以身试药等途径,对天然药物的应用积累了丰富的经验,天然药物一般指来源于植物、动物、微生物、海洋生物、矿物的药物。天然来源的药物可分为原始天然化合物以及通过半合成或全合成得到的天然产物。这里我们仅以抗生素为代表的微生物来源药物为主介绍天然生物药物。

(1)微生物药物

微生物药物,包括抗生素和具有其他药理作用的微生物次级代谢产物,以及以微生物次级代谢产物为先导化合物,通过生物或化学方法制得的衍生物。

微生物制药在医药工业中占有重要的地位,目前全世界微生物药物的总产值约占医药工业总产值的 15% 左右。在我国,微生物制药也是医药工业的支柱行业之一。

1928 年弗来明(Fleming)发现一种被称为点青霉的真菌能产生一种被称为青霉素的物质。这种物质可以抑制许多细菌的生长,它在治疗感染性疾病中发挥了巨大作用。受青霉素的启发,极大地鼓舞和激发了人们从微生物代谢产物中筛选新的抗感染药物及新的抗菌抗生素,筛选规模不断扩大,新发现的抗菌物质数量不断增加,内酰胺类、氨基糖苷类、大环内酯类、四环素类等一系列新天然抗生素相继问世。迄今人们已经发现了约 6000 种具有抗生活性的天然物质。估计每年还会有 100~200 种新的抗生素被发现。全世界每年抗生素的产量超过 10 万 t,产值约 100 亿美元。

临床上使用的抗生素大多用于细菌感染引起的疾病,如青霉素、头孢菌素、氯霉素、四环素等。还有一些抗生素用于真菌引起的感染,如灰黄霉素;用于肿瘤化疗,如博来霉素;用于寄生虫感染,如杀滴虫霉素;用于器官移植及自身免疫性疾病的免疫抑制,如环孢菌素 A 等。

目前,广泛应用的抗菌抗生素主要由放线菌产生,特别是链霉菌属的放线菌,少数来自于真菌、细菌、动物或植物。

虽然抗生素在医疗卫生领域中的广泛应用,使许多疾病特别是细菌引起的传染性疾病得到了有效控制,但另一方面,由于抗生素的滥用,已使许多细菌产生了抗药性。例如结核杆菌引起的结核病曾是死亡率极高的疾病,抗生素的发现和应用后此病已几乎绝迹,但由于抗药性结核杆菌的出现,该病在包括我国在内的许多国家近几年来又有重新流行的趋势,我国 2002 年乙类传染病发病报告显示肺结核的发病数和死亡数仅次于肝炎而排列第二位,应引起足够的重视。

人们在寻找抗菌抗生素的过程中逐步认识到,微生物产物化学结构多种多样,生物活性十分广泛,是筛选和开发各种治疗药物的良好资源。随着抗肿瘤、免疫调节、酶抑制、受体拮抗剂或激动剂、离子通道调节、抗寄生虫等各种生物活性物质的广泛筛选和分离,众多非抗生物类活性物质不断从微生物代谢产物中被发现。免疫抑制剂环孢菌素 A 和 FK506、降血脂药物落伐他汀等一批临床极为有效的微生物药物已开发成功。

(2)其他天然药物

从植物中提取的有用次生代谢物,如生物碱、萜类、醌类、黄酮类等是现代医药的重要原料。由于植物细胞的全能性,通过离体细胞的大规模克隆,即可从收获的细胞培养物中萃取人们所需要的天然化合物,如紫杉醇、青蒿素、长春新碱、地高辛等。

因为人参疗效显著,天然资源少,生长速度慢,所以价格昂贵。人们试图寻找其他途径生产妊娠的有效成分——人参皂苷。早在 1964 年,我国科学家罗士伟教授首先成功地进行了人参组织培养,其后许多国家也先后开展了人参组织培养生产人参皂苷的研究工作。现在已经可以用组织培养方法生产,并证实其药理药性与生药——新鲜人参相同。

紫杉醇是近年来发现的重要抗癌药物,能有效地治疗卵巢癌、乳腺癌等癌症。但由于紫杉醇是从珍稀植物紫杉中提取的,所以如何得到充足的药物一直是医学家和环境学家争论的问题。紫杉醇的生产只能通过大量的砍伐这种珍稀植物,这显然将对环境产生不良影响。所以目前科学家们正在开展紫杉醇细胞培养法及真菌发酵法生产的研究,现已取得了一定成效。

利用生物技术生产或处于研究阶段的药物还有:强心苷、莨菪碱、利血平、育努皂苷原、胆固醇、β-谷甾醇、羊毛甾醇、人参二醇、人参三醇、油烷酸、胡萝卜素、维生素 C 等。

11. 2. 2　基因工程药物

基因工程药物是指利用重组 DNA 技术生产的多肽、蛋白质、酶、激素、疫苗、单克隆抗体和细胞生长因子等。

蛋白质是生命活动最重要的物质之一,已知很多蛋白质与人类的疾病密切相关。众所周知的侏儒症与病人缺少生长激素有关;一些糖尿病则是由于胰岛素合成不足引起的;出血不止的血友病人则是由于缺少凝血因子 Ⅷ 或凝血因子 Ⅸ。在 DNA 重组技术出现之前,大多数的人用蛋白质药物主要是从人体血液、尿液中或动物组织或器官中提取的,成本高但产率和产量都很低,供应十分有限。并且从人体来源的材料中提取很难保证这种蛋白质药物不被某些病原体,如肝炎病毒、艾滋病病毒污染,所以存在不安全因素。

首先,基因工程技术生产药物最大的好处在于它能从极端复杂的肌体细胞内取出所需要的基因,将其在体外进行剪切拼接,重新组合,然后转入适当的细胞中表达,从而生产比原来多数百、数千倍的相应的蛋白质。例如,用传统技术 2 L 人血只能生产 1 μg 人血白细胞干扰素,而 1 L 细菌发酵液则可生产 600 μg;生产 10 g 胰岛素传统技术要用 450 kg 猪胰脏,而用基因工程技术只需 200 L 细菌培养液。

其次,通过基因工程制药,所用生产菌中细菌、酵母菌生长条件相对简单,容易大量培养,可大大降低生产成本。

再次,用基因工程生产人源的蛋白质药物将是安全有效的,不用担心其他病原体的污染,也不用担心动物源药物的抗原性。

另外,基因工程技术不仅可以获得大量的有活性的人源药物,而且可以通过基因工程的方法对蛋白质基因的结构加以改造以改变蛋白质结构,使这种被修饰后的蛋白质药物性质更加稳定、活性更高,副作用更低。

1982 年 10 月,世界上第一个基因工程药物——治疗胰岛素依赖性糖尿病的人胰岛素在美国正式获准上市。至今已有 100 多种药物经过严格的动物药理、毒理试验及临床试验已获准大批量生产并上市。300 多种处于临床阶段,近千种处于研发状态,形成一个巨大的高薪技术产业,产生了不可估量的社会效益和经济效益。基因工程药物主要是医用活性蛋白和多肽类,可分为以下几类。

(1)细胞因子类

它包括干扰素(IFN)、白介素(IL)、集落刺激因子类、生长因子类、趋化因子类、肿瘤坏死因子类。

(2)激素类

如生长激素、胰岛素、人促皮质激素等。

(3)治疗心血管及血液病的活性蛋白类

它包括溶解血栓类、血凝因子类、生长因子类和血液用品。

(4)治疗和营养神经的活性蛋白类

此类活性蛋白如神经生长因子(NGF)、脑源性神经营养因子(BDNF)、睫状神经营养因子(CNTF)、神经营养素 3(NT-3)、神经营养素 4(NT-4)、神经营养素 5(NT-5)、NEU-配体(NAF)等。

(5)可溶性细胞因子受体类

如 IL-1 受体、IL-4 受体、TNF 受体、补体受体等。

(6)导向毒素类

①细胞因子导向毒素。如 IL-2 导向毒素、IL-4 导向毒素、EGF 导向毒素。

②单克隆抗体导向毒素。如抗-B4-封闭的蓖麻毒蛋白、抗-CD6-封闭的蓖麻毒蛋白。

基因工程药物的生产,在获准大批量生产、上市之前,必须对其安全性和有效性进行仔细、严格的测定和审批,如表 11-3 所示。

表 11-3　基因工程药物的研制与审批程序

1	基因工程细胞(细菌)的构建	1)目的基因的分离 2)高效表达工程菌株/细胞株的构建 3)表达产物的鉴定 4)工程菌株/细胞株培养和遗传稳定性研究

2	实验室小量生产	1)表达产物有效成分的纯化 2)有效成分理化和生物学特性的鉴定 3)产品制备工艺和质量检定的条件和方法
3	中试生产(培养规模、产率、纯化得率、纯度、效价)	1)其表达量不能低于小试水平 2)连续三批的产量要够做临床前研究、质量检定和Ⅰ～Ⅱ期临床试验用 3)中试工艺确定后丕能再做大的变动:要有详细的操作规程和质量指标(效价、纯度、理化特性等)
4	临床前安全性研究	1)药效 2)药理 3)毒理(急性毒性、长期毒性、药代动力学)
5	申请和进行新药临床研究	1)Ⅰ期临床试验(安全性)10～30例自愿健康受试者 2)Ⅱ期临床试验(疗效、治疗剂量、毒副反应、禁忌症)300例典型病例
6	获"新药证书"	1)试生产(具备 GMP 车间和生产许可证),两年 2)Ⅲ期临床试验(不良反应、疗效、新的适应症)
7	正式生产	

11.3　生物技术与疾病诊断

对于现代医学和现代农业来说,一个很重要的方面就是尽早检测出在人、植物体内以及在水和土壤中的病原性物质。这些病原性物质包括病毒、细菌、真菌、寄生虫、朊病毒和其他的一些小分子物质。它们给人体的健康以及动、植物的健康生长都造成极大的危害。在对人的传染病的预防、控制和治疗的过程中,一个重要的因素就是要及早发现病原物质。只要早发现、早诊断,那么传染病就可能得到有效的防治。许多传统的诊断程序一般都涉及两个过程:第一,先要对病原物质进行培养,培养后再分析它的生理学特性;第二,确定它到底是哪一类的病原物质,是病毒、细菌,还是其他的物质。这种方法经过长期的实践证明是比较有效的,而且检测到的病原物质相对来说也比较特异。但是传统的诊断程序现在也遇到了越来越多的问题,如诊断的成本高、速度慢、效率低(表 11-4 列出了检测寄生虫感染的诊断方法比较)。如果遇上某些病原体,其生长得特别慢或根本无法通过人工培养获得,比如有的类菌原体就不能够培养。如果遇到这种情况,用传统的诊断程序就非常费事了。对传统的检测诊断方式来说,由于它需要一个病原菌培养生长的过程,因而就限制了它只能够对那些已经知道的、可以培养的病原菌进行常规诊断,而对于那些尚未进行鉴定的病原菌用传统方法进行检测就具有一定的盲目性。再如,对于朊病毒的检测,传统病原物质培养方法根本无能为力。正是在这种情况下,现代分子诊断技术问世了。

表 11-4　检测寄生虫感染的诊断方法比较

方法	优点	缺点
显微镜镜检	简单易行,可直接观察到寄生虫的形态	速度慢,灵敏度低.对经验水平要求高,费时、费工,无法辨别形态相近的寄生虫
本外培养、接种	能检测到活的寄生虫,并可检测感染性和感染烈度	速度慢、花费高,寄生虫可能难以进行体外培养,且必须使用动物材料
抗体检测	简单、快速,能够实现现代化,可用于检测大量的样品	无法区分活的寄生虫与处在潜伏状态的寄生虫,有时会有非特异反应发生
DNA 杂交及 PCR	快速灵敏,能够实现自动化,可分辨不同种的寄生虫。不需要从前有寄生虫感染病史	花费高,步骤多,无法区分活的和死的寄生虫,有时会有假阳性或假阴性

　　现代分子诊断技术主要是指应用免疫学和分子生物学的方法来对病原物质进行诊断检测。总的来说,不论是传统的常规诊断,还是现代的分子诊断技术,一种有效的诊断方法都应该具备以下三个条件:①专一性强,这指的是诊断只对目标分子或只对某一种病原菌分子产生阳性反应;②灵敏度高,是指即便只有微量的目标分子,或是在有很多干扰存在的情况下,也能够很灵敏地检测出所寻找的那种病原菌分子;③操作简单,这主要是指在进行大规模检测时,要求操作简单、高效、便宜。

11.3.1　ELISA 技术与单克隆抗体

　　从理论上讲,对于传染物质的传统诊断程序主要决定于人们对病原物质的性质了解有多深,最好是能够了解到某一个与别的病原物质不同的性质。在临床工作的微生物学家和医生们都希望能够只依据少数几条生物学特性就可以准确地将病原物质鉴定出来,并确定出它们在体内的位置。而且,这些特殊的生物学特性要越少越好,以利于简化检测程序。比如说,有一些传染物质会产生特定的生化成分,通常一种特定的生化成分可以通过一种特定的生化分析鉴定出来。但是如果针对于一种特异的标记分子。使用一个单独的检测系统的话,那么对于多种不同的病原菌来说,就需要有很多种不同的生化检测系统,这在实际应用中是非常烦琐的,所以人们一直希望找到一种能够检测所有标记分子的标准方法,从而不论这种标记分子的化学性质是什么都可以进行诊断检测。

　　由于抗体可以高度特异地与抗原分子结合,因此通过抗原-抗体的特异性识别反应来进行检测就可以成为一种特异而简便的检测程序。目前,人们发明了许多种不同的方法来检测抗体与其目标抗原的结合,酶联免疫吸附(enzyme-linked immunosorbant assay,ELISA)就是其中的一种方法。

　　1.酶联免疫吸附(ELISA)检测技术的原理

　　ELISA 是以酶联免疫吸附试验为基础的测定技术。该技术始于 1971 年,当时,瑞典的

Engvall 等人分别以纤维素和聚苯乙烯试管作为固相载体吸附抗原或抗体,结合酶技术建立了酶联免疫吸附(ELISA)检测法。1974 年 Voller 等将固相支持物改为聚苯乙烯微量反应板,使 ELISA 技术得以推广应用。

ELISA 通常的检测过程包括以下几个步骤(图 11-1)。

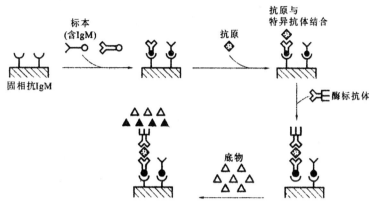

图 11-1　检测目标抗原的 ELISA 程序示意图

①将待测样品结合在固体支持物上。常用的固体支持物是带有 96 孔的微量滴定板。

②加入可以与目标分子产生特异反应的抗体,即一抗,反应后进行冲洗,将未结合上的一抗洗去。

③加入二抗。二抗通常只特异地识别一抗,而不识别目标分子。二抗上还联着一种酶,如碱性磷酸酶、过氧化物酶或脲酶等,这些酶都能够催化一种化学反应,将无色底物转变成有色物质。一抗与二抗反应完成后,再次冲洗,将未与一抗结合的二抗洗去。

④加入无色底物。如果一抗没有结合上样品中的目标分子,那么第一次冲洗时一抗就会被全部洗去,因而二抗也就无法结合,底物仍保持无色。如果二抗没有与一抗相结合,那么第二次冲洗时二抗也会被洗去,最后底物仍旧为无色。但如果样品中带有目标分子,则一抗能够特异地与之结合,二抗可以与一抗结合,二抗上联带的酶就可以将无色的底物转变成有色物质,人们就能够通过颜色变化来判断出被测样品中带有目标分子了。

2. 常用的 ELISA 诊断技术

目前常用于检测抗原或抗体的 ELISA 法有以下两种。

(1)测定抗体的间接法

病原体或其他外源大分子物质进入机体后都可能刺激机体产生相应的抗体,所以可以通过检测某种病原体的相应抗体来判断机体是否曾经被某种病原体所感染,达到诊断目的。

该方法首先将已知定量的抗原(如某个病原体的蛋白质)吸附(也称包被)于固相载体(微孔滴定板的微孔内),加入待检测的样品(如病人血清),温育反应一定时间。此时,如血清中有该病原体蛋白质的抗体,将被吸附在微孔板上。洗涤以去除未结合的蛋白质(抗原)。加入酶标抗体(如血清为人血清,则加入抗人血清的抗体),保温、洗涤后加入无色的酶底物,保温一定时间进行酶促反应,通过观察反应后颜色的有无及深浅来判断反应结果。若有颜色反应,说明检测样品中含有相应的抗体,所以是阳性反应,根据颜色深浅还可以进行定量分析。反之,若为无色,说明样品中无相应抗体,为阴性反应。如图 11-2(a)所示。

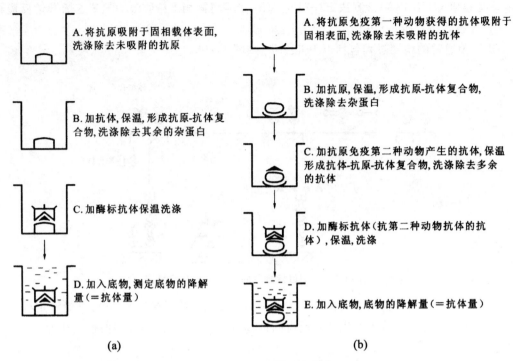

图 11-2　ELISA 原理示意图

(a)ELISA 测定抗体的间接法原理;(b)ELISA 测定抗原的双抗体夹心法原理

(2)测定抗原的双抗体夹心法

病原体及其大分子物质进入机体后都可能成为一种抗原,所以检测机体内的抗原同样可以判断机体是否感染了相应的病原体。

该方法是将抗原免疫第一种动物(如兔子、小鼠、山羊、绵羊或豚鼠中的一种)获得第一种抗体。将第一种抗体吸附在微孔板上,加入待测样品(如人的血清等)经保温反应后洗涤。如果待测样品中含有相应的抗原,则该抗原将被吸附在抗体上从而保留在微孔板上。加入用相同抗原免疫另一种动物产生的抗体(第二种抗体),同样保温洗涤后,第二个抗体液将与抗原结合而保留在微孔板上,最后加入抗第二种抗体的酶标抗体,保温、洗涤后,将使酶标抗体也结合在微孔板上,加底物显色后判断反应结果,判定方法同上。如图 11-2(b)所示。

3. 单克隆抗体

ELISA 的工作原理主要是利用一抗与目标分子的特异性结合。假定目标分子是一种蛋白质,那么要得到可用于检测的抗体,则首先需要纯化出这种蛋白质,然后用纯化的蛋白质免疫动物,一般都是免疫兔子。在免疫过的兔子的血清中就会产生多克隆抗体。

对于诊断检查来说,使用多克隆抗体有两大缺点:①同一抗体混合物中不同抗体的含量会有差异,而且每次制备的抗体的量之间也会有差异;②无法区分相类似的目标分子,例如,如果病原分子与非病原分子之间只相差一个抗原决定簇,这时多克隆抗体就无法区分,因为在ELISA 检测中都会发生颜色变化。

因此要对某一目标分子进行诊断检查,最好是采用只与某一单个的抗原决定簇结合的抗体,即单克隆抗体。由于单克隆抗体只结合抗原上某一单一的位置,因此采用单克隆抗体进行 ELISA 检测,其特异性就比使用多克隆抗体要高得多。目前人们已经成功地制备了许多不同化合物和病原的单克隆抗体用于免疫诊(表 11-5)。

表 11-5　已制备单克隆抗体的化合物和病原

种类	具体成员	种类	具体成员
多肽激素	绒毛膜促性腺激素 促甲状腺激素 生长激素 黄体生成素 促乳素 促卵泡激素	传染病原	衣原体 军团菌 疱疹 艾滋病 病毒性风疹 乙型肝炎
肿瘤标记	癌胚抗原 前列腺特异性抗原 白细胞介素 2 受体 表皮生产因子受体	药品监控化合物	茶碱 环孢素 庆大霉素
细胞因子	白细胞介素 1~8 集落刺激因子	其他	甲状腺素 Tan 蛋白 维生素 B_{12} 铁蛋白 血纤蛋白降解产物

单克隆抗体虽然主要用于病原体感染的体外诊断,但其应用不仅仅限于此,其应用范围相当广泛,具体如下。

①肿瘤治疗。将肿瘤治疗药物结合到抗肿瘤的特异单克隆抗体上,制成生物导弹,利用抗体与肿瘤的特异结合能力,使药物集中到肿瘤部位,减少药物的副作用。

②检测肿瘤相关蛋白质。通过检测与肿瘤相关的蛋白质,如癌胚抗原、甲胎蛋白等,对肿瘤进行早期诊断及治疗后的疗效评价。

③检验血液中的药物含量。包括检测违禁药物,检测治疗药物如庆大霉素、环孢素等的浓度以确定最佳用药量。

④确定激素水平。用于评价内分泌功能及妊娠试验,特别是早孕的检验。

⑤鉴定微生物病原体。包括细菌性、病毒性、寄生虫性传染病的临床诊断及食品、环境等可能污染物的病原体检验。

⑥其他领域的应用。包括动、植物病原体的检测,分离某些贵重的生物活性物质等。

11.3.2　DNA 诊断技术

众所周知,一个生物体的各种性质和特征都是由它所含的遗传物质所决定的,例如,实验已经证明细菌的病原性就是由于细菌表达了某个或某些对人畜有害的基因而形成的。而且，一个基因的改变就可以使人患遗传疾病。从理论上讲，任何一个决定特定生物学特性的 DNA 序列都应该是独特的，都可以用作专一性的诊断标记，这就是 DNA 诊断的理论基础。

1978 年 Kan 和 Dozy 首先应用羊水细胞 DNA 限制性片段长度多态性（RFLP）作为镰状细胞贫血症的产前诊断，从而开创了 DNA 诊断的新技术，30 多年来，DNA 诊断技术取得了飞速的发展. 建立了多种多样的检测方法，这些检测方法可以用于遗传性疾病、肿瘤、传染性疾病等多种疾病的诊断。DNA 诊断的基本方法主要建立在核酸分子杂交、PCR 和 DNA 序列分析技术或几种技术联合的基础之上。

1. 核酸分子杂交技术

核酸分子杂交技术可用以检测样本中是否存在与探针序列互补的同源核酸序列。建立在此技术基础上的常用基因诊断方法有以下几种。

（1）限制性内切酶酶谱分析法

此方法是利用限制性内切酶和特异性 DNA 探针来检测是否存在基因变异。当待测 DNA 序列发生突变时会导致某些限制性内切酶位点的改变，其特异的限制性酶切片段的状态（片段的大小或多少）在电泳迁移率上也会随之改变，借此可作出分析诊断。如镰状细胞贫血症是 β-珠蛋白基因第六个密码子发生单个碱基突变（A→T），谷氨酸被缬氨酸取代所致。由于这一突变而使该基因内部一个 MstⅡ限制酶位点丢失。因此，将正常人和带有突变基因个体的基因组 DNA 用 MstⅡ消化后，与 β-珠蛋白基因探针杂交，即可将正常人、突变携带者及镰状细胞贫血症患者区别开来。

（2）DNA 限制性片段长度多态性分析

在人类基因组中，平均约 200 对碱基可发生一对变异（称为中性突变），中性突变导致个体间核苷酸序列的差异，称为 DNA 多态性。不少 DNA 多态性发生在限制性内切酶识别位点上，酶切水解该 DNA 片段就会产生长度不同的片段，称为限制性片段长度多态性（RFLP）。RFLP 按孟德尔方式遗传，在某一特定家族中，如果某一致病基因与特异的多态性片段紧密连锁，就可用这一多态性片段作为一种"遗传标志"，来判断家庭成员或胎儿是否为致病基因的携带者。甲型血友病、囊性纤维病变和苯丙酮尿症等均可借助这一方法得到诊断。

（3）等位基因特异寡核苷酸探针杂交法

遗传病的遗传基础是基因序列中发生一种或多种突变。根据已知基因突变位点的核苷酸序列，人工合成了两种寡核苷酸探针，一种是相应于突变基因碱基序列的寡核苷酸（M），一种是相应于正常基因碱基序列的寡核苷酸（N），用它们分别与受检者 DNA 进行分子杂交。若受检者 DNA 能与 M 杂交，而不能与 N 杂交，说明受检者是这种突变的纯合子；若受检者 DNA 既能与 M 结合，又能与 N 结合。说明受检者是这种突变基因的杂合子；若受检者 DNA 不能与 M 结合，但能与 N 结合，表明受检者不存在这种突变基因；如果患者 DNA 和 M、N 均不结合，提示其缺陷基因可能是一种新的突变类型。所以寡核苷酸探针杂交（ASO）不仅可以确定已知突变，还为发现新的突变基因提供了有效途径。

2. 聚合酶链式反应（PCR）

聚合酶链式反应（PCR）技术是一项体外扩增特异 DNA 片段的技术。1983 年由美国 Cetus 公司的 K. Mullis 创建。采用这种方法,在反应系统中只要有一个拷贝待扩增的 DNA 片段,在短短几小时内就能扩增出大量拷贝数的特异性 DNA 片段,可满足用于常规方法的 DNA 检测和重组。这种方法除了可以用于基因工程目的基因的制备外,还可以用于某些疾病的诊断。

寻找到传染性因子的特异 DNA 序列,以这段 DNA 序列作为靶序列,设计特异引物,对待测样品进行 PCR 扩增。如果检测出了相应的扩增带,则判定为阳性反应;反之,如无扩增带,则为阴性反应。目前,能够利用 PCR 扩增技术进行检验的传染性因子有:结核杆菌、淋球菌、多种导致腹泻的肠道传染性细菌、丙型肝炎病毒、人类免疫缺陷病毒、人嗜 T 细胞病毒、乙肝病毒、巨细胞病毒、人乳头瘤病毒、肠道病毒及肺炎支原体等。

PCR 技术也可用来进行遗传性疾病的基因诊断。如 α-地中海贫血的 Bart 综合征是由于基因的缺失引起的一种遗传病。选择特异的引物对这一缺失区域进行扩增,如果是非缺失的正常个体将会得到一定大小的扩增片段。反之,具有缺失的遗传病个体没有扩增片段产生或扩增的片段较小。

因为大多数遗传性疾病缺乏有效的治疗手段,所以对于具有某种遗传病的家系的出生前的胎儿进行产前诊断,对患病胎儿实施人工流产或引产不失为一条避免遗传病患儿出生,达到优生目的的有效途径。

利用 PCR 及近年来发展起来的 PCR-RFLP[全称为多聚酶链反应(PCR)-限制性片段长度多态性(RFLP)分析]、PCR-ASO[全称为多聚酶链反应(PCR)-等位基因寡核苷酸(ASO)分析]、LCR(连接酶链式反应)等项技术进行产前诊断具有重要的意义。因为这些技术具有很高的灵敏度,只要在产前采集极微量的羊水、绒毛膜或脐带血就可进行怀孕早期的诊断而不影响胎儿的正常发育。

PCR 检测技术具有极高的灵敏度,可以检测极微量的病原体,所以可在感染的早期进行诊断。但同样也是由于其极高的灵敏度,如果操作不当很容易产生假阳性反应。

3. 基因测序

分离出患者的有关基因,测定出其碱基排列顺序,找出其变异所在,这是最为确切的基因诊断法。但由于技术原因,目前尚难以直接在临床上应用。

以上检测方法是以 DNA 为检测对象,探测 DNA 序列中的突变情况,因而可称为 DNA 诊断。以 mRNA 为检测对象的诊断方法则可称为 RNA 诊断。RNA 诊断通过对待测基因的逆转录产物进行定性、定量分析,可确定其剪接、加工的缺陷及外显子的变异,常用的方法有 RNA 点杂交、Northern 分析和定量逆转录 PCR 等。近年来,mRNA 差异显示 PCR 技术被广泛用于寻找新的疾病相关基因,也取得了可喜成果。

4. 基因芯片

基因芯片,又称 DNA 芯片、DNA 阵列、寡核苷酸微芯片,是指将许多特定的寡核苷酸片段或基因片段作为探针,有规律地排列固定于支持物上,然后与待测的标记样品的基因按碱基配对原理进行杂交,再通过激光共聚焦荧光检测系统等对芯片进行扫描,并配以计算机系统对每一探针上的荧光信号做出比较和检测,从而迅速得出所要的信息。

基因芯片在临床疾病诊断中的应用主要有核酸序列分析、基因表达分析、寻找新基因和突变体以及多态性检测。基因芯片还广泛地应用于药物筛选、药物作用机制研究、毒理学研究、基因扫描、环境化学毒物的筛选、耐药菌株和药敏检测等多个领域。

基因诊断的应用主要表现在以下几个方面。

(1)遗传病检测

近 20 年来,随着基因诊断方法学的不断改进、更新,它已被广泛地应用于遗传病的基因诊断中,随着各种遗传病发生的分子缺陷和突变本质被揭示,其实用性也不断提高。如对有遗传病危险的胎儿在妊娠早期和中期甚至胚胎着床前进行产前诊断和携带者的检测,杜绝患儿出生,对遗传病的防治和预防性优生有实际意义。

(2)肿瘤诊断

肿瘤的发生和发展是一个多因素、多步骤过程。基因结构和表达的异常是肿瘤病变的主要因素之一。基因诊断除用于细胞癌变机制的研究外,还可对肿瘤进行诊断、分类分型和预后检测,在不同的环节上指导抗癌。

(3)感染性疾病诊断

在感染性疾病的基因诊断中,不仅可以检出正在生长的病原体,也能检出潜伏的病原体;既能确定既往感染,也能确定现行感染。对那些不容易体外培养(如产毒性大肠杆菌)和不能在实验室安全培养(如立克次体)的病原体,也可用基因诊断进行检测,因而扩大了临床实验室的诊断范围。

某些传染性流行病病原体由于突变或外来毒株入侵常导致地域性流行,用经典的生物学及血清学方法只能确定其血清型别,不能深入了解相同血清型内各分离株的遗传差异。采用基因诊断分析同血清型中不同地域、不同年份分离株的同源性和变异性,有助于研究病原体遗传变异趋势,指导暴发流行的预测,在预防医学中占据重要的地位。

(4)个体对某种重大疾病的易感性方面

基因诊断在判断个体对某种重大疾病的易感性方面也起着重要作用。如人类白细胞抗原(HLA)复合体的多态性与一些疾病的遗传易感性有关。白种人类风湿性关节炎病人 HLA-DR4 携带者高达 70%,而正常人阳性率仅 28%。运用 HLA 基因分型对 HLA 多态性进行分析,既准确又灵敏,能检出血清学和细胞学分析方法无法检出的型别。

(5)器官移植方面

基因诊断在器官移植组织配型中的应用也日益受到重视。器官移植(包括骨髓移植)的主要难题是如何解决机体对移植物的排斥反应。理想的方法是进行术前组织配型。基因诊断技术能够分析和显示基因型,更好地完成组织配型,从而提高了器官移植的成功率。

(6)法医学领域

基因诊断在法医学中的应用主要是针对人类 DNA 遗传差异进行个体识别和亲子鉴定。除前述技术外,在法医学鉴定中更常被采用的技术还有 DNA 指纹技术和建立在 PCR 技术之上的检测基因组中短串联重复序列(STR)遗传特征的 PCR-STR 技术。基因诊断的高灵敏度解决了法医学检测中存在的犯罪物证少的问题,即便是一根毛发、一滴血、少量精液甚至单个精子都可用于分析。

11.4　生物技术与疾病治疗

利用生物技术手段可以对人体某些疾病进行有效地控制和治疗,本节将对疾病的基因疗法和干细胞应用的有关知识进行介绍。

11.4.1　基因治疗

简言之,用基因治病就叫基因治疗。但必须指出,所谓用基因治病,实际上指的是把功能基因导入病人体内使之表达,并因表达产物——蛋白质发挥了功能使疾病得以治疗。这与核苷类药物的应用是两码事,不能混为一谈。

1.基因治疗的基本原理

基因作为人机体内的遗传单位,不仅可以决定我们的相貌、高矮,而且它的异常变化也将会不可避免的导致各种疾病。某些缺陷基因可能会遗传给他们(或者她们)的后代,例如,血友病。

基因治疗的基本原理来源于人类对自身遗传机制的了解。基因治疗的提出最初是针对单基因缺陷的遗传疾病,目的在于用一个正常的基因来代替缺陷基因或者来补救缺陷基因的致病因素。1990 年美国国立卫生研究院(NIH)的 Blase RM 和 Anderson WF 用 ADA(腺苷酸脱氨酶)基因治愈一位由于 ADA 基因缺陷导致严重免疫缺损的 4 岁女孩,致使世界各国都掀起了研究基因治疗的热潮,至今基因治疗的研究内容也从单基因的遗传病扩大到多基因的肿瘤、艾滋病、心血管病、神经系统疾病、自身免疫病和内分泌疾病等。

2.基因治疗的类型和方法

(1)基因治疗的类型

基因治疗的结果就像给基因做了一次手术,治病治根,所以,有人又形容其为"分子外科"。

我们可以将基因治疗分为性细胞基因治疗和体细胞基因治疗两种类型。性细胞基因治疗,是在患者的性细胞中进行操作,使其后代从此再也不会得这种遗传疾病。但实际上,目前的技术水平还远远没有达到要求,难以解决关键的基因定点整合(或称基因打靶)问题,加之勇于接受治疗的志愿患者甚少,还不能进入临床试验。体细胞基因治疗,是当前基因治疗研究的主流。截至 1996 年 6 月,世界上接受这一疗法的患者已达 1537 例,说明体细胞基因治疗的技术路线具有较好的可操作性。但体细胞基因治疗的不足之处也很明显,它并没有改变病人已有单个或多个基因缺陷的遗传背景,以致在其后代的子孙中必然还会有人要患这一疾病。

(2)基因治疗的方法

从 1990 年转移 ADA 基因到现在的大部分基因治疗临床试验都是先从病人体内获得某种细胞(例如,T 淋巴细胞)进行培养,在体外完成基因转移后,筛选成功转移的细胞进行扩增培养,然后重新输入患者体内。这种方法虽然操作复杂,但效果较为可靠,称其为体外基因治疗。同时,科学家们又千方百计设计出更加简便的基因治疗方法。例如,1994 年美国科学家利用经过修饰的腺病毒为载体,成功地将治疗遗传性囊性纤维化病的正常基因 cfdr 转入患者肺组织中。这种直接往人体组织细胞中转移基因的治病方法叫做体内基因治疗。

3.基因治疗的研究现状和发展前景

(1)基因治疗的研究现状

无论哪一种基因治疗目前都处于初期的临床试验阶段,均没有稳定的疗效和完全的安全性。因此,在没有完全解释人类基因组的运转机制,充分了解基因调控机制和疾病的分子机理之前进行基因治疗是相当危险的。1999 年 9 月,一位 18 岁美国青年 Jesse Gelsinger 因一种在医学上称为鸟氨酸转氨甲酰酶不足症的罕见遗传性疾病而在美国宾夕法尼亚州大学人类基因治疗中心接受基因治疗时不幸死亡,成为被报道的首例死于基因治疗中的患者。

(2)基因治疗的发展前景

当前,在巨大的市场利益推动下,基因治疗研究已经从简单的单基因缺陷病到更加复杂的多种基因相关性疾病,例如肿瘤。在这种情况下增强基因治疗的安全性,提高临床试验的严密性及合理性尤为重要。经十多年的发展,基因治疗研究取得了可喜的进展,但在技术方面、伦理道德方面以及安全性方面仍然面临着众多困扰。尽管基因治疗仍有许多障碍有待克服,但总的趋势是令人鼓舞的。据统计,截至 1998 年年底,世界范围内已有 373 个临床法案被实施,累计 3134 人接受了基因转移试验,充分显示了其巨大的开发潜力及应用前景。正如基因治疗的奠基者们当初所预言的那样,基因治疗这一新技术的出现将带来医学的革命性变化。

11.4.2　干细胞的利用

干细胞是一种未充分分化,尚不成熟的细胞,具有再生各种组织器官和人体的潜在功能,医学界称之为"万用细胞"。按分化潜能的大小,干细胞基本上可分为三种类型:一类是全能性干细胞,它具有形成完整个体的分化潜能,如胚胎干细胞(简称 ES 细胞),它是从早期胚胎的内细胞团分离出来的一种高度未分化的细胞系,具有与早期胚胎细胞相似的形态特征和很强的分化能力,它可以无限增殖并分化成为全身 200 多种细胞类型,进一步形成机体的所有组织、器官。另一类是多能性干细胞,这种干细胞具有分化出多种细胞组织的潜能,但却失去了发育成完整个体的能力,发育潜能受到一定的限制,骨髓多能造血干细胞是典型的例子,它可分化出至少 12 种血细胞,但不能分化出造血系统以外的其他细胞。第三类干细胞为单能干细胞(也称专能、偏能干细胞),这类干细胞只能向一种类型或密切相关的两种类型的细胞分化,如上皮组织基底层的干细胞、肌肉中的成肌细胞或叫卫星细胞。

研究干细胞增殖和分化机制的最终目的是应用干细胞治疗疾病。从理论上讲,干细胞可以用于各种疾病的治疗,因为多能干细胞经刺激后可发展为特化的细胞,就有可能用于修复受损伤的组织和器官,从而可用于治疗各种疾病、身体不适和残疾。但其最适合的疾病主要是组织坏死性疾病如缺血引起的心肌坏死,退行性疾病变如帕金森综合征,自体免疫性疾病如胰岛素依赖型糖尿病等。

目前科学家已能在体外以干细胞为种子培育成功一些组织器官,来替代病变或衰老的组织器官。假如在年老时能使用上自己或他人婴幼儿或青年时期采集保存的干细胞及其衍生组织,那么人类长期追求的长生不老和幻想就有可能成为现实。造血干细胞移植是目前治愈白血病和某些遗传性血液病的唯一希望,在肿瘤和难治性免疫疾病的治疗中也有其独特的作用。

从总体上讲,干细胞研究还处于起步阶段,其成为研究热点还只是近几年的事,到目前为止人们已经能够分离、培养干细胞,但要诱导胚胎干细胞定向分化,还是一件很困难的事。干细胞各项功能的发现给人类战胜疾病、永葆青春展示的美好前景,使得这项研究蕴藏的巨大商机令许多人为之心动。美国目前有 40 余家风险企业在从事这一新技术的研究开发,其中一些公司已把它推向商业化阶段。据有关机构预测,干细胞医疗的潜在市场大约为 800 亿美元,如果将药物等有关的产业计算在内,2020 年前后的全球市场规模可达 4000 亿美元。

11.5　人类基因组计划

人体细胞中有 23 对共 46 条染色体,一个染色体由一条脱氧核糖核酸,即 DNA 分子组成,DNA 又由四种核苷酸 A、G、T 和 C 排列而成。基因是 DNA 分子上具有遗传效应的片段,或者说是控制生物遗传性状的基本单位,人类基因组指的是人类生殖细胞所包含的全部基因,是人类遗传信息的总和。

20 世纪 90 年代在国际上启动的"人类基因组计划"(HGP),是美国科学家于 1985 年率先提出的,旨在阐明人类基因组 30 亿个碱基对的序列,识别其中的约 10 万个人类基因,破译人类全部遗传信息,从而获得人类最基本的生物学信息,使人类第一次在分子水平上全面地认识自我。

11.5.1　HGP 产生的背景

近年来的研究显示,除人类早已认识到的遗传性疾病受基因控制以外,肿瘤、肥胖、高血压、冠心病、糖尿病、痴呆、精神分裂症、暴力倾向、酒瘾等重大疾病或行为的产生都与基因缺陷有关,都是环境因子如化学物质、病毒或其他微生物、营养以及体内各种因素(包括精神因素、激素、代谢或中间产物等)作用于人体基因的最终结果。人类基因组包含着决定一个人生、老、病、死以及精神、行为等活动的全部遗传信息。

启动人类基因组计划最初源于人类肿瘤计划的失败。20 世纪 70 年代,美国科学家试图用传统医学方法解开肿瘤之谜,但是,不惜血本的投入换来的是令人失望的结果。人们渐渐认识到,包括癌症在内的各种人类疾病都与基因直接或间接相关。而测出基因的碱基序列,则是基因研究的基础。这时,科学家们面临两种选择:要么"零敲碎打"地从人类基因组中分离和研究出几个肿瘤基因,要么对人类基因组进行全测序。在激烈的讨论之后,"人类基因组计划"(HGP)被决定下来。

这是一项国际合作公益计划,它提出"全球合作、免费分享",成果将由全人类分享。人类基因组计划是一项高投入的计划,一个美国司机曾形象地说:"人类基因组计划就是一美元测一个碱基对。"这项耗资巨大的工程最初引起激烈争论,但是广阔的发展前景没有阻挡科学家的脚步。美国政府预算投资 30 亿美元,承担这一工程的 55%,英国承担 33%,其余由日本、法国、德国和中国分担。2000 年 6 月 26 日,参与人类基因组计划的美国、英国、德国、法国、日本、中国的有关科学家分别宣布,人类基因组工作草图已经绘制成功。

11.5.2　HGP 的任务

HGP 的最终任务是要破译人体的遗传物质 DNA 分子所携带的全部遗传信息。完成后将获得四张图:遗传图谱,物理图谱,转录图谱,序列图谱。其中序列图谱是最重要的。遗传图谱主要用来确定生物体的基因在染色体上的排列,通过研究生物的两个多样性共遗传的表征可以推断这两个表征的基因是否在同一条染色体上。物理图谱就是人类基因组的路标。HGP 的目标之一就是完成在人类基因组中平均相隔 100 kb 的以 3 万个路标或序列标签为基础的物理图谱,确立连续重排的生物学界标。转录图谱也叫基因图谱,了解某一基因在不同时间、不同组织、不同水平的表达,有了正常的转录图谱,就奠定了构建生理条件下与异常条件下 cDNA 图的基础。序列图谱则可以这样比喻:假设人们只穿四种颜色的衣服:红、白、黑、黄,序列图谱的绘制就是要搞清楚全世界 30 亿人所穿的衣服。科学家用代表人类基因组中不同区域定好位置的标记,即遗传图谱的遗传标记和物理图的物理标记,来找到对应的人类基因组 DNA 大片段的克隆。这些克隆都是已知相互重叠的,然后分别用机器测定每一个克隆的 DNA 顺序。

11.5.3　HGP 的研究进展

人类基因组计划启动于 1990 年,原计划用 15 年时间即到 2005 年完成全部 30 亿碱基对序列测定。但由于它在科学上的巨大意义和商业上的巨大价值,使得这一计划完成时间一再提前。于 2000 年春天完成工作框架图,2003 年完成最终的系列图,这一进度比原计划提前两年多。至此,人类基因总计划共耗资 27 亿美元,比原先预计的 30 亿美元有明显节省。

11.5.4　HGP 对医学发展的影响

人类是生物界中最高等的生物,人类基因组是生物进化最高级、最复杂的信息库,所以 HGP 计划的实施无疑将大大加速医学科学基础研究的发展。通过对人类基因组的研究将进一步阐明人类基因在时空上的特异性表达及其调控机理,从而推动发育生物学和神经生物学的发展,并揭示细胞分化、胚胎发育、人类思维、人类记忆等复杂的高级生命活动的分子基础。

不同种族、不同民族之间的核苷酸序列必然存在着多态性。HGP 项目的实施,必将向人们提供有关不同种族、不同民族的起源和演进的强有力的分子证据。所以 HGP 项目的实施,将带动种族学和民族学的研究,在分子水平上揭示人类种族和民族的起源和演进过程。

HGP 除了在医学科学的基础研究上将做出重大贡献外,在人类的疾病治疗和预防方面也将做出特殊的贡献,从全球的范围看,随着科学的发展,虽然还不能说传染性疾病已得到了完全的控制,但毫无疑问,传染病的危害已大大降低。而与此同时,遗传病及与遗传有关的疾病,如癌症、心血管疾病、自身免疫性疾病、生物钟、各种老年病将在疾病谱中的比重逐渐加大。

HGP 项目的开展,将使科学家们获得有关这些疾病发病的分子机理,从而根据其发病机理设计相应疾病的治疗手段及预防方针。所以 HGP 项目的开展,将使人们在疾病诊断、基因治疗、遗传保健、优生优育等方面建立全新的人类医学。人类的寿命也将得到进一步的大幅度提高。

　　应该指出 HGP 项目的启动已经不仅仅局限于人类的基因组,它的影响还包括对一些模式生物的基因组的研究。这些模式生物包括小鼠、果蝇、啤酒酵母、大肠杆菌、水稻等,这些模式生物基因组计划的实施无疑将为"读通"和"读懂"人类基因提供巨大的帮助,并促使整个生命科学研究的进一步发展。

第12章　现代生物技术的专利保护及安全性问题探究

12.1　生物技术的专利保护

当今世界,随着生物科学和工程技术的发展,人们在生物领域实施各种技术控制和技术干预已成为现实,比如,可以利用发酵工程、酶工程、基因工程、细胞工程及蛋白质工程等创造新物种或新的生命物质已不再是幻想。与此同时,生物技术产品和工艺在发展中凸显出巨大的经济价值。为此,将生物技术的发明创造纳入专利保护也是大势所趋。

12.1.1　生物技术专利保护概述

1. 生物技术专利保护的重要性

二十多年来,现代生物技术的发展在全球范围内方兴未艾,尤其是在医药和农业方面,取得了令人瞩目的成就。在生物技术领域取得的每一项创新性的、具有潜在经济价值的研究成果,都需要高度密集的专业知识作依托,先进的实施条件作支撑,巨额的资金作保障。但如果研究出来的成果得不到保护,合法的发明人和投资者不能得到相应的经济上的回报,则这样的成果就难以转化为社会生产力,这样就会影响相关产业及技术的进一步发展,甚至会影响社会科技的进步。为此,现代生物技术领域也同其他学科领域一样,采取切实有效的措施来保护创造和发明是非常重要的。

2. 生物技术专利保护与知识产权

目前生物技术领域的发明创新者可以用各种不同的形式来保护他们的权益,这种权益在法律上统称为"知识产权"。知识产权包括专利、商业秘密、版权和商标四大类,其中最重要的是专利,取得专利的发明创造者由国家颁发专利证书。早期欧洲各国的王室和皇家通常都向发明人颁发这种证书,赋予发明人对自己的发明成果的独占经营权。这种做法既鼓励了发明创造,也推动了生产力的迅速发展。后来,从中衍变成现在流行的专利制度。对于生物技术而言,专利也同样是知识产权最重要的形式。一方面,一项专利就是一份法律文件,它可以赋予专利拥有者以特权来完成其发明的商业开发过程;而且,在一项专利的基础上,专利拥有者可以从最初的发明直接开发出其他衍生产品。对其他竞争者来说则需要购买这种权利来开发该发明衍生出来的产品。另一方面,一项专利又是一份公开的文件,它必须包含发明的详尽说明,因此它可以告诉其他人该项发明的本质和局限性,让人决定是否还应在某一方向上继续工作下去,或是考虑干脆购买这项已获专利的发明,以加快新产品的开发进程。随着世界范围内科学技术交流的加快、应用范围的扩展,专利保护就越发显得尤其重要。同时,各国的专利法之间差异很大,国际通用标准正在发展酝酿之中。通常情况下,自开始申请专利起,要花2～5

年的时间申请才能被批准。由于一项专利被批准以后,都具有潜在的巨大商业价值和可观的经济效益,因此,为了公平、公正,对发明的认定和对专利申请的受理、批准都必须有一套非常严格的衡量标准。

3. 生物技术发明创新专利保护的发展背景

尽管人类应用生物技术有上千年之久,并且已经在人们生活的各个角落生根、开花和结果,但在专利制度创建之初,生物技术发明创新总是被拒之于专利大门以外,专利保护范围只局限在用化学或物理方法的创造发明。造成这种状况的原因在于,专利法是以技术内容为其保护对象的,包括技术方法和运用技术方法做出的结果,并且要求技术内容应体现人们运用自然规律实施的控制和干预,而且这种控制和干预程度需体现技术的含量。过去人们对生物方法的运用程度远没有达到像对化学和物理方法那样的运用程度,当人们利用化学或物理方法实施控制和制造的产品已达到相当水平的时候,而在生物方法的运用方面却还极为有限。正是因为早期的生物技术主要是依靠生物界的自然因素选择那些优良性状的菌种并加以应用,绝大部分属于经验继承的范畴,所以在很长时间内生物技术发明被排除在专利保护之外。

如今,这种状况发生了很大的变化,随着生物科学与工程技术的发展,人们在生物领域实施技术控制和进行技术干预已成为可能,例如,通过发酵工程、酶工程、基因工程、细胞工程、蛋白质工程等创造新物种或新的生命物质已成为现实。同时,生物技术产品和工艺在社会发展中凸显了巨大的经济价值。因此,将生物技术创造发明纳入专利保护也就成为必然趋势。

12.1.2　生物技术发明创新专利的特点

生物技术发明创新专利也同其他专利一样,是由专利局授权许可的一种合法权利,它以国家立法的形式赋予发明创造以产权属性,它包括经济权利和精神权利,并以国家行政和司法力量确保这些权利得以实现。

1. 专利权的主要特点

(1)独占性

独占性又称排他性、垄断性、专有性。独占性是指对同一内容的发明创造,国家只授予一项专利权。被授予专利权的人(专利权人)享有独占权利,未经专利权人许可,任何单位或个人都不得以生产经营为目的制造、使用、许诺销售、销售、进口其专利产品。或者使用其专利方法及使用、许诺销售、销售、进口依照该专利方法直接获得的产品。如果要实施他人的专利,必须与专利权人订立书面实施许可合同,向专利权人支付专利使用费。

(2)地域性

地域性即空间限制,是指一个国家或地区授予的专利权,仅在该国或该地区才有效,在其他国家或地区没有法律约束力。因此,一件发明若要在许多国家得到法律保护,必须分别在这些国家申请专利。

(3)时间性

时间性指的是专利权有一定的期限。各国专利法对专利权的有效保护期限都有自己的规定,计算保护期限的起始时间也各不相同。例如,我国《专利法》规定:"发明专利权的期限为二十年,实用新型专利权和外观设计专利权的期限为十年,均自申请之日起计算。"

2.授予专利的发明应具备的条件

在专利申请被审查并被授权后,专利以书面的形式存在。内容包括发明者的姓名(如果发明者与专利人不同,则还要写明专利人的姓名)、对专利的简介以及相关的权利。

授予专利的生物技术发明必须满足四个条件。

①发明必须具有实用性。

②发明必须具有创造性,以前完全没有做过。

③发明必须具有新颖性,它在其特定的领域并不是一项显而易见的普通技能。

④在申请专利说明书中对发明做详尽的描述,使在同一领域的其他人能够了解执行。

3.授予生物技术发明专利的局限性

《专利法》保护发明创造,但并不是所有发明创造都受《专利法》的保护。对于生物技术发明创造来说,它们与其他领域内的技术发明不同,通常与生物材料有关,这给对它们进行法律保护带来一些特殊的困难。对于生物技术发明创造专利的界定关键在于专利申请必须是与生命物质有关的发明,同时对该项发明应给予多大范围的保护。在中国《专利法》的规定中,与生物技术相关的发明创造中有几项不授予专利权,包括科学发现、疾病的诊断及其治疗方法、动植物品种等。

科学发现是指人们揭示自然界早已存在、但尚未被人们认识的客观规律的行为。科学发现不同于科学发明,因为它并不直接设计或制造出某种前所未有的东西,它只是一种正确的认识。科学发现,包括科学理论,从一定意义上讲,也是人们通常所讲的发明创造,但它有别于《专利法》中所规定的发明创造,因而不能授予其专利权。例如发现一条自然规律或者找到一种新的化学元素都不能获得专利。但应指出的是,科学发现是科学发明的基础,如果将新发现的化学元素与其他物质用特殊的方法结合而产生一种新的组合物,这种新的组合物若有新的用途,则是发明,属于《专利法》保护的范畴。不过,对于生物技术方面的科学发现的保护也可以通过其他形式,例如版权、保密等形式实现。

疾病的诊断和治疗方法是以人体(包括动物)为实施对象的而不能在工业上应用,所以不属于《专利法》所称的发明创造,因而不受《专利法》的保护。如西医的外科手术方法、中医的针灸和诊脉方法,都不属于《专利法》保护的对象。但是诊断和治疗中所用的仪器、器械等医疗设备,都可以在工业上制造、应用,因而可以获得专利权。

动植物品种发明是指新的动植物品种的培育。目前,世界上有美国、法国、德国、日本、意大利、丹麦、瑞典等国授予植物新品种专利权;罗马尼亚、匈牙利授予动物新品种专利权。他们认为,动植物新品种和其他发明一样,具有新颖性、创造性、实用性,理应受法律保护。中国不对动植物品种授予专利权,但对培育动植物新品种的方法,可依照《专利法》的规定授予专利权。应当说明的是,国内已于1997年3月经国务院批准颁布了《植物新品种保护条例》,自1997年10月1日起实行。该条例中明确规定,对凡属经过人工培育或者对发现的野生植物加以开发,获得具有新颖性、特异性、一致性和稳定性并有适当命名的植物品种,经植物品种保护机关审查批准后,将对完成育种的单位或者个人授予品种权予以保护。

12.1.3　现代生物技术专利类型

根据现代生物技术发明专利的特点,可以将其分为产品发明专利、方法发明专利和生物特性的应用发明专利三大类。

(1)产品发明专利

产品发明专利是现代生物技术专利申请中最为普遍的一类,它主要包括动植物新品种,新的微生物重组菌,新的宿主细胞类型以及其他一些现代生物技术中常用的单一物质和复合体,如新载体、新的限制性内切酶等。过去,人们一直就有为农业、发酵、医疗和药用工业的发明申请专利的传统,这些传统意义上的生物技术专利为社会的进步和发展作出了极为突出的贡献。例如,早年路易斯·巴斯德就申请了一项发酵法制备啤酒过程的专利。随着现代生物技术的发展,特别是 DNA 重组技术、杂交瘤技术等分子生物学技术的应用,使得现代生物技术在专利申请上具有更大的发展空间。通过采用基因工程技术创造的新物种,就是这方面专利申请的范例。

(2)方法发明专利

方法发明专利主要包括改造动物、植物、微生物甚至生物部分组织的方法,分离、纯化、增殖和检测生物或生物类物质的方法等。例如,利用 Ti 质粒转化植物细胞的方法(美国专利号 4459355)、cDNA 克隆的方法(美国专利号 4440859)、组建含有编码人的干扰素基因的重组质粒的方法(美国专利号 4686191)等,其中最著名的方法发明就是 PCR 技术,这项发明是 1985 年由美国的 Cetus 公司人类遗传研究室的 Mullis 完成的,它被认为是现代生物技术的一次革命,现在已被广泛地应用于涉及生物技术的各个领域。

(3)应用发明专利

应用发明专利主要是指对植物、动物、微生物和生物类物质新的应用。例如,有一项应用发明专利是对一种克隆载体的应用,该项发明包括载体本身以及相应的真核宿主细胞的培养。这项专利中的真核宿主细胞本身不能产生胸苷激酶,如果培养基中没有胸苷激酶,那么该真核宿主细胞即不能生长。专利中的克隆载体则带有编码胸苷激酶的基因,它转入该真核宿主细胞以后,细胞能在没有胸苷激酶的培养基中生长。这一应用发明于 1984 年,获得了欧洲专利局的应用发明专利,专利号为 0022685。

目前已经批准的专利包括对核酸序列、酶、抗生素、克隆基因、杂合质粒、基因克隆或生物活性物质的纯化方法,以及经过基因工程改造修饰过的微生物、植物和动物。其中值得一提的是对克隆的人的基因(包括 cDNA)申请专利的问题。由于人类目前已发现有几千种遗传病,因此,对于各遗传病目的基因拥有专利无疑将使专利拥有者在这种遗传病的治疗竞争中处于有利的地位,同时就其专利本身而言,也具有重大的经济价值和社会价值。

12.1.4　生物技术发明专利保护的紧迫性及负面影响

1.生物技术发明专利保护的紧迫性

生物技术研究开发的高投入和高风险性决定了对其实施保护的重要性。专利保护是实现其投资补偿和确保其良性循环的有利法宝,许多国家都视其为生物技术生存发展的关键。

(1)发达国家在生物技术专利保护方面的做法

以美国为代表的一些发达国家,他们在生物技术专利,尤其是基因专利保护方面表现出了不同寻常的超前意识。他们采取抢占基本专利、向专利禁区挑战、先期收购专利和专有技术等基本策略,不失时机,先发制人。例如,1990年10月,美国国立卫生研究院(MIH)在对其所分离出的347个DNA片段的功能和应用还一无所知的情况下就将其申请专利;1991年6月20日,MIH又把从人体细胞中分离出来的315个不同DNA序列直接提交专利局,要求申请专利,却未阐明它们的功能及应用。紧随其后,英国医学研究委员会和其他一些同行也效仿美国,在抢夺基因的基本专利上展开了一场前所未有的竞争与较量。此外,美国人在向专利禁区挑战方面也表现得特别擅长,尽管在某些生物技术专利保护方面心理上存在法律和观念上的障碍,但美国所确立的判例法制度却给这些生物技术领域的先驱者们带来了曙光。例如,1980年授权的"超级细菌"专利、1988年授权的携带癌基因的"哈佛小鼠"专利、1990年授权的"转基因人体细胞"专利以及西斯秦密克斯公司获得的"人体骨髓原始细胞"专利等,都是运用这种战略的成果。再如,1987年加州Amgen生物技术公司为其发现的能命令细胞制造血液生长因子的基因申请了专利,获权后在1993年便赢得了5.87亿美元的高额收入,这会使人不难费解,为什么生物技术专利申请会如此热门。

人类基因组计划取得的进展推动了基因专利争夺战的进一步升级。据日本特许厅调查,1995年世界各国在生物领域提出的专利申请为1063件,而2001年"解读人类染色体之后"的专利申请就超过5000件。1995年这种专利申请在整个生物领域仅占30%,到2000年则超过了50%,这说明世界上生物技术专利争夺战已经达到白热化的程度。

(2)我国在生物技术专利保护方面的做法

我国生物技术研究起步较晚,资金少、基础差,条件比较艰难。然而就在这个时候,国外的专利申请却无情地抢占国内市场。截至1994年年初统计,外国已在我国申请生物工程方法和产品专利共518件,其中200件已经授权;此外,还有一些项目已在我国申请行政保护。在这种情况下,我国某些投入大量资金开发的生物技术项目,在后期实施产业化的过程中,因遇到国外专利在先的冲击而造成法律障碍的事件已有发生。

自2001年12月10日起,我国已正式成为世贸组织成员。今后,我们必须遵照世贸组织的游戏规则进行一切经济和科学研究活动。

(3)关于生物技术专利保护方面的建议

我国在科学发明方面,以往的做法是申报研究成果,申请新药证书等。而现在,采用成果和新药证书等形式已不再能够保护我们的知识产权了,我们必须依靠专利。相对于应用性成果来说,专利则更加可靠、唯一,便于保护。在我国,经常有所谓填补空白的研究成果。显然,如果不说是填补国际空白的话,就意味着该成果可能已经有了先例。这样的成果,企业要是接手生产,就很可能引起知识产权的纠纷。即使是创新性成果,如果未申请专利,不仅无法保护,而且在成果的鉴定、评奖乃至再转让等过程中,会使成果公开化,这就为成果的失密和成果被他人抢先申请专利创造了机会。为此今后对这类研究成果,理想的做法是,要先申请专利,否则会存在侵权风险。

为了保护自己的利益和知识产权,我们必须认清申请专利是唯一出路。我们应该向国际上在知识产权保护方面做得好的国家学习，积极实行"设计未动，专利先行"的政策。如果现在还意识不到这一点的话，我们将在未来为专利的使用权上付出高昂代价。

当前，生物技术正处在一个飞速发展时期，近十年来大量专利申请的不断涌现是形成巨大产业的前奏，我们必须抓住这一机遇，不断加快生物技术创新发明的步伐。生物技术工作者在研究、开发和应用的过程中，绝不能忽视对生物技术发明的保护。

2.生物技术发明专利保护的负面影响

任何事物都有其两面性，发明专利保护也是如此。特别是生物技术发明专利，虽然能够对发明给予有效保护，但是它也存在着严重的缺点。首先，专利权的垄断性使专利拥有人具有决定专利转让价格的权力。对一些具有很高应用价值的专利，其转让价格也相对较高，这一点对贫困的国家而言是很难承受的。其次，一项重大的发明的取得是极其缓慢的，是渐进式的，有许多研究人员及研究机构为这样的重大发明作出了很大贡献，但最终也只有小部分人能够拥有专利权，而许多做出贡献的研究人员和机构却榜上无名，这显然影响了他们投资和工作的积极性，并因此而减慢了科学技术与社会发展的步伐。

关于这方面的例子还有很多。美国的一家名为 Myriad Genetics 的公司发现携带有 BRCA1 和 BRCA2 基因的妇女更容易患上乳腺癌。就这项"发明"，他们曾对数项专利提出申请，首先在美国提出，1995 年以来也向欧洲专利办公室提出过。授予这些专利意味着现在只有他们才能对全世界的乳腺癌 DNA 测试制定规则。不幸的是，这种情形并非只有 Myriad Genetics 一家。近来有 39 家跨国医药公司因南非使用抗艾滋病的专利药品而对其提起诉讼。美国孟山度公司把获得专利的不能产生种子的转基因种子卖给发展中国家。因为这些种子是不能产生新种子的，这样一来，新种子只有孟山度公司能够生产，这意味着那些农民不得不每年从孟山度公司购买新种子。现在，美国的实验室已经停止了血液色素沉着病的临床遗传检验服务，原因是使用专利的成本太高。现在，很多分子遗传学发现在临床实践中具有很高的价值，而且这些发现也已经能够商业化，但是却因为其昂贵的价格而无法得到应用。这一矛盾已经引起人们越来越多的关注，而美国实验室此举则是证明这一关注并非没有道理的第一证据。专利对于保证成本高昂的研究工作得到应有的回报固然是重要的，但专利使用费也固然应该更加切合实际，因为它们是为了促进而不是阻碍科学进步的。

上述事例提醒我们，在完善和加强专利保护的同时也应该注意到由专利本身带来的一些负面影响。

12.2　生物技术的安全性

通过对生物技术相关知识的学习，我们了解到，作为以生物技术为基础的每一项产品和工艺中，都需要知识的高度密集，需要先进的科研条件，也需要高额的投资。因此，如何采取行之有效的举措来保护这些生物技术的产品和工艺，以确保合法的发明人和工业投资者都能得到经济利益方面的回报，就必须要了解和掌握生物技术安全性的知识。

12.2.1　生物技术的安全性概述

1. 生物安全的概念

对于"生物安全"这一概念的界定,存在不同的理解。广义的生物安全是指在一个特定的时空范围内,由于自然或人类活动引起的外来物种入侵,并由此对当地其他物种和生态系统造成改变和危害;人为造成环境的剧烈变化对生物多样性产生影响和威胁;在科学研究、开发、生产和应用中造成对人类健康、生存环境和社会生活有害的影响等。狭义的生物安全特指通过基因工程技术所产生的遗传工程体及其产品的安全性问题。由于 DNA 重组技术是作为现代生物技术的核心,因此,谈及现代生物技术的安全性一般指狭义的生物安全。

2. 人们对生物技术安全性的争议和担忧

生物技术,本来是以一种为人类谋福利的姿态出现的,然而它本身却可能潜藏着某种危机。人类社会从很久以前就一直安全地利用生物技术产品和工艺,但是,随着生物技术日新月异的发展,特别是基因工程技术的诞生,人们对其可能产生的后果越来越心有余悸。起初,人们还在对食用一些经辐射处理的作物和食品产生的后果争论不休,但我们突然间又发现,这种危害与基因工程技术所带来的后果相比简直就是微乎其微。而更关键的是,基因工程已经渐渐地渗入了我们的生活,并影响着我们的饮食起居。基因工程作为科学发展的成果,它为我们人类带来的是幸福还是祸患,不同处境、不同立场的人有不同的见解:科学家和商人大都对其贡献赞叹不已,认为基因工程是 20 世纪生物工程的一项重大创举;而环保人士和一般市民则质疑基因工程的产物对人类和自然生态的安全性。

事实上,生物技术的安全性很早以前就引起过人们的争论,并产生种种担忧。人们的担忧主要有以下几个方面。

①基因工程对微生物的改造是否会产生某种有致病性的新微生物,而这些新的微生物都带有特殊的致病基因,如果它们从实验室逸出并且扩散,势必造成类似鼠疫那样的可怕疾病的大流行。

②转基因作物及食品的生产和销售,是否对人类和环境造成长期的影响;擅自改变生物基因能否会引起一些难以预料的危险。

③分子克隆技术在人体上的应用将造成巨大的社会问题,并对人类自身的进化产生影响;而应用在其他生物上同样会具有危险性,因为所创造出的新物种可能具有极强的破坏力而引发一场灾难。

④生物技术的发展将不可避免地推动生物武器的研制与开发,使笼罩在人类头上的阴影会愈来愈大。

⑤动物克隆技术的建立,如果被某些人用来制造克隆人、超人,将可能破坏整个人类的和平。

可以说,这种种忧虑在理论上都是很有道理的,并且都存在着实现的可能性。令人值得庆幸的是,人们(包括科学家与公众)从生物技术诞生之日起就对生物技术的安全性问题一直加以关注并采取了积极的防范措施,因此截至目前,尚没有出现大规模的灾难。

12.2.2　基因工程作物的安全性

1.基因工程作物的概念

基因工程作物又称为转基因作物,是指利用以 DNA 重组技术为核心的现代生物技术,将外源基因整合于受体作物基因组,通过改造作物的遗传组成所获得的具有某种新的遗传特性的作物。基因工程作物通常至少含有一种非近源物种的遗传基因,如其他植物、病毒、细菌、动物甚至人类的基因。

2.基因工程作物及其产品的潜在风险

基因工程作物及其产品在以下几个方面存在潜在风险。

(1)基因转移

通过传粉植物可将基因转移给同一物种的其他植物,也可能转移给环境中的野生亲缘种。

①可能引起杂草化。植物通过传粉进行基因转移,可能将一些抗虫、抗病、抗除草剂或对环境胁迫具有耐性的基因转移给野生亲缘种或杂草。在自然环境中,如果野生亲缘种获得了这些抗逆基因,其表达的性状将对该野生植物种群及其与病、虫体天然种群间的互相作用产生一定影响。杂草具有种子多、传播力强和适应性强等特点,它一旦获得转基因生物体的抗逆性状,将在农业生态系统中比其他作物具有更强的竞争能力,由此影响其他作物的生长和生存。

②可能导致遗传多样性和物种多样性。如发生转基因作物与其他植物杂交,并大规模释放,则近缘劣势显现,降低物种多样性和遗传多样性。例如在推广杂交水稻的同时,地方水稻品种很大程度被取代,一些地方品种的基因流失掉了;由于地方品种的一再缩小,它们发生近亲繁殖、遗传漂变、基因随机固定和丧失,从而使基因多样性枯竭。

(2)新性状对目标和非目标生物的影响

转基因植物的抗虫、抗病和抗除草剂等新性状不仅对目标生物的种群大小和进化速度产生直接的影响,而且也对非目标生物,特别是有益生物和濒危物种产生直接或间接的影响。由于杂草、昆虫和微生物都趋于使其种群及其个体的相关性状向最适应的生存环境方向演化,因此,转基因植物的广泛使用将可能有利于选择在抗性上更强的害虫和致病体的遗传种群。

(3)抗病毒转基因

大田作物中的转基因病毒序列有可能与侵染该植物的其他病毒进行重组,从而提高新病毒产生的可能性。由于作物转基因活生物体的病毒基因随时随刻都生活在寄生植物的细胞里,因此随着释放规模的增加,将有可能提高相关病毒的重组风险。

(4)毒性和过敏性

大多数作物转基因活生物体可作为人类食物和动物饲料,如果转入的外源基因增加了受体植物的毒性,则会对人类或其他动物健康造成威胁。此外,自然界有许多物质是人类的过敏源,如果外源基因转入受体作物后,其产物是人类的过敏源,那么,将增加受体作物的过敏源性。

由于转基因作物的经济效益高,随着这些作物的推广,原有的品种会逐渐消失,最终将可能出现人工物种取代天然物种的现象,将会导致自然界的多样性受到严重破坏,由此可能会改变自然界的营养循环,同时也就改变了自然界的生物链。

3.基因工程作物推广使用过程的重要事件

自 1983 年世界首例转基因作物问世以来,科学家对转基因作物的安全性进行了大量的研究,近年来引起社会广泛关注的代表性事件如下:

①为了改良大豆营养组成,曾将巴西豆的基因转入大豆。而有些人对巴西豆蛋白过敏。1996 年,Nordlee 等报道,转基因大豆中含有巴西豆的过敏源,可能会引起部分人群发生过敏反应。该产品投放市场的计划因此而终止。

②1998 年秋,苏格兰 Rower 研究所 Pusztai 报道,用转雪花莲凝集素基因的马铃薯饲喂大鼠后,大鼠体重及器官质量明显减轻,免疫系统受损。英国皇家学会对此组织评议并指出,该研究缺乏科学性,在试验设计、方法、研究结果及数据分析等方面都有严重缺陷,如供试的动物数量太少、未用大鼠的标准饲料、未添加蛋白质从而造成大鼠饥饿、统计方法有缺陷、实验结果无一致性等。

③1999 年,美国康奈大学 Losey 等报道,将转基因玉米花粉撒在黑脉金斑蝶幼虫的食物马利筋叶片上,然后将它饲喂黑脉金斑蝶幼虫,与对照组相比,黑脉金斑蝶幼虫生长缓慢,4 d 后幼虫死亡率为 44%。其实,杀虫蛋白也能杀伤玉米螟以外的某些非目标昆虫是早已知道的事实。这项结果是在人为条件下强制给黑脉金斑蝶幼虫饲喂大量玉米花粉的实验中得到的,而玉米田边杂草叶片上散落的花粉数量则要少得多,因此实验室的结果并不能完全反映田间的实际情况。

大规模应用转基因生物已有十几年的历史,截至目前尚未出现因转基因生物引起危害的事件。2000 年 7 月 11 日,中国科学院和英国皇家学会、美国科学院、巴西科学院、印度科学院、墨西哥科学院以及第三世界的科学院就"转基因植物和世界农业"发表联合声明指出,转基因技术在消除第三世界的饥饿和贫穷方面具有不可替代的作用,同时认为应加强转基因生物的安全性研究,以确保转基因生物研究与应用的健康发展以及环境和食用的安全性。

12.2.3 基因工程动物的安全性

1.基因工程动物的概念

基因工程动物是指人类按照自己的意愿,通过现代生物技术手段有目的、有计划、有预见地改变动物的遗传组成所培育出的新型动物。从 1980 年年底至 1981 年,世界上有 6 个研究小组相继报道成功地获得了转基因小鼠,开创了基因工程动物研究的先河。自此,多种基因工程动物相继培育成功。目前,包括采用微注射、胚胎干细胞、基因敲除等多种手段对动物内源性基因组进行改造和修饰的,都属于动物基因工程的范畴。

2.基因工程动物的潜在风险

对基因工程动物的研究和应用相对滞后于基因工程植物。除在转基因药物生产和作为生物反应器方面的工作已达到实用化水平外,转基因动物作为食品和饲料尚没有一例在中国获准进行试用和商品化生产。因为动物的遗传和生理特点有其特殊性,所以转基因动物的潜在生态风险与转基因植物有所不同。它们的主要潜在风险包括以下几方面。

(1)外源表达物对人体可能产生毒性和过敏性

某些外源蛋白和其他物质在受体动物表达后,作为食品进入人体可能使原来食用这类非转基因动物食品的人群出现某些毒理作用和过敏反应。

(2)外源表达物可能影响人体的正常生理过程

为加快食用动物的生长发育,最常使用的供体基因是生长激素类基因,而同源或异源生长激素类的外源基因表达物对人体生长发育的生理影响将是在短期内难以察觉的。

(3)外源表达物可能对非目标生物的影响

如果受体动物是生态系统的被食者,那么外源表达物有可能对捕食者的生理产生影响,而且这种影响可以通过食物链影响更多的物种。

(4)转基因动物种群可能对同种动物正常种群的影响

在某些情况下由于转基因动物在生长发育上占有优势,如与同种的非转基因动物发生竞争,结果可能导致正常自然种群的数量发生很大变化,甚至消失,从而造成种内遗传多样性降低。

(5)改变种间竞争关系导致对生态系统的影响

鉴于转基因动物可以具有正常动物不具备的优势特征,因此在一定范围和程度上可以改变处于同一群落中不同物种间的竞争关系,进而引起整个生态系统发生变化。

12.2.4　基因工程食品的安全性

1.基因工程食品的概念

基因工程食品是指利用现代生物技术手段,特别是转基因手段获得的食品。

2.基因工程食品的潜在安全性问题

转基因食品本身的安全性问题一直是人们普遍关心的问题,其潜在的安全性主要包括以下几个方面。

①转基因食品中基因修饰导致了"新"基因产物的营养学评价(如营养促进或缺乏、抗营养因子的改变)、毒理学评价(如免疫毒性、神经毒性、致癌性或繁殖毒性)以及过敏效应评价(是否为过敏源)。

②由于新基因的编码过程出现差异造成现有基因产物水平的改变。

③新基因或已有基因产物水平发生改变后,对作物新陈代谢效应的间接影响,如导致新成分或已存在成分含量的改变。

④基因改变可能导致突变,例如,基因编码序列或控制序列被中断,或沉默基因被激活而产生新的成分,或使现有成分的含量发生改变。

⑤转基因食品加工过程中产生的残留物、食品中致病菌的污染以及转基因食品和食品成分释放到环境中引起的相关环境安全性问题。

12.2.5　基因重组微生物及其产品安全性

关于基因重组微生物潜在危险性问题的讨论,早在 20 世纪 70 年代微生物基因工程实验刚刚起步的时候就已经开始。1971 年,美国麻省理工学院的一些研究人员提出了将猴肾病毒 SV40 DNA 与噬菌体 DNA 进行重组,然后再导入 E.coli 的设想。这项计划一经提出就遭到许多科学家们的反对。反对者认为,这种带有病毒 DNA 的重组 DNA 可能会从实验室中逸出,并随 E.coli 感染人体肠道,从而产生严重后果。研究工作没有进行。1972 年,美国斯坦福大学科学家 Berg 研究小组创造了第一个重组 DNA 分子,人们对重组 DNA 潜在危险性的关注程度又重新高涨。重组 DNA 研究创始人之一的 Berg 出于安全方面的考虑,主动放弃了将 SV40 DNA 导入 E.coli 的研究。随着时间的推移,参与讨论的范围从科学界扩展到群众团体。鉴此,美国 NIH 组成了一个重组 DNA 咨询委员会(Recombinant DNA Advisory Committee,RAC)对重组 DNA 潜在危险性进行专门研究。1974 年 7 月,RAC 在 Science 上发表了对生物危害的关键性建议公开信,要求在没有弄清重组 DNA 涉及的危险范围和程度,以及采取必要防护措施之前,暂时停止涉及组合一种在自然界还没有发现的、有产生活性病毒能力或带有抗生素抗性基因的新型有机体实验,和涉及将肿瘤病毒或其他动物病毒 DNA 导入细菌的实验。原因是这两类重组 DNA 可能更容易在人类及其他生物体内传播,可能造成癌症或其他疾病的发生范围扩大。

1975 年 2 月,NIH 在加利福尼亚召开了关于重组 DNA 潜在危险性的专题国际学术讨论会。与会代表经过激烈的辩论,达成了以下共识:①新发展的基因工程技术为解决一些重大的生物、医学问题和人们普遍关注的社会问题,包括环境污染、食品及能源问题展现了乐观的前景。②新组成的重组 DNA 生物体有可能会意外扩散,可能会存在不同程度的潜在危险,必须采取严格的防护措施。③目前进行的某些实验,即使是在最严格的控制之下,其潜在危险依然很大。在以上共识的基础上,会议主张制定一个统一管理重组 DNA 研究实验的准则,尽快研究不会逃出实验室的安全宿主菌体和质粒载体。1976 年 6 月,NIH 制定并正式公布了"重组 DNA 研究实验准则",该准则规定了禁止若干类型的 DNA 重组实验,以及物理防护和生物防护两个方面的统一标准。"重组 DNA 研究实验准则"的公布和安全的宿主菌体和质粒载体的建立使重组 DNA 研究进入一个新的蓬勃发展阶段。

随着研究工作的深入,人们发现重组 DNA 研究的危险性并不像人们早期想象的那么严重。与自然界许多有害微生物相比,基因重组微生物在自然界扩散和造成危险的可能性要小得多。这是由于基因重组微生物具有一些特殊的生物学性状,有可能影响自然界存在的他种微生物,但这些性状和改变在人类的掌握与操纵之下;而自然界的有害微生物在外界各种辐射及其他不可知因素的作用下发生的基因突变,人类却无法预知和控制。此外,基因重组微生物在实验室中表现的性状有许多在自然界并不能显现,在自然选择压力下更有可能被淘汰。

目前,许多重要的医用产品如重组人胰岛素、生长素、白细胞介素等细胞因子、许多重组工业用酶都已经大规模发酵生产,这些产品中不存在经过基因操作的微生物活体,因而也没有重组微生物扩散问题,迄今为止尚没有造成健康和环境问题的报告。目前,研究人员也没有发现释放到环境中的重组微生物造成的不良影响。

与 1976 年正式公布的"重组 DNA 研究实验准则"相比,该准则已经进行过多次修改。目前,只要不向自然界扩散,实验室小规模重组微生物实验实际上已经不受到任何法规约束。但这并不意味着重组 DNA 研究不具有潜在的危险性,研究人员对此仍然要保持高度警惕和清醒的认识。

12.2.6　生物武器

科学是一把双刃剑,人类在与疾病特别是传染性疾病长期斗争的过程中,对许多致病微生物有了比较清晰的认识,许多历史上危害严重的传染病,如天花、小儿麻痹症、鼠疫、霍乱等目前已经从地球上消失或得到了很好的控制,很多目前危害严重的传染病,如艾滋病、病毒性肝炎等已经具有一定的预防和治疗措施。但是,随着对这些病原微生物认识的加深,特别是现代生物技术在这些病原微生物研究中的广泛应用,有人也从另外的角度将这些微生物用于战争,从而诞生了生物武器。生物武器通常又称为细菌武器或病毒武器,由生物战剂和投放工具两部分组成。其中,生物战剂是生物武器的核心部分,是用于杀伤人和动物,或破坏农作物的致病微生物及其所产生的毒素。根据现代战争要求,能够作为武器的病毒战剂通常要具有致病性、传染性和易使用性等几个特征。

1. 生物武器的历史

在过去的战争中因传染病流行造成的战斗减员远远超过火器伤害造成的减员,部队因霍乱、恙虫病等流行而陷于瘫痪,以至于不得不停止战斗。这就促使战争指挥者设法利用传染病战胜对方,从而开始研制生物武器。随着时代的发展,20 世纪人类对病原体的认识以及对大规模杀伤性武器的渴求,更导致了生物武器的系统性发展。生物武器的发展经历了三个阶段。第一阶段是在第一次世界大战期间,当时德国人试图使英国和美国的牲畜感染鼻疽病和炭疽,他们获得了成功。由于对这种新的战争形式的恐惧,导致了 1925 年签署的《日内瓦公约》声明禁止使用生物武器。第二阶段,签署这项公约后,并没有阻止人们研究生物武器。意大利、比利时、加拿大、法国、英国、荷兰、波兰和前苏联都签署了《日内瓦公约》,但都进行了生物武器的研究。第三阶段是发展阶段,在第二次世界大战结束后,美国同意免除对日本 731 部队头目石井四郎的起诉,以换取他的研究成果,美国各地开始修建大型生产和测试设施,到 20 世纪 60 年代末,发展生物武器的计划已十分庞大,但尼克松总统后来下令停止实施计划,于 1972 年国际上达成了《生物武器公约》。

2. 生物武器的种类

目前已经可以投入实战的生物制剂有以下几种。

(1) 鼠疫杆菌

由鼠疫杆菌感染人体引起的鼠疫是一种恶性传染病,主要通过与患病的啮齿类动物接触或通过跳蚤的叮咬而传染,患病死亡率极高。

(2) 炭疽芽孢杆菌

由炭疽芽孢杆菌所引起的炭疽是一种人畜共患的急性传染病,为最古老的疾病之一。目前已经成为世界上第一位的战略性生物武器,被美、英等国列为重点防范对象。

(3) 天花杆菌

天花曾经是世界上传染性极强、危害严重的一种传染病。由于其病原体存活力强、毒性大,并容易通过空气传播,因而很早就被许多国家研制成为致死性生物战剂。虽然目前世界上已经消灭了天花,但是人们的易感性也逐年增大,特别是天花病毒如果经过人为改造,可能造成极大的杀伤力。

(4)霍乱弧菌

霍乱是一种烈性肠道传染病,它也是一类古老的疾病,由病原体霍乱弧菌引发,多在营养不良、卫生较差的人群中流行。患病后一般以腹泻、脱水为主要症状,严重时会危及生命。

另外,其他的一些致病微生物,如细菌类的野兔热杆菌、布氏杆菌,病毒类的黄热病病毒、委内瑞拉马脑炎病毒、马尔堡病毒,真菌类的孢子菌、组织包浆菌等也具有潜在的成为生物战剂的能力。

3.生物武器的优势

(1)成本低,杀伤能力强,持续时间长

有人将生物武器形象地形容为"穷国的原子弹"。据有关资料显示,以 1969 年为例,当时每平方千米导致 50% 死亡率的成本,传统武器为 2000 美元,核武器为 800 美元,化学武器为 600 美元,而生物武器仅为 1 美元。

(2)生物武器的使用方法非常简单,而且难以防治

历史上主要利用飞机投弹、施放带菌昆虫等方法。目前据报道可以利用飞机、舰艇携带喷雾装置,在空中、海上施放生物战剂气溶胶,或将生物战剂装入炮弹、炸弹、导弹内施放,爆炸后形成生物战剂气溶胶。有些生物战剂一旦释放后,可在该地区存活数十年。例如,炭疽热芽孢具有很强的生命力,可数十年不死,即使已经死亡多年的朽尸,也可成为传染源。其孢子可以在土壤中存活 40 年之久,并且极难根除。

4.基因武器

基因武器是应用基因重组技术改变非致病微生物的遗传物质,以产生具有显著抗药性的致病菌,并利用人种生物学特征上的差异,使这种致病菌只对特定遗传特征的人们产生致病作用,以达到有选择地杀死敌方有生力量的目的,从而克服普通生物武器在杀伤区域上无法控制的缺点。因此,基因武器是现代生物技术制造出的新型生物武器,是令人恐怖的"末日"杀手。

与其他现代化武器相比,基因武器有它们所不具备的特殊性能。

①成本低、杀伤能力强、持续时间长。基因武器对人员的杀伤阈值是分子水平,无论是对机体的哪个部位,或者通过机体哪个途径,只要能在机体内"插入"基因武器,哪怕是"插入基因武器的一个分子",也同样能够起到杀伤作用。有人估算,用 5000 万美元建造一个基因武器库,其杀伤效能远远超过 50 亿美元建造的核武器库。有报道指出,一些国家曾利用基因重组的方法,将两种病毒的 DNA 片段拼接成一种具有剧毒的"热毒素"基因毒剂,用其 0.0001 mg 就能毒死 100 只猫。

②使用方法简单,施放手段多样。可用人工、飞机、火箭、气球、水面舰艇、水下潜艇以及火炮等把基因战剂施放到目标区。

③不易被发现,难治难防。因为经过改造的病毒和病菌基因,只有制造者才知道它的遗传"密码",其他人很难破译和控制。同时,基因武器的杀伤作用过程是在秘密之中进行的,人们一般不能提前发现和采取有效的防护措施,一旦受到伤害,为时已晚。这是基因武器与其他生物武器、化学武器的主要区别。

④攻击敌方时,可以保存基础设施和武器装备不受损伤。基因武器只是大规模杀伤有生

力量而不破坏非生命物质。

⑤具有强火的威慑作用，能给对方造成极大心理压力，使对方士气大落，惊慌失措，草木皆兵。

5. 生物恐怖主义及其应对措施

生物武器技术最初只是掌握在个别国家的手中，除非发生大规模战争，否则这种威胁仍处于可控范围内。但是生物技术的普及和发展，加大了生物恐怖的可能性，给世界和平和人类健康带来新的威胁。全世界大约有 1500 个菌种库，有数不清的研究机构和自然资源可以提供微生物或毒素物质，而且商业化培养基和发酵罐到处都可以买到。目前，生物生产设施日益趋向小型化，生产流程简单，价格便宜。一个 20 m² 的房间加上 1 万美元的简易设备就可建立一个相当规模的生物武器工厂。生物恐怖分子不需要十分严格的生产条件，获得的生物剂纯度不一定很高，只要具备一定的传染性或侵袭性即可，因此生物恐怖的现实性不容忽视。

1984 年 9 月，在美国俄勒冈州一个叫"达尔斯"的小镇上，人们在几家餐馆就餐之后约有 750 人生了病。1986 年，在美国联邦政府的一次审讯中，Hila 供认，她和附近的一伙狂热信徒在与俄勒冈州本地人发生冲突之后，在 4 家餐馆的色拉上投下了沙门氏菌，这些细菌是在这伙信徒的一个大牧场的实验室里培养出来的。

1984 年 11 月，在大西洋某地一美军潜水艇上发生了肉毒毒素中毒的恐怖事件。后来调查证实，是由从地方订购的感恩节食品罐装橘汁被污染了肉毒毒素引起的。此次事件涉及两艘潜艇和一个基地，导致 63 人中毒，50 人死亡。事发 24 小时后，一恐怖组织声称与此次生物恐怖行动有关。

1995 年 3 月，日本恐怖组织奥姆真理教在东京地铁释放化学毒剂沙林后，警方突击搜查了这个组织的实验室，发现他们正在进行一项原始的生物武器研究计划，研究的病原体有炭疽杆菌和肉毒毒素，并在生物武器库中发现肉毒毒素和炭疽杆菌芽孢及装有气溶胶化的喷洒罐。检查中，警方发现他们有用炭疽杆菌和肉毒毒素在日本进行过 3 次不成功的生物攻击的记录。

1998 年，美国一名叫 Harris 的种族主义者曾发出威胁，声称将使用农用飞机向社会播撒鼠疫杆菌和炭疽杆菌。这一事件引起了美国政府的高度重视，联邦调查局及时派出了大量人力、物力侦察，将这起即将发生的生物恐怖事件消灭在萌芽中。

2001 年，美国在宣布开始对阿富汗进行军事打击的同时，在国内严密地加强了各种反恐怖部署，他们尤其重视对核武器和生化武器恐怖袭击的防护工作。然而，短短半个月里，美国已在 3 个州的信件里发现了炭疽杆菌芽孢，查出 13 例炭疽热病例，其中 1 人已死于吸入性炭疽杆菌感染，还有 1000 多人接受了检测。美国社会一时风声鹤唳。

生物恐怖主义已经成为全球最大的安全威胁，这不仅仅是因为生物袭击具有易行性、散发性、隐蔽性、突发性、多样性和欺骗性等特点，具有巨大的破坏力，还因为世界各国警方在对此类袭击做出预防和应急反应方面存在很大的困难。一个国家要应对生物恐怖主义，首先要储备足够批量的疫苗，有充足的药物和手段，来保证对付一些突发事件。2001 年，美国疾病控制中心已订购了 4000 万份天花疫苗。遵照国家安全委员会的建议，美国疾病控制中心于 2002 年又决定增加天花疫苗储量，再订购 1.68 亿份疫苗。为预防炭疽热的侵袭，美国政府将追加 15 亿美元，在全球采购环丙沙星等抗生素药物。但并不是所有的国家都具备美国这样的实力。

为应对生物恐怖主义的威胁,2002年,美国通过了《公共卫生安全和生物恐怖防范应对法》,该法案的目的在于提高美国预防与反生物恐怖主义,以及应付其他公共卫生紧急事件的能力,包括加强国家对生物恐怖和其他公共健康紧急事件的应对措施;加强对危害性生物制剂和毒素的控制;确保食品和药物供应的安全保障;确保饮用水的安全保障等。

2009年,美国卫生与公共服务署出台了一套指导方针,用于规范DNA订制序列提供商的商业行为。这套方针是美国政府发布的首个全面的行为准则,旨在应对生物恐怖主义分子对迅速发展的基因组合成技术所表现出的日渐浓厚的兴趣。但一些安全专家担心,恐怖组织或个别犯罪分子只需在互联网上购买材料便可以研制出生物武器。

总体说来,目前在生物武器和生物武器防御系统的较量中,后者处于下风,任重道远。但是,只要利用人们对生物武器所抱有的根深蒂固的反感心理(这一心理使得恐怖分子也不愿使用如此可怕的武器,因为这种武器将使公众永远唾弃恐怖分子的事业),加强反生物武器的生物技术研究,这种威胁也必将降到最小程度。

生物技术革命为我们展现了一个光明的前景,虽然可能带来各种安全、伦理方面的问题,公众不会完全接受整个生物技术。但是科学进步的步伐从来都是不可阻挡的,我们应该欢迎这场革命的到来,如何保证使它走向正轨、为公众所接受并使之服务于社会必须成为我们工作的重点。

12.3 生物技术的社会伦理问题

现代生物技术与传统生物技术的最显著的区别在于前者是在基因水平上进行操作,改变已有的基因,改良甚至创造新的物种。但这一新技术将会带来什么后果无人知晓,这就是现代生物技术自问世以来一直备受关注、争议颇多的根本原因。近年来,从技术的层面上讲,人们主要关心以下两个问题:①外源基因引入生物体特别是人体后,是否会破坏调节细胞生长的重要基因;是否会激活原癌基因,出现一些人们难以预料的后果;②基因上是否会导致极强的难以控制的新型病原物的出现。尽管这两个问题目前尚无明确的答案,但世界各国政府都对基因操作制定了严格的规则。

除技术方面的问题以外,现代生物技术还可能引起一系列的社会伦理问题。首先,这一技术受到宗教界人士的强烈反对。众所周知,宗教界迄今仍不接受达尔文的进化论,现代生物技术则比达尔文更进一步。因此现代生物技术受到了虔诚的教徒的极大反对。

除了宗教界外,分了生物学家们也受到来自动物保护组织的强大压力。把动物作为模型进行各种操作在动物保护者眼里是对所有动物(包括人类)的生存权的极大损害。他们强烈要求政府通过法律取缔所有动物实验。尽管美国等国家已有法律规定,当动物的生存权与人的生存权发生冲突时,以人的生存权更为重要,这样就在法律上肯定了在医学领域使用实验动物的合理性,然而长期以来动物保护组织并未因此善罢甘休。

素食主义者同样也感到自己的人权被现代生物技术侵犯了。他们认为生物学家们试图在植物中表达动物蛋白,就是违背了他们素食的信条,这是对他们基本人权的侵犯。

生物技术革命的浪潮席卷全球,不仅带来了巨大的社会效益和经济效益,而且也对人们的传统观念造成极大撞击,引起了许多与生物技术有关的伦理问题。

(1)克隆人的伦理问题

生命科学与人自身及人类社会的联系比其他任何自然学科都更加紧密,它关系到每一个人的命运,所以由此引发的争论当然也最激烈。克隆人引发的争论有技术上的,也有社会伦理方面的。其焦点问题还在于它带来了某些潜在的威胁和社会伦理方面的问题。克隆技术一旦用于人类自身,人类新成员就可以被人为地创造,成为实验室中的高科技产物,他们不是来自合乎法律与道德标准的传统的家庭,兄弟、姐妹、父母、子女之间的相互人伦关系必将发生混乱。人们很难想象和接受这种对人类社会基本组织——家庭的巨大冲击。这对人类社会现有法律、伦理、道德产生威胁,对人类的观念是严峻的挑战。

(2)试管婴儿的伦理问题

有人认为试管婴儿是把其作为人体零配件工厂,是对生命的不尊重,而那些配型不合的婴儿该如何处理? 但是有些人认为设计试管婴儿是符合人类伦理道德的,因为这是父母出于强烈的爱子之心,千方百计的救自己的孩子的行为,同时是救治患者的最好方法,提供骨髓中的造血干细胞并不会对试管婴儿造成伤害,这样能够使两个孩子同时存活下来,是两全其美的行为。

(3)器官移植的伦理问题

当人体的某一器官出现病变导致功能衰竭、威胁到人的生命时,植入健康的器官代替原有的器官成为现代医学延长生命的重要手段。器官移植也被列入 20 世纪人类医学三大进步之一。每年数以万计的病人在进行器官移植后得以生存,肾移植的 10 年生存率已经超过 60%,心、肝、肺移植的 5 年生存率也已经达到 50%以上。人的某些器官丧失功能后,换个"零件"是目前唯一有效的治疗措施。器官移植业已成为当今医学发展最重要的方向之一。

然而,目前可供临床移植的器官严重缺乏,从供体中获得可供移植的人体器官也还存在各种伦理、法律问题。从技术角度而言,器官移植成功率的高低取决于供体器官的新鲜程度,那么何时摘取器官为好? 如何确定人体的死亡? 目前多数国家接受的传统的死亡标准,即以心跳、呼吸停止作为判定死亡的指标,然而此时作为移植的供体器官已经不很"新鲜"了,移植成功率受到影响。1997 年,日本正式实施的《器官移植法》中执行脑死亡标准,对器官移植的发展起到了推动作用。但是,目前世界上有很多需要进行器官移植的病人,而可供用于移植的器官远远不能满足需要,因此,即使有了"新鲜"的供体器官,还存在一个如何优先选择的问题。如何提高器官应用效率? 如何选择优先标准才符合伦理道德? 是病重者优先还是病症较轻但最有希望康复者优先? 这是一个难以抉择的伦理问题。目前,猴子的头颅移植已经获得成功,成功进行人类头颅移植已为时不远。但是,经过头颅移植成功而救活的病人将面临何种伦理困境? 尽管如此,器官移植的研究工作还要继续进行下去,并且会在发展中逐步解决面临的问题。

中国科学院院士、国内器官移植学创始人之一、同济医大教授裘法祖指出,21 世纪器官移植技术可能向两个方向发展:异种器官移植和细胞工程器官移植。

基因定点整合技术和体细胞克隆技术的成功使许多曾经讨论多年的重大科学工程问题又重新受到科学界的重视,其中最为明显的例子就是将猪改造成可供人类器官移植的器官供体动物。要将猪的器官供人体使用,首先必须克服超急性排斥、迟发性急性排斥和慢性排斥三大问题。人们已经知道,当猪的器官移植给人体后,人体中天然抗体会迅速结合到猪器官血管内壁细胞上,从而激活补体系统,使猪器官在几分钟内坏死;造成这种现象的原因是猪细胞表面存在一个 $\alpha(1{\rightarrow}3)$ 联结的半乳糖抗原表位造成表面抗原的差别;人体内有 1% 的免疫球蛋白识别这个表位并发生交叉反应。目前采用的措施是用反义 RNA 阻止半乳糖苷转移酶的功能,或用表达 DAF 和 CD59 等基因方法阻断补体系统激活。上述方法对克服超急性排斥有一定的效果,但并未从根本上解决免疫排斥问题。阻断超急性免疫排斥反应的最根本、最直接的办法是将猪细胞内半乳糖苷转移酶基因从基因座上敲除,或用人类起相应作用的岩藻糖基转移酶基因去置换它,从根本上消除两种细胞表面抗原的差别,或通过置换整个 MHC 基因簇技术进一步消除两类器官的免疫学差别,同时应用现有的免疫抑制剂,猪的器官就可能成为供人类器官移植的丰富来源。

由克隆羊"Dolly"技术带动起来的研究领域之一是人类干细胞的研究。Dominko 和 Mitalipova 等(1998)报道,牛的卵母细胞可以使不同物种的体细胞染色质重新编程。这一研究结果证明异种核移植是可行的,因而可能有极大的医学价值。其意义在于不是用羊的去核卵母细胞去支持牛的体细胞发育,而是用动物的去核卵母细胞支持人的体细胞发育。如果人的体细胞核在动物卵母细胞刺激下恢复其发育全能性,通过异种克隆技术可以很容易地克隆人的体细胞,用于分离胚胎干细胞或其他干细胞用作基因治疗或基因修补;此外,使用动物卵母细胞还可以节约成本和避开使用人卵细胞存在的某些伦理问题。在不久的将来,研究人员可以按照每一位顾客的需要定做适合其自身需要的干细胞或在体外培养人类器官修补的材料,以便必要时使用。当然,在目前阶段用异体核移植技术去培育发育到高级阶段人体胚胎还有许多技术难点和法律与伦理问题。随着细胞工程技术的发展,21 世纪我们有可能用细胞培养出新的器官。

(4)基因"身份证"的伦理问题

伦理上的原因也让医生为难。因为在制作"基因身份证"时可以测出这个人基因有哪些缺陷,有哪些疾病易感基因。因为这涉及个人隐私,是否告诉对方让医生很为难。一旦告知,对方很可能背上沉重的心理负担。实际上,由于目前医学研究程度所限,即使一个人有疾病易感基因,也可能不发生疾病,即使产生了基因突变,也不意味着绝对会导致疾病产生。"人类身体机能太复杂了,就是把基因都研究清楚了,也并不代表着把所有疾病都研究清楚了。"但是某些国家保险公司获取投保人的基因资讯,对投保人进行限制、提高保费等要求,并作为依据拒绝赔付。某些公司聘用人员也利用基因资讯决定是否聘用。这给人们带来了许多困扰。

有的科学家有这样的论点:凡是科学技术上能够做的,就应该去做。现在,这一"技术至上"的观点已受到普遍质疑。目前不少科学家还是怀有一种理性的态度。如果由于担心目前尚未成为现实的克隆人可能引发严重的伦理问题而禁止克隆技术,那就是因噎废食,大错特错了。目前西方反科技的思潮认为科学技术的本性就是坏的、恶的,当代的许多问题都是科学技术造成的。因此对克隆技术容易产生偏见,对此我们应保持清醒的头脑。但现代科学技术是如此发达如此强大,它所可能引发的负面效应又是如此明显如此严重。这就促使人们不能不思考科学技术如何更好地为人类服务的问题,从而呼唤伦理的规范和引导。这是为了科学技术更健康有序地发展,更好地造福人类。有人用电力技术的例子说明我们人类在新技术面前总能"自动"过关,甚至有人说"周口店人可能也讨论过能否被火烧死,但最后不是也过来了吗?"对于这样一种论证方式,需要注意的是:科学技术和人类文明的发展都不是线性的,今天的很多技术手段的负面效应是不可逆转的,有的甚至对人类具有毁灭性,不给人类"从头再来"的机会。当代的科学技术与从前的科学技术不可同日而语。在小羊多利诞生后不久,克林顿宣布禁止用联邦经费克隆人时说,"科学往往在我们懂得其含义之前就快速前进了。因此,我们有责任小心翼翼"。当代科学技术需要伦理的规范,这并非杞人忧天。科学上迈出的一小步,可能是人类发展的一大步。这一大步迈向何方,须三思而行。

随着人体胚胎干细胞和干细胞的研究进展,社会伦理和法律问题将会逐渐减少。1998 年12 月美国科学家汤普森在《科学》杂志上报道了他们成功地在体外培养并扩增了人体胚胎干细胞,建立了人体胚胎干细胞系。同时,美国科学家约翰也以人体原始生殖细胞建立了与人体胚胎干细胞功能相同的多能干细胞系。这些细胞经过数十代培养,仍保持作为干细胞的性状,其意义在于解决了干细胞的来源问题,但没有解决免疫排斥和社会伦理问题。李本富教授在发言中介绍,1999 年 12 月美国科学家库帕发现小鼠肌肉组织干细胞,可以"横向分化"为血液细胞。这一发现很快被世界很多科学家证实,并发现人的成体干细胞也有"横向分化"的功能,这种功能具有普遍性。比如造血干细胞可以"横向分化"为肌肉、肝脏和神经等组织的细胞。一旦"横向分化"的分子机制被研究清楚,人类就有望利用自身健康的组织干细胞诱导分化为病损组织的功能细胞,治疗自身的疾病。同时可以克服异体细胞移植带来的免疫排斥,解决干细胞的来源问题,弱化使用人体胚胎干细胞的伦理问题。

随着现代生物技术越来越多地介入现代生活,它与生物伦理学的矛盾也日趋尖锐。事实上生物伦理学作为一种哲学实践应紧密地与生物科技结合共同促进人类的进步。首先,现代生物技术与生物伦理学是紧密联系和相互促进的,他们分别作用于社会环境和自然环境,相互影响、相互作用,从人类活动的社会属性而言二者是辩证统一的。其次,生物伦理学作为高科技发展背景下产生的应用伦理学,属于一种发展伦理和责任伦理,应随着社会和科技的发展不断地调整着自身的秩序观,朝着"正义、正当、规范"为核心的现代伦理学方向发展。最后,现代生物科学应在新型生物伦理观的规范下健康发展,如科学家要有科学伦理道德观念等。现代生物技术作用于农业和医学等各个领域,不仅创造了大量的财富和拯救了无数生命,同时也带来了巨大的商机,但如果没有相关的政策和法规约束而无秩序地膨胀,将会给人类社会带来无穷的烦恼。荀子曰:"水火有气而无生,草木有生而无知,禽兽有知而无义,人有气有生有知亦有义,故为天下最贵也。"人始终凌驾于万物之上。因此,尽管科学技术是一把双刃剑,但只要掌握在人类的手中,在法律法规和人类伦理道德的共同制约下,就一定能造福于人类。

参考文献

[1]杨玉红,刘中深.生物技术概论[M].武汉:武汉理工大学出版社,2011.

[2]宋思扬,楼士林.生物技术概论[M].第4版.北京:科学出版社,2014.

[3]刘桂林.生物技术概论[M].北京:中国农业大学出版社,2010.

[4]吕虎,华萍.现代生物技术导论[M].第2版.北京:科学出版社,2011.

[5]马越,廖俊杰.现代生物技术概论[M].北京:中国轻工业出版社,2013.

[6]杨玉珍,刘开华.现代生物技术概论[M].武汉:华中科技大学出版社,2012.

[7]王利群,常州市科学技术协会.生物技术[M].南京:东南大学出版社,2010.

[8]马贵民,徐光龙.生物技术导论[M].北京:中国环境科学出版社,2006.

[9]程备久.现代生物技术概论[M].北京:中国农业出版社,2003.

[10]季静,王罡.生命科学与生物技术[M].第2版.北京:科学出版社,2010.

[11]何忠效,静国忠,许佐良等.生物技术概论[M].第2版.北京:北京师范大学出版社,2002.

[12]利容千.生物技术概论[M].武汉:华中科技大学出版社,2007.

[13]刘佳佳,曹福祥.生物技术原理与方法[M].北京:化学工业出版社,2004.

[14]刘群红,李朝品.现代生物技术概论[M].北京:人民军医出版社,2006.

[15]刘贤锡.蛋白质工程原理与技术[M].北京:科学出版社,2001.

[16]刘银良.生物技术的知识产权保护[M].北京:知识产权出版社,2009.

[17]卢胜栋.生物技术与疾病诊断[M].北京:化学工业出版社,2002.

[18]陆德如,陈永青.基因工程[M].北京:化学工业出版社,2002.

[19]罗明典.现代生物技术及其产业[M].上海:复旦大学出版社,2001.

[20]杜立新.农业动物生物技术研究现状与发展趋势[J].中国畜牧兽医,2004,31(10):3—6.

[21]郭春燕,詹克慧.蛋白质组学技术研究进展及应用[J].云南农业大学学报,2010,25(4):583—591.

[22]黄志良.基因工程的应用及其安全性管理[J].生物技术通报,2001,(3):32—35.

[23]焦诠.论我国生物技术的专利保护[J].药物生物技术,2008,15(2):152—156.

[24]李玲,孙文松.基因工程在农业中的应用[J].河北农业科学,2008,12(12):149—151.

[25]李强,施碧红,罗晓蕾等.蛋白质工程的主要研究方法和进展[J].安徽农学通报,2009,15(5):47—51.